U0411009

全国建设职业教育系列教材

建筑装饰实际操作

全国建设职业教育教材编委会

孙倜　张明正　主编

中国建筑工业出版社

图书在版编目（CIP）数据

建筑装饰实际操作/孙倜，张明正主编．-北京：中国建筑工业出版社，2000
全国建设职业教育系列教材
ISBN 7-112-04035-3

Ⅰ．建… Ⅱ．①孙…②张… Ⅲ．建筑装饰-施工技术-技术教育-教材 Ⅳ．TU767

中国版本图书馆CIP数据核字（1999）第64269号

全国建设职业教育系列教材
建筑装饰实际操作
全国建设职业教育教材编委会
孙倜 张明正 主编
*
中国建筑工业出版社出版（北京西郊百万庄）
新华书店总店科技发行所发行
北京建筑工业印刷厂印刷
*
开本：787×1092毫米 1/16 印张：17¼ 字数：415千字
2000年6月第一版 2004年1月第二次印刷
印数:2,001—3,200册 定价:**22.20**元
ISBN 7-112-04035-3
G·313（9442）
版权所有 翻印必究
如有印装质量问题,可寄本社退换
（邮政编码 100037）

本书着重介绍木工、装饰抹灰工、油漆工等工种的基本功训练和装饰工程实际的操作方法，初步介绍装饰工种涉及的金属加工、电工及砖瓦砌筑、铝合金、不锈钢饰面、玻璃饰面等基础知识和基本操作，并对其他装饰施工工艺进行了介绍。

本书可作为技工学校、职业高中相关专业的教学用书，并可作为装饰不同层次的岗位培训教材，亦可供相关施工管理人员参考。

“建筑装饰”专业教材（共四册）
总主编 黄珍珍
《建筑装饰实际操作》
主编 孙偶 张明正

序

改革开放以来，随着我国经济持续、健康、快速的发展，建筑业在国民经济中支柱产业的地位日益突出。但是，由于建筑队伍急剧扩大，建筑施工一线操作层实用人才素质不高，并由此而造成建筑业部分产品质量低劣，安全事故时有发生的问题已引起社会的广泛关注。为改变这一状况，改革和发展建设职业教育，提高人才培养的质量和效益，已成为振兴建筑业的刻不容缓的任务。

德国“双元制”职业教育体系，对二次大战后德国经济的恢复和目前经济的发展发挥着举足轻重的作用，成为德国经济振兴的“秘密武器”，引起举世瞩目。我国于1982年首先在建筑领域引进“双元制”经验。1990年以来，在国家教委和有关单位的积极倡导和支持下，建设部人事教育劳动司与德国汉斯·赛德尔基金会合作，在部分职业学校进行借鉴德国“双元制”职业教育经验的试点工作，取得显著成果，积累了可贵的经验，并受到企业界的欢迎。随着试点工作的深入开展，为了做好试点的推广工作和推进建设职业教育的改革，在德国专家的指导和帮助下，根据“中华人民共和国建设部技工学校建筑安装类专业目录”和有关教学文件要求，我们组织部分试点学校着手编写建筑结构施工、建筑装饰、管道安装、电气安装等专业的系列教材。

本套“建筑装饰”专业教材在教学内容上，符合建设部1996年颁发的《建设行业职业技能标准》和《建设职业技能岗位鉴定规范》要求，是建筑类技工学校和职业高中教学用书，也适用于各类岗位培训及供一线施工管理和技术人员参考。读者可根据需要购买全套或单册学习使用。

为使该套教材日臻完善，望各地在教学和使用过程中，提出修改意见，以便进一步完善。

全国建设职业教育教材编委会

1999年11月

前　言

“建筑装饰”专业教材是根据《建设系统技工学校建安类专业目录》和建设部双元制教学试点“建筑装饰”专业教学大纲编写的。该套教材突破以往按学科体系设置课程的形式，依据建设部《建设行业职业技能标准》对培养中级技术工人的要求，遵循教学规律，按照专业理论、专业计算、专业制图和专业实践四个部分分别形成《建筑装饰基本理论知识》、《建筑装饰基本计算》、《建筑装饰识图与翻样》和《建筑装饰实际操作》四门课程。突出技能培养，以专业实践活动为核心，力求形成新的课程体系。

本套教材教学内容具有较强的针对性、实用性和综合性，根据一线现场施工的需要，对原有装饰专业课程内容作大胆的取舍、调整、充实，按照初、中、高三个层次由浅入深进行编写，旨在培养一专多能复合型的建筑装饰技术操作人才。四本教材形成理论与实践相结合的一个整体，是建筑装饰专业教学系列用书，但每本书由于门类分工不同又具有自己的独立性，也可单独使用。

本套教材力求深入浅出，通俗易懂。在编排上采用双栏排版，图文对照，新颖直观。为了便于教学与自学者掌握重点，每章节后都附有小结、复习思考题和练习题，供学习掌握要点和复习巩固所学知识用。

《建筑装饰实际操作》一书着重介绍木工、装饰抹灰和油漆等三工种的基本功训练和装饰工程实践的操作方法，初步介绍装饰工种涉及到的金属加工、电工、砖瓦砌筑、铝合金、不锈钢饰面和玻璃镜面等基础知识和基本操作，还介绍其他装饰施工工艺、构造及其施工操作，如石膏饰件安装，几种活动地板和地毯铺设等。

《建筑装饰实际操作》由南京建筑职业技术教育中心孙偶、张明正主编（负责全书编撰策划、修改增删）。参与编写的成员有该校的王勇（第1、7、8、9、10、11章，陈海平、许至勇参与图文整理和部分绘图），冯庭富、张三川（第26、27、28章），马忠瑞（第4章），邱海霞（第5章）；上海市房地产学校王义山（第19、20、21、22、23、24、25章），卢海泳（第3、16、17、18章）；攀枝花市建安技校赵旭东、陈华兵（第2章），陈华兵（第6、12、13章），钟世昌、石正东（第14章），钟世昌、孙令康（第15章）。

本套教材由江西省城市建设技工学校黄珍珍任总主编。由北京城建（集团）装饰工程公司总工程师韦章裕、中建一局二公司高级工程师胡宏文主审。在编写过程中，建设部人事教育司和中国建设教育协会有关领导给予了积极有力的支持，并作了大量组织协调工作。德国赛德尔基金会给予了大力支持和指导。各参编学校领导也给予了极大的关注和支持。在此，一并表示衷心感谢。

由于双元制的试点工作尚在逐步推广之中，本套教材又一次全新的尝试，加之编者水平有限，编写时间仓促，书中定有不少缺点和错误，望各位专家和读者批评指正。

前言

目　录

第1章 木工基本功训练

本章主要介绍木工的基本操作，首先介绍几件常用的木工工具的用法，再介绍几种木工基本操作，如画线，砍削，锯割，刨削，凿孔和榫接等。

1.1 画线工具的操作和练习

1.1.1 钢卷尺、木折尺使用方法

（1）长度测量练习

用钢卷尺、木折尺量木料或物体的尺寸。点线距离，并反复练习。

测量练习要求：被测物不少于4种，1课时完成。

（2）画平行线练习

画线方法：左手拿住折尺，左手中指抵住尺，需画平行线的木板（或木方）侧面，注意应指尖朝上，以指甲壳的弧面沿木材边缘移动，以防木刺伤手指，如图1-1所示。

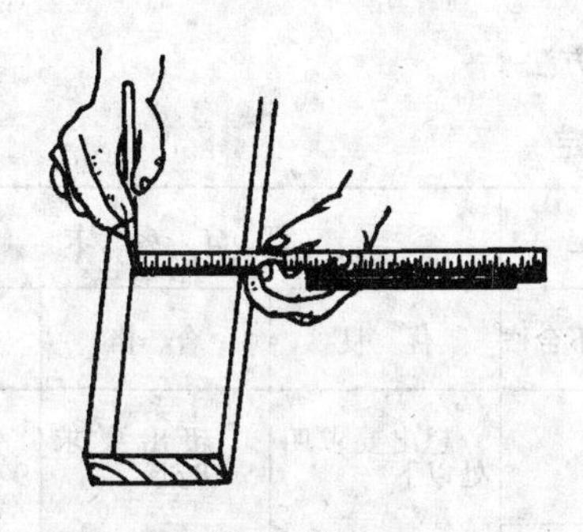

图1-1 划平行线

作业要求：在宽150～200mm（或400～600mm）、厚20～30mm板材正反面，画出间距5mm和10mm互相间隔的平行线，如图1-2（每人画不少于40道平行线，1课时完成）。

（3）考查评分 见表1-1。

量尺测量报告　　　表1-1

序号	测量项目	测量记录(mm)			误差(mm)			评定	评定要求
		长	宽	高(厚)	长	宽	高(厚)		
1	教室长宽								优良：偏差在1mm以内
2	课桌								合格：偏差为1.1～2mm
3	抽屉								
4	木工刨								不合格：偏差2.1～3mm以上
5	刨刀								

班级——姓名——指导教师——日期——

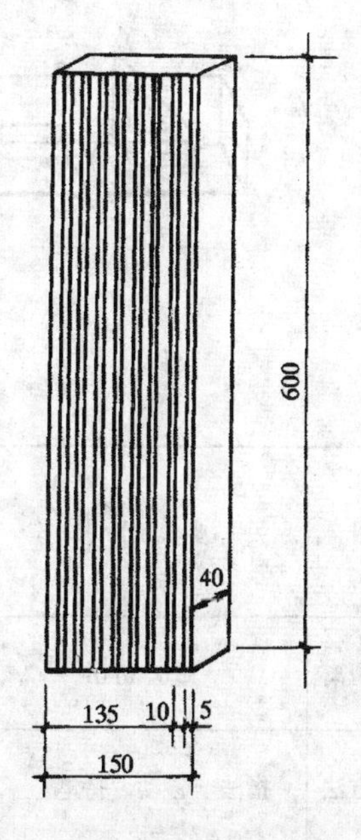

图1-2 画平行线

1.1.2 直角尺和三角尺画线方法

（1）直角尺画线练习

画线方法：用直角尺尺柄紧靠木板

（方）侧边，沿尺翼画出与木板侧边相垂直的线条（通常称找方线）；以同一条线为准，更换被画面，画出四面交圈线（通常称过线），见图 1-3。

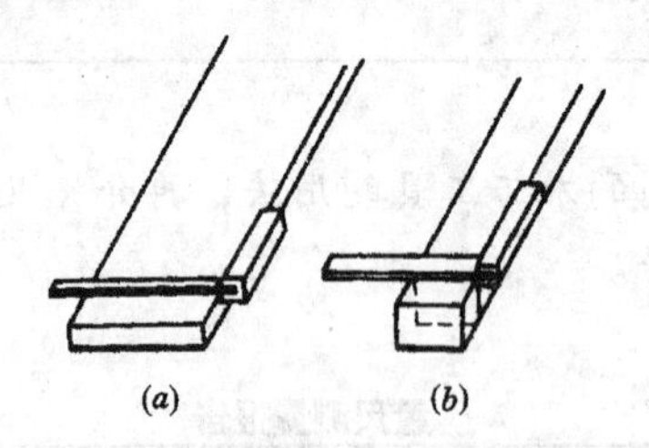

图 1-3　直角尺画线方法
（a）与木材直边相垂直的线（找方线）；
（b）四面交圈线（过线）

作业要求：按图 1-4 所示画找方线 40 条、交圈线（过线）40 道，1 课时完成。

检查评定　见表 1-2。

（2）三角尺画线练习

画线方法：尺柄紧靠木板（方）侧边沿

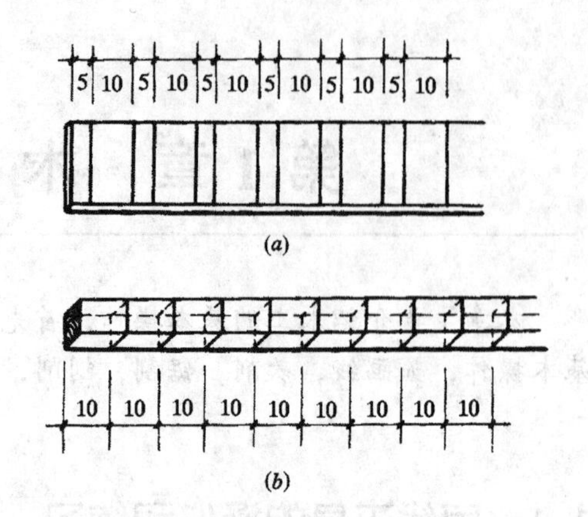

图 1-4　作业要求
（a）找方线正面 40 条；（b）交圈 40 道

45°尺翼可画出与侧边成 45°斜线；用直角边可画出与侧边相垂直的线条，如图 1-5 所示。

作业要求：用三角尺 45°斜边和直角边按图 1-5 的尺寸要求画 45°斜线和交圈线。

（3）检查评定　见表 1-3。

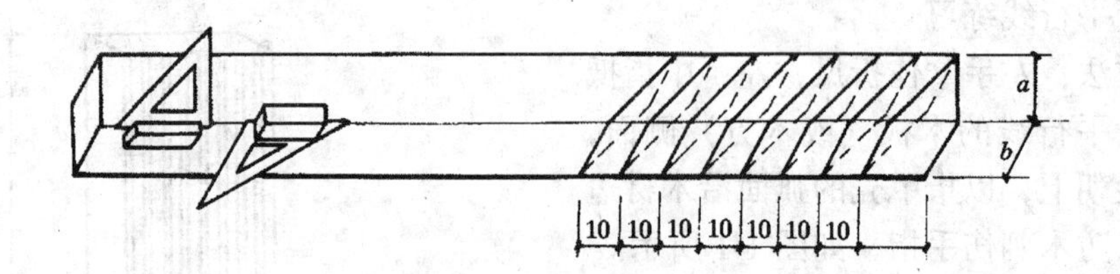

图 1-5　三角尺画线方法

直角尺画线考查评定　　表 1-2

序号	项目	要　求	检查方法	评定			评定要求		
				优良	合格	不合格	优良	合格	不合格
1	平行距离	±0.5mm	尺量检查				超出要求四处以下	超出要求5～8处	超出要求9处以上
2	操作方法	指法、移动、持笔	观察检查				操作规范	基本正确	不正确
3	线　条	细而清楚，无断、重、斜等	观察检查				清晰、整齐	清晰、无大缺陷	有缺陷
4	工　效	正反两面画线 40 条以上	观察、清点检查				按时完成	完成 90%	完成 90%以下

班级＿＿＿＿＿＿姓名＿＿＿＿＿＿指导教师＿＿＿＿＿＿日期＿＿＿＿＿＿

三角尺画线考查评定 **表 1-3**

序号	项目	要求	检查方法	评定			评定要求		
				优良	合格	不合格	优良	合格	不合格
1	平行距离	±0.5mm	尺量检查				超出要求四处以下	超出要求5~8处	超出要求9处以上
2	操作方法	指法、移动、持笔	观察检查				操作规范	基本正确	不正确
3	线条	细而清楚，无断、重、斜等	观察检查				清晰、整齐	清晰、无大缺陷	有缺陷
4	工效	正反两面划线40条以上	观察、清点检查				按时完成	完成90%	完成90%以下

班级________姓名________指导教师________日期________

1.1.3 水平尺使用方法

（1）水平测量法

将水平尺置于物体表面上，如中间的水准管内气泡居中，表示物面水平。在相同位置将水平尺两端调转位置使气泡仍然居中，表明水平尺精度合格，如图 1-6（*a*）。

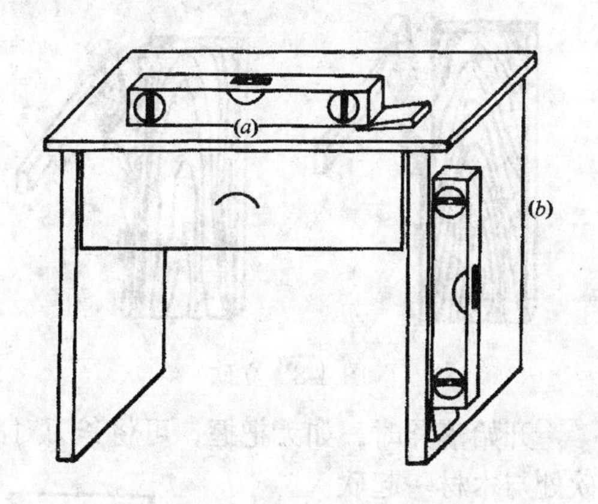

图 1-6 水平尺使用
（*a*）水平测量；（*b*）垂直测量

（2）垂直测量方法

将水平尺一边紧靠物体的垂面，如端部水准管内气泡居中，表示该面垂直，在同样位置水平尺上下端调头测量，如水泡仍然居中，表示水平尺精度合格，如图 1-6（*b*）。

作业要求：对课桌台面、窗台面、地面等进行水平测量不少于 4 种，对课桌、窗洞、墙柱等立面进行垂直测量不少于 4 种，1 课时完成。

（3）考查评定 见表 1-4。

1.1.4 弹线、吊线工具使用方法

（1）墨斗弹线练习

弹线方法：左手握住墨斗，右手用竹笔挤压丝棉（或海棉），使墨汁溢出，然后将竹笔放进墨斗，左手虎口同时压住竹笔，右手拉出饱含墨汁的线绳，将定针扎在木料的一端设点上，将墨斗悬空拉向另一端，右手拇指和食指捏提着墨线，左手无名指和小指

水平尺水平、垂直使用考查评定 **表 1-4**

序号	被测名称	水平评定			垂直评定			工效评定			评定要求
		优良	合格	不合格	优良	合格	不合格	优良	合格	不合格	
											1. 水平、垂直偏差 0～2mm 为优良；2.1～4mm 为合格；4.1mm 以上为不合格 2. 工效 按时完成 优良；完成90% 合格；完成90%以下 不合格；

班级________姓名________指导教师________日期________

按紧转盘，中指压住线绳出口，拇指卡握竹笔和斗身，食指定位、拉紧线绳，右手提线的两指同时放开拉紧的墨线使其回弹，在木料上弹出一条墨线，如图 1-7 所示。

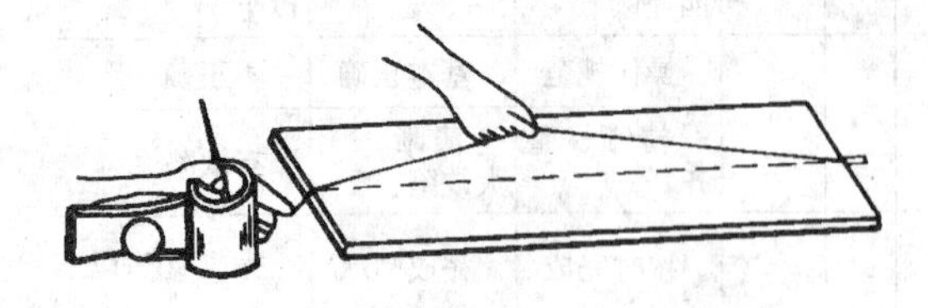

图 1-7　弹线方法

（2）线锤吊线练习

吊线方法：右手拇指和食指捏紧线绳，中指抵住被测物面加以稳定，锤体自由下垂，闭左眼，用右眼顺线绳上下观察线绳与被测物是否与线重叠，来测定被测物是否垂直，或以一点为准，视线顺着线绳来找出另一点，或量取上下两端离被测物与垂线的距离来测定被测物是否垂直。

作业要求：①墨斗在地面弹直线练习。②用线锤在墙面找出从地面到 2m 高处，两端垂直点后，用墨斗弹出垂线，两人一组，地、墙面各弹线 10 条，1 课时完成。

（3）考查评定　见表 1-5。

墨斗、线锤使用评定　　表 1-5

序号	检查项目	地面弹线			墙面吊点弹线			评定要求
		优良	合格	不合格	优良	合格	不合格	
1	操作方法							1. 操作方法：规范为优良；正确为合格；有错为不合格
2	平行线条							2. 平行，间距相等，线条完整为优良；间距相等为合格；有缺陷为不合格
3	垂直线条							3. 垂直，偏差 ±0.5mm 以内为优良；±0.6～±1.0mm 为合格；超过 ±1.1mm 为不合格
4	工效							4. 工效：见表 1-3

班级______姓名______指导教师______日期______

1.2　砍削及钉锤的使用

1.2.1　斧的操作方法

斧分平砍和立砍两种。平砍是砍削较长的材料的边楞，装饰工程中较为少用。立砍是砍削较短木料。操作时，左手扶正木料，右手握斧以墨线为准，顺纹理方向，挥动小臂进行砍削，如砍削部位较厚，可在砍削的边棱上每隔 100mm 左右任意砍一些切口，再进行落斧砍削。这样，木材纤维很容易随着切口处折断，如图 1-8 所示。如砍至中途遇到逆纹或节子时，应将木材调过头来，以另一端砍削。如遇较大的坚硬节子，两端对砍不下，可用锯子锯。

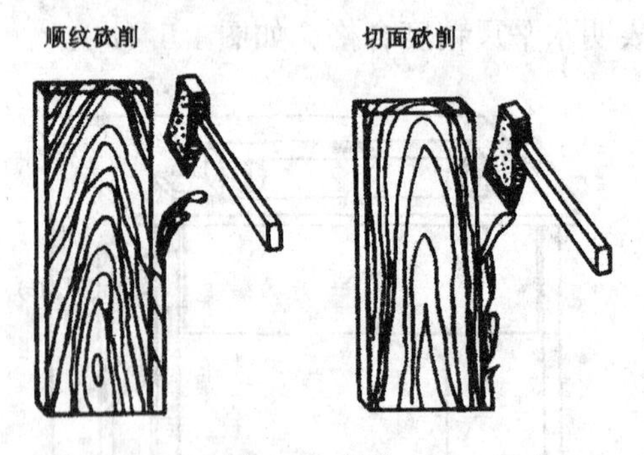

图 1-8　立砍

开始落斧时，如无把握，可将斧刃对准砍处与木材一起砍下，劈出切口角再进行砍削。

（1）作业内容

立砍练习，弹线练习。

（2）作业要求

按图 1-9 所示，先弹线后砍削，2 课时完成。

（3）考查评定

见表 1-6。

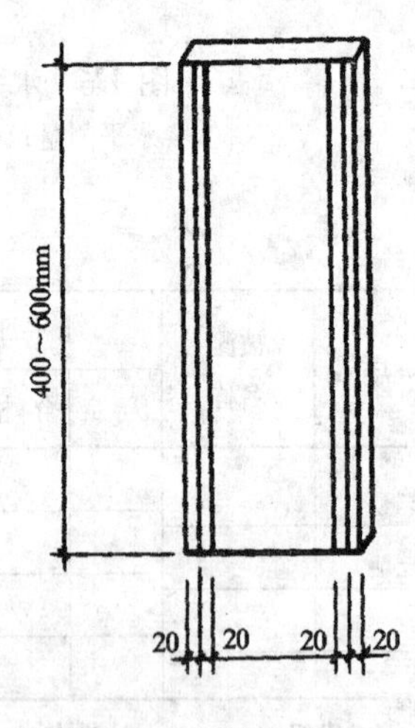

图 1-9　砍削木板

砍削考查评定　　　　表 1-6

序号	考查项目	评定			备注
		优良	合格	不合格	
1	画线				详见表 1-4 平行线条
2	立砍				±1mm 优良 ±2mm 合格 超过±2mm 为不合格

班级______姓名______指导教师______日期______

1.2.2　钉锤的操作方法

操作时，右手握住锤柄，食指压在柄上，挥动小臂使劲往下平击钉帽，迫使圆钉入木。拔钉时，可在羊角处垫上木块，加强起力。遇有锈钉，可先用锤轻击钉帽，使钉松动，然后再拔起。

(1) 作业内容

1) 在木方上钉钉。

2) 起出所钉的钉子。

(2) 作业要求

按图 1-10 所示，钉 70mm 圆钉，再将圆钉起出敲直。

(3) 考查评定　见表 1-7。

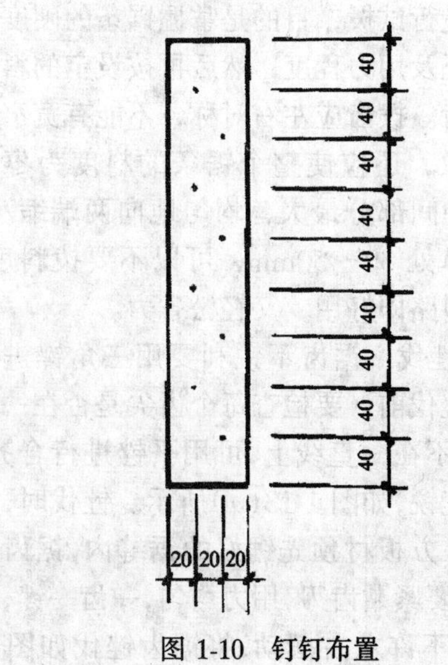

图 1-10　钉钉布置

钉钉、起钉考查评定　　　表 1-7

序号	项目	评定			评定要求
		优良	合格	不合格	
1	钉钉				优良：无弯钉，钉距准确 合格：钉距准确，有 1 个弯钉 不合格：钉距偏差，有 2 个以上弯钉
2	起钉				钉全部起出，并敲直为优良 钉全部起出，未全敲直为合格 钉未全起出，钉未敲直为不合格

班级______姓名______指导教师______日期______

1.3　锯割工具的使用

装饰木工在现场操作中需将大料改小、长料切断、锯榫拉肩、裁割板材、挖圆、加工弧曲面等，都离不开锯割工具。手工锯割工具有携带方便、使用灵活等优点，是装饰木工必须掌握的基本工具之一。

1.3.1　框锯的使用和维修

框锯又称架锯或手锯，用途最多，是锯割板、方材的主要工具。

框锯分为纵向锯割和横向锯割。纵向锯割如梭料、锯榫等；横向锯割如裁料、拉肩等。

(1) 纵向锯割操作

1) 操作准备

按图画出纵向锯割加工线。

适当绞紧锯绳，以铰板有劲为准，太紧会把锯轴拉裂，太松锯条易扭曲，调整好锯条角度（使锯条两端在一直线上，且应与锯架平面成 45°角）。

检查待锯木料中有无圆钉、砂石等障碍物，操作台、凳面是否成水平。

2) 操作方法

左脚站立，与加工线成 60°角，右脚踩

住木料，要求脚拐对准加工线，膝盖对准脚拐，右手握锯把手，小指与无名指夹住锯鼻，胳膊肘对准膝盖，身体与加工线成45°角，上身略俯，眼睛与加工线垂直（即为：肘、膝、脚拐三点为一条垂直线对准加工线，俗称三点对一线），上下运动，但不能左右摆动。

开始锯割时，锯条中部对准加工线，锯齿向下，用左手食指和拇指靠近加工线，作为锯条的靠具，右手轻轻推拉几下，待锯出5mm左右的锯缝后，腾出左手，帮右手一起推拉，参见图1-11。

推拉时锯条与木材面的夹角均成75°左右。上拉（提锯）不进行切削要轻，下推（锯割）紧跟加工线要重。手腕、肘肩、身腰和下推上拉同步进行（注意纵向锯割要依靠身体的上下运动的力量，不得只用手臂上下运动）。正常的锯割中，要使锯条用满（即不能只用锯条的中间一段，应从上至下都要用）。

锯至近末端时，锯速放慢、放轻，同时用左手拿住快锯落的木材，防止木料因自身重量向下突然断开，锯伤右脚和损坏锯割质量。

（2）横向锯割操作

1）操作准备

按图1-12所示，用量尺、角尺和铅笔画出加工线，其它准备与纵向锯相同。

图1-11 纵向锯割姿势

图1-12 横向锯割姿势

2）操作方法

将加工件（木材）放在板凳上，左脚踏住木料，与加工线平行，右手持锯，左手拇指和食指，靠近加工线，抵住锯条作为靠具，锯条与木料面成30°～45°角，用锯条中部上下轻推拉几次，横向锯割姿势参见图1-12。待锯切一定深的锯缝（约5mm左右），腾出左手按住木料，右手重推（下锯）轻拉（上提），进行锯割，同时观察锯缝是否与加工线吻合。

（3）框锯维修

1）一般维护

锯子用后，应将锯铰板放松（以铰板不掉落为准），以延长锯的使用寿命。如暂不使用，要将锯条齿上的木屑清除干净，再擦上油进行防锈保护，并将锯齿向下或朝里，挂、放在指定地点或工具橱内。

2）拨齿、锉伐

锯割过程中，感到进度慢又费力，正常推拉感到夹锯或偏线（不是因操作姿式造成），则说明锯齿不锐利，或锯路偏小，需要对锯进行修整。

a. 拨齿：锯路偏小或新锯要用拨齿器对锯齿进行拨大锯路，首先在上、下两端，最好在锯鼻的销钉以外。在用不到的锯齿处，先进行试拨，目的是掌握锯条的硬度和钢度情况及用力程度，然后再按设定的料路进行拨齿。拨齿应左右对称，不能有宽窄和倾斜现象，还应使整个锯条的料度为枣核形，即中间部分最大，均匀地向两端缩小，至离锯鼻处30～50mm，可以不要拨料度，这样的料路即好用，又轻松省力。

b. 锉伐：锯齿不锐利要用三角锉进行锉伐。锉伐前，要检查每个齿尖是否在一直线上，如不在一直线上，可用平锉进行合齐，再逐齿锉锐，如图1-13(*a*)所示。锉伐时，把锯条卡在方板材预先锯好的锯缝内，锯齿露出，锉刀要紧贴齿刃，用力均匀，一齿一锉，逐个进行，不许左右摆动，将锯齿锉伐如图1-

13(*b*)所示。

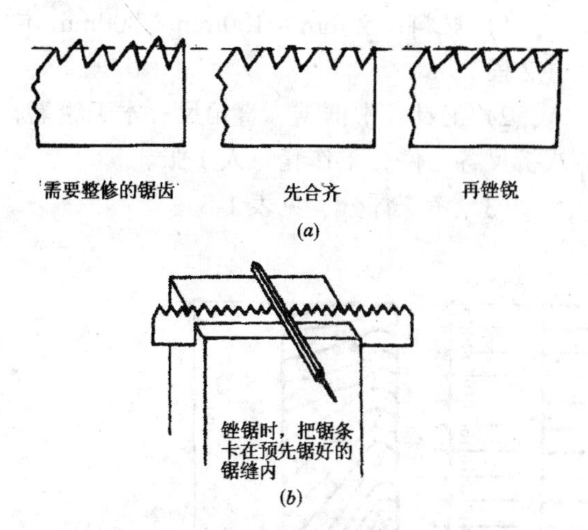

图 1-13　锯齿的锉伐

向前推时，要使锉面用力摩擦锯齿，要锉出钢屑，回拉时要轻抬，离开齿刃，锉锯齿分描尖和掏腔。描尖就是按照锯齿尖端角度将齿锉锋利；掏腔就是利用锉的边棱，按照规定角度进行锉伐，使两齿间夹角加深，锯齿加大。

锉好后的锯条,锯齿齿尖要高低平齐,在同一直线上,各齿距要相等,大小一致,锯齿斜度要正确,锯齿尖要锉得有棱有角,非常锋利,用指尖碰触时有粘手感觉,呈乌青色。

1.3.2　操作中常见的通病与对策

(1) 跑线（纵向锯割）

跑线的主要表现：一是锯缝与加工件表面加工线相符，但加工件下部偏出；二是上下都偏线，且越想调整，偏线越大。主要原因：一是操作姿式不正确，如身体倾斜过度或没有倾斜，锯条与加工件不成垂直而引起上部对线下部不对线。二是锯齿钝，或锯路不符合要求。因此，首先要练好操作姿势，尤其是三点对一线。初学时，有些不习惯，但是，如不按规范练习，无法掌握锯割操作，待养成不良习惯后，很难纠正。三是要经常检查锯齿的斜度和锐利程度，发现料度偏小（锯割中，上提、下推都感吃力），或锯速缓慢，用正常的力量而锯料变慢时，就应进行拨齿和锉伐。锯割正常情况下发现偏线现象应缓缓地一边向加工线调整，一边向前（90°）继续锯割。调整的时候应使锯条与加工件成垂直，锯割呈弧形向加工线上调整，不能强行只顾上面到线，而下面却偏线越来越远（即调整需要有一定的锯割长度，最少要超过锯条宽度）。

(2) 锯切面角度不正确

这主要是因为锯条与加工件的角度变小造成的,初学者,往往只图快,而忽略了锯条与工件之间夹角的要求,只图上表面紧跟加工线锯割,而下部进展缓慢或原地不动,使锯割角度越来越小,无形中使原加工木料截面变大,锯切面变长,增加难度。因此操作中应及时停锯,观察锯条与木料的加工角度,如偏小(正常角度为 75°左右)应及时调整。

(3) 横切面翘曲、倾斜

表现在横向锯割中锯切面变形、歪斜，达不到原来的要求。这主要是因为：一是锯割姿势不正确，没有按规定的角度进行操作；二是锯齿磨钝未锉伐；三是锯路不均匀，有半边大小现象。因此一方面要练好操作姿势，掌握锯切角度，另一方面要将锯齿锉锐利，锯路调拨符合要求，同时初学者要按线、逐面进行锯切，以保证横面平整，厚度一致。

(4) 锉伐不正确

表现在所锉齿形变样,大小不一,高低不平等。这主要是因为:一是锉刀端不平,常常改变与被锉面的角度;二是用力不匀,使齿深不一致,造成所锉齿大小不一;三是没有将锯条卡在预先锯好锯缝的木料上进行锉伐,而是用一只手捏住锯条,一只手锉锯而产生锉齿角度不一,深浅不一的高低不平现象。因此,首先预钉好锉锯锯架,将锯条固定后再进行锉伐,锉伐时要端正锉刀,用力均匀,经常观察锉面的角度,发现偏差及时修正,并且要多练,才能掌握好锉伐的基本功。

1.3.3 锯割练习和考查评分

（1）锯割练习（作业内容）

1）纵向锯割练习，见图 1-14，4 课时完成。

2）横向锯割练习，见图 1-15，2 课时完成。

（2）材料，工具（每人）

1）材料：50mm×100mm×800mm 木方 2 根。

2）工具：中框锯、直角尺、木工铅笔、八折尺各 1 件，工作凳每人 1 张。

（3）考查评分 见表 1-8。

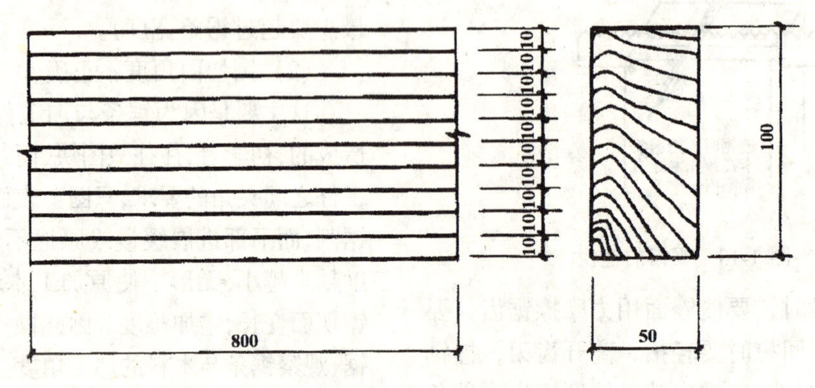

图 1-14 纵向锯割练习加工图

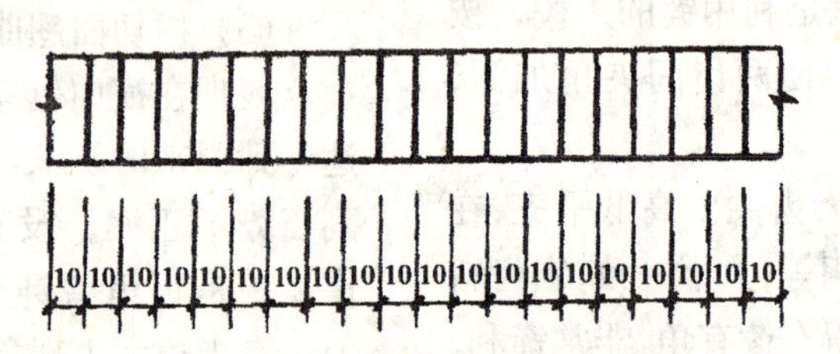

图 1-15 横向锯割练习加工图

锯割考查评分 **表 1-8**

序号	项目		单项配分	完成次数（工效）	得分（均分）	评定要求
1	操作姿式	纵向	15			姿式规范 15 分 正确 10 分 有缺陷 5 分 不正确 0 分 观察检查
		横向	15			
2	缝隙	上下偏差	10			上下偏差 1mm 扣 1 分 尺量检查
		偏离中心	10			调头拼合锯面每 1mm 空隙扣 1 分 楔形塞尺检查
3	角度	纵向	10			量角器检查 偏差±5°以下满分 ±6°～±8°5 分 ±9°以上 0 分
		横向	10			
4	安全卫生		10			无工伤，现场整洁
5	综合印象		20			工效、工具使用、维修正确 画线标准 劳动态度等

班级__________ 姓名__________ 指导教师__________ 日期__________ 总得分__________

1.4 刨削工具的使用和维护

刨按其构造和用途分为平刨和特殊刨两大类。

通过刨削工具的加工，能使木料和板材达到设计所需要的精确尺寸和各种特定的形状。装饰木工必须熟练掌握各种刨削工具的使用和维护。

1.4.1 平刨的使用和维护

平刨用来刨削木料的平面，使其平直、光滑，是装饰木工的主要工具之一。

（1）平刨操作

1）操作准备

检查工作台是否平整，钳口是否牢固。

检查被刨材料有无砂石、圆钉等易损刃口的杂物。

a. 刨刃调整

安装刨刃时,先调整刨刀与盖铁两者刃口间距离,用螺丝拧紧,然后将它插入刨身中,刃口接近刨底,加上木楔,稍往下压,左手捏住刨身左侧棱角处,大拇指压住木楔、盖铁和刨刀处,用锤轻敲刨刀尾部,使刨刃口露出刨口槽口,刃口露出多少要根据刨削量而定,一般为0.1~0.5mm,粗刨多一些,细刨少一些。检查刃口的露出量,可用左手拿刨,刨底向上,用单眼沿刨底望去,参见图 1-16。

如果刃口露出量太多，可轻敲刨身尾端，刨刃即可退后，参见图 1-17。

图 1-16 进刃

图 1-17 退刃

如果刨刀刃口一角突出，只须敲同角刨尾后端侧面，突出刃口一角即可缩进，或侧向轻击刨刀尾部，突出角将会与另一角相平行。然后试刨，观察刀刃切削量是否符合设定要求，如不符合，继续调试，直到符合要求为止，再将木楔轻击至紧。

b. 刨面选择

操作前，应对刨削面进行选择，先看木料的平直程度，再识别是心材还是边材，顺纹还是逆纹，一般要选择比较洁净，纹理清楚的心材作为大面，先刨心材面，再刨其它几面。并顺纹刨削，这样容易使刨削面平整，而且比较省力，逆纹刨削会发生戗搓现象，往往因刨花不能顺畅飞出而堵在刨刃与盖铁交接处，而且刨面粗糙，起雀纹，推刨既费力又不通顺。

2）纵向刨削

推刨时，双手紧握刨身，食指前伸压在刨花出口前部，参见图1-18。大拇指在刨柄后，然后大拇指须加大推力，食指略加压力，左脚在前，右脚在后成丁字形，双臂略曲，身体随双臂一同运动，双臂同双手用力一致，一齐用力向前推刨，参见图 1-19。推刨中途用力要均匀，双臂借助身体向前运动的力量，再转至两手，直到刨刃将接近端点，再将两臂伸直，利用两臂由弯曲到伸直的运动力量完成最后一部分的刨削，而不能只靠双手或两臂的运动（运动距离短）完成刨削。所以，要想刨削既省力又刨削距离

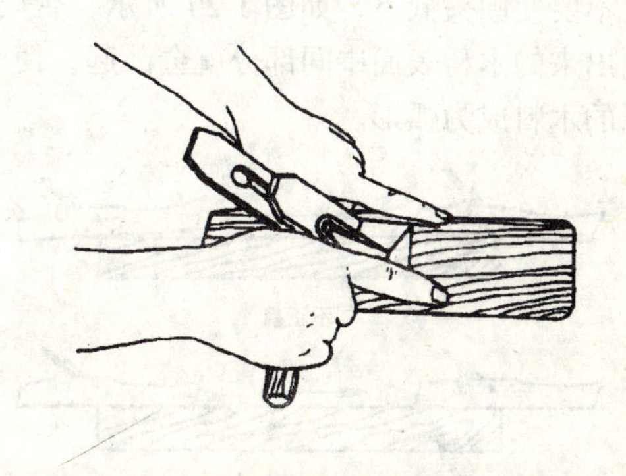

图 1-18 双手握刨

长，就须学会应用身体运动来增加刨削力量。这是初学者常常忽略而又十分重要的操作动作。

图 1-19　推刨

刨削时，向前推刨应用拇指和食指向下加压，使刨底紧贴加工面，而退回时，则应将刨身后部略提起，以免刃口在木料上拖磨，使刃口迟钝。开始不要将刨头翘起，结束不要使刨头低下，如图 1-20 所示，否则，刨出来的木料表面中间部分就会凸起，使刨削的木料成为弧形。

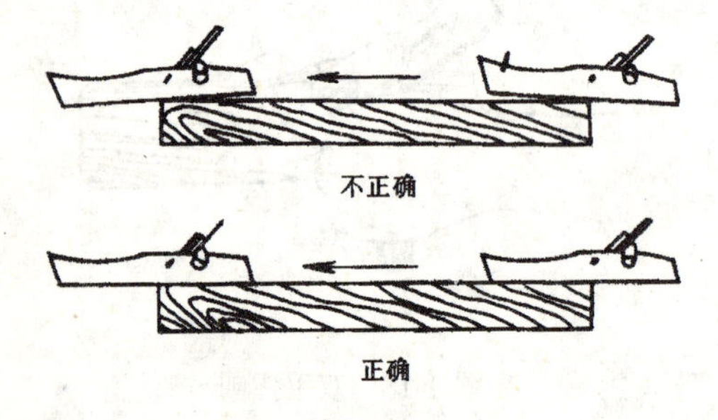

图 1-20　推刨方法

如被刨削的木料面有凸出的部分，应先刨凸起的部位，直到凸起部位与其它部位平齐，再顺次刨削；如被刨削的木料翘曲，则应刨削翘曲的两对角，不得只刨一只角，使这部分刨削量过大而引起局部尺寸不够的错误。

总的来讲，刨削应按照：先看（观察、挑选）后刨、先刨好面、后刨差面，先刨凸后刨直，先刨翘（翘曲）后刨平（平整），边刨边看，刨看结合的原则，进行练习。

检查刨削面首先要学会用单眼观察直和平，刨削面直与否，可通过以一端为准看到另一端是否成一条直线来确定，如从一端看往另一端，中途出现有凸凹现象则说明不直，而刨削面是否平整，必须用双手抓住木料两端以直边为基准，慢慢地转动木料方向，使基准直边与另一边相比较，是否在同一平面上（即两边直线是否重叠）。如通长两道直边重叠说明刨削面平整。如有部分不重叠则说明刨削面不平整。初学者往往一时不能观察出平整程度，可用两块以上刨削过的刨面重叠在一道，迎光观察，有无空隙。为防止有巧合，应再与其它刨面对比（采用第三块刨削面与第一块刨削面重叠，或调头重叠，就能大致确定刨削面是否平整，并能总结单眼观察平整度的经验）。

确定第一个刨削面平、直后应及时在刨面上标好大面符号(S)，再刨削相邻的一个面，这个面不但要检查是否平直，还要用直角尺内角沿大面来回拖动，检查这两个面是否相互垂直(成直角)，参见图 1-21。如不符合标准，应修刨第二个面，使其与第一个面必须成直角，直至标准，也标出 S 符号。以 S 符号的面为基准，用拖线(划平行线)法，画出所需要的宽度和厚度线，依线再刨其它两面，并用同样方法，检查其平直及其与相邻面是否成直角，就能刨出合格的木料。

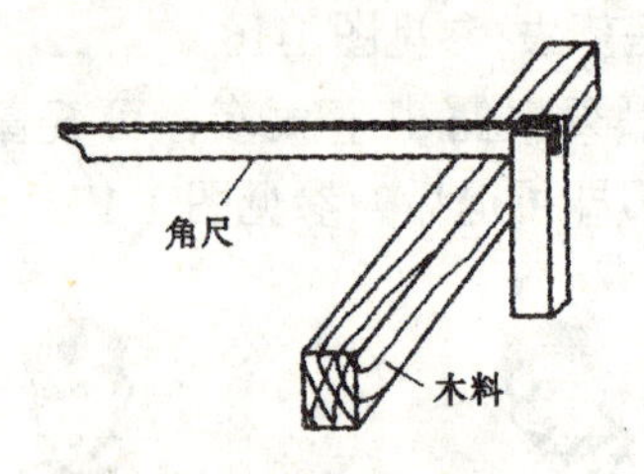

图 1-21　检查直角方法

3）横断面刨削

横断面刨削，一般应将需刨削工件用夹具或抵紧于固定的物体，使其不松动，或是一手抓（抵）紧加工件，一手刨削。单手握刨参见图 1-22。

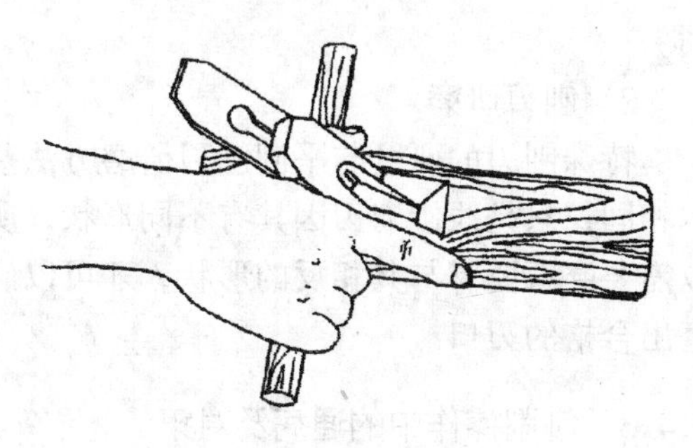

图 1-22　单手握刨示意

刨削时，从两端向中间刨，不能从一端刨到头，防止木材劈裂，如图 1-23 所示。一般在较宽板面端部作横刨时应先用粗刨，将较凸出的部位，或粗毛头刨去，再用细刨刨削。如刨面需要光洁，还可在横切面上用水略潮湿再刨削，就能使刨面既平整又光洁，同时还不易劈裂，无论何种横切面刨削，都必须小心，最好先将横切面的四边棱角刨去，再进行横切面刨削，就更加妥当。

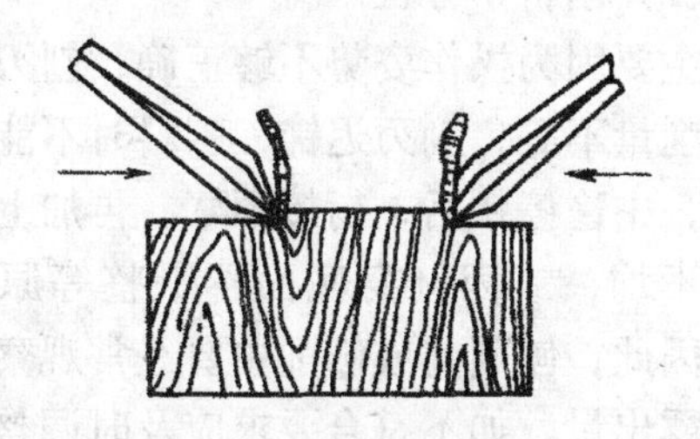

图 1-23　横断面刨削

横切面一般刨削距离不长,刨身与刨面接触部位较少(往往只是刨刃前后一段),刨削过程中,要特别注意刨削面的平直(因刨削行程较短,又要从两边向中间刨),所以,刨刃刃口要特别锋利。否则会因刨削量偏小,加上刃口不锋利而无法刨削,如刨削量调大,势必造成横切面粗糙,且易造成劈裂。

(2) 刨的维修

1) 刨的一般维护

刨在使用时，刨底要经常擦油（机油、菜油均可），进、退刨刀敲击刨尾，不要乱打，刨削时木楔不要打得太紧，以免损坏刨梁，用完后必须退松刨楔和刨刃，底面朝上平放在工作台上擦净、上油，或刨口朝里挂在工具橱中，不要乱丢。如长期不用，应将刨刀和盖铁退出上油防锈（最好是黄油），将刨楔插在刨口内以防刨口向内收缩，并要经常检查刨底是否平直，如有不平整应及时修整，否则不能使用。

2) 刨刃研磨

磨刨刃前要检查磨石是否平整，如磨石面凹陷，不能研磨刨刃，需要用砂放在水泥地面再用磨石在上面来回用力拖磨，直至磨石平整。

磨刨刀的姿式如图 1-24 所示，研磨刀刃时，刀口斜面贴在磨石上，不能翘起（如图 1-25）。刨刀与磨石平面夹角始终保持 25°～30°。往前推磨刨刀时，稍用力压紧刨刀，退回时放松，使刨刀沿磨石平面滑过。磨刨刀平面要特别注意，绝对不能在有凹陷的磨石上研磨，否则，一旦将刨刀平面磨成凸面，刨刀将无法使用。所以磨平面时最好选用略带凸面的磨石，将刨刀平面紧贴磨石，且尾部不能抬起，研磨时随时加水，清除粉状物，减少阻力，以免刃口发热退火。

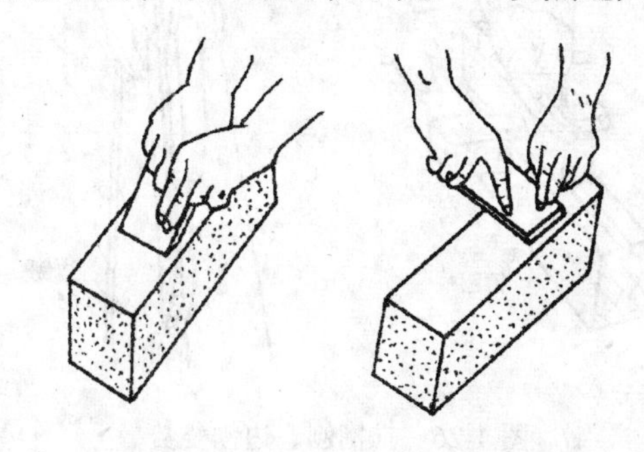

图 1-24　磨刨刀姿势示意

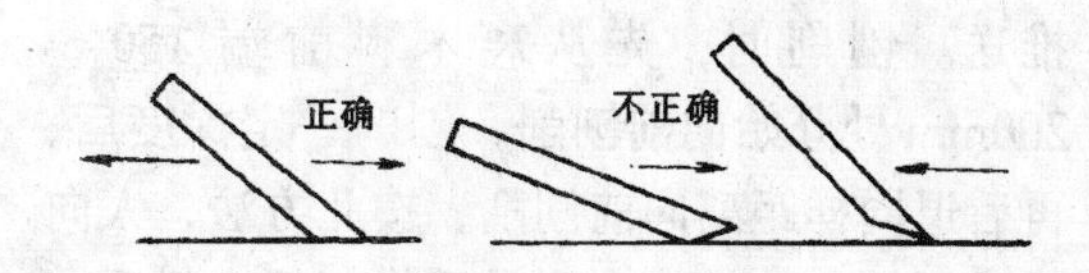

图 1-25　磨刨刀斜坡

磨刀时不要总在一处（或一条线）磨，以保持磨面平整，磨好后的刀锋，看起来是一条极细的黑线，刃口呈乌青色，刃口斜面很平整，刃口与刨刀两侧为直角。

新买的盖铁也需研磨，一是将原斜面磨平整，磨光滑；二是将与刨刀相接合面磨平直，使其与刨刀拼合后密实无缝。以防刨削时木花不畅，或因有缝隙，木花会钻入盖铁与刀刃之间而影响刨削。

磨好的刨刀和盖铁应及时用干布或干刨花将水渍擦净，装入刨身，以免碰坏刃口。

1.4.2 特殊刨的使用

装饰施工现场所用特殊刨主要有线刨、边刨（裁口刨）和线刨三种。

（1）操作方法

1）调试刨刃

槽刨、边刨、线刨在使用前，先把刨刀刃口适当调出，调试方法与平刨基本相同。

2）操作要领

推槽刨的姿势与推平刨相同。推边刨是右手握住刨身与刨刀上部结合处，左手扶住木料，如图 1-26 所示，线刨与边刨姿势相同。

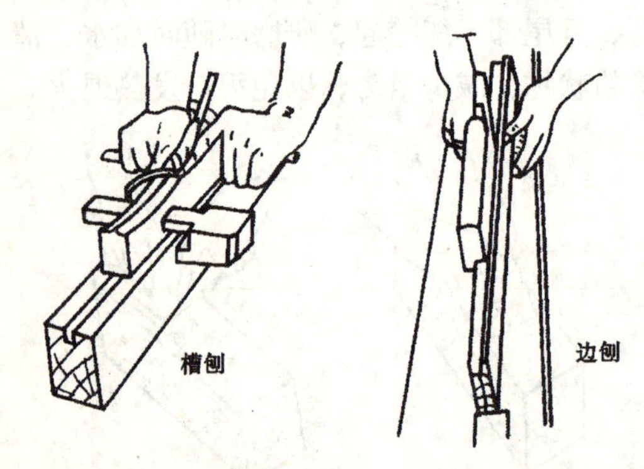

图 1-26 推槽刨、边刨姿势

三种刨的操作方法基本相似，都是向前推送。刨削时，先从离木料前端 150～200mm 处开始向前刨削，刨削一定深度后，再后退同样距离向前刨削，按此方法，人向后退，刨向前推，直到最后将刨从木料后端一直推到前端，使所刨的凹槽和线条深浅一致，完成刨削。

（2）特殊刨的维修

1）一般维护

特殊刨的一般维护与平刨的一般维护相同。

2）刨刃研磨

特殊刨刃的研磨与平刨刨刃研磨方法基本相同，只是线刨刀刃因其有不同形状，所以需要磨石要有与其相反的形状，才可以研磨出合格的刃口。

1.4.3 刨削操作中的通病及对策

（1）刨料不直、不平整

主要原因是刨削姿势不正确，有翘头、落头现象，两手用力不均，刨刃不锋利等。因此，首先要掌握刨削操作姿势，才能保证不出现翘头、落头的现象。通过练习找出双手用力不均的原因，加以克服；刀刃要经常研磨，不要等到很迟钝再去研磨。在保证刨刃锋利的情况下，加强练习就能刨出平直的木料。

（2）刨料不方正

主要因为操作姿势不够正确，刨刃两边的刨削量不等，刨刃迟钝，刨料时不能一次到头，中途停顿后，衔接不好，再加上双手用力不均，或因刨身底面不平整等原因造成。因此，刨削前或刨削中要经常观察刨刃两边露出量，如不符合要求应及时调整，如发现刨削时，比平时吃力，就应该研磨刨刃，要保持刃口的锋利，加强基本功练习，学会利用身体运动增加力量，尽量使刨削能一次到头，减少中途停顿、衔接次数。刨削第二面时要经常用直角尺检查其方正度，通过不断刻苦努力，就能积累实际刨削经验，刨削出来的木料就会方正。

（3）刨刀研磨不锋利，有弧度，刨削时间不长就变钝

这主要是因为研磨刨刃的手法不正确，磨石不平整，研磨角度不固定等原因造成。因此，首先要从磨平磨石开始。初学者往往因研磨时不能充分利用磨石整个面来磨刨刃，常常在某一处，尤其是中间部位研磨过多，造成磨石经常处在凹陷面状态，这样磨

出的刨刃，肯定是有弧度的。刨刃有弧度，只要凸出部位一钝，整个刨刃就变钝。所以，只要研磨刨刃就必须将磨石磨平。在此基础上不断练习，摸索自己磨刀手法有何缺陷，不要怕脏、怕累，要研磨一次总结一次，慢慢的就会有研磨刨刃的手感和经验。常言道："万事开头难"，只要自己有信心，研磨刨刀并不是件难事，"磨刀不误刨削功"，对木工来说可真是再切确的道理了。从以上的几种通病来说，都与研磨好刨刃有密切的关系，所以，只要自己肯下功夫，刨刃就一定会磨好，一旦使用上自己研磨合格的刨刃，刨削质量一定会有一个连自己都感到惊奇的提高。

1.4.4 刨削练习和考查评分

(1) 刨削练习（作业内容）

1) 按加工图 1-27(*a*)(木方、木板)尺寸进行纵向和横向刨削练习,4 课时完成。

2) 按加工图 1-27 (*b*) 所示，对木方、木板进行刨槽、裁边练习，2 课时完成。

(2) 材料、工具

1) 材料:50mm×80mm×1000mm 木方 1 根,25mm×150mm×800mm 木板一块。

2) 工具：长刨、槽刨、边刨、锤、起子、直角尺、钢卷尺（或八折尺)、木工铅笔、工作台、钳口、油石、刀砖各 1。

(3) 考查评分见表 1-9、表 1-10。

木方、木板刨削考查评分 **表 1-9**

序号	考查项目	单项评分	纵向刨削								横向刨削				得分	评分要求（1～4 项为均分）
			木方四面				木板四面									
			大面		背面		大面		背面		木方两端		木板两端			
			1	2	1	2	1	2	1	2	1	2	1	2		
1	顺　直	12														直尺量尺检查,每偏差 0.5mm 扣 2 分
2	平　整	12														平板、量尺检查,每偏差 1mm 扣 2 分
3	方　正	12														直角尺、量尺检查,每偏差 1mm 扣 2 分
4	尺　寸	12														量尺检查，每偏差 0.5mm 扣 2 分
5	安全卫生	10														无工伤，现场整洁
6	操作姿式	22														观察检查
7	综合印象	20														方法、态度、工效等

班级________姓名________指导教师________日期________总得分________

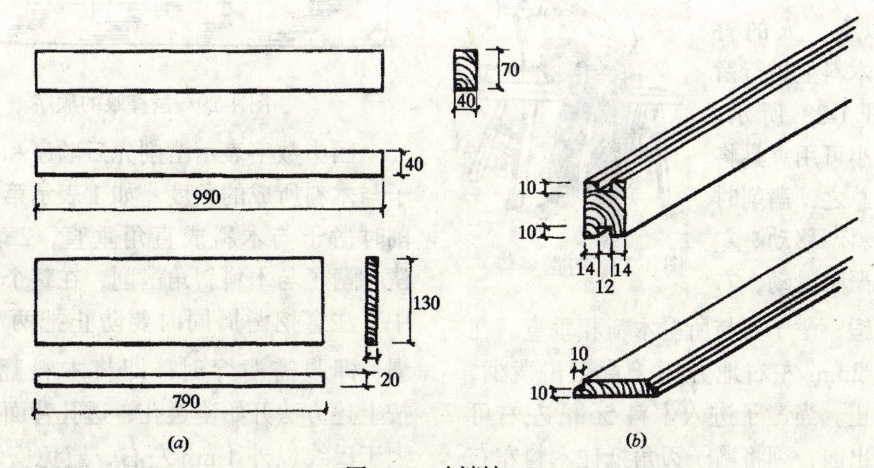

图 1-27 刨削加工

(*a*) 刨削（木方、木板）加工图；(*b*) 木方刨槽、木板裁边加工图

刨刃研磨考查评分 **表 1-10**

序号	考查项目	单项评分	检查方法、评分标准	得分
1	刃口平直	10	直尺、量尺检查，每偏差 1mm 扣 2 分	
2	斜面平整	10	与平板玻璃对比，空隙每 1mm 扣 2 分	
3	斜面角度	10	斜边长度≈厚度 $2\frac{1}{4}$倍，每偏差 ±0.5mm 扣 2 分	
4	刃口方正	10	直角尺检查，每偏差 1mm 扣 2 分	
5	磨面平整	10	同上	
6	研磨手法	10	观察检查，规范满分，有缺陷扣 30%，错误不得分	
7	刨刃锋利	10	观察、指摸、刨削检查	
8	安全卫生	10	无工伤、现场整洁	
9	综合印象	20	方法、态度、工效等	

班级________姓名________指导教师________日期________总分________

1.5 凿孔工具和铲削工具的使用和维修

1.5.1 凿孔、铲削的操作

（1）凿孔操作方法

用凿在木材上凿削出各种孔眼，称榫眼。凿削前，将木料放在工作凳上，如木料长度在 900mm 以上，人的臀部可坐在木料上进行凿削，如图 1-28 所示。如木料短小可用夹具将其固定。总之，凿削时要保持木料不移动。左手握凿，严防滑动，右手握斧或锤，凿子要与所凿木料相垂直。在孔内离线 2mm 左右地方用斧背敲击凿柄，敲击时要正。当凿子进入木料 5mm 左右可拔出。拔出前，须将凿子刃角抵住木料左右摇动，将木纤维切断或挖出凿屑。凿到离孔另一条线 2mm 左右时，把凿子反转 180°垂直凿削，挖出凿屑。孔眼深度达到后再在前后两端留墨线垂直凿出二孔壁。凿削须序见图 1-29。

图 1-28 打凿姿势

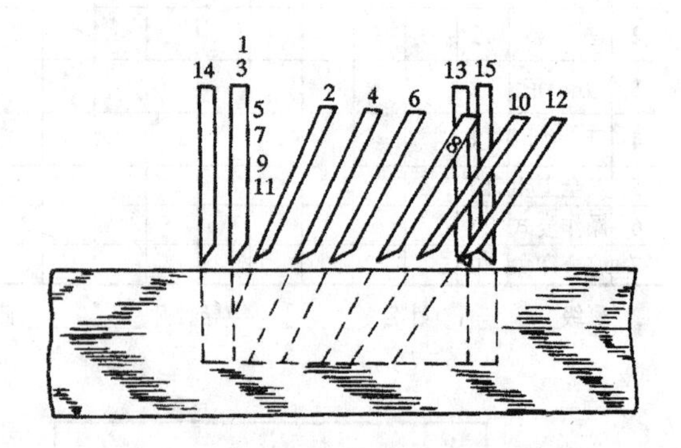

图 1-29 凿榫眼的顺序

图中数字表示凿削先后顺序和凿削时凿子与木料所成的角度。如 1 表示第一凿，凿削时凿子与木料成直角垂直，2 表示第二凿，凿子与木料斜角凿削，在整个凿削过程中，注意挖凿屑同时要防止把两端孔壁撬塌，榫眼需凿穿时，即将木料翻转 180°，按上述方法开始凿透孔，透孔背面孔膛应稍大于墨线以外 1mm 左右，避免安装榫头时顶劈裂，孔眼凿通后，用薄凿将两面修光。

在修时，要使两端面中部略微凸起，以便挤紧榫头，孔壁形状如图 1-30 所示。

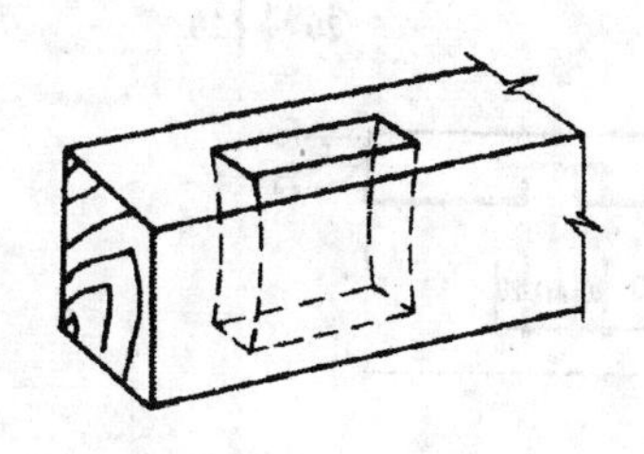

图 1-30 孔壁形状

（2）铲削操作方法

先按线作横向锯割，铲削部位应多锯几道，锯缝切断木材纤维，再用锤击打凿柄，使凿刃劈切木材，至加工线附近，应先用手推，肩窝顶，从正反两面向中间切削，直到符合要求。如木料较脆干，可在切面湿水再进行铲削，铲削面不易起戗搓。

（3）凿的维修

1）一般维护：

凿用后应擦净刃口部位的木屑或树脂，并涂油，以免生锈；放置在工具包或工具柜内，以免刃口受损。

2）凿的研磨：

凿的研磨方法基本与刨刀刃口研磨方法相同。

1.5.2 凿孔、铲削练习和考查评分

（1）按加工图 1-31 所示，进行凿孔练习，4 课时完成（先刨削，画线后凿孔）。

（2）按加工图 1-32 所示，进行铲削练习，2 课时完成（先刨削、画线、横向锯割，再铲削）。

（3）材料，工具

1）材料：白松木方 45mm×65mm×1050mm2 根。

2）工具：平刨、中锯、直角尺、锤、起子、八折尺、油石、刀砖、13mm（1/2in）凿、25.4mm(1in)凿等各 1 件。

（4）考查评分见表 1-11

凿、铲考查评分　　表 1-11

序号	考查项目	单项评分标准	凿眼				铲		得分	检查方法，评分要求（以得分计算）
			通眼	半眼	大小眼	斜眼	直口	斜口		
1	操作姿势	20								观察检查，操作规范满分，合格 12 分，错误 0 分
2	规格尺寸	14								量尺检查，每偏差 0.5mm 扣 2 分
3	方正(角度)	16								角尺、量尺检查，每偏差 0.5mm 扣 4 分
4	工　效	20								按加工图项目检查工作量
5	安全卫生	10								无工伤，现场整洁
6	综合印象	20								锯、刨操作，工作态度等

班级＿＿＿＿姓名＿＿＿＿指导教师＿＿＿＿日期＿＿＿＿总得分＿＿＿＿

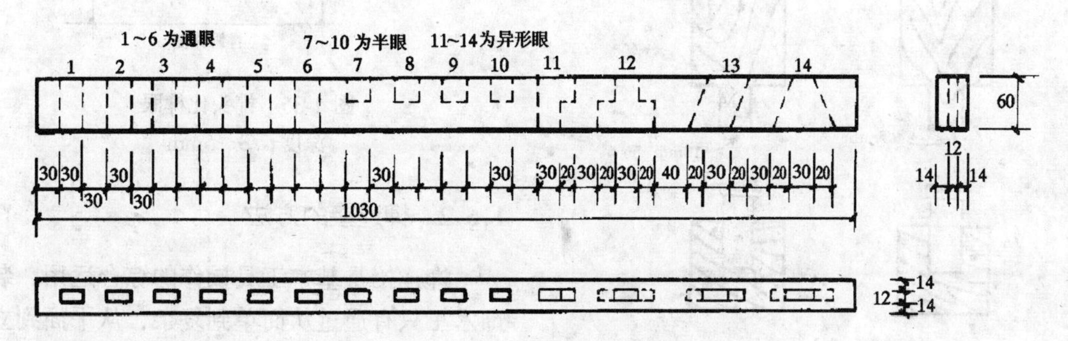

图 1-31 凿眼加工图

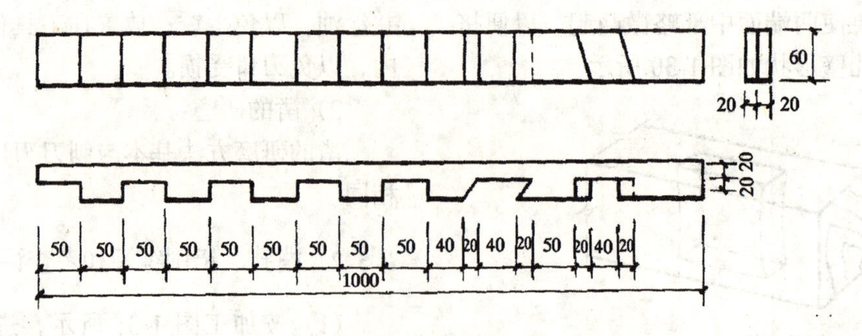

图 1-32　锯、铲削（切削）加工图

1.6 榫连接

木质制品一般是各种大小不同的木材组合而成。榫眼（槽）的连接（组合）是木构件（家具）的重要组成部分，也是木工基本功优劣的反映。

1.6.1　榫连接的一般要求

（1）榫眼

1）榫眼的宽度宽于榫头厚度 0.1～0.2mm，其抗拉强度最大。

2）榫眼的长度小于榫头的宽度 0.5～1mm，其配合最紧，强度最大。

（2）榫头

1）榫头厚度若等于榫眼宽度或比榫眼宽度小 0.1～0.2mm，则抗拉强度最大，参见图 1-33。

2）榫头宽度。榫头宽度一般比榫眼长度大 0.5～1mm，实践证明：硬材大 0.5mm，软材大 1mm，配合最紧，强度最大，参见图 1-34。

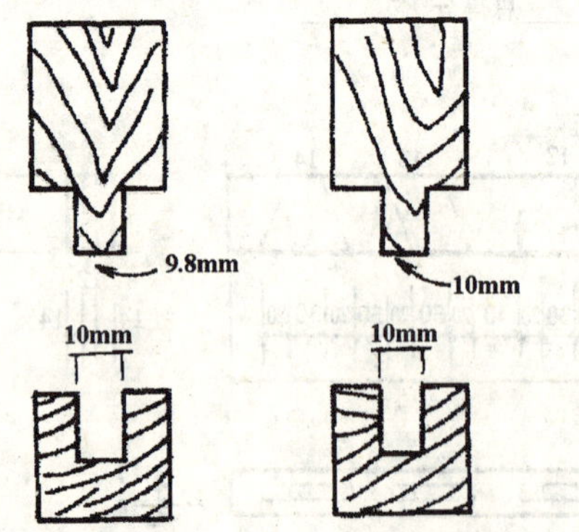

图 1-33　榫头和榫眼的厚度要求

3）榫头的长度：

a. 明榫接合，榫头长度最低等于榫眼深度，一般要求榫头比榫眼深度大 3～5mm，以利接合裁齐刨平，参见图 1-35。

b. 暗榫接合。榫头长度一般是另一根方材断面宽度（或方材厚度）的 2/3 左右，单榫一般是 1/3～3/7，双榫一般是方材厚度的 1/5～2/9，榫眼深度比榫头长 2mm，参见图 1-36。

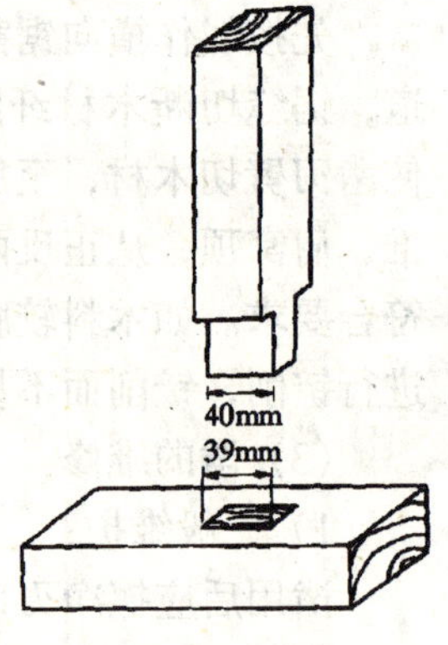

图 1-34　榫头和榫眼的宽度要求

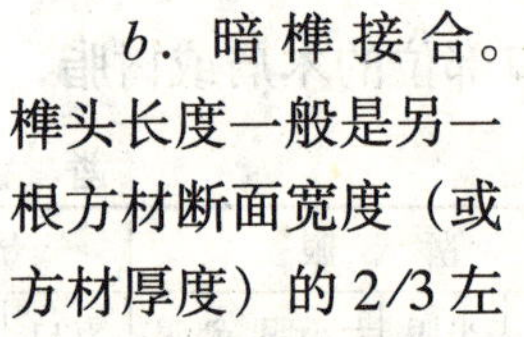

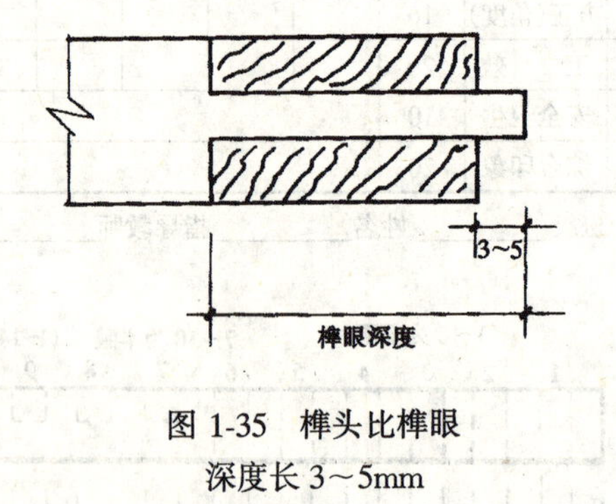

图 1-35　榫头比榫眼深度长 3～5mm

1.6.2　榫连接的方法

榫连接是基本工具操作的综合运用，装饰木工只有通过从简单到复杂，从平面到立体的榫眼连接操作，加以反复练习，才能掌

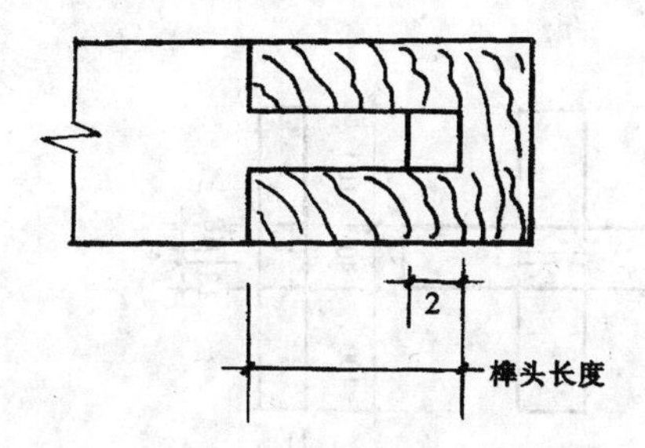

图 1-36　榫头比榫眼深度短 2mm

握其技术、技巧，达到熟练运用的能力，并在今后装饰木结构工程中，发挥更大的作用。

(1) 平面节点榫接形式

中榫连接如图 1-37 所示。

角榫连接如图 1-38。

中撑榫连接如图 1-39。

燕尾榫连接如图 1-40。

(2) 材料、工具

1) 材料：白松木方、木板、白乳胶。详见表 1-12。

2) 工具：木工常用手工工具，详见表 1-13。

材　料　单　　　　表 1-12

序号	名称	规格 (mm)	数量	备　注
1	白松	35×45		1. 材料按加工图计算(包括加工余量)
2	白松	25×185		2. 木材含水率应在18%以内
3	白松	25×205		
4	白乳胶	瓶 (0.5kg)		

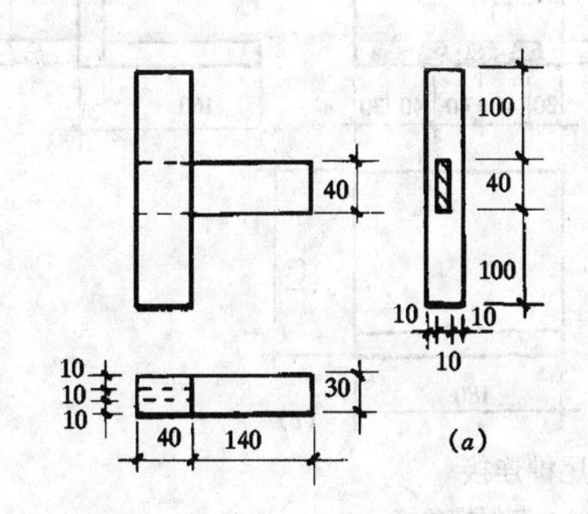

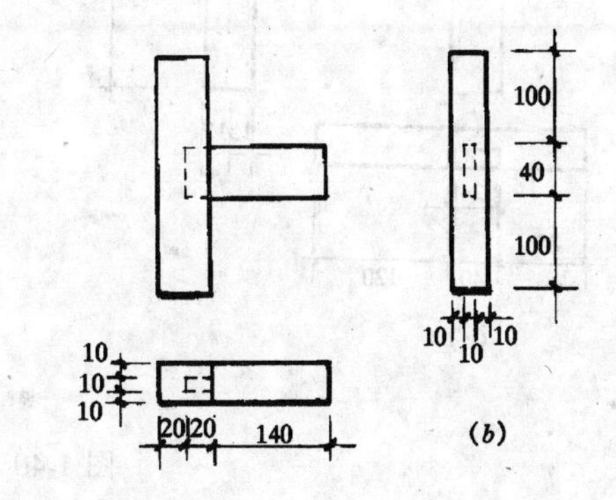

图 1-37　中榫加工图

(a) 明榫；(b) 暗榫

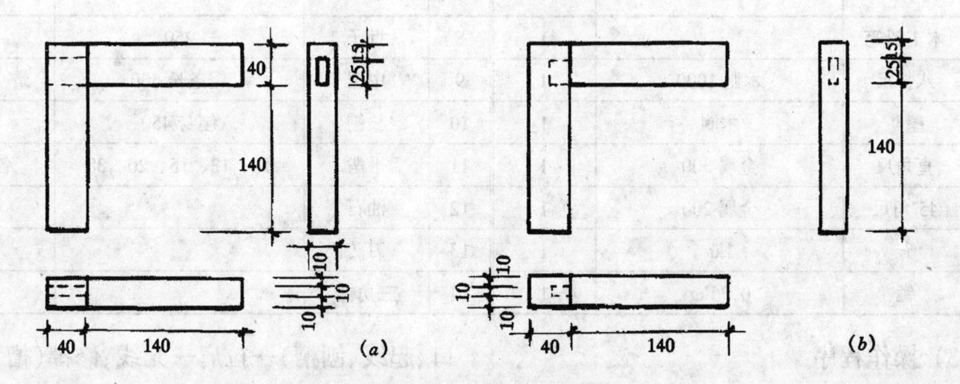

图 1-38　角榫加工图

(a) 明榫；(b) 暗榫

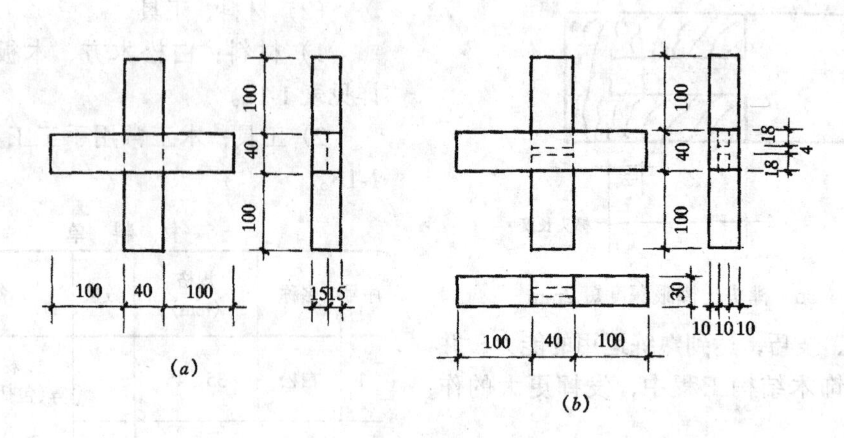

图 1-39　中撑榫连接

(a) 搭接式；(b) 榫接式

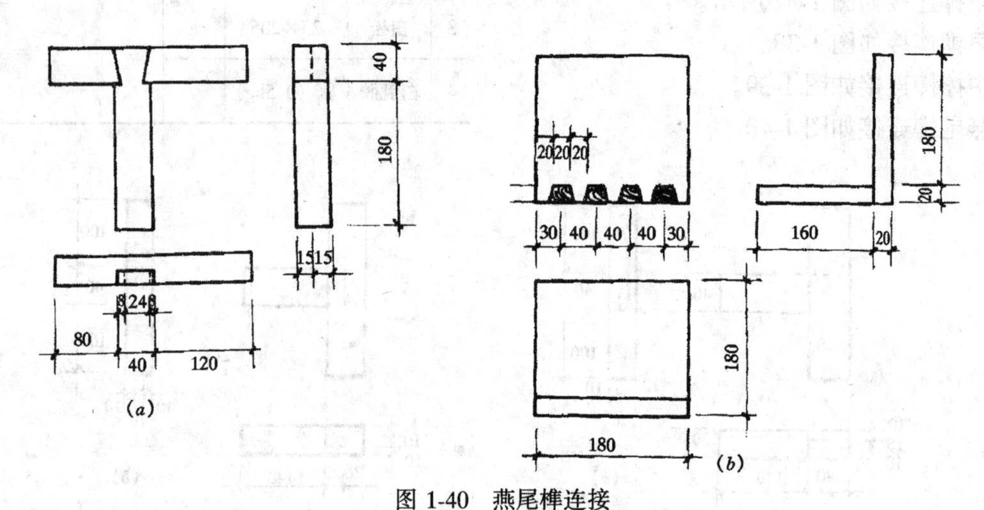

图 1-40　燕尾榫连接

(a) 燕尾榫搭接；(b) 燕尾榫角接

常用手工工具单　　　　**表 1-13**

序号	名称	规格 (mm)	数量	序号	名称	规格 (mm)	数量
1	木工铅笔		1	8	批子	250	1
2	八折尺	木制 1000	1	9	中锯	锯条长 500	1
3	墨斗	木制	1	10	长刨	刨身 450	1
4	直角尺	金属 300	1	11	平凿	10、13、15、20、38	各 1
5	45°角尺	金属 200	1	12	油石		1
6	斧	1kg	1	13	刀砖		1
7	锤	0.75kg	1	14	三角锉		1

(3) 操作程序

阅读加工图→填写配料单→配料→下料→刨削→画线→凿眼(槽)→锯榫(槽)→(裁口、起线、刨槽)→拉肩→光线、修榫(槽)→组合、拼装→净面。

(4) 操作要点

1）配料要留有合理的加工余量，特别注意角榫凿孔（眼）的木料端部应留有找头长度（一般 20mm 左右）；明榫（通榫）应留出 3～5mm 的冒头长度。

2）画线前要检查、校验角尺等工具的准确，线段清晰、完整，符号正确。

3）刨削裁面方正，并比实际尺寸大 0.5mm，以便光线和净面。

4）榫眼、割角要方正、准确，符合榫连接的要求。

5）组合拼装中，随时检查其方正和平整。

6）光线、净面应使用刨刃锋利的细长刨或光刨，并顺木纹方向刨削，不得损伤横竖交接处。

（5）操作练习（作业内容）

1）按加工图 1-37～图 1-40 填写材料单（毛料），材料单见表 1-12。

2）按加工图 1-37～图 1-40 进行操作练习。

3）每人单独操作，16 课时完成。

（6）考查评分见表 1-14。

榫连接评分表　　　　表 1-14

序号	考查项目	单项评分标准	要　求	得分
1	识图	10	包括填材料单，配、截料	
2	划线	10	划线清楚、准确，符号正确	
3	刨削	10	直、平、方，截面尺寸偏差不超过±0.5mm	
4	凿眼	10	方、正、无裂缝，尺寸符合要求	
5	做榫	10	方正、尺寸符合要求，无龟榫	
6	组装尺寸	15	总长尺寸不得偏差±1，无裂缝，肩到缝严方正无翘曲	
7	安全卫生	10	无工伤，现场整结	
8	综合印象	25	程序、方法、态度、工效、截口起线等	

班级____姓名____指导教师____日期____总得分____

1.6.3　组合框架

组合框架的制作是各种榫连接的综合运用，是半成品和成品的实际操作；同时也是对以上各基本功操作技术、技能的全面考核。

（1）组合框架的加工图

1）平面框架加工图，见图 1-41。

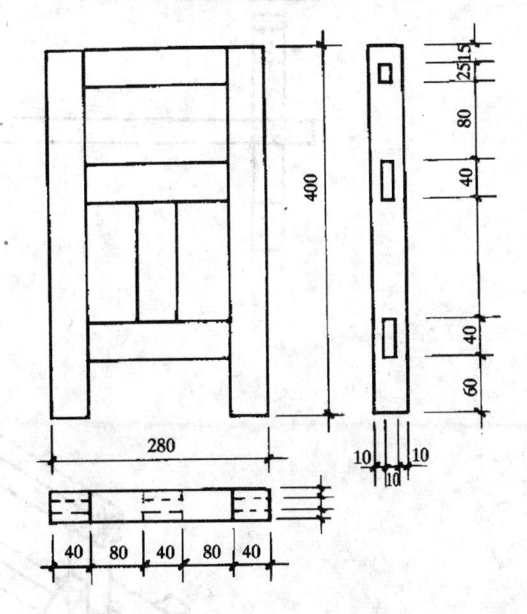

图 1-41　平面框架加工图

2）立体框架加工图，见图 1-42。

（2）材料、工具

1）材料：白松木方、白乳胶、圆钉等。

2）工具：木工手工工具一套，见表 1-13。

（3）操作程序

同 1.6.2—(3)。

（4）操作要点

同 1.6.2—(4)。

（5）操作练习（作业内容）

1）按加工图填写材料单，见表 1-12。

2）按加工图 1-41 制作平面框架一片，6 课时完成（每人）。

3）按加工图 1-42 制作立体框架一只，12 课时完成（每人）。

（6）考查评分见表 1-15。

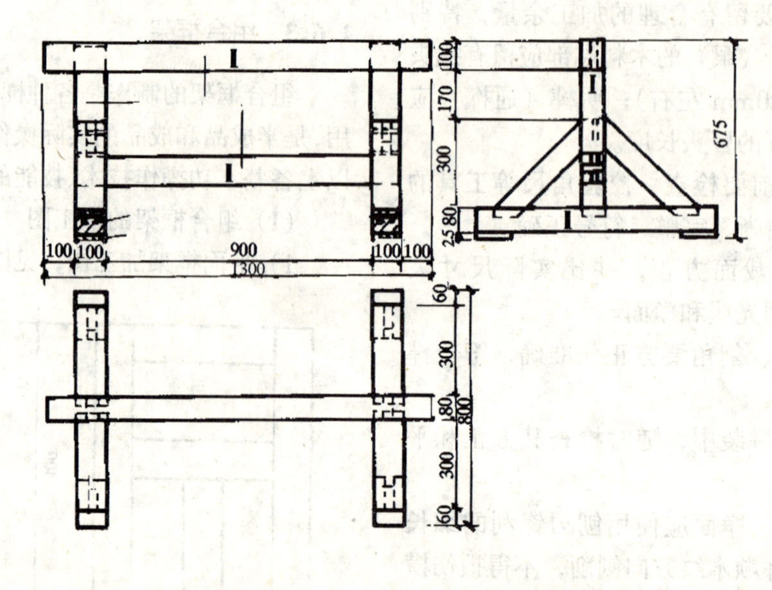

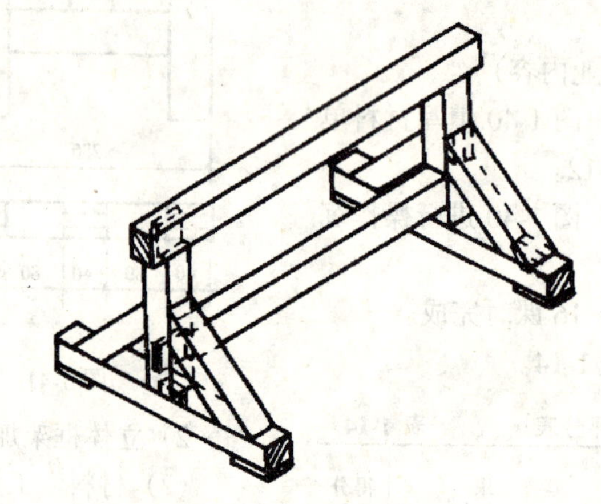

图 1-42 立体组合加工图

框架组合评分表 **表 1-15**

序 号	考查项目	单项评分标准	要 求	得 分
1	识图	10	包括填材料单、配、截料	
2	划线	10	划线清楚、准确，符号正确	
3	刨削	10	直、平、方、截面尺寸偏差不超过±0.5mm	
4	凿眼	10	方、正、无裂缝，尺寸符合要求	
5	做榫	10	方正，尺寸符合要求，无龟榫	
6	组装尺寸	15	总长尺寸不得偏差±1，无裂缝，肩到缝严，方正无翘曲	
7	安全卫生	10	无工伤，现场整洁	
8	综合印象	25	程序、方法、态度、工效、截口起线等	

班级________姓名________指导教师________日期________总得分________

第2章　抹灰工基本功训练

本课题着重阐述一些基本的抹灰技能，包括砂浆的配制、做灰饼、冲筋、抹灰、刮槎、罩面、刷浆等内容。要求学生对每一种操作都必须熟练掌握，才有可能为后面的装饰抹灰技术打下基础。

2.1　抹灰砂浆的配制

2.1.1　抹灰砂浆的技术要求

抹灰砂浆的技术要求主要指稠度。由于底层、中层、面层砂浆的作用不同，对砂浆的粘结强度要求也不同，从而对砂浆的稠度有不同的要求，见表2-1。

2.1.2　一般抹灰砂浆的配合比

一般抹灰砂浆的配合比除了按设计规定以外，可参考表2-2。

抹灰砂浆的作用及要求　　表2-1

层次	作　用	砂浆稠度(cm)	砂子最大粒径(mm)	备　注
底层	1. 与基层粘结 2. 初步找平	10～12	2.8	用粘结力强、抗裂性好的砂浆
中层	保护墙体与找平层	7～9	2.6	用粘结力强的砂浆
面层	装饰与保护	7～8	1.2	用抗收缩、抗裂粘结力好的砂浆

一般抹灰砂浆配合比参考表　　表2-2

砂(灰)浆名称	配合比	每立方米砂浆材料用量					说明
		325号水泥(kg)	石灰膏(kg)	净细砂(kg)	纸筋(kg)	麻刀(kg)	
水泥砂浆 (水泥:细砂)	1:1	760		860			重量比
	1:1.5	635		715			
	1:2	550		622			
	1:2.5	485		548			
	1:3	405		458			
石灰砂浆 (石灰膏:砂)	1:1		621	644			体积比转换为重量比
	1:2		621	1288			
	1:2.5		540	1428			
	1:3		486	1428			
水泥混合砂浆 (水泥:石灰膏:砂)	1:0.5:4	303	175	1428			近似重量比
	1:0.5:3	368	202	1300			
	1:1:2	320	326	1260			
	1:1:4	276	311	1302			
	1:1:5	241	270	1428			
	1:1:6	203	230	1428			
	1:3:9	129	432	1372			
	1:0.5:5	242	135	1428			
	1:0.3:3	391	135	1372			
	1:0.2:2	504	110	1190			
水泥石灰麻刀砂浆 (水泥:石灰膏:砂)	1:0.5:4	302	176	1428		16.60	近似重量比
	1:1:5	241	270	1428		16.60	

续表

砂（灰）浆名称	配合比	每立方米砂浆材料用量					
		325号水泥（kg）	石灰膏（kg）	净细砂（kg）	纸筋（kg）	麻刀（kg）	说明
纸筋石灰（纸筋＋石灰膏）			1364（$1.01m^3$）		38		本身体积＋纤维
麻刀石灰（麻刀＋石灰膏）			1364（$1.01m^3$）			12.2	
麻刀石灰砂浆（麻刀＋石灰膏＋砂）			446	1428		16.60	

注：1. 砂(灰)浆稠度应按设计要求配制。

2. 水泥用量按富余系数 1.13 计算。砂子密度按 $1400kg/m^3$ 计、石灰膏密度按 $1350kg/m^3$ 计。

2.1.3 装饰抹灰砂浆的配合比

装饰抹灰除了具有一般抹灰砂浆的功能外,还有本身装饰工艺的特殊性。所以,应按设计要求先试配,然后再确定施工配合比。

（1）彩色砂浆配合比　见表 2-3。

（2）水磨石面层的水泥石子浆配合比

水磨石面层的水泥石子浆，其配制稠度一般为 60mm 左右，水泥与石子的质量比在 1∶1.5～1∶2 之间。拌和前，预留 20％的石子作为撒面用。其配合比见表 2-4。

（3）美术干粘石粘结层砂浆配合比

该种砂浆要求加入色料，以协调石子颜色，见表 2-5。

（4）滚涂用聚合物水泥砂浆配合比见表 2-6。

（5）弹涂用聚合物水泥砂浆配合比见表 2-7。

（6）弹涂聚合物水泥砂浆罩面溶液配合比见表 2-8。

彩色砂浆参考配合比（体积比）　　表 2-3

设计颜色	普通水泥	白水泥	石灰膏	颜料（按水泥用量％）					细砂
				氧化铁红	甲苯胺红	氧化铁黄	铬黄	氧化铬绿	
土黄色	5		1	0.2～0.3		0.1～0.2			9
咖啡色	5		1	0.5					9
淡黄		5					0.9		9
浅桃色		5			0.4		0.5		白色细砂 9
浅绿色		5						2	白色细砂 9
灰绿色	5		1					2	白色细砂 9
白色		5							白色细砂 9

常见几种水磨石面层石子浆参考配合比　　表 2-4

名称	主要材料（kg）								颜料（水泥重量％）			
	425号白水泥	425号普通水泥	紫色石子	黑石子	绿石子	红石子	白石子	黄石子	氧化铁红	氧化铁黄	氧化铬绿	氧化铁黑
赭色水磨石	100		160	40					2			4
绿水磨石	100			40	160						0.5	
浅粉红水磨石	100					140	60		适量	适量		
浅黄绿色水磨石	100				100			100		4	1.5	
浅桔黄水磨石	100						60	140	适量	2		
本色水磨石		100					60	140				
白色水磨石	100			20			140	40				

美术干粘石粘结层砂浆色调参考配合比 **表 2-5**

色彩	水泥（kg）		色石子	颜料（水泥用量%）							
	425号 白水泥	425号 普通水泥	天然色石子	老粉	氧化 铁黄	铬黄	甲苯 胺红	氧化 铁红	氧化 铬绿	耐晒 雀蓝	炭黑
白　色	100		白石子								
浅　灰		100	白石子	10							
淡　黄	100		米黄石子（淡黄）								
中　黄		100	米色石子＋白石子		5						
浅桃红	100		米红石子			0.5	0.4				
品　红	100		白玻璃屑＋黑石子					1			
淡　绿	100		绿玻璃屑＋白石子						2		
灰　绿		100	绿石子＋绿玻璃屑＋白石子						5～10		
淡　蓝	100		淡蓝玻璃屑＋白石子							5	
淡　褐		100	红石子＋白石子＋褐玻璃屑								
暗红褐		100	褐玻璃屑＋黑石子					5			
黑　色		100	黑石子								5～10

滚涂用聚合物水泥砂浆参考配合比 **表 2-6**

砂浆颜色	425号 白水泥	425号 普通水泥	石灰膏	细　砂	聚乙烯醇缩甲醛 （107胶）	稀释20倍 六偏磷酸钠	颜　料	水
本色砂浆		100	115	80	20	0.1		42
彩色砂浆	100		80	55	20	0.1	3～6	40

砂浆颜色	425号 白水泥	矿渣水泥	细　砂	聚乙烯醇缩甲醛 （107胶）	氧化铬绿	木质素 磺酸钙	白石英砂	水
灰　色	100	10	110	22		0.3		33
绿　色	100		30～100	20	2	0.3		20～33
白　色	100			20		0.3	100	20～33

注：1. 本表为质量比。
2. 砂浆稠度为11～12cm。
3. 涂完后宜用有机硅憎水剂罩面。

弹涂用聚合物水泥砂浆参考配合比 **表 2-7**

名　称		白水泥	普通水泥	颜　料	聚乙烯醇缩甲醛 （107胶）	水
白水泥	刷底色水泥浆	100		试配定	13	80
	弹花点	100		试配定	10	45
普通水泥	刷底色水泥浆		100	试配定	20	90
	弹花点		100	试配定	10	55

注：本表为质量比。颜料质量不得超过水泥用量的5%。

弹涂聚合物水泥砂浆面罩面溶液参考配合比 **表 2-8**

罩面溶液	缩丁醛	甲基硅树脂	乙　醇（工业用酒精）		
			冬　季	夏　季	作　用
缩丁醛溶液	1		15	17	溶剂
甲基硅树脂溶液		1000	2～3	常　温 1	固化剂

2.1.4 砂浆的配制方法

砂浆配制方法，有人工拌制和机械搅拌两种。

(1) 机械搅拌

先将水和砂子搅拌，然后加水泥，再拌匀，直至颜色一致，稠度符合要求。

搅拌水泥混合砂浆，应先加入少量水、砂子、石灰膏，拌匀后，再加余量的水、砂、水泥，拌至颜色一致，稠度符合要求。搅拌时间不少于2min。

膨胀珍珠岩水泥砂浆拌制时，一次不应太多，随拌随用。搅拌时间不少于2min。

聚合物水泥砂浆拌制时，先将水泥砂浆拌好，再将聚乙烯醇缩甲醛胶用2倍的水稀释后加入搅拌筒，一齐拌匀。

(2) 人工搅拌

拌制水泥砂浆时，需要两人配合，采用“三干三湿”法。一人先将砂子铲到铁板上，另一人铲水泥（水泥:砂＝1:3），干拌至少三次，直到均匀，再将干灰堆成中间有凹坑的圆堆，把水加入坑内再湿拌至少三次，直到砂浆颜色一致、稠度适当而止。

拌制纸筋石灰浆时，先把石灰膏化成石灰浆，再把磨细的纸筋投入化灰池或铁桶中，用耙子拉散、拌匀，陈伏20d后待用。

拌制麻刀石灰浆时，将麻刀丝加入石灰膏中拌均匀，陈伏不少于3d后再用。

2.2 基层表面的处理

抹灰前必须对基体表面进行处理，才能进行后续工作的施工。处理内容及方法如下：

(1) 凡是墙面上非专门留用的洞口、缝隙，必须用1:3水泥砂浆嵌实堵好。

(2) 基体表面的尘垢、油渍等必须清除干净。

(3) 对于光滑表面，应先凿毛；有较大的凹凸处，应剔平或用1:3水泥砂浆分层填补。

(4) 加气混凝土表面应用107胶水（胶:水＝1:3～4）的水溶液封底。

(5) 木结构与砖结构、钢筋混凝土结构相交接处，应光铺金属网，绷紧钉牢，其搭接宽每边不低于100mm。如图2-1所示。

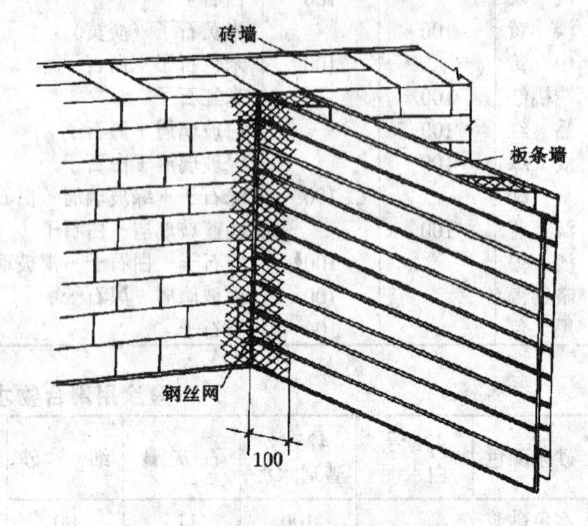

图 2-1　砖木相交处基层处理

(6) 120mm厚以上的砖墙应在抹灰前一天浇水湿润。

2.3 做灰饼、冲筋

2.3.1 做灰饼

用托线板靠尺检查整个墙面的平整度和垂直度，以确定灰饼的厚度。

操作方法：在墙面距地1.5m左右的高度，距墙面两边阴角100～200mm处，用1:3水泥砂浆或1:3:9水泥混合砂浆，各做一个50mm×50mm的灰饼，然后用托线板或线锤在灰饼面挂垂直，在墙面的上下各补做两个灰饼，灰饼距顶棚及地面各为150～200mm左右。再用钉子钉在左右灰饼两头墙缝里，用小线挂在钉子上拉横线，沿线每隔1.2～1.5m补做灰饼。灰饼厚度一般控制在7～25mm之间。灰饼做法如图2-2所示。

2.3.2 做冲筋

待灰饼砂浆收水后，以同一垂直方向的

上下灰饼为依据，在灰饼之间填充砂浆，抹一条宽为60～70mm的梯形灰带，并略高于灰饼。然后以灰饼厚度为基准，用刮尺将灰带刮到与灰饼面齐平，并将两边用刮尺修成斜面；即成冲筋。如图 2-3 所示。

灰饼、冲筋位置示意如图 2-4 所示。

图 2-2　引测灰饼

图 2-3　抹冲筋

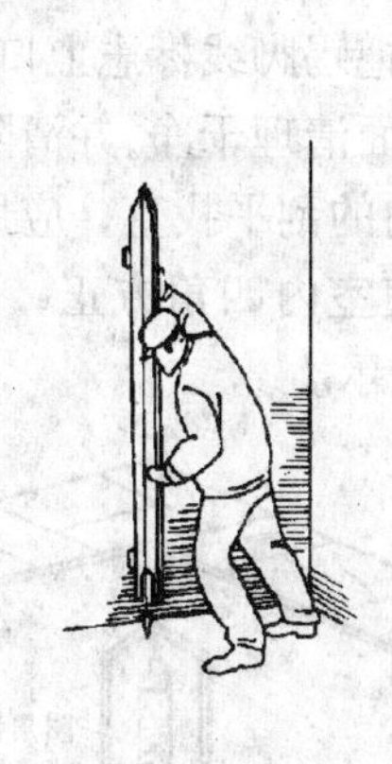

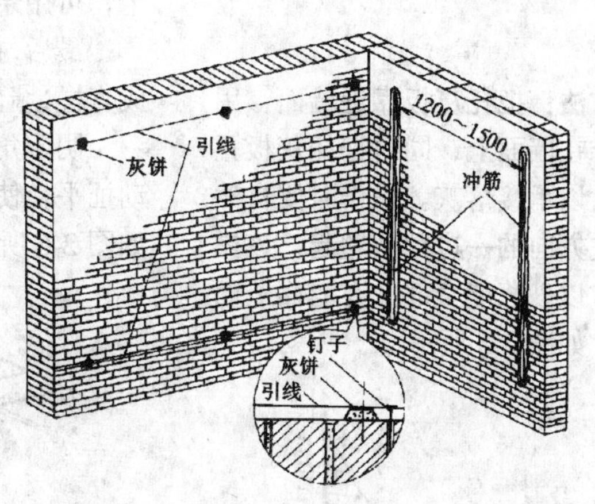

图 2-4　灰饼与冲筋

2.4　抹灰

2.4.1　厚度的确定

（1）抹灰层的平均总厚度的确定

按现行规范要求，抹灰层的平均厚度不得小于下列数值：

顶棚：板条，现浇混凝土，空心砖—15mm；

内墙：
- 预制板——18mm
- 普通抹灰——18mm
- 中级抹灰——20mm
- 高级抹灰——25mm

外墙：20mm；

勒脚及突出墙面部分——25mm；

地面：水泥砂浆——20mm；

细石混凝土——35mm。

（2）抹灰层分层厚度的确定

涂抹水泥砂浆，每遍 5～7mm；

涂抹麻刀，纸筋，石膏灰等罩面时，为 1～2mm；

涂抹石灰砂浆，混合砂浆时，每遍 7～9mm。

2.4.2　底层或面层砂浆种类的选择

一般应按照设计规定选用砂浆种类。若

无规定，则应满足以下要求：

(1) 外墙、门窗的外侧壁、屋檐、勒脚、压檐墙等的底层和面层，宜选用水泥砂浆或混合砂浆。

(2) 湿度较大的房间（如洗衣房）的底层和面层宜选用水泥砂浆或混合砂浆。

(3) 混凝土楼板的顶棚和墙面的底层，宜选用混合砂浆。

(4) 板条顶棚和板条墙的底层，宜选麻刀石灰砂浆。

(5) 重金属网的顶棚和墙的底层，宜选麻刀灰砂浆（加适量水泥）。

(6) 加气混凝土墙面的底层，宜选石灰砂浆。

2.4.3 抹灰

基本操作方法：把托灰板靠近墙面，用铁抹子将灰浆抹在墙面上，同时把托灰板置于铁抹子下方，以承接落灰。操作时要自然有力，并在前进方向的一边稍微翘起。该操作要反复练习，以砂浆能全部抹在墙面上而不掉落为合格。如图 2-5 所示。

图 2-5 刮平与抹灰操作

2.5 刮搓、罩面、刷浆

2.5.1 刮搓

待中层砂浆抹完之后，就需要进行刮搓。用刮尺按标筋厚度刮平，再用木抹子搓磨使其表面平整密实。

刮平时，双手紧握刮尺，人站成骑马式，使刮尺在前进方向的一边口稍稍翘起，均匀用力，沿两标筋之间从上向下移动，先横向后竖向进行刮平，并随时将刮尺上的砂浆清理到灰槽内。如有凹陷处可补抹砂浆，然后再刮直至抹灰层与冲筋平直为止。

由于冲筋较软，刮平时应注意不要将冲筋损坏，以免造成抹灰层凸凹不平的现象。

刮平后，应用木抹子将留下的砂眼用砂浆填补、打磨。打磨时，木抹子平贴抹灰面，先自上而下，靠手腕转动，以圆圈形打磨至抹灰层表面平整。打磨时，如抹灰层较干，可用茅柴帚洒水，再打磨。

最后，把踢脚线标志上口 5mm 的砂浆切成直槎，墙面清理干净，并清除落下的灰浆。

阴阳角的刮平找直，应用阴角器上下抽动扯平，使室内四角方正，表面平整密实。如图 2-6 所示。

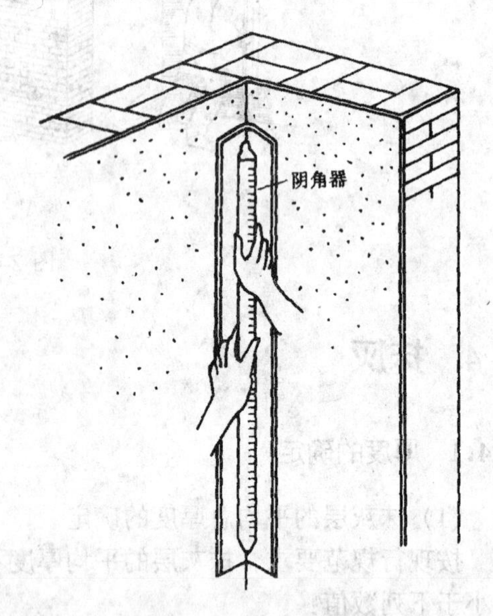

图 2-6 阴角的刮平找直

2.5.2 罩面

罩面，也称抹面层灰，是在底子灰干至 5～6 成（判断方法：用手指按之不软，无指痕）后，即可抹面层灰。如果底子灰过于干燥，应先用茅柴帚或长毛刷洒水湿润，其操作方法与抹底中层灰基本相同。

操作时，左手握托灰板，右手握钢皮抹子，先用钢皮抹子将灰桶内的石灰膏挖出放在托灰板上，然后用钢皮抹子将石灰膏刮抹在中层灰表面。

一般从阳角开始，由上而下，自左而右进行。先竖向（或横向）薄薄地抹一层，使石灰膏与中层灰紧密结合，再横向（或竖向）薄薄地抹第二层，并随手压平溜光。

然后，用排笔刷或毛刷蘸水横向刷一遍，边刷边用钢皮抹子压实、抹平，抹光一遍，阳角用阳角抹子捋光，随后用毛刷蘸清水将踢脚线上的石灰膏清除刷净。

2.5.3 刷浆

在抹灰层干燥后刷石灰浆，一般刷底层一遍，面层二遍，分刷三遍成活。

操作时，应将底层表面上的灰砂、污垢等用铲刀刮净并清扫干净。

右手拿排笔，左手提浆桶，将排笔在浆桶内蘸满石灰浆，并在桶边上刮去多余灰浆，先上后下，在墙面抹灰层上刷。第一遍横刷，干燥后打磨，再竖向刷第二、第三遍。要轻刷，快刷，一气呵成，接头不重叠，颜色均匀厚薄一致，不带刷痕。头遍浆宜稠些，二、三遍浆可稍稀。

2.6 抹灰工基本功的综合运用

本节里，拟从顶棚抹灰、墙面抹灰、地面抹灰三个方面来阐述这个问题，并希望大家进一步熟悉这些抹灰工程的施工要领。

2.6.1 顶棚抹灰

在顶棚基层处理完后即可进行抹灰。其操作方法是：人站在脚手架上，两脚叉开，一脚在前，一脚在后，身体略略偏侧，一手持钢皮抹子，一手持灰板，两膝稍微前弯站稳，身稍后仰，抹子紧贴顶棚，慢慢向后拉（或前推），如图 2-7 所示。抹子应稍侧一点，使底子灰表面带毛，显得粗糙。

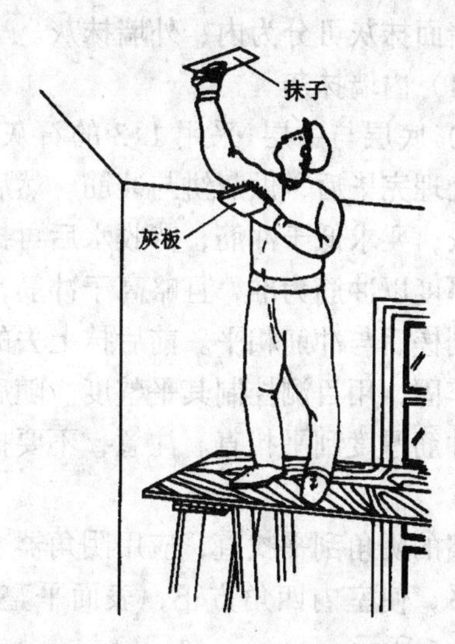

图 2-7 抹顶棚

抹灰的工艺流程是：弹水平线→刷结合层→抹底层灰→抹中层灰→抹面层灰。不管是抹底层灰，还是中层、面层灰，其顺序一般是由前向后退，并注意其运行方向应与基层的缝隙成垂直方向，以便使砂浆挤入缝隙而增强粘结力。待这些砂浆收水后，再抹找平层砂浆。因为顶棚做冲筋不方便，其平整度全靠目测，所以上灰时应特别小心，常握厚薄，随后用软刮尺赶平；赶平后如平整度欠佳，应再补抹刮平一次。但不能反复修补与赶平，否则会因搅动底灰而掉灰。待抹上中层灰收水六、七成干后，即可抹面层灰（又称罩面）。在顶棚与墙面的交接处的收头，一般是在墙面抹灰层完成后再补做。

预制楼板顶棚面光滑，因而砂浆粘结不牢，常常掉灰。可以在基层处理完后，顶棚洒水润湿（可在水中加少量 107 胶水），并用茅柴帚将基层均匀地刷一遍，随后抹上膨胀珍珠岩砂浆（配合比为石灰膏:膨胀珍珠岩:水泥＝8:8～9:1）。抹灰时，将钢皮抹子紧贴顶棚，用力均匀往后拉，使抹灰层厚度控制在3～5mm内，随后用软刮尺赶一次，略作修补即可。

2.6.2 墙面抹灰

墙面抹灰可分为内、外墙抹灰。

(1) 内墙抹灰

1) 底层与中层：采用1∶3的石灰砂浆。基层处理完毕后，做灰饼与冲筋。然后，抹底子灰，要求低于冲筋，待收水后再抹中层灰，厚度以冲筋为准，且略高于冲筋，以便收水刮楂后与冲筋相平。前后抹上去的灰要衔接牢固，用目测控制其平整度。随后用刮尺按冲筋厚度刮平找直。注意，不要把冲筋损坏。

墙的阴角刮平找直，应用阴角器上下抽动扯平，使室内四角方正，表面平整密实，如图2-6所示。

2) 罩面

根据所用材料，罩面分纸筋灰罩面、石膏罩面、水砂罩面。

纸筋灰罩面：在中层灰干至5～6成后进行。用钢皮抹子将纸筋灰抹于墙面，由阴角或阳角开始，从左向右，两人相互配合操作。一人先竖向（或横向）薄薄地抹一层，使纸筋灰与中层紧密结合；另一人从横向（或竖向）抹第二层，压平溜光，两层总厚不得超过2mm。压平之后，再用排笔或茅柴帚蘸水横向刷一遍，使表面色泽一致，最好再用钢皮抹子压实，淌平、抹光一次，罩面层则更为细腻光滑。阴阳角分别用阴阳角器捋光。最后，用毛刷子把墙裙、踢脚线上口刷净，将地面清理干净。

(2) 外墙抹灰

外墙抹灰与内墙抹灰不同之处在于它要求有一定的防水性能。因此，常用混合砂浆（水泥∶石灰∶砂子＝1∶1∶6）打底和罩面，或者打底用1∶1∶6，而罩面用1∶0.5∶4，总厚度控制在15～20mm左右。

外墙抹灰可在基层处理、四大角（山墙角）与门窗洞口护角线、墙面灰饼、冲筋完成后进行。采用刮尺赶平，方法与内墙同。在刮尺赶平、砂浆收水后，应用木抹子打磨。若面层太干，可一边用茅柴帚洒水，一边用木抹子打磨，不得干磨，否则，颜色将不一致。

木抹子的握法与铁抹子相同。使用木抹子时，应将抹子板面与墙面平贴，靠转手腕，自上而下，自右而左，以圆圈形打磨；用力要求均匀，然后，上下拉动，轻重一致，顺向打磨，使抹纹顺直，色泽均匀。

外墙表面一般较大、较高，因此，为了不显接楂，防止开裂，一般应按设计尺寸粘贴分格条。其次，砂浆要专人配制，各种材料应自始自终用相同品种与规格。最后，应做滴水槽以满足防水要求；分格缝处应用水泥浆勾缝，以提高其抗渗能力。

2.6.3 楼地面抹灰

楼地面抹灰分为水泥砂浆面层和细石混凝土面层两种。面层要求不脱皮，不起砂，不起壳（空鼓），不开裂和平整光洁、耐磨等。

(1) 水泥砂浆地面

混凝土基层用干硬性水泥砂浆（稠度以手捏成团而稍稍出浆为准），焦渣基层可用一般水泥砂浆。

基层处理完毕，做好灰饼与冲筋，同时划分好分格线。将砂浆均匀铺在冲筋间，高于冲筋6mm左右，然后用刮尺按冲筋高度刮平，拍实。待砂浆收水后，用木抹子打磨。施工人员在操作半径内打磨一圈后，随即用钢皮抹子将其压光。打磨与压实通常在砂浆初凝以后完成，而压光在终凝以前完成，这是保证不起壳、面层不起砂的关键。压光要进行三遍。第一遍要求面层无坑洞、砂眼、脚印和抹子痕迹；第二遍要求压实抹光，抹时可听见“沙沙”声音；第三遍要求增加光洁度。完工24h后，应浇水养护。

(2) 细石（豆石）混凝土地面

用刮尺将铺于冲筋间的细石混凝土，按

冲筋厚度刮平、拍实，稍待收水后，用钢皮抹子预压一遍，把细石的棱角压平；待进一步收水后，即用铁滚筒（30～50kg）来回滚动，直到表面泛浆。如果泛上的浆水呈均匀细丝花纹，则表明已滚压密实，可进行压光。如果浆水太多，可撒些干水泥或1:1的干水泥砂子，以吸收多余水分。撒上干水泥后，又得用滚筒来回滚压，直到水泥砂浆渗入到混凝土中。抹光的操作方法同水泥砂浆面层。养护方法同前。

2.7 操作训练

练习1　水泥砂浆的拌制、墙面做灰饼冲筋、抹灰刮槎、罩面刷浆。

（1）施工准备

1）材料准备：水泥、砂、石灰、水。

2）工具准备：铁板、齿耙、铁锹、托线板、靠尺、线锤、钉子、刮尺、托灰板、铁抹子、木抹子、茅柴帚、钢皮抹子、灰桶、排笔刷等其他常用抹灰工具。

（2）施工平面布置图

如图2-8所示。

（3）实训要求

1）数量要求：每个工位4人，每2人为一组。每组都必须先拌制砂浆，然后在墙面上依次做灰饼、冲筋、刮槎、罩面、刷浆。人均完成抹灰工程量1.8m^2。

2）质量要求：一般抹灰质量要求应符合表2-9规定。

3）时间要求：4课时。

（4）操作过程

一般抹灰质量的允许偏差　　表2-9

项次	项目	允许偏差（mm）			检验方法
		普通抹灰	中级抹灰	高级抹灰	
1	表面平整	5	4	2	用2m直尺和楔形塞尺检查
2	阴、阳角垂直	—	4	2	用2m托线板和尺检查
3	立面垂直	—	5	3	
4	阴、阳角方正	—	4	2	用200mm方尺检查
5	分格条平直	—	3	—	拉5m线和尺检查

注：1. 中级抹灰，本表第4项阴角方正可不检查。

2. 顶棚抹灰，本表第1项表面平整可不检查，但应顺平。

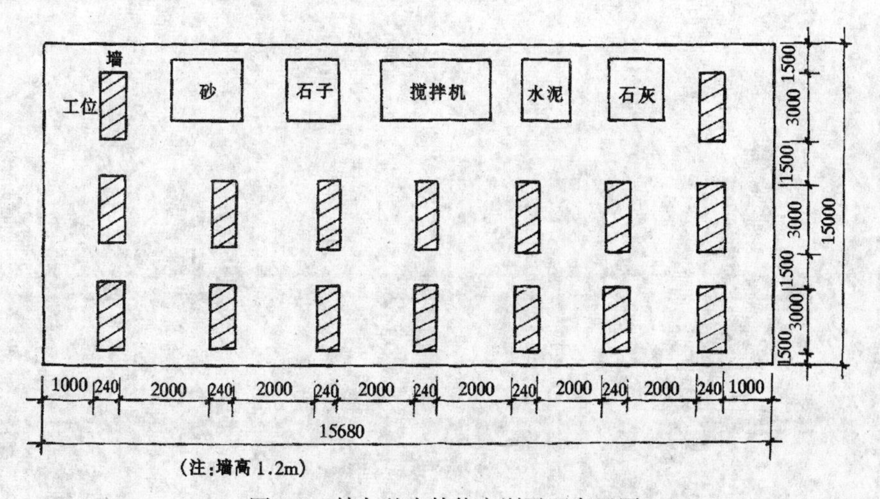

图2-8　抹灰基本技能实训平面布置图

1）清理基层，洒水润湿墙面。

2）配制水泥砂浆和石灰浆。

3）做灰饼与冲筋。

4）抹底层灰、中层灰。

5）罩面。

6）刷石灰浆。

（5）安全文明施工要求

1）配制石灰浆时，注意不要让石灰浆溅到眼内，如果溅到眼内，应立即用大量清水冲洗，不要用手揉。

2）不要将水泥砂浆、石灰浆随地泼洒。

（6）评分标准如表2-10所示。

抹灰表面应洁净，线角顺直、清晰，接槎平整。

（7）实训现场善后处理

施工中剩余浆料不得随地泼洒，应收归槽（池）内。

一般抹灰考查评定 **表2-10**

序号	测定项目	分项内容	满分	评分标准	检测点					得分
					1	2	3	4	5	
1	面层	接痕，透底程度	30	每处接痕扣2分；每处透底扣5分						
2	阴、阳角	垂直度	25	偏差以4mm为标准，每超出1mm扣2分						
3	分格缝	平直	15	偏差以3mm为标准，每超过1mm扣3分						
4	工艺	符合操作规范	10	错误无分，局部错误酌情扣分						
5	工具	使用方法	20	错误无分，局部错误酌情扣分						

姓名______ 学号______ 日期______ 总分______ 班级______ 指导教师签名______

第3章　油漆(玻璃)工基本功训练

3.1 工具的使用

油漆用手工工具比较简单，使用灵活，一般不受施工场地的限制，但生产效率低，费力、费工，并且被涂物面的漆膜外观也易出现刷痕。而利用机械工具可以获得薄而均匀的漆膜，生产效率高，减轻了劳动强度，不足之处是浪费性较大并且受施工场地的限制。在本章中主要介绍常用的涂刷工具、嵌批工具、辊具、喷涂工具和其他工具等的使用方法以及维护和保养。

3.1.1 涂刷工具的使用

(1) 油漆刷的使用

使用的方法是：右手握紧刷柄，不允许油漆刷在手中有松动现象。大拇指在一面，另一面用食指和中指夹住油漆刷上部的木柄，见图3-1。

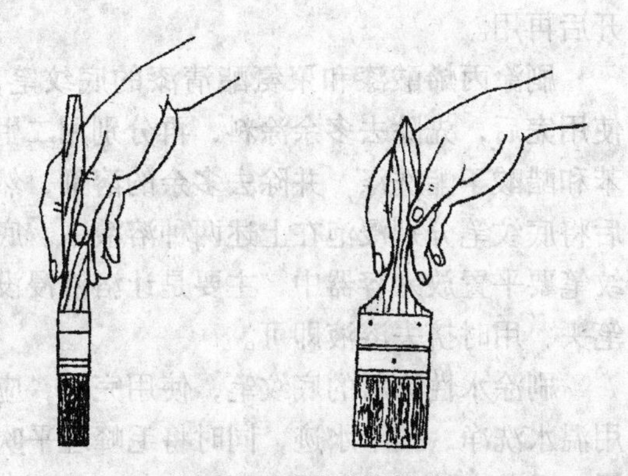

图3-1　油漆刷的握法

操作时，主要靠手腕的转动，有时还需移动手臂和身躯来配合，油漆刷蘸漆后，要轻轻地在容器的内壁来回印一下，其目的是使蘸起的漆液集中在刷毛头部，以免施涂时漆液滴在地上或沾污到其他的物面上。

油漆刷用毕后，应挤掉余漆，先用溶剂洗净（所选用的溶剂品种应与使用的涂料品种相配套），随后用煤油洗净、晾干，再用浸透菜油的油纸包好，保存在干燥处，以备下次再用。若是近日还要用，不必用溶剂洗净，将余漆挤尽把油漆刷直接悬浸在清水中，使刷毛全部浸入（油漆刷外面包一张牛皮纸，目的不使油漆刷毛松散开），不使刷毛着底，否则会使刷毛受压变形。待使用时，拿出油漆刷，将水甩净即可使用。此法一般适用于施涂油脂类漆，如施涂树脂类漆仍需浸在相应的溶剂中。若在中午休息或其他较短的停息，只要将油漆刷放置在漆液中，不要干放在其他地方，以防刷毛干结。若已造成油漆刷毛干结，可浸在四氯化碳和苯的混合溶剂中，使刷毛松软，再用铲刀刮去刷毛上的漆才能使用。通常刷聚氨酯涂料时，由于疏忽大意，油漆刷干结了一般不再用溶剂清洗，清洗出的漆刷效果不佳，而且成本较高，为此尽量不要使油漆刷毛干结，造成浪费现象。

油漆刷使用久了，刷毛会变短而使弹性减弱，可用利刃把两面的刷毛削去一些，使刷毛变薄，弹性增加，便于使用。

(2) 排笔的使用

新的排笔常有脱毛现象，在使用前应该用一只手握住笔管，将排笔在另一只手上轻轻地拍击数下，使未粘牢的毛掉落。刷浆时必须将排笔二侧直角用打火机或剪刀烧剪成圆角，其目的是蘸浆料时由于浆料较稠厚，浆料都集积在排笔的两直角处，很容易使浆料延伸到袖管里或滴洒在地上。刷虫胶清漆或硝基清漆用的排笔两侧仍保持直角，不可以烧剪成圆形，因为涂刷的材料较稀薄不会产生象刷浆材料那种现象，若没有直角无法镶刷阴角和装饰线。新排笔若施涂虫胶清漆，在使用前先拍去松脱的笔毛，然后再浸入虫胶清漆中约 1h，用食指与中指将笔毛夹紧，从根部捋向笔尖，挤出余漆。理直后平搁在物体上（悬空毛端处，防止笔毛与物体粘连）让其自然干燥。待使用时，再用酒精泡开。涂刷后的排笔，必须用溶剂洗干净，以备下次再用。

用排笔刷浆时，右手握紧笔管的右角，如图 3-2 所示，涂刷时要用手腕转动来适应排笔的移动，尤其是刷涂浆料时，就必须用手腕转动来完成。往桶内开始蘸漆或蘸浆料时，应将排笔笔毛 2/3 处浸透漆料或浆料，将浸过料的排笔在刷浆桶细蜡线上滗干，如图 3-3 所示，然后再依次蘸漆或浆料，蘸完浆料提起时要在刷浆桶内壁沿口处有节奏地轻轻敲拍二下，其目的使蘸起的浆料集中在排笔的端部，便于涂刷并且不容易滴洒在地上和身上（施涂虫胶清漆等稀薄漆料时，就不需要敲拍桶口，而是在容器的内壁来回轻轻地印一下即可），再按原来的姿势拿住排笔就可进行涂刷。

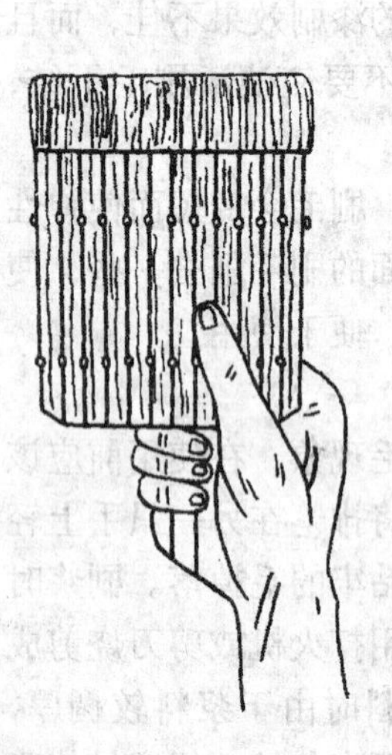

图 3-2　刷浆排笔的握法

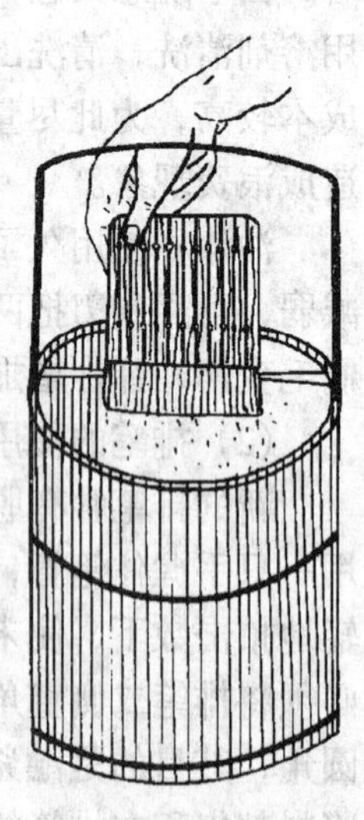

图 3-3　蘸浆排笔的握法

刷浆时，排笔应少蘸勤蘸浆料，排笔带浆上饰面后应从中往两边分（顶棚从中往左再往右或往前再往后分，墙面从中往上再往下分），排笔的刷距一般在 400～450mm 之间，刷顶棚一般是顺着跳板方向依次涂刷，大平面应该有多人一气呵成，避免接头印痕。刷虫胶清漆等涂料应该顺着木纹方向涂刷，完成一个平面再刷另一个平面，不要重复来回刷，刷距根据饰面长短定，以能均匀地刷到清漆为准。刷浆用过的排笔必须及时用温水清洗干净，并拍尽水迹，晾干后保存以备再用。刷泡立水的排笔应用酒精洗净并用食指和中指夹尽酒精，妥善搁置以备下次再用。

（3）底纹笔的使用

手持底纹笔时应握紧刷柄，大拇指在一面，并用食指和中指夹住木柄，其他两指自然排列在中指后边。蘸涂料时，底纹笔头浸入涂料中约 1/3，然后在容器的沿口处反复刮擦，使笔端带涂料适中。刷涂时，用手腕转动底纹笔，有时也可用手和移动身躯来配合刷涂。

刷涂过虫胶清漆和硝基清漆的底纹笔，使用完后，应用手指夹挤笔毛，除去多余涂料，用溶剂洗净，并将笔毛捋直整平，妥善搁置，以防弯曲，然后平放于固定的地方。使用时再分别以酒精和香蕉水稀释浸泡，溶开后再用。

刷涂丙烯酸漆和聚氨酯清漆的底纹笔，使用完后，先除去多余涂料，再分别用二甲苯和醋酸丁酯洗涤，并除去多余的溶剂，然后将底纹笔分别浸泡在上述两种溶液中。底纹笔要平置放入容器中，主要是让溶液浸没笔头，用时挤去溶液即可。

刷涂水性涂料的底纹笔，使用完后，应用温水洗净、拍干水迹，同时将毛峰理平吹干，妥善存放，以备下次再用。

（4）油画笔的使用

油画笔以描绘字和画为主，可用于书写较大的油漆字，也可代替小型漆刷。油画笔在建筑装饰中，主要是蘸涂料画界线，所以又有“界笔”之称。当遇到较狭窄和难以涂刷的部位时,也可将金属笔弯曲,作为小型歪脖刷使用,一般较多用于钢门窗下冒头涂刷。

油画笔用完后，若长期不使用，应随即用同类型的溶剂清洗干净，然后再蘸肥皂液将笔在手心中揉搓，直到笔的根部没有颜色溢出，说明笔已经洗干净，妥善存放备用。如发现笔头参差不齐，可用剪刀将其修整平齐后继续再用。油画笔如果在短时间中断使用，可将油画笔的刷毛部分用牛皮纸包好并用细绳扎牢垂直悬挂在溶剂或清水中浸泡，不要让刷毛露出液面，或触及到容器的底部，以免刷毛弯曲。

(5) 毛笔的使用方法

毛笔在修补颜色时，握笔方法与写毛笔字的握笔方法不同，而是和写字（铅笔或钢笔）的姿势相同。是用右手大拇指、食指和中指拿住笔杆的上部或下部，用手腕或前臂来适应毛笔在涂饰面上的运行，按照饰面需要进行描绘处理。

新毛笔切勿开锋过大，一般开锋 2/3 即可。开锋时切不可用热水，以温水入浸为宜。毛笔浸开后，应挤去笔毛中的水分，蘸取颜色。毛笔修色后，用溶剂洗干净，然后用手捋去溶剂，理直笔锋，挂在墙上或倒插在笔筒中以备下次再用。

3.1.2 嵌批工具的使用

(1) 钢皮批刀的使用

钢皮批刀的刀口不应太锋利，以平直圆钝为宜。使用时大拇指在批刀后，其余四指在前，批刮时要用力按住批刀，使批刀与物面产生一定的倾斜，一般保持在 60°～80°角之间进行批刮。

钢皮批刀不用时,擦净刀口上残剩的腻子,妥善保存备用。如果在较长时间内不用,可将批刀上的残物除净后,稍抹上一些机油,以防锈蚀,用油纸或塑料膜包好存放。

(2) 橡皮批刀的使用

橡皮批刀根据需要自定形状和尺寸，用砂轮机磨出刃口，要求磨齐、磨薄，再在磨刀石上细磨，磨平后就可使用。橡皮批刀的使用方法与钢皮批刀使用方法基本相同。

橡皮批刀使用后，不能浸泡在有机溶剂中，以免变形，影响使用。要用抹布蘸少许溶剂，将表面上沾污的腻子揩擦干净，妥善保管以备下次再用。

(3) 铲刀的使用

用铲刀调拌腻子时，食指居中紧压刀片，大拇指在左，其余三指在右紧握刀柄，如图 3-4 所示。调拌腻子时要正反两面交替翻拌。

用铲刀清除垃圾、灰土时，选用较硬质的铲刀并将刀口磨锋利，两角磨整齐平直，这样就能把木材面灰土清除干净而不损伤木质。清理时，手握住铲刀的刀片，大拇指在一面，四个手指压紧另一面如图 3-5 所示，然后顺着木纹清理。

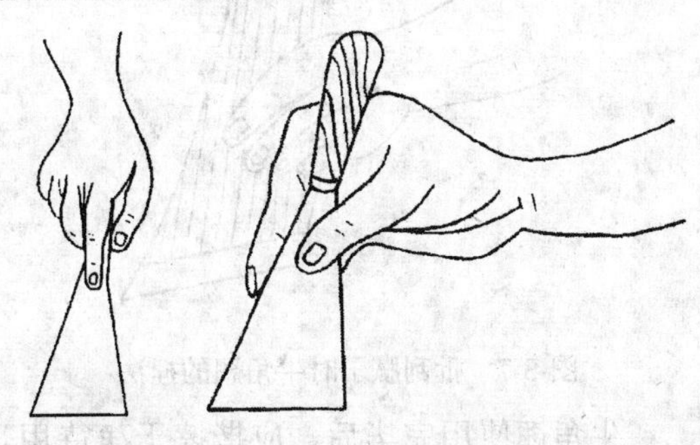

图 3-4 调拌腻子时铲刀的拿法

图 3-5 清理木材面时铲刀的拿法

铲刀使用后要清理干净，如暂时不用可在刀刃上抹些机油，用油纸包好妥善保管，以备后用。

(4) 牛角翘的使用

用牛角翘嵌腻子时大拇指在一边，中指和食指在一边，握紧、握稳，无名指和小指贴紧掌心，如图 3-6 所示。

操作时靠手腕的动作达到批刮自如，一般只准刮 1～2 个来回，且不能顺一个方向刮，只有来回刮才能把洞眼全部嵌满填实。

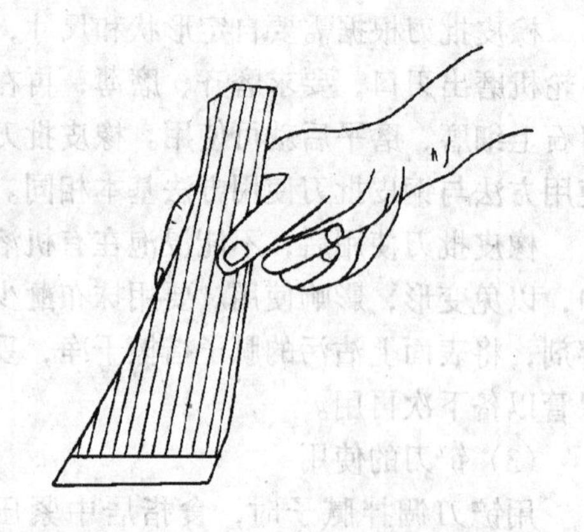

图 3-6　嵌腻子时牛角翘的拿法

用牛角翘批刮腻子时，用大拇指和其他四个手指满把捏住牛角翘，如图 3-7 所示。批刮木门窗、家具时可把腻子满涂在物面上，再用牛角翘收刮干净。

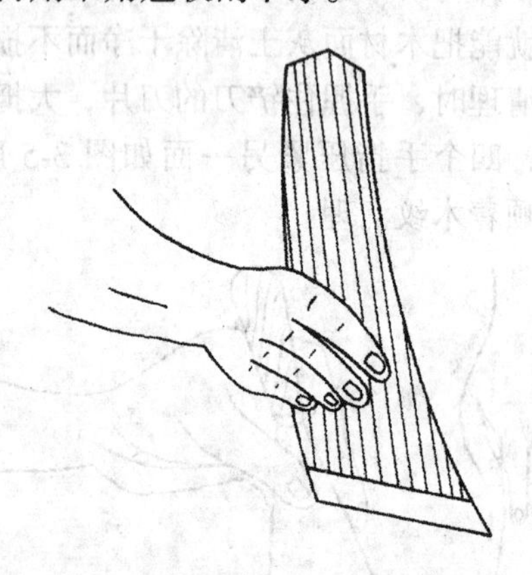

图 3-7　批刮腻子时牛角翘的捏法

牛角翘使用完毕后，应揩擦干净待用。为了防止弯曲变形，保管时应将牛角翘插入专门锯开的木块缝里，这样牛角翘就不会翘曲变形。如图 3-8 所示。

当牛角翘受冷热而发生变形时，可用开水浸泡软后取出，放在底面平整的物面上用重物压平，待恢复原状后就可使用。

(5) 脚刀的使用

使用脚刀时要用大拇指、食指和中指握住脚刀中部，食指起揿压作用，中指和无名指起到托扶的作用。操作时可在调腻子的板上刮取少许腻子，选择一定的角度用食指向下揿，对准空眼将腻子密实地填嵌进去，见图 3-9。脚刀长度在 140～160mm 之间为宜。

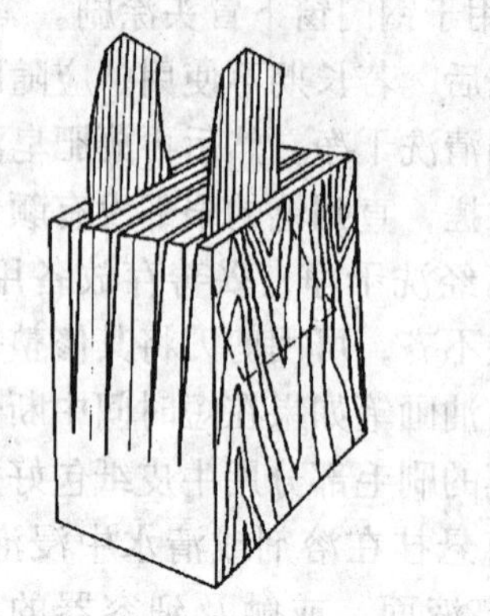

图 3-8　插牛角翘的夹具

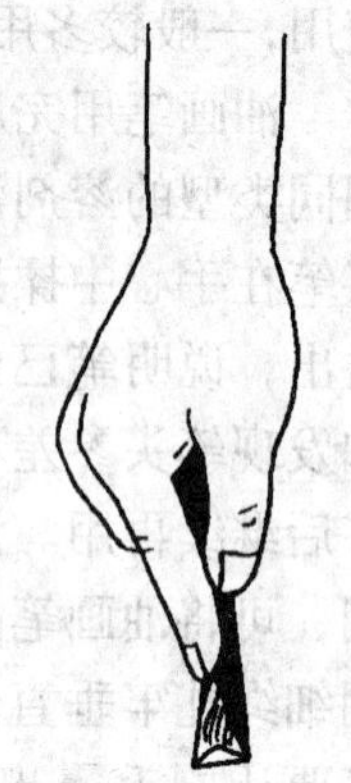

图 3-9　脚刀握法

3.1.3　辊具的使用

(1) 绒毛滚筒的使用

绒毛滚筒在滚涂时，必须紧握手柄，用力要均匀，滚涂时应按顺序朝一个方向进行。最后一遍涂层，要用滚筒或者排笔理一遍，直至在被涂饰的物面上形成理想的涂层为止。滚筒蘸取涂料时只须浸入筒径的 1/3 即可，然后在粉浆槽内的洗衣板或网架上来回轻轻滚动，目的是使筒套所浸吸的涂料均匀，如果涂料吸附不够可再蘸一下，这样滚涂到建筑物表面上的涂层才会均匀，具有良好的装饰效果。

绒毛滚筒使用完毕后，应将滚筒浸入清水或配套的溶剂中清洗，使绒毛不致因固化而不能使用。

(2) 橡胶滚花筒的使用

将涂料装入料斗内，沿着内墙抹灰面滚动辊具，在墙面上就能滚出所选定的图案花饰。操作时应从左到右，从上到下，要始终保持图案花纹的统一与连贯。滚动时手要平稳、拉直，一滚到底。必要时可放上垂直线或水平线进行操作。如遇到墙角边缘处，由于受橡胶辊筒本身体积的限制，难以操作，也可采用配套的边角小辊具。有时滚花筒滚至墙的阴角时，因边角限制而不能滚涂整个纹样，这时可用废报纸遮住已滚涂干燥后的饰面，将滚筒找正花纹的连贯性，在剩余边角和报纸面上一同滚动，而后揭去报纸，图案可自然连续。

橡胶滚花筒每次用完后，应用刷子清洗干净，擦干后置于固定地方存放。特别是刻有花纹的橡胶辊具，其凹槽部分更要彻底清洗，以免涂料越结越厚，使图案纹理模糊，影响装饰效果。清理后一定要严格保管好，不得使辊具受压、受热，避免辊具变形而报废。

3.1.4 喷涂工具

(1) 斗式喷枪的使用

作业时，先将涂料装入喷枪料斗中，涂料由于受自重和压缩空气的冲带作用进入涂料喷嘴座与压缩空气混合，在压缩空气的压力下从喷嘴均匀地喷出，涂在物面上。

斗式喷枪使用时，要配备 0.6m^3 的空气压缩机一台，由软管将手提斗式喷枪与空气压缩机连接，待气压表达到调定的气压时，打开气阀就可以作业。

斗式喷枪应在当天喷涂结束后清洗干净。用溶剂将喷道内残余的涂料喷出洗净，喷斗部分要用干布揩擦后备用。

(2) 喷漆枪的使用

PQ-2 型喷漆枪，系吸入式的一种，使用面极广，见图 3-10。

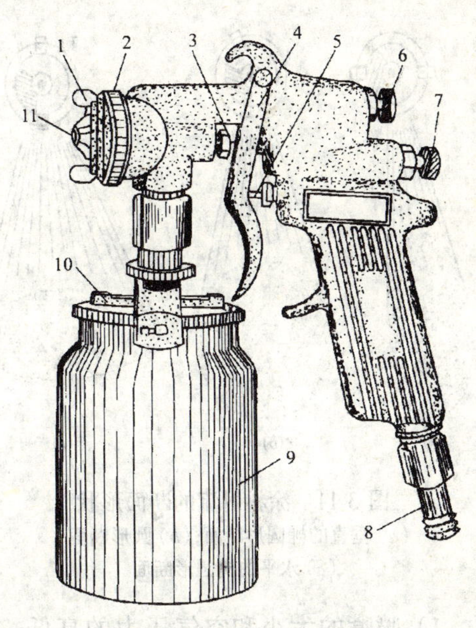

图 3-10 PQ-2 型喷枪

1—空气喷嘴的旋钮；2—螺帽；3—针阀；4—开关；5—空气阀杆；6 控制阀；7—针阀调节螺栓；8—压缩空气管的接头；9—容器；10—轧兰螺丝；11—喷嘴

PQ-2 型吸入式喷枪使用时先将涂料装入容器 9 内（容器容量为 1kg 左右），然后旋紧轧兰螺丝 10，使之盖紧容器 9。再将枪柄上的压缩空气管接头 8 接上输气软管。扳动开关 4，空气阀杆 5 即随之往后移动，气路接通，压缩空气就从喷枪内的通道进入喷头，由环形喷嘴 11 喷出。与此同时，针阀 3 也向后移动，涂料喷嘴 11 即被打开，涂料从容器中被吸出，流往喷嘴的涂料随之被压缩空气喷射到被涂物体的表面。针阀调节螺栓 7 是用来调节涂料流量的。

空气喷嘴的旋钮 1 顶端两侧，各有一个小孔，并与喷枪内的压缩空气槽相通。向左（反时针方向）旋转控制阀 6 时，气路就被接通，一部分压缩空气即从喷嘴 11 上的小孔喷出两股气流，将涂料射流压成椭圆形断面。旋转喷嘴旋钮 1，可根据工作需要将涂料射流控制成为垂直的椭圆形断面（见图 3-11（*a*））或水平的椭圆形断面（见图 3-11（*c*）），当喷嘴旋钮 1 调节到一定位置以后，随即旋紧螺帽 2，以固定涂料射流的形状。调节出气孔通路开启的程度，可得到不同扁平程度的涂料射流。当控制阀完全打开时，从两侧出气孔喷出的气流最大，喷出的涂料射流最扁而且最宽。如果涂饰时不需要涂料射流呈椭圆形断面，则将控制阀 6 向右旋紧，与喷嘴 11 相连的气路即被堵住，这时，喷出的涂料射流端面呈圆形，见图 3-11（*b*）。

使用喷枪施工，不仅要懂得喷枪的结构与喷涂原理，还要掌握喷枪的操作方法。使用喷枪时应遵循下列几点：

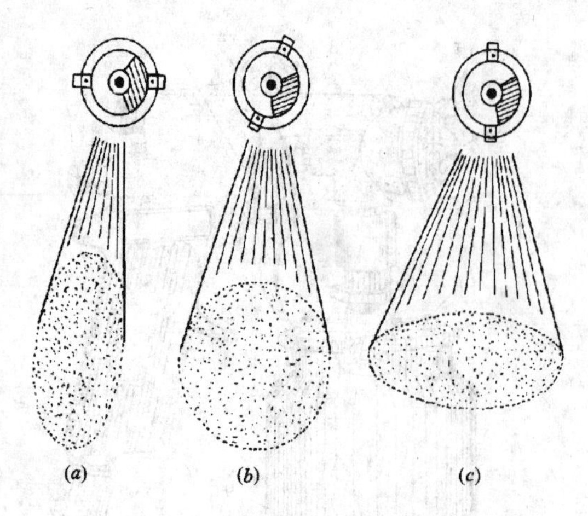

图 3-11 涂料射流的断面形状
(*a*)垂直的椭圆形断面;(*b*)圆形断面;
(*c*)水平的椭圆形断面

1) 喷嘴的大小和空气压力的高低，必须与涂料的粘度相适应，喷涂低粘度的涂料，应选用直径小的喷嘴和较低的空气压力(作用于喷枪的)，喷涂粘度较高的涂料，则需要直径较大（2.5mm）的喷嘴和较高的空气压力（表压为 3.5～4.0kg/cm^2）。

2) 喷涂的空气压力范围，一般为 2～4kg/cm^2。如果压力过低，涂料微粒就会变粗，压力过高，则增加涂料的损失。

3) 喷枪与被涂的物面应保持 15～20cm 的距离，大型喷枪可保持在 20～25cm。喷枪过于接近被涂面，涂料喷出过浓，就会造成涂层厚度不均匀并出现流挂，若喷枪距离被涂面过远，则涂料微粒将四处飞散而不附着在被涂面上，造成涂料的浪费。喷涂时应移动手臂而不是手腕，但手腕要灵活。喷枪应沿一直线移动，在移动时应与被涂面保持直角，这样获得的涂层厚度均匀。反之，如果喷枪移动成弧形，手腕僵硬，则涂层厚度不均匀，如果喷嘴倾斜，涂层厚度也不会均匀。见图 3-12。

4) 喷涂的顺序依照图 3-13(*a*)、(*b*)所示的线路进行。

喷涂的顺序是：应该先喷涂饰面的两个末端部分，然后再按喷涂路线喷涂。每条喷路之间应互相重叠一半，第一喷路必须对准被涂件的边缘处。喷涂时，应将喷枪对准被涂面的外边，缓缓移动到喷路，再扣动扳机，到达喷路末端时，应立即放松扳机，再继续向下移动。喷路必须成直线，绝不能成弧形，否则涂料将喷散得不均匀。

5) 由于喷路已互相重叠一半，故同一平面只喷涂一次即可，不必重复。

6) 喷涂曲线物面时，喷枪与曲面仍应保持正常距离。

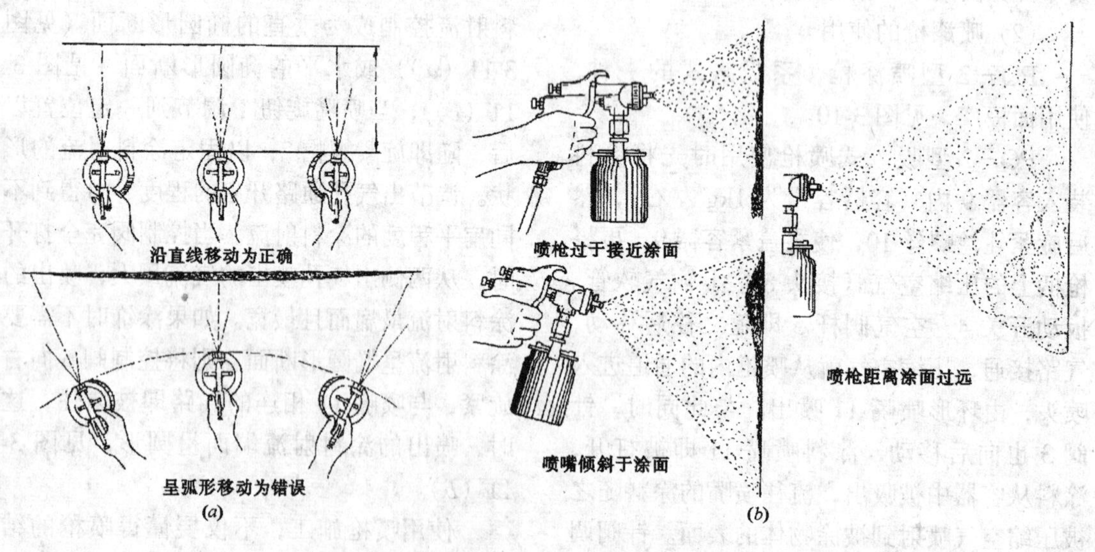

图 3-12 喷枪的使用
(*a*)喷枪的移动;(*b*)喷枪与涂面的距离

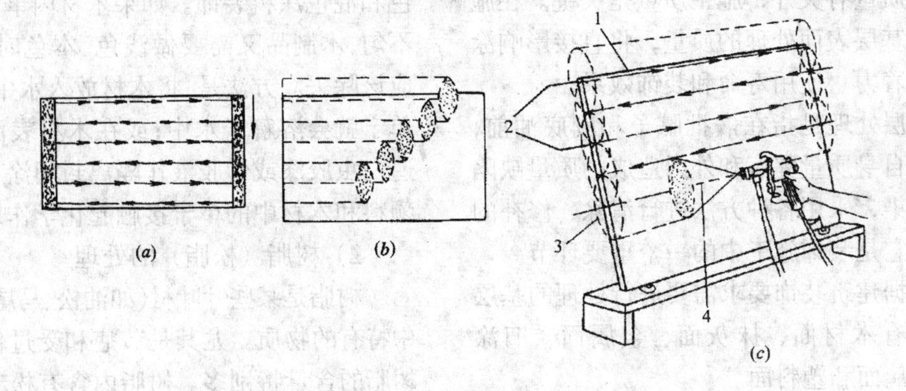

图 3-13　喷涂的顺序

（a）先喷两端部分，再水平喷涂其余部分；（b）喷路互相重叠一半；（c）喷涂示意图
1—第一喷路；2—喷路开始处；3—扣动开关处；4—喷枪口对准上面喷路的底部

(3) 空压泵的使用

开动空压泵前，须检查出气管是否安全畅通，润滑油是否充足，再开启电动机做试运转。确认正常后方可正式运行。对于所使用的空压泵必须认真做好维护保养工作，这样才能保证长时间安全地使用设备。

空压泵的维护保养技术一般有如下要点：

1）安全阀的灵活性及可靠程度，每周检查一次。

2）储气筒应每隔六个月检查和清洗一次。

3）为防止筒身积存过多油水，应在每台班工作后，旋开筒身底部放污阀，将油污存水放出。

4）空压泵如长期停用，应将气缸盖内气阀全部卸下另行油封保存，在每个活塞上注入润滑油。各开口通风处用纸涂牛油封住，以防锈蚀零件。

3.1.5　砂纸、布的使用

各类砂布、砂纸对涂饰面进行打磨处理时，将砂纸、布一裁四，再用四分之一砂纸布对折，用右手拇指在一面,其余四指在另一面,夹住砂纸、砂布进行打磨。为了保证打磨质量,减轻劳动强度,可将选好的木方料、橡胶方料,把砂布或砂纸裹在方料的外围,必须裹紧、裹密实,夹住方料裹住的砂纸进行打磨,较省力,手不容易磨破。长期以来人们称这种打磨为加垫方打磨法,见图 3-14。

用这种操作方法打磨前,应将砂布、砂纸整个地包在垫方上,并用手抓住垫方。打磨时,手心紧按压已包好磨料的垫方,手腕和手臂同时用力,手要拿稳,用力要均匀,顺着被打磨物的纹理或需要的方向往复打磨。

用这种方法操作的垫方必须平整。切勿凹凸不平，更不可有硬物或尖锐物质夹存在其中，以免损伤物面。垫方使用后，应整理干净，保存起来以备再用。

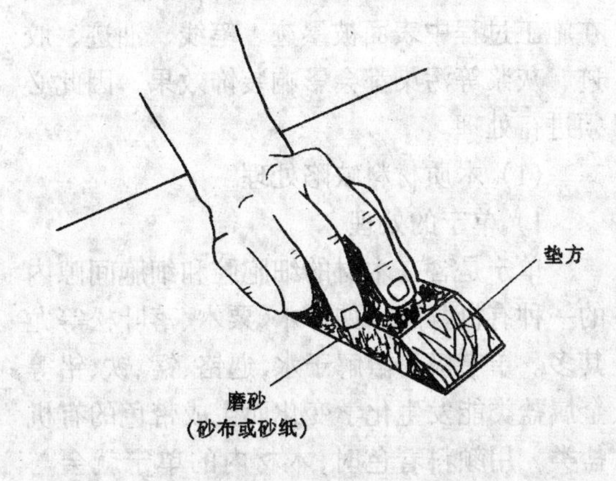

图 3-14　磨料包垫方打磨法

3.2　基层面处理

涂料工程能否符合质量要求，除和涂料

本身的质量有关外，施工质量是关键。在施工中，基层表面处理的质量，将直接影响涂膜的附着力、使用寿命和装饰效果。

基层处理是指在嵌批腻子和刷底油前，对物面自身质量弊病和外因造成的质量缺陷以及污染，采用各种方法进行清除、修补的过程。它是装饰施工中的一个重要环节。

根据建筑装饰要求需要进行处理的基层面大致有木材面、抹灰面、金属面、旧涂膜、玻璃面和塑料面。

3.2.1 木材面的处理

木材是一种天然材料。经加工后的木制品件，其表面往往存在纹理色泽不一、节疤、含松脂等缺陷。为使木装饰做得色泽均匀、涂膜光亮、美观大方，除要求施涂技术熟练外，在施涂前，做好木制品件的基层表面处理（特别是施涂浅色和本色涂料的木材面基层处理）是关键。

木材除木质素外，还含有松脂、单宁、色素和酚类等物质，这些物质的存在，会影响涂膜外观。此外木材外观的节疤、木刺、裂纹等，加工成木制品后的白坯表面的虫眼、洞眼、缺口、色斑和胶合板脱胶，以及在施工过程中表面被墨迹、笔线、油迹、胶迹、灰浆等污染都会影响装饰效果，因此必须进行处理。

（1）木质材料缺陷处理

1）单宁的处理

单宁是含在木材的细胞腔和细胞间隙内的一种有机鞣酸。如柞木、栗木、落叶松等尤其多。单宁极易溶解于水，遇铬、锰、铁、铅等金属盐类能发生化学变化而生成带色的有机盐类。用颜料着色时，木材内的单宁就会与颜料起反应，造成木材面颜色深浅不一，影响着色装饰效果。处理方法是：利用金属盐类，如用氯化铜、硫酸铁、高锰酸钾等，把含有单宁的木材面先染成棕色或黑色，在这基色上再着色。这种方法叫媒介染色法，适用于深色和混色涂料装饰。如果木材内单宁的含量不匀，木制品又需要做浅色、本色时，单宁就应该除去。方法是：将木材放入水中蒸或煮，单宁就会溶解于水中；或在木材表面涂刷一遍白虫胶漆或骨胶液作隔离封闭涂层，阻止颜料和木材中的单宁接触起化学作用。

2）树脂（松脂）的处理

树脂是某些针叶材（如油松、马尾松等）孔中特有的物质。尤其是节疤和受过伤的地方树脂的含量特别多。树脂内含有松节油和松香，它虽然是制造涂料的重要原料，然而它又是造成木材表面漆膜固化不良和漆膜软化回粘等不良根源所在。若在含有树脂的木材表面直接涂饰油性涂料，漆膜就容易被松节油溶解，影响漆膜与木材的附着力，破坏漆膜的完整。涂刷浅色漆时，会产生咬色，涂膜变成无光泽的黄色斑迹，影响漆膜的美观，同时也无法用水色着色，因它含有油与水胶粘不牢。所以松脂对涂料施工的质量危害较大，必须清除。常用的有以下几种脱脂方法：

a.烧铲法：对于渗露于木材表面的树脂，可用烧红的铁铲或烙铁熨烫，待树脂受热渗出时铲除；也可用烧烫的凿子凿去有树脂的部位，但须反复几次，直至不渗出树脂为止。如木材深凹处有树脂渗溢，应用刀具或凿子挖净。若处理后形成较大的洞，可用同树种的小木块嵌实填平。为了防止残余树脂继续渗出，宜在铲出脂囊以后的部位用虫胶清漆刷1～2遍作封闭处理。

b.碱洗法：用碱液处理木材表面时，树脂能与碱生成可溶性的皂，再用清水洗涤，树脂就很容易除掉。常用的是碳酸钠（食用碱）和水溶解后的碱溶液。一般可取5％～6％碳酸钠或4％～5％烧碱和水溶解清洗，不溶解时，可加温至60～70℃左右再清洗。清洗的方法是用毛头较短的刷子在有树脂的部位反复擦洗，使其皂化，再用热水擦洗干净，干燥后，再用酒精揩擦一次。这种方法去脂安全，效果较好。但用碱液去

脂时，容易使木材颜色变深，所以只适用于混色涂料装饰。

c. 溶剂法：使用溶剂去脂效果比较好，适用于透明涂饰工艺。常用的有松节油、汽油、甲苯、丙酮等，以使用丙酮的效果为最好。用25%的丙酮溶液涂擦，可将树脂很快溶解掉。丙酮和苯是易燃有毒溶剂，在使用时应注意防火和防毒。

3）木材色泽的漂白处理

在浅色或本色的中、高级透明涂饰工艺中，对木材存在的色斑和不均匀的色素应采用漂白的方法给予去除。漂白处理一般是在局部色泽深的木材表面上进行，也可在木制品整个表面上进行。

用于漂白的材料很多，一般常用的方法是：采用双氧水（过氧化氢）与氨水的混合溶液配制成的脱色剂（漂白剂）。这种脱色剂对于水曲柳、柳桉等木材效果较好。其配合比是按30%浓度的双氧水∶25%的浓度的氨水=80∶20的比例配制而成。脱色剂中的双氧水能放出作用很强的氧，分解木材中的色素，使颜色退掉，为了加速氧的排放，在双氧水中加入适量的氨水，使氧的排放加速。操作时，戴好手套用油漆刷蘸脱色剂涂布在局部或整个表面的色斑处，经过20～30min，木材就能变白，最后用清水将脱色剂揩洗干净，干燥后再进行下一道工序的操作。

（2）木材表面缺陷的处理

木制品在涂饰前对木材表面缺陷的处理尤为主要，因为木材是一种天然原料，难免有缺陷，因此，在涂饰前就必须认真进行处理，才能获得理想的涂饰质量。

1）木毛刺处理

a. 火燎法：木材表面若有木毛绒，用砂纸打磨效果并不好，可在木材的表面刷一道酒精，并立即用火点燃，但不能将木材面烧焦。火燎后的木毛绒竖起，变硬、变脆，便于砂纸打磨干净。但用这种方法必须注意安全，若面积过大要分块进行，施工作业区域，不能有易燃物品。

b. 虫胶漆法：按虫胶∶酒精=1∶7的比例配制成的虫胶清漆溶液，用排笔均匀地涂刷在木材表面。干后会使木毛绒竖起变硬，便于打磨。

2）污迹清除

木制品在机械加工和现场施工过程中，表面难免留下各种污迹。如墨线、笔线、胶水迹、油迹、砂浆等。这些污迹会影响木材面颜色的均匀度、涂膜的干燥度及附着力，所以在涂饰前一定要将这些污迹清理干净。

白胶、墨迹、铅笔线一般采用小脚刀或玻璃细心铲刮后再磨光。砂浆灰采用铲刀刮除，再用砂纸打磨，除去痕迹。油迹一般采用香蕉水、二甲苯擦除。水罗松污迹要用虫胶清漆封闭，不封闭会产生咬色现象。

（3）木材的干缩湿胀与漆膜质量的关系处理

树木本身含有大量的水分，而这些水分是直接影响木材的性能和漆膜的质量。在大气中的温度低，湿度大的情况下，木材体积随着吸湿量的增加而增大，反之则相反。因此木材的收缩是因为水分的蒸发，膨胀是因为吸收水分而造成的，木材的收缩和膨胀是有规律的，纵向收缩膨胀最小，而弦向最大，径向次之。所以不论制作任何一件木家具或木装修，都必须预先经过干燥处理。木材的含水率一般控制在12%左右。漆膜层阻止木材吸收水分的作用，木制品经涂饰后，可以减少木制品表面的缩胀程度。

3.2.2 抹灰面的基层处理

抹灰面常常存在蜂窝麻面、开裂、浮浆、洞穴等缺陷。在潮湿的季节长期吸潮的基层，容易产生发霉和起霜现象。这些问题的存在大多是由于墙体等结构不密实，墙体内部的水分含量较高或受外界影响，其抹灰面没有达到一定的干燥期，由于混凝土和水泥砂浆的结构呈细孔状，在潮湿状态下，水及盐碱物仍在析出，一旦涂饰后，涂层会出现种种弊病。一般表现为：涂膜起鼓、脱落、开裂、变色、粉化、发霉、斑块等。以上这些问题如在长期使用后出现，表明可能与涂料本身的耐久性能有关，如在短期内出现，则表明除涂料本身的质量外，往往是由于基层含水率高或者是土建施工质量差，造成渗水所致。

基于上述原因，粉刷层完成后不应急于涂饰，要经过几个月的干燥时间，夏天可缩短，冬天要延长，各地不一，使墙面内部水分充分挥发，盐碱物质大部析出，pH 值在 9 以下。粉刷面彻底固化后才能涂饰施工。

施工及验收规范规定："涂料工程基体或基层的含水率：混凝土和抹灰表面施涂溶剂型涂料时，含水率不得大于 8%，施涂水性和乳液涂料时，含水率不得大于 10%。"

（1）墙面干燥程度的鉴别

1）经验判断法

就是通过看颜色，看析出物的状态和用手触摸，凭借个人经验来判断抹灰面的潮湿程度。所谓看颜色，就是观察抹灰面颜色由深变浅的程度，抹灰面层从湿到干，颜色也逐渐由深变浅。抹灰面变干后，水泥的水化反应便大为减弱，表面水分的蒸发量大大减少，碱分和盐分的析出也变得微乎其微，此时，墙面上的析出物便明显地呈现出结晶状态，清除干净后，便不会再有明显的析出物出现。如用铲刀在抹灰面上轻划出现白印痕，即表明抹灰面已充分干燥。用手触摸，就是凭手的触感来感知抹灰面的潮湿程度。实践证明，抹灰面要达到充分干燥程度，必须经过数月至半年以上时间，如能经过一个夏季那就更好。

2）测定法

就是在抹灰面上随机取样，铲下少量灰层的实物，称出重量，然后将其烘干，再称出烘干后的重量，计算出其含水率。

计算公式如下：

$$含水率=\frac{烘干前重量-烘干后重量}{烘干后总量}\times 100\%$$

但这种方法较费时间，同时要具备一定的仪器设备。现在有一些单位已相继研制出饰面含水率快速测定仪。

（2）防潮湿处理

工期要求较短的施工工程，对尚未干燥的水泥砂浆抹灰层表面，可采用 15%～20%浓度的硫酸锌或氯化锌溶液涂刷多次，干燥后将盐碱等析出物（粉质和浮粒）除去。另外，也可用 15%的醋酸或 5%浓度的盐酸溶液进行中和处理，再用清水冲洗干净，待干燥后再涂饰。

（3）油污处理

对旧水泥表面，如有油污等污垢，先用 1%～2%的氢氧化钠溶液刷洗，再用清水将碱液和污垢等冲洗干净。如表面有浮砂、凸疤、起壳和粗糙等现象，应该用铲刀铲除干净。

（4）旧抹灰面的处理

对于旧抹灰面的处理，要视具体情况区别对待。如有的墙面刷涂过水性涂料，水性涂料已起壳、翘皮，这种情况应该在水性涂料上刷上清水待旧涂料胀起，用铲刀铲干净，清除垃圾和灰尘即可。对做过油性涂饰的抹灰面，如涂膜完好，就不必铲除，只要用淡碱水清洗，然后用清水冲洗干净，干燥后即可施工。

3.2.3 钢材面的基层处理

在装饰工程中钢材饰面的基层处理包括角铁架、钢门窗等饰面的除油、除锈、除焊渣和除旧漆膜等内容。这些工序的实施，对整个涂料层的附着力和使用寿命关系重大，直接影响着装饰的质量。

（1）除油

钢材加工成品后往往粘附着各种油类，饰面油污的存在，隔离了漆膜与饰面的接触，甚至会混合到涂料层中，直接影响了漆膜的附着力和干燥性能，同时也影响了漆膜的防锈能力和使用寿命，所以必须清除油污，可采用碱液清除和有机溶剂除油等方法。

1）碱液除油

碱液除油主要是借助于碱与碱性盐等化学物质的作用，除去饰面上的油污，达到饰面洁净的要求。油污的清除可用油漆刷蘸碱液涂擦，然后用清水冲洗干净并用布揩干。

2）有机溶剂除油

有机溶剂除油方法主要是用溶解力较强的溶剂，把饰面上的油污等有机污染物清除掉，有机溶剂的品种较多，一般常用的溶剂是：200号溶剂汽油、松节油、二甲苯等。用抹布蘸溶剂对油污处进行揩擦。

(2) 除锈

钢材受介质作用的过程，称为金属的锈蚀。锈蚀物的清除，是漆膜获得牢固附着力的保证，同时也是延长构件使用寿命的保证。

1）手工除锈

手工除锈就是用钨钢铲、铲刀、敲铲榔头、钢丝刷、铁砂布等工具，用手工铲、刮、刷、敲、磨来除去锈蚀。一般浮锈是用钢丝刷刷去锈迹，再用铁砂布打磨光亮；如有电焊渣要用敲铲榔头将焊渣敲掉；如有飞刺要用锉刀锉掉飞刺。

2）机械除锈

机械除锈是利用机械产生的冲击、摩擦作用，替代手工的防锈方法。常用的机械工具有电动砂轮、风力砂轮、电动钢丝刷、喷砂枪等，这些工具应用广泛，能减轻劳动强度，提高工作效率。

(3) 除旧漆膜

钢铁制品使用到一定时间后，漆膜会产生斑驳、锈蚀、老化等现象，必须及时将旧漆膜清除干净，具体方法有手工清除法和机械清除方法。手工铲除旧漆膜方法是：用钨钢刀铲刮旧漆膜，右手紧握钨钢刀下端，左手扶住钨钢刀上端。配合左手一齐铲刮漆膜，在铲刮时应注意戴好手套和防护眼镜，防止手碰伤和眼睛被尘灰侵蚀。遇有麻面用敲铲榔头敲击将旧漆膜敲掉，钨钢刀的使用一般是弯曲面拉刮大面，直面是铲小面或凹曲面。

3.2.4 旧涂膜的处理

涂膜经过一个时期的使用后，由于受到日光、风沙、雨雪、温度、湿度、摩擦、撞击、酸、碱的侵蚀，涂膜会老化，如开裂、剥落、起泡、无光泽、起粉、变色，从而失去装饰和保护作用，所以经常要重新涂饰涂料。

在重新施涂涂料前对旧涂膜必须进行处理。如何处理要视旧涂膜的损坏程度和新涂层的质量要求而确定。当旧涂膜的附着力还好，如重新做一般混色漆，经砂纸打磨后，用油漆刷蘸淡碱水涂擦旧漆面，然后用清水冲洗干净即可。如要重新做清色漆和质量要求较高的涂料时，旧涂膜就必须清除干净，清除的方法有以下几种：

(1) 火喷法

用喷灯将旧漆膜烘软、烘透。采用火喷法必须注意安全，施工现场必须备置消防器材，铲刮下来的漆皮必须及时清除干净以免隐患。火喷法一般适用于木材面和抹灰面。

1）木材面的火喷法

必须是涂过色漆并且漆膜较厚，出白后继续做色漆的木材表面较适合火喷法。一般是外露木门窗、厨房、卫生间门以及碗框等混色漆饰面。铲除方法是：用喷灯将旧色漆烘软、烘透，但不能烧焦，冷却后旧漆膜已酥松，然后用拉钯将酥松的漆膜刮干净，注意不能刮伤木质。

2）抹灰面的火喷法

必须是涂过色漆的顶棚和墙面，方法是：左手持灯，右手紧握“烧出白刀”，用喷灯将漆膜烘软，边烘边用烧出白刀刮除旧漆膜，铲与烘要配合默契，漆膜一烘软马上用烧出白刀将烘软的漆膜铲除，烧出自刀始终要保持干净、锋利，这样铲出的抹灰面干净、光洁，若刀不锋利并粘有漆膜,应该在刀砖上磨锋利。抹灰面不可烧焦,烧酥松,尽可能不铲伤抹灰面。画镜线、窗台板、踢脚板接口处,用不易燃的物体进行遮挡避免烧焦,电器开关、插头应该将盖板卸下,将电线头分别用绝缘布包好再盖上不易燃的盖板即可。

(2) 刀铲法

一般适用于疏松、附着力已很差的旧漆膜。先用铲刀、拉钯刮掉旧涂膜,然后用砂纸打磨干净。此法工效较低,但经济安全、适用面较广,在金属、木材、抹灰表面等均可采用。

(3) 碱洗法

一般适用于木材面。用火碱加水配成火碱液,其浓度以能咬起旧涂膜为准,为了达到碱液滞流作用,可往碱液中加入适量生石灰,将其涂刷在旧涂膜上,反复几次,直至涂膜松软,用清水冲洗干净为止。如要加快脱漆速度可将火碱液加温。脱漆后要注意必须将碱液用清水冲洗干净,否则将影响重新涂饰的质量。由于碱液是一种成本较低、效果较好的脱漆剂,故应用广泛。但它又是一种腐蚀性很强的溶液,操作时应戴好胶皮手套,穿好工作衣,戴好防护镜,以防碱液溅入眼内。

(4)脱漆剂法

脱漆剂一般由厂家生产,它由强溶剂和石蜡组成。强溶剂对旧涂膜进行渗透,使其膨胀软化;石蜡对溶剂进行封闭,防止溶剂挥发过快,从而使溶剂更好地渗透旧涂膜中。

使用脱漆剂时,开桶后要充分搅拌,若脱漆后做混色漆,用油漆刷将脱漆剂刷在旧涂膜上。多刷几遍,待10min后,旧涂膜膨胀软化,再用铲刀将其刮去,然后,用200号溶剂油擦洗,将残存的脱漆剂(主要是石蜡成分)洗干净,否则会影响新涂膜的干燥、光泽以及附着力;若脱漆后该木制品做透明涂饰,就必须用细软的钢丝绒将木棕眼里的旧漆膜揩擦干净,然后用200号溶剂油将脱漆剂中的蜡成分洗干净。另外,脱漆剂是强溶剂,挥发快,毒性大,操作中要做好防毒和防火工作。

复习思考题

1. 刷浆排笔和刷清漆排笔有何区别?
2. 刷完虫胶漆后排笔应如何处理?
3. 简述喷漆枪的使用方法?
4. 个别木材为什么要漂白处理?一般最常用的是什么漂白剂?
5. 如何鉴别抹灰面干燥程度?
6. 旧涂膜的处理方法有哪些?

3.3 常用腻子的调配方法

在油漆施工中,不论是抹灰面、木制品面、金属制品面等,一般是通过用腻子批嵌的方法来平整底层、弥补缺陷,如抹灰面上的裂缝、洞眼,新旧抹灰面的接缝、凹凸不平等处;金属制品面上的瘪膛,钢门窗型钢的拼缝、麻眼;木器制品面上的纹理隙孔、节疤、榫头接缝、钉眼、虫眼等。所有这些物面上的缺陷及不平整处都需要用各种腻子加以填补和批刮。如果不经过腻子批嵌,物面上的油漆涂层就会粗糙不平、光泽不一,影响涂饰效果。

腻子主要由各种漆基、颜料(着色颜料和体质颜料)等组成,是一种呈软膏状的物质。它的具体组成材料可按物面材料不同来选配。常用腻子的主要材料有熟桐油、聚乙烯醇缩甲醛液(107胶)、羟甲基纤维素(化学浆溯)、熟猪血(料血)、大白粉、石膏粉、颜料、虫胶液等。腻子对物面要有牢固的附着力和对上层漆的良好结合力,要有良好的封闭性，干燥快，色泽一致，并且操作简便。市场上有成品腻子出售，但成本较高，施工中多由自己调制。调配腻子要均匀、细腻、稠稀适当，而且一次调配量不要过多，以免造成浪费。对用来填补深洞、隙缝的腻子要调得稠些；大面积批刮用的腻子可稍稀些；用作浆光面的腻子则要比头遍和二遍批刮料再稀薄一些。

3.3.1 猪血老粉腻子的调配方法

（1）料血的制备

料血是由新鲜猪血加入适量石灰水配制而成的黑紫色稠厚胶体。先将无盐质的新鲜生猪血倒入桶中,手拿稻草将血中的血块和血丝搓成血水,然后用80～100目铜箩筛过滤,除去渣质,将浓度为5%的石灰水逐渐掺入过滤后的血水,边加石灰水边用木棒按同一方向(顺时针)匀速搅拌。猪血在与石灰水的反应下会逐渐变成粘稠胶体,其颜色由红变为黑紫色,此时料血已制备完成,可用来调配腻子。如果长时间搅拌后无上述反应,说明石灰水用量不够,可适当增加石灰水数量,但要注意石灰水不能过量,否则会降低料血的粘结力。冬季制备料血时,应将生猪血加温至20～30℃,加温时要不停地搅动血液,使加温均匀,防止猪血局部凝结成块。

料血具有良好的干燥性和很强的粘结力。经料血浆涂饰的物面清洁润滑，附着力强。如果在料血中再掺入适量的水泥，就能使涂层更加坚固干燥，还能消除原物面上的油垢等污渍。

料血的用途广泛，除了用来调制腻子外，还可以同任何干性漆调合，作底层封闭漆用，适用于室内外墙面、商店招牌、广告牌、额匾、黑板等的底层涂饰。稠度适当的料血还可用来褙云皮纸、夏布及麻丝等。

（2）调配

调配工具有铲刀、调拌板及调拌桶，调拌板可以采用表面光洁的三夹板、五夹板或纤维板，它的尺寸通常为800mm×800mm。

先将老粉放在调拌板上,堆成四周高中间凹下的凹槽,然后将料血倒入[料血:老粉＝1.5:(2.5～3)],用76mm铲刀将四周的老粉铲向中间，边铲边不停地翻拌，使老粉和血胶料充分拌和，达到稠稀适中、均匀、细腻。用作嵌补时应稠些，批刮料时则可稀薄些。

3.3.2 胶老粉腻子的调配方法

调配胶老粉腻子需要木桶（或塑料桶）及木棒。桶的直径及高度通常为300mm，木棒直径30～40mm、长700～800mm。

调制胶老粉腻子，先将胶液倒置于桶内，逐渐加入老粉调和（化学浆糊:107胶水:老粉:石膏粉＝1:0.5:2.5:0.5)；以调拌均匀、稠稀适度为准，胶老粉腻子拌好后，应用铲刀将粘附在木棒和桶壁上的腻子轻轻刮下，摊平桶内腻子，用浸湿的牛皮纸盖在表面，以防干结和灰尘。对于现配现用的胶老粉腻子可在配制时直接加入石膏粉，需要加石膏粉的腻子应该用多少拌多少。

当腻子的用量很大，手工调配跟不上需要时，可采用手提式搅拌器。当腻子用量不大时，可采用调拌板手工调配，其调制方法与猪血老粉腻子方法相同。

3.3.3 透明涂饰工艺用胶老粉腻子的调配方法

化学浆糊与老粉拌和，加入适量颜料拌成的腻子可用在透明涂饰中。其方法是先将选定的颜料粉用清水浸湿待用。[按化学浆糊:老粉＝1:(1.5～2)比例再加入适量的颜色浆配制],在拌板上放上老粉,堆成凹形,按比例倒入化学浆糊以及颜料浆,用铲刀不停地翻拌,直到均匀、软硬恰到好处即可。所加色浆是依据饰面所要求的色彩而定,而且腻子的颜色要淡一些,因为后道工序的透明涂料本身也带有一定的色素。如设计要求饰面是金黄色,在调腻子时可用氧化铁黄颜料粉,调制时注意颜色深度比样板颜色要浅。

透明饰面胶老粉腻子用胶量少，很容易打磨，用这种腻子代替透明木制品涂饰工艺中的润粉材料（水粉腻子），其效果更好。

3.3.4 胶油老粉腻子的调配方法

胶油老粉腻子中各种材料的配合比为化学浆糊∶107胶水∶熟桐油∶松香水∶老粉∶石膏粉＝1∶0.5∶0.5∶0.2∶3.5∶1，再加上适量色漆。调配时先将胶液、熟桐油和色漆倒入搅拌桶内调和，然后逐渐加入老粉用木棒拌匀，先不放石膏。当需要加石膏粉时，可先将桶内拌好的腻子挑到调拌板上，再放入石膏粉翻拌均匀，随用随拌，以免因石膏吸水不匀产生僵块现象而造成浪费。腻子中所用色漆的颜色和数量要根据被饰物面对颜色的要求而定，应注意所配腻子的颜料比面层漆的颜色要浅一些。

胶油老粉腻子作嵌补料时，石膏粉的用量要稍多一些，用作批刮料时应少放些石膏粉；用作浆光料（最后一遍批刮料）时则不再加入石膏粉，而应多放些熟桐油。胶油老粉腻子不易变质，未加石膏的胶油老粉腻子便于存放，不用时应用牛皮纸遮盖，以免结皮和灰尘的污染。

3.3.5 油性石膏腻子的调配方法

调制油性石膏腻子按石膏粉∶熟桐油∶松香水∶水＝10∶3∶1∶25的比例配制，其中掺加适量色漆。调制时先在调拌桶内倒入熟桐油、色漆、松香水充分调匀（天气寒冷时应加入适量催干剂），然后逐步加入石膏粉调和，最后加水并不停地用木棒按顺时针方向匀速搅拌，使水被石膏粉充分吸收，当石膏吸水胀到一定程度，呈稳定软膏状时即成。一般当气温低于10℃时需加入适量催干剂。

油漆施工中有时只需少量石膏腻子，这时可先将熟桐油、色漆、松香水及催干剂倒入桶内调合待用，然后将规定用量80%的石膏粉放置在调拌板上（其余20%留待以后拌合），堆成凹槽状，将调合好的油料注入槽内，用铲刀翻拌均匀，再将其堆成凹槽状，把其余20%的石膏粉以及一半水量倒入凹槽内，用铲刀翻拌均匀后再逐渐加进留下的一半水。这时应用铲刀不停地翻拌，将水挤压进去，使石膏粉充分吸收水分。当发现腻子不断地发胀时，应及时加入熟桐油，并进一步调匀，使腻子达到饱和状态，呈稳定的软膏状物，此时腻子便调制完毕。

配制油性石膏腻子一般不可以采用先加水后加油的方法，经验不足者更忌。因为石膏粉遇水后会很快发胀变硬，若再加油容易结成细小的硬颗粒，影响腻子的质量。

3.3.6 虫胶老粉腻子的调配方法

虫胶老粉腻子按虫胶液∶老粉＝1∶2的比例调制，其中掺入适量颜料粉。首先按要求将颜料粉与老粉一次拌匀，用60目铜箩筛过筛待用（拌合粉的颜色略浅于饰面颜色）。然后将虫胶液倒入小容器中，加入拌好的老粉，用脚刀拌合均匀即成。配制虫胶老粉腻子用的虫胶液浓度要比一般的来得稀，一般采用虫胶∶酒精＝1∶5的比例。由于虫胶腻子中的酒精挥发快，所以要边配边用，一次调配不宜超过25克。调配虫胶老粉腻子用的容器可用直径50mm左右的竹筒或塑料瓶盖。搅拌和嵌补的工具是小脚刀。

3.3.7 水粉腻子的调配方法

水粉腻子也称水老粉，是水与老粉按1∶(0.8～1.0)的比例,并掺加适量颜色粉及化学浆糊调配而成。水粉腻子用于透明涂饰工艺中的嵌补木棕眼，能起到全面着色作用。此道工序也称为润粉。

3.4 嵌批与砂磨

各种将要进行涂饰的物体表面上往往存

在各种缺陷，如裂缝、洞眼、拼接缝等等，对于这些缺陷一般都通过采用各种不同材料组成的腻子来填刮平整，若不经过腻子的嵌刮平整以及在此基础上用砂纸、砂布打磨光滑，就会使被涂饰面光泽不一，粗糙不平，影响整个装饰效果，甚至失去装饰的意义和作用。

3.4.1 嵌批腻子

（1）嵌腻子

将各种腻子,用适当工具填补到被涂物面的局部缺陷处叫嵌补腻子。嵌补腻子的操作方法是:用于嵌补腻子的铲刀其大小应视缺陷的大小而定,但一般不宜用过大的铲刀。操作时,手拿铲刀的姿势要正确,手腕要灵活。手持铲刀时,应用拇指、中指夹稳嵌刀,食指压在嵌刀面上,一般以三个手指为主互相配合。嵌补时,食指要用力将嵌刀上的腻子压进钉眼等缺陷以内,要填满、填密实。缺陷四周与腻子的接触面积应尽量小些,否则会留下很大的腻子嵌补痕迹,增加砂磨的工作量,并影响着色质量。同时嵌补的腻子应比物面略高一些,以防腻子干燥收缩造成凹陷。

（2）批刮腻子

批刮腻子与嵌补腻子不同，嵌补是用铲刀将腻子填补在局部的缺陷处，而批刮则是将腻子全面地满批在物体表面。目的是使物面平整光洁，这种将涂料或腻子涂刮在物体表面的方法也称作刮涂。批刮腻子的工具主要有：钢皮批刀、橡皮批刀、牛角翘等。

批刮腻子的操作方法是：从左到右，从上到下。批刮时用力轻重适度，批刮自如，腻子涂层批的厚时，批刀与饰面的夹角要小，批薄收枯时，批刀与饰面的夹角要大些。批刮前先检查一下饰面的平整情况，在低陷处用硬腻子抄平，最后再满批通刮。

3.4.2 砂磨

采用研磨材料(如木砂纸、水砂纸、铁砂布)对于被涂物面进行打磨的过程叫做砂磨。

在木家具涂饰过程中，砂磨是一项十分重要的工序。可以说，砂磨对整个被涂物面的漆膜，达到平整光滑、楞角和顺、线条及木纹清晰等要求起着很大的作用。砂磨可分为干砂磨和湿砂磨。

所谓干砂磨是指采用木砂纸、铁砂布等进行表面打磨；所谓湿砂磨是指用水砂纸蘸上肥皂水进行表面打磨。砂磨时，要根据不同工序的砂磨质量要求，适当选用不同性能与型号的砂纸，并正确掌握砂磨方法。在整个涂饰过程中，按砂磨的不同要求及作用，大致分为三个阶段，即白坯家具表面的砂磨；涂层间的漆膜表面的砂磨；漆膜修整时的砂磨。前两个阶段一般为干砂磨，后一个阶段为湿砂磨。

现将不同阶段的操作方法、质量要求和注意事项叙述如下：

（1）白坯家具表面的砂磨

白坯家具表面的砂磨一般多用 1 号～1½号木砂纸。如果砂纸过粗，往往在砂磨后的表面留下砂纸的粗路痕迹，着色后显现深细的丝痕，影响漆膜的美观。砂磨时要根据不同等级家具的质量要求，决定底层砂磨的程度。如果装饰质量要求高，砂磨时更要认真细致。砂磨时要掌握“以平滑为准”，用手将木质垫具包住砂纸在表面上顺木纹来回砂磨，不能横砂和斜砂。注意线条、楞角等部位不能砂损、变形，以免影响楞角的线型。操作时用力要均匀，手拿砂纸要正确稳妥，一般是用大拇指、小拇指与其他三个手指夹住砂纸或用垫具压住砂纸，不能用一只手指压着砂纸砂磨，否则会影响家具表面的平整，或腻子处被磨得凹陷下去。

（2）涂层间的漆膜表面的砂磨

这个阶段的砂磨是指物面每道涂层之间的漆膜表面的轻度砂磨操作。根据工艺要求，少则 2～3 次，多则 4～6 次。砂磨时多采用 0 号木砂纸或 1 号～1½号旧木砂纸。

砂磨的作用是将干结在漆膜上的粒子、杂质、刷毛等砂掉。经过砂磨后，漆膜表面既平滑，又能增加涂层间一定的附着力。应注意，在这个阶段中，不能用粗砂纸或太锋利的砂纸进行砂磨，否则容易砂损漆膜。砂磨的方法一般是顺木纹方向直磨。

(3) 漆膜修整时的砂磨

漆膜修整时的砂磨俗称磨水砂。虽然在家具的白坯表面，已经砂磨得十分平整、光滑，但经过着色及涂布漆料后，漆膜表面往往由于木材和涂层的干燥收缩、涂料的流平性不够、涂布不匀、涂层中落入灰尘等等因素，而产生高低不平的缺陷，影响了漆膜的装饰效果。因此，在涂层干燥后，还必须用水砂纸进行湿砂磨，以提高漆膜的平整度，然后再进行抛光。这样才能使漆膜平整和具有镜面般的光泽。

湿砂磨有手工和机械两种。由于手工砂磨的劳动强度大、生产效率低，所以，这一工序已不同程度地由各种水砂机代替。如用手工砂磨，其操作方法基本与砂磨白坯相同。

砂磨时，要根据产品的质量要求，分别采用不同的砂磨方法，如蘸水砂磨、蘸肥皂水砂磨等。

1) 蘸水砂磨

要想获得平整光滑的漆膜，水砂纸是不宜在漆膜上直接用力干磨的，因为水砂纸在漆膜上摩擦时，漆膜容易发热变软，漆尘极易粘附在砂纸的砂粒间（硝基漆较严重）。所以这样砂磨，不但得不到平整光滑的漆膜，反而使漆膜的表面出现很粗的砂路痕迹，影响表面质量。因此，砂磨时蘸水能使漆膜冷却，以免因摩擦发热而受到损坏。但缺点是用力要大，水砂纸损耗率也大。

2) 蘸肥皂水砂磨

用肥皂水砂磨的效果比蘸水砂磨更好。其优点是砂磨时由于肥皂水的作用，能使砂纸润滑和减少粘土漆尘，保持砂纸的锋利。既省力、省工，又减少漆膜表面的粗砂路痕迹。

3.5 刷漆

在建筑装饰木家具涂料施工中，刷涂是最常用的一种手工涂饰方法。使用不同的刷具将各种涂料涂饰在物体的表面，使其获得一层均匀的涂层叫做刷涂。刷涂应按照涂料的特性及用途，合理地选用工具并采用不同的操作方法，如刷涂水色、虫胶清漆、酚醛清漆、硝基清漆和聚氨酯树脂漆等。操作时，根据刷涂的顺序和特点，可归纳成这样的规律即：“从上到下、从左到右，先横后竖、先里后外、先难后易”。

3.5.1 刷涂水色

刷涂水色是透明涂饰工艺的一道工序。根据样板色泽的特征和涂饰工艺的设计要求，往往要通过刷涂水色来达到规定的着色效果。施工前，先要根据被涂工件的形状，适当选择各种尺寸的排笔。刷涂时，用排笔先多蘸一些水色，在工件的表面上展开，用横竖的方法来回刷涂几次，让水色充分渗入管孔内，然后再用清洁的排笔或油漆刷在工件表面上先横后竖地顺着木纹方向轻刷几次，用力要轻而均匀，直至水色均匀地分布在被涂表面上为止。刷涂要力求达到无刷痕、流挂、过楞等现象，待干时谨防水或其他液体飞溅上去，以免水色浮起，造成返工。不涂饰的部位，要保持洁净。

3.5.2 刷涂虫胶清漆

刷涂虫胶清漆，尤其是刷涂含有着色物质的虫胶漆，是涂饰施工中多次进行的一个关键工序。因为工件表面漆膜颜色的好坏，就决定在这一步的操作上，所以要求精心操作，刷涂时手腕要灵活，思想要集中。虫胶漆属挥发性涂料，干燥快，因此刷排笔的顺序要求正确，一般是按从左到右、从上到下、先里后外等顺序，顺着木纹方向进行刷涂。落笔时，要从一边的中间起，并上下或左右来回返刷一至二次，动作要快，要注意表面色泽是否均匀，力求做到无笔路痕迹。蘸漆时要求每笔的含漆量一致，不能一笔多、一笔少。用力要均匀，不能一笔重、一笔轻。否则容易产生刷痕及表面色泽深浅不一的毛病。特别是刷涂含有着色物质的虫胶漆时，要调好虫胶漆的粘度，按上述操作方法进行刷涂，但不能来回刷的次数过多，否则，极易引起色花、漏刷、刷痕、混浊等缺陷，影响表面纹理的清晰。

3.5.3 刷涂酚醛油漆

涂饰用的酚醛漆有清漆和磁漆（即色漆）两种，一般都是作罩面用，因此表面漆膜的质量，除与涂料本身的质量有关外，还常取决于刷涂的技巧。

该漆的特点是粘度高、干燥慢，刷涂工具应选用猪鬃油漆刷。按照这种涂料的特点，其刷涂方法与刷涂虫胶漆有所不同。首先用油漆刷多蘸些漆液涂布于物面上，待满足物面的漆量时即停止蘸漆。这时可先横涂或斜涂，促使漆液均匀地展开，然后按木纹方向直涂几次，横涂时用力重些，直涂时用力逐渐减轻，最后利用刷的毛端轻轻地收理平直。刷涂完毕应检查涂层有否流挂、漏刷、过楞、刷毛等现象，如刷涂磁漆，还要注意涂层不应该有露底的现象。

3.5.4 刷涂硝基清漆

硝基清漆也属一种罩面的涂料，它的粘度虽然高，但刷涂的方法与虫胶漆基本相同。刷具常选用不脱毛的、富有弹性的旧排笔或底纹笔。一般是把刷过虫胶漆的排笔，先用酒精溶解，洗净虫胶漆，再放入香蕉水中洗一次才能使用。

刷涂时,用力要均匀,要求每笔的刷涂面积长短一致(约 30～35cm 左右),蘸漆量不能一笔多、一笔少。刷时应顺着木纹方向刷涂,但不能来回多刷,否则涂层容易出现皱纹。同时要注意涂层的均匀度,不能漏刷、积漆、过楞,如发现涂层中粘有笔毛时,即用排笔角或针将笔毛及时挑掉。刷涂第二道、第三道,则依照上述方法同样操作。

3.5.5 刷涂聚氨酯和丙烯酸漆

这两种漆的特点是固体份含量高，粘度低，流平性好，适于刷涂。刷具和操作方法基本与刷涂硝基漆相同。但不同的是刷具可以适当来回多刷，并可应用横涂的操作方法。另外，在刷涂这两种清漆时，要注意掌握各道涂层的干燥时间。施涂时不能在风大的地方施工，否则漆膜表面容易引起气泡、针孔、皱皮等缺陷。如发现漆膜上有这些缺陷，应待漆膜干透后，用 1 号木砂纸将这些缺陷砂平，再刷涂两道相同的涂料，以消除针孔、气泡等缺点。

3.6 玻璃

玻璃在裁割与运输过程中必须注意安全，裁划玻璃应在指定场所进行，裁下的废料集中堆放并且及时处理；搬运玻璃时应戴手套，防止边口锐利部分划伤手，在运输时不使玻璃摇动和碰撞并做好防雨措施。

3.6.1 玻璃的裁割

（1）玻璃刀的使用

裁划玻璃时，玻璃面上的划纹应是一根很细的均匀直线，同时听到轻微、连续、均匀的“嘶”声。为此，必须掌握好握刀手势、角度以及用力大小。

正确的握刀手势应该是:右手的大拇指、食指和中指握住刀杆的一端,握实拿稳,手腕要直,刀杆贴着食指,不可左右偏,也不可竖直,应当稍微后倾,与玻璃呈一角度,刀头紧靠直尺右侧。见图 3-15、图 3-16。

在裁划动作的过程中,特别要注意握刀的

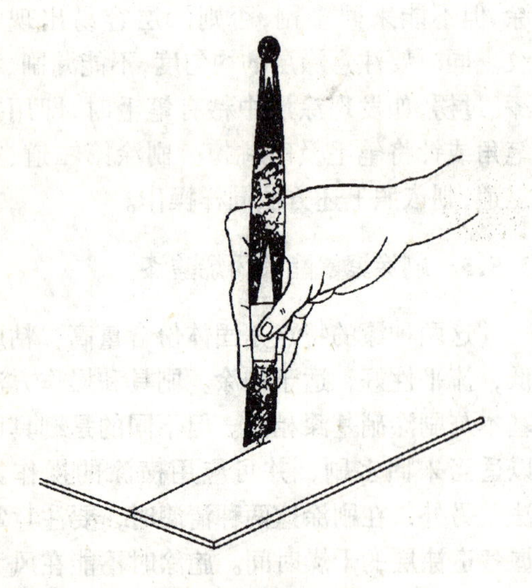

图 3-15　握刀手势

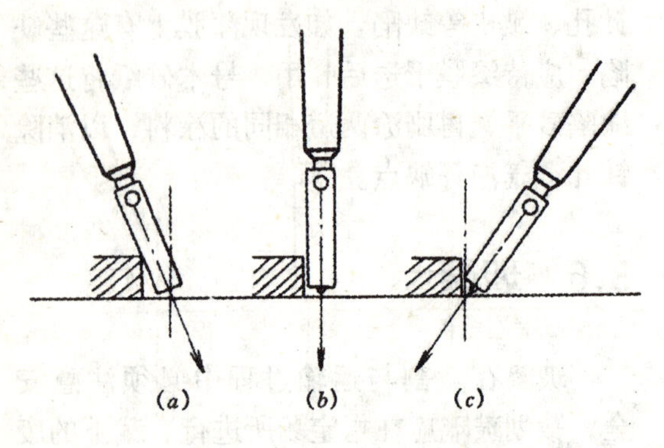

图 3-16　玻璃刀移动方法
(a) 不正确；(b) 正确；(c) 不正确

手势和角度必须始终保持一致,尤其不能在正常工作台上裁划时,更应注意姿势的正确,保持握刀角度。有了正确的手势,还必须用力恰当,才能保证裁划质量。要注意用力点是在刀头上,不宜过重或过轻,刀划下去时,只要听到玻璃面上发出清晰的"嘶"声,表明用力适当,一气划成,如果用力过轻,就听不到"嘶"声,也划不出裂纹,如果用力过重,裂纹会比较粗,这样在扳脱玻璃时边沿口子会粗糙,且金刚钻头的刀锋易磨损。

(2) 裁划 2～3mm 厚的平板玻璃，用 2 号～3 号玻璃刀和长 600～1000mm 直尺。用木折尺或钢卷尺量出门窗的玻璃框尺寸大小，但这不能作为裁划的尺寸。因为钢木门窗受气温冷热的影响而产生胀缩变形，门窗制作加工尺寸还有允许误差，因而长宽方向均应留 3mm 空隙。例如玻璃框为 350mm×400mm，实际裁划净尺寸为 347mm×397mm，刀口划纹一般考虑 2mm。具体操作时，在直尺上量出 345mm×395mm，在该处钉上一枚小钉，钉头略钉出直尺，裁划时将直尺放在玻璃面上，并与边线垂直，小钉紧靠玻璃的边线，握住直尺平稳地移动(图 3-17)，同时，右手按正确的手势和角度握玻璃刀，紧靠直尺的一端面，并随着直尺的移动，用力裁划玻璃，这样裁下的玻璃宽度为 347×397mm。裁划完后，用玻璃刀头在玻璃背面，沿细裂纹向上轻轻一敲，玻璃便沿裂纹线自动裂开断脱。另一种方法是用手扳脱，使玻璃沿裂线断脱。扳脱大规格玻璃操作时，应将已裁玻璃移出，使裂纹线置于离工作台内边约 50mm 处，这样扳脱时不会因失手而将玻璃摔在地上。另外，在裁划前必须用直角尺对玻璃进行通角校核。

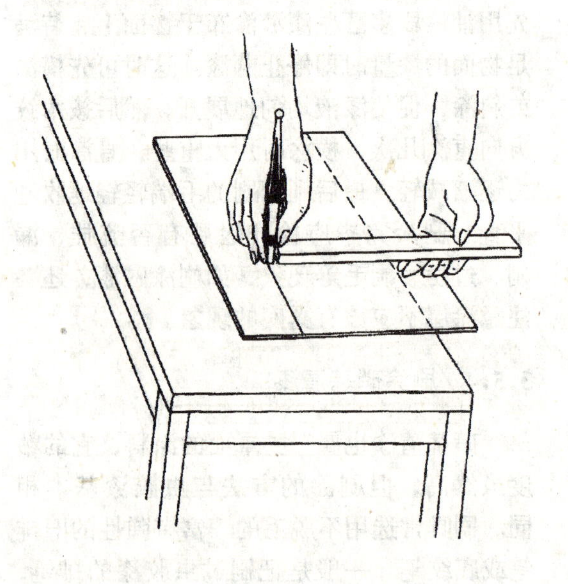

图 3-17　裁划玻璃

在正式裁划前应先试刀口，掌握好玻璃刀与玻璃大约成什么角度后，玻璃刀锋口才能对正玻璃面进行裁划，如果玻璃刀锋口没有对正玻璃面，划出来的划纹呈白口，用玻璃刀在背面轻轻一敲，玻璃很容易破碎；如果玻璃刀锋口对正玻璃，划纹细，无碎迹，用玻璃刀轻轻一敲，玻璃会沿划纹线自动裂开。当玻璃已裁划成白口，千万不能在原划纹线上重划，平板玻璃可以翻面重新在白口划纹线上再划，如划其它玻璃（如镜子、压花，磨砂玻璃等），可沿白口线移动 2～3mm 重新裁划。

（3）裁划 4～6mm 厚的玻璃；用 4 号～5 号玻璃刀，其裁划方法和要求大致与前相同。因玻璃较厚较大，裁划时玻璃刀一定要握准、拿稳，力求轻重均匀。另外，还有一种裁划法是将 600～1000mm 的直尺放压到所要裁的尺寸位置，玻璃刀紧靠直尺裁划。这种方法比较容易裁划好玻璃，但工效不高。裁划时要在划纹部位上预先用毛笔刷上一些煤油，使划纹渗油后，易于扳脱。

裁划 4～6mm 厚的玻璃时，因其面积较大，一人不能操作，须 2～3 人。有时人站在地上无法裁划，此时可以脱鞋站在玻璃上裁划，但玻璃下面必须垫绒毯，使玻璃受压均匀。裁划后双手紧握玻璃，同时向下扳脱。当裁划 5mm 厚度以上的大规格玻璃时，在手扳玻璃前，可将直尺垫入已裁划玻璃的下面，直尺的斜边线对准玻璃划纹线，然后双手握紧玻璃轻轻往下按压，即可扳脱玻璃。

裁划玻璃用的工作台要平整、结实并垫绒毯。玻璃刀宜专人专用，因为每个操作者的裁划角度不一，玻璃刀刀锋很难掌握，玻璃很容易裁坏。

3.6.2 玻璃的运输

（1）运输时，不论使用何种车辆，在装载时箱盖必须向上，并直立紧绑在靠架上，不使玻璃晃动。有空隙的地方应用稻草或其它软物填实，并用木条钉牢。

（2）运输中一定要采取防雨措施，以防雨水进入玻璃箱内。因玻璃淋湿后相互之间粘住，撬开时容易破裂；冬天水结成冰后，玻璃就更容易破碎。装卸和堆放时，要轻抬轻放，防止震动和倒塌。

（3）短距离运输，应把玻璃箱立放，用抬扛抬运，不能多人抬角搬运。垂直运输要计算好重量，以防超重发生事故。3mm 厚的玻璃每平方米的重量为 7.5kg；5mm 厚的玻璃每平方米的重量为 12.5kg；平均每毫米厚的玻璃每平方米的重量为 2.5kg。

3.6.3 安装玻璃应注意的事项

在施工时，有几种特种玻璃的安装应特别加以注意。

（1）压花玻璃安装

1）压花玻璃易脏且遇水变透亮，看得见东西，所以压花面应装在室内侧，且要根据使用场所的条件酌情选用。

2）菱形、方形压花的玻璃，相当于块状透镜，人靠近玻璃时，完全可以看到里面，应根据使用场所选用。

（2）夹丝玻璃安装

1）夹丝玻璃断剪时，切口部分易坏。切口部分的强度约为普通玻璃的 1/2，因此比普通玻璃更易产生热断裂现象。

2）夹丝玻璃的线网表面是经过特殊处理的，一般不易生锈。可切口部分未经处理，所以遇水易生锈。严重时，由于体积膨胀，切口部分可能产生裂化，降低边缘的强度，这是热断裂的原因。

（3）中空玻璃安装

1）中空玻璃朝室外一面（一般用钢化玻璃）采用硅橡胶树脂加有机物配成的有机硅胶粘剂与窗框、扇粘结；朝室内一面衬垫橡胶皮压条，用螺丝固定。这样，既可防玻璃松动，又可防窗框与玻璃的缝隙漏水。

2）中空玻璃的中间是干燥的空气或真空，作窗用时，中间不会产生水汽或水露，噪声可减弱 1/2，具有良好的保温、隔热和隔声作用。因此，安装过程中特别应注意不得碰伤，以防影响功能效果。

3）选用玻璃原片厚度和最大使用规格，主要决定于使用状态的风压荷载。对于四周固定垂直安装的中空玻璃，其厚度及最大尺寸的选择条件是：

玻璃最小厚度所能承受的平均风压（双层中空玻璃所能承受的风压）为单层玻璃的1.5倍；最大平均风压不超过玻璃的使用强度；玻璃最大尺寸所能承受的平均风压。

3.6.4 玻璃安装后成品的保护

（1）门窗玻璃安装后，应将风钩挂好或插上插销，防止刮风损坏玻璃，并将多余的和破碎玻璃随即清理送库。未安装完的半成品玻璃应妥善保管，保持干燥，防止受潮发霉，应平稳立放防止损坏。

（2）凡已安装完玻璃的房间，应指派责任心强的人看管维护，负责每日关闭门窗，以减少损失。

（3）面积较大、造价昂贵的玻璃，原则上在单位工程交工验收前安装。如确需提前安装，则须采取防护措施，如在已经施工完毕的玻璃幕墙上覆盖纤维板，防止物体打击损伤玻璃。

（4）安装玻璃时，应注意保护好窗台抹灰。

（5）填密封胶条或玻璃胶的门窗，待胶干后（不少于24h），门窗方能开启。

（6）避免强酸性洗涤剂溅到玻璃上。如已溅上，应立即用清水冲洗。对于热反射玻璃的反射膜面，若溅上碱性灰浆，要立即用水冲洗干净，免使反射膜变质。

（7）不能用酸性洗涤剂或含研磨粉的去污粉清洗反射玻璃的反射膜面，以免造成反射膜上留下伤痕，或使反射膜脱落。

（8）防止焊接、切割及喷砂等作业时所产生的火花和飞溅的颗粒物损伤玻璃。如果火花飞溅到钢化玻璃上，会使钢化玻璃表面产生细微伤痕，在受到风压力或振动力等作用时，伤痕就逐渐扩大，一旦进入了玻璃厚度中心部分的拉应力层后，会引起玻璃突然全面破碎。

第4章　钳工和钣金工基本功训练

建筑装饰工程中的某些金属部件，需要通过钳工和钣金工手工操作来完成。从钳工基本操作来看，应掌握钳工的常用工、机具的使用和维护，掌握各项基本操作技能，包括划线、錾削、锉削、锯割、钻孔等。从钣金工的基本操作来看，还应掌握手剪、弯曲、卷边等基本操作技能和相应的手工工具的使用和维护。

4.1　划线与冲眼训练

根据图样或实物的尺寸，准确地在工件表面上划出加工界线，这项操作叫划线。划线的主要作用是确定工件上各加工面的加工位置和加工余量，以及在板料上按划线下料，正确排料，合理使用材料。

(1) 作业图

训练作业图见图4-1。

(2) 材料工具准备

200×300薄板一块、划针、划规、样冲、钢直尺、90°角尺、角度规、划线平台。

(3) 操作方法

1) 钢直尺的使用

钢直尺是一种简单的尺寸量具。主要用来量取尺寸、测量工件、也可作划直线时的导向工具（见图4-2）。

2) 划针的用法

划线时针尖要紧靠导向工具的边缘，上

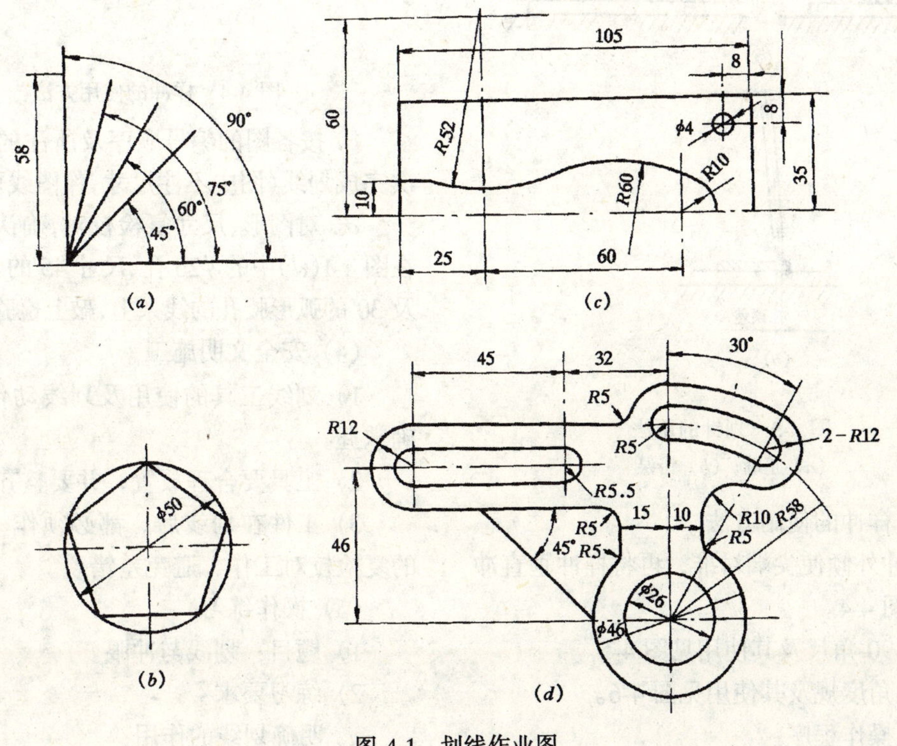

图4-1　划线作业图

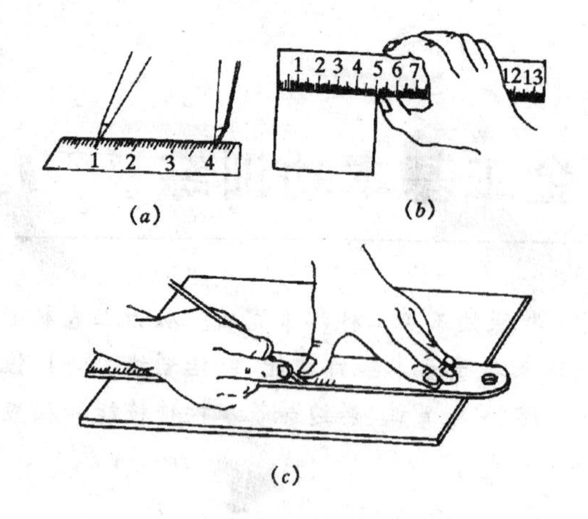

图 4-2 钢直尺的使用

（a）量取尺寸；（b）测量工件；（c）划直线

部向外倾斜 15°～20°，向划线移动方向倾斜约 45°～75°（见图 4-3）；针尖要保持尖锐，尽量做到一次划成。

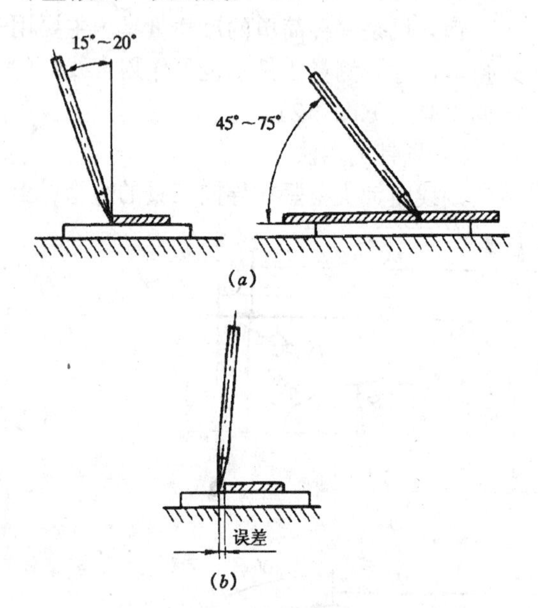

图 4-3 划针的用法

（a）正确；（b）错误

3）样冲的使用方法

样冲外倾使尖端对准，再将样冲垂直冲点。见图 4-4。

4）90°角尺及其使用见图 4-5。

5）角度规及其使用见图 4-6。

6）操作程序：

a. 准备好所用的划线工具。

b. 熟悉各图形划法，并按各图应采取的划线基准及最大轮廓尺寸安排好各图基准线在实习件上的合理位置。

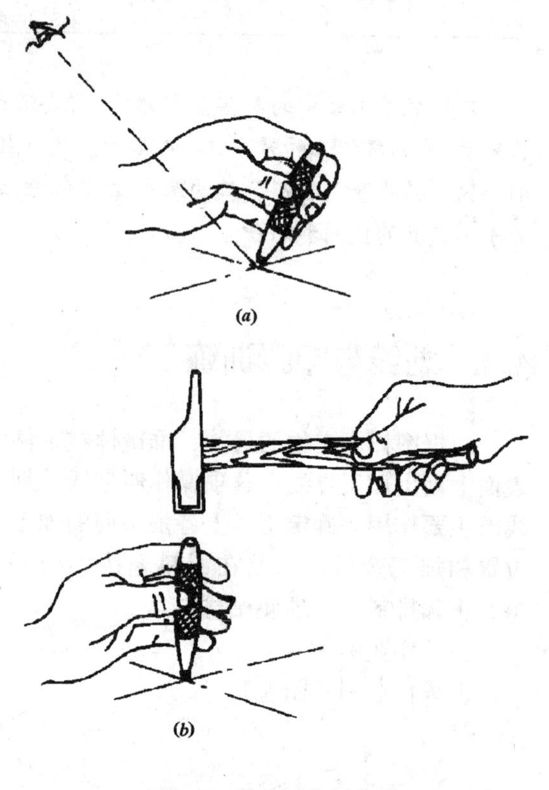

图 4-4 样冲的使用方法

c. 按各图的编号顺序及所注的尺寸，依次完成划线（图中不注尺寸，作图线可保留）。

d. 对图形、尺寸复检校对，确认无误后，在图 4-1(d)中的 ϕ26 孔、尺寸 45 的长形腰孔及 30°的弧形腰孔的线条上，敲上检验冲眼。

（4）安全文明施工

1）划线工具的使用及划线动作必须正确掌握。

2）工具要合理放置，并要整齐、稳妥。

3）工件在划线后，都必须作一次仔细的复检校对工作，避免差错。

（5）操作练习

1）题目：划线与冲眼。

2）练习要求：

a. 明确划线的作用；

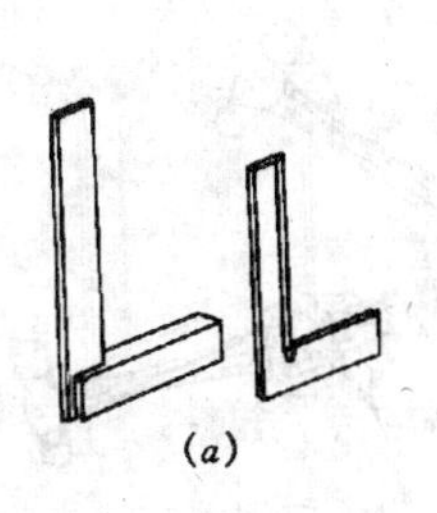
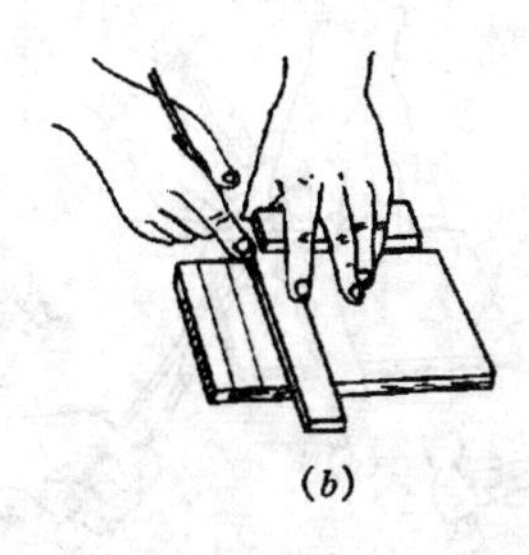
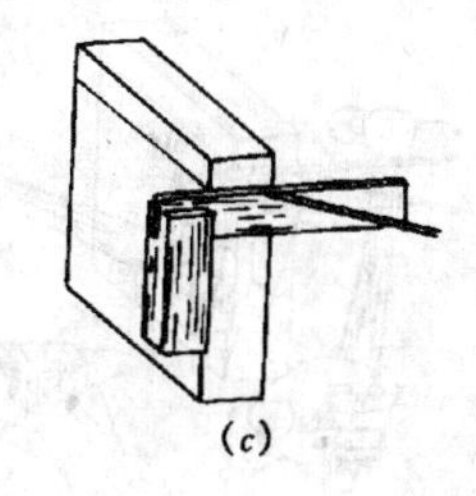

图 4-5 90°角尺及其使用
(*a*) 90°角尺；(*b*) 划平行线；(*c*) 划垂直线

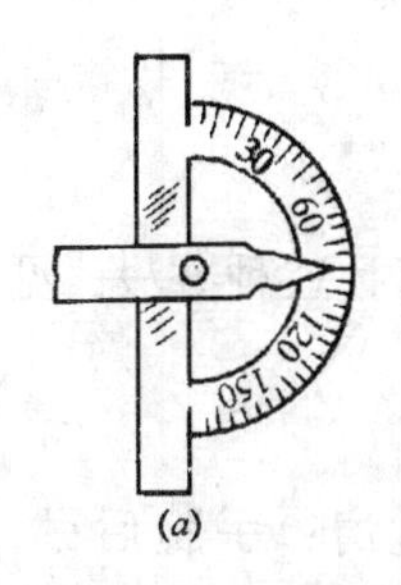

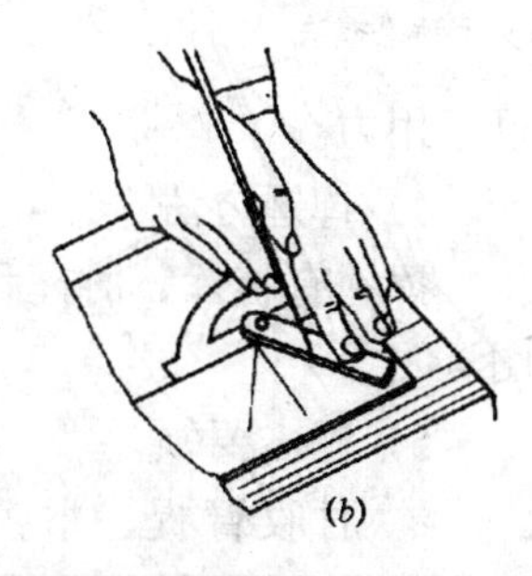

图 4-6 角度规及其使用
(*a*) 角度规；(*b*) 划角度线

b. 正确使用平面划线工具；

c. 掌握一般的划线方法和正确地在线条上冲眼；

d. 达到线条清晰、粗细均匀，尺寸误差不大于±0.3mm。

3）评分标准 见表 4-1。

操作练习考查评分表 **表 4-1**

序号	考查项目	得分	练习要求、检查方法	备注
1	图形及排列		位置正确	
2	线条		线条清楚无重线	
3	尺寸		尺寸及线条位置公差±0.3	
4	各圆弧连接		连接圆滑	
5	冲点		冲点位置公差 *R*0.3	
6	使用工具		使用工具正确	
7	安全与文明操作			
8				
课题	划线与冲眼	Σ		

班级______姓名______指导教师______日期________

4.2 錾削训练

用手锤打錾子对金属进行切削加工叫做錾削，又叫凿削。一般用来錾掉锻件的飞边、铸件的毛刺。

(1) 作业图

训练作业图见图 4-7。

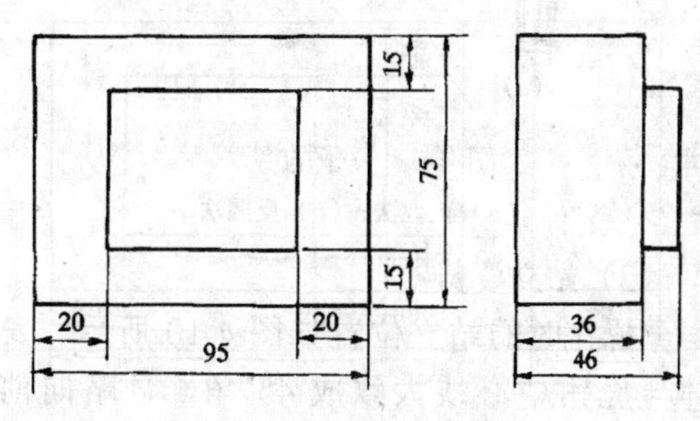

图 4-7 錾削作业图

(2) 材料工具准备

长方铁坯件一件、手锤、“呆錾子”、无刃口錾子、已刃磨錾子。

(3) 操作方法

1）手锤的握法

a. 紧握法：用五指紧握锤柄，在挥锤和锤击过程中，五指始终紧握。见图 4-8 (*a*)。

b. 松握法：只用大拇指和食指始终握紧锤柄。挥锤时，小指、无名指、中指则依次放松；锤击时，又以相反的次序收拢握紧，见图 4-8 (*b*)。

2）錾子的握法

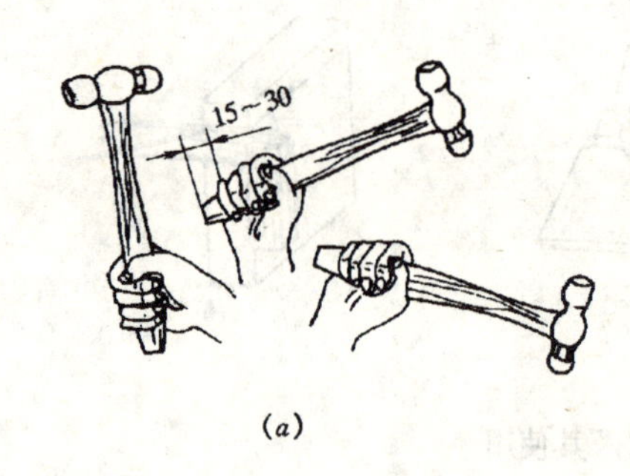

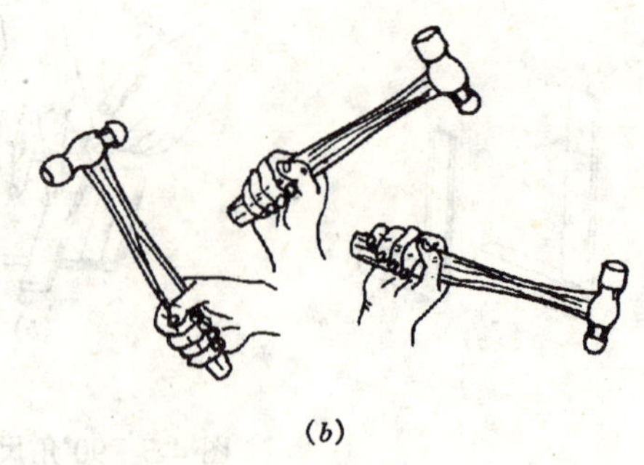

图 4-8　手锤的握法

(*a*) 手锤紧握法；(*b*) 手锤松握法

a. 正握法：见图 4-9 (*a*)。

b. 反握法：见图 4-9 (*b*)。

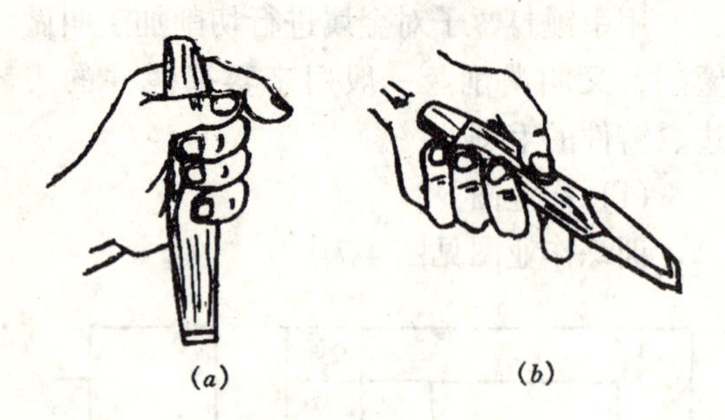

图 4-9　錾子的握法

(*a*) 正握法；(*b*) 反握法

3）站立姿势

操作时的站立位置如图 4-10 所示。身体与虎钳中心线大致成 45°角，且略向前倾，左脚跨前半步，右脚要站稳伸直，不要过于用力。

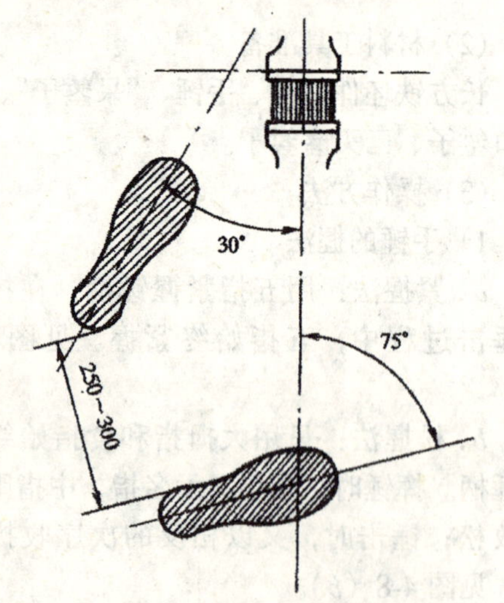

图 4-10　錾削时的站立位置

4）挥锤方法

挥锤有腕挥、肘挥和臂挥三种方法，见图 4-11。

5）锤击要领

a. 肘收臂提，举锤过肩；手腕后弓，三指微松；锤面朝天，稍停瞬间。

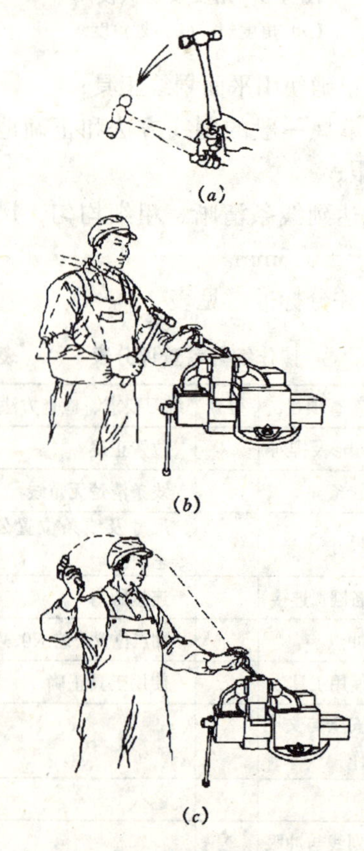

图 4-11　挥锤方法

(*a*) 腕挥；(*b*) 肘挥；(*c*) 臂挥

b. 目视錾刀，臂肘齐下；收紧三指，手腕加劲；锤錾一线，锤走弧形；左脚着力，右腿伸直。

c. 要求稳、准、狠。

6）操作程序

a. 将“呆錾子”夹紧在虎钳中作锤击练习。左手按握錾要求握住“呆錾子”，作挥锤和锤击练习。要求采用松握法挥锤，达到站立位置和挥锤的姿势动作基本正确以及有较高的锤击命中率。

b. 将长方铁坯件夹紧在虎钳中，下面垫好木垫，用无刃錾子对着凸肩部分进行模拟錾削的姿势练习。统一采用正握法握錾，松握法挥锤。要求站立位置、握錾方法和挥锤的姿势动作正确，锤击力量逐步加强。见图 4-12。

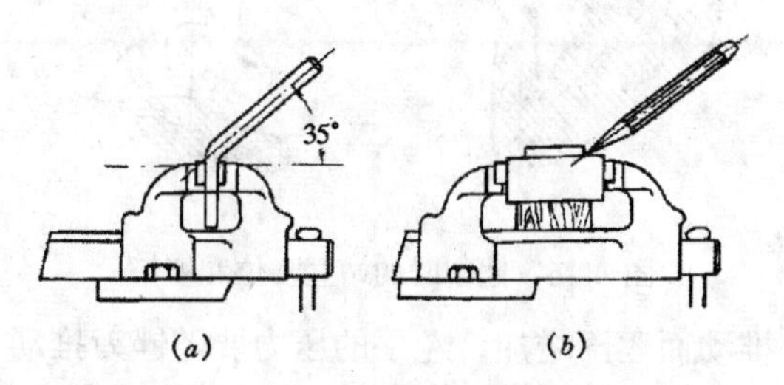

图 4-12 錾削训练
（*a*）用“呆錾子”练习；
（*b*）用无刃口錾子模拟练习

c. 在达到握錾、挥锤的姿势动作和锤击力量能适应实际的錾削练习时，进一步用已刃磨的錾子，把长方铁的凸台錾平。

(4) 安全文明施工

1）工件在虎钳中必须夹紧。

2）发现手锤柄有松动，要立即装牢。木柄上不应有油，以免使用时滑出。锤柄不可露在钳台外面，以免掉下砸伤脚。

3）錾子头部有明显的毛刺时，应及时磨去。

4）眼睛的视线要对着工件的錾削部位，不可对着錾子的锤击头部。

(5) 操作练习

1）题目：錾削。

2）练习要求

a. 正确掌握錾子和手锤的握法及锤击动作。

b. 錾削的姿势、动作达到初步正确、协调、自然。

3）评分标准　见表 4-2。

操作练习考查评分表　　表 4-2

序号	考查项目	得分	练习要求、检查方法	备注
1	工件夹持		夹持正确	
2	工具安放		位置正确、排列整齐	
3	站姿		站立位置正确、身体姿势自然	
4	握錾		握錾正确、自然、錾削角度稳定	
5	挥锤		握锤与挥锤动作正确	
6	錾削		视线方向正确，挥锤和锤击稳健有力，锤击落点正确	
7	清屑		方法正确	
课题	錾削	Σ		

班级______姓名______指导教师______日期________

4.3 锉削训练

用锉刀对工件表面进行切削加工，使其尺寸、形状、位置和表面粗糙度等都达到要求，这种加工方法叫锉削。它可以加工工件的内外平面、内外曲面、内外角和各种复杂形状的表面。在现代工业生产的条件下，仍有某些零件的加工，需要用手工锉削来完成。所以锉削仍是钳工的一项重要的基本操作。

(1) 作业图　见图 4-13。

(2) 材料工具准备

长方铁一件、板锉。

(3) 操作方法

1）锉刀柄的装拆方法，如图 4-14 所示。

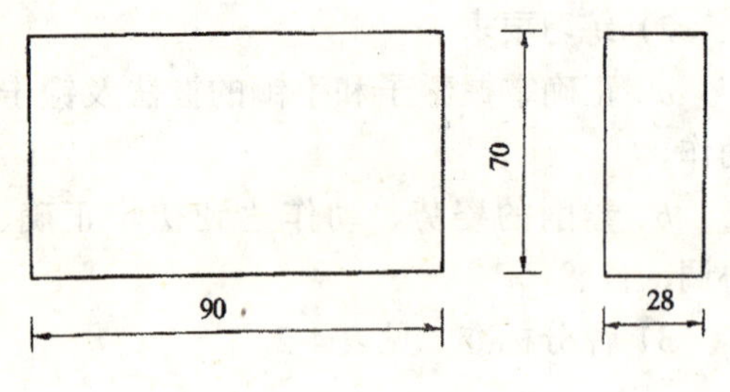

图 4-13　作业图

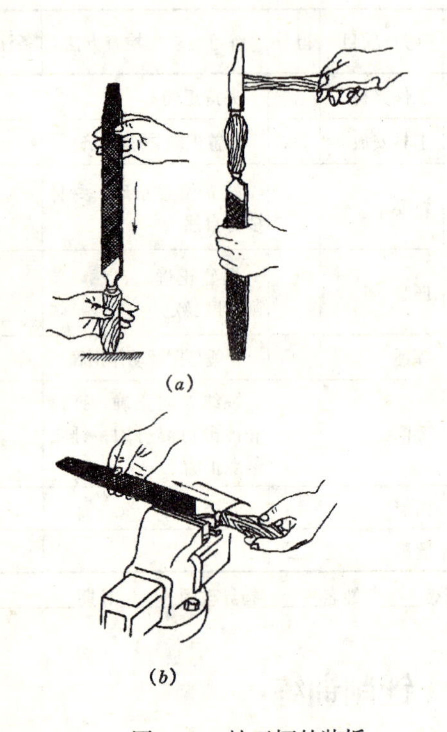

(a)

(b)

图 4-14　锉刀柄的装拆

(a) 装锉刀柄方法；(b) 拆锉刀柄方法

2）平面锉削的姿势

锉削姿势正确与否,与锉削质量、锉削力的运用和发挥以及对操作时的疲劳程度都起着决定影响。锉削姿势的正确掌握,必须从握锉、站立部位和姿势动作以及操作用力这几方面进行协调一致的反复练习才能达到。

a. 锉刀握法：大于 250mm（10″）板锉的握法如图 4-15 所示。

b. 姿势动作：锉削时的站立步位和姿势及锉削动作如图 4-16 和图 4-17 所示。

c. 锉削时两手的用力和锉削速度：要锉出平直的平面，必须使锉刀保持直线的锉削运动。因此，锉削时右手的压力要随锉刀

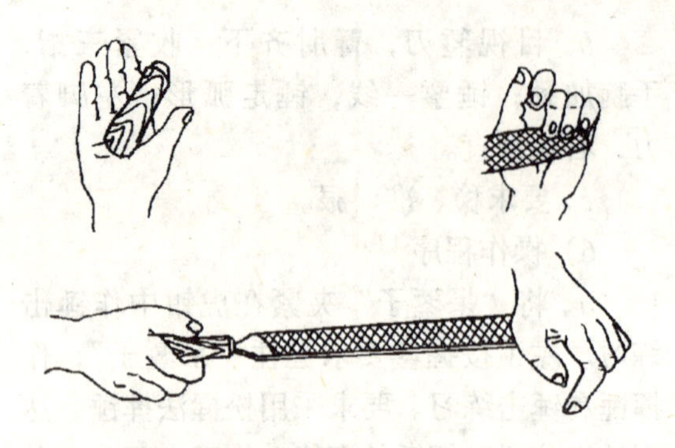

图 4-15　大板锉握法

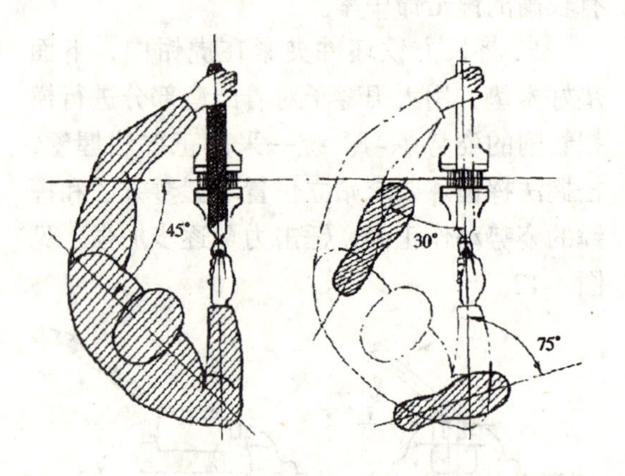

图 4-16　锉削时的站立步位和姿势

推动而逐渐增加，左手的压力要随锉刀推动而逐渐减小，见图 4-18 所示，回程时不加压力，以减少锉齿的磨损。

锉削速度一般在 40 次/min 左右，推出时稍慢，回程时稍快，动作要自然协调。

3）平面的锉法

a. 顺向锉(见图 4-19(*a*))：顺向锉的锉纹整齐一致,是最基本的一种锉削方法。

b. 交叉锉(见图 4-19(*b*))：交叉锉一般适用于粗锉,可便于不断地修正锉削部位。

4）操作程序

a. 将练习件正确装夹在台虎钳中间，锉削面高出钳口约 15mm。

b. 用 300mm（12″）粗板锉，在练习件凸起的阶台上作锉削姿势练习。开始采用慢动作练习，初步掌握后再作正常速度练习。

c. 作顺向锉削。练习件锉后，最小厚度尺寸不小于 27mm。

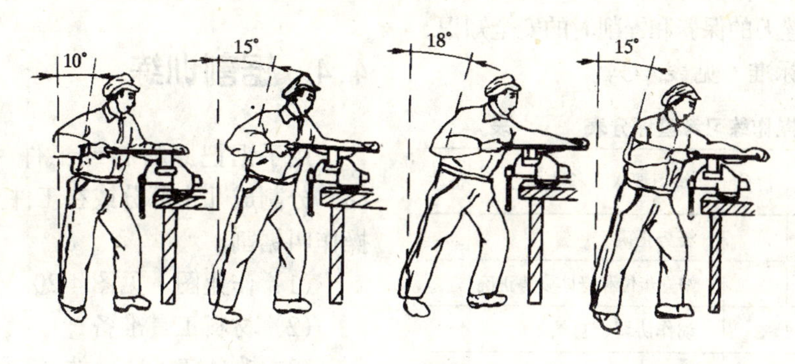

图 4-17　锉削动作

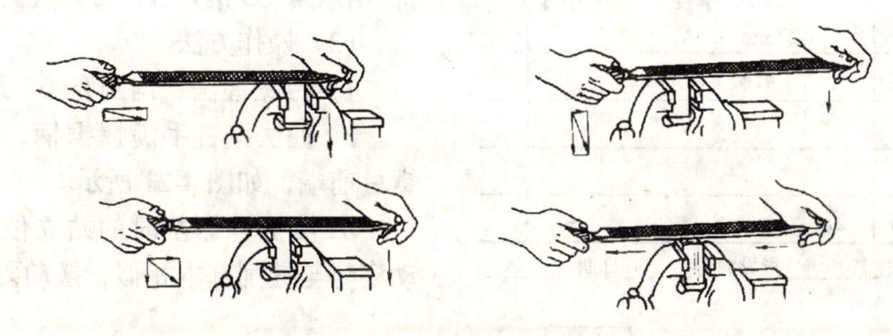

图 4-18　锉平面时的两手用力

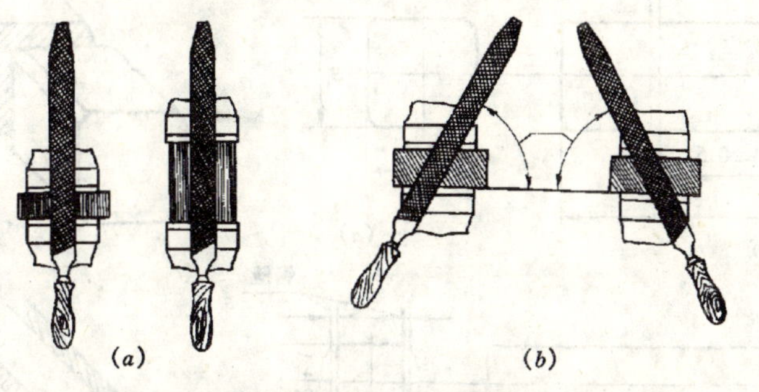

图 4-19　平面的锉法

(*a*) 顺向锉；(*b*) 交叉锉

d. 练习过程中，注意两手用力如何变化才能使锉刀在工件上保持直线的平衡运动。

e. 如锉屑嵌入齿缝内必须及时用钢丝刷沿着锉齿的纹路进行清除。

f. 锉刀使用完毕时必须清刷干净。无论在使用过程中或放入工具箱时，不可与其他工具或工件堆放在一起，也不可与其它锉刀互相重叠堆放，以免损坏锉齿。

(4) 安全文明施工

1) 锉刀放在钳台上时锉刀柄不可露在钳桌外面，以免碰落地上砸伤脚或损坏锉刀。

2) 没有装柄的锉刀、锉刀柄已开裂或没有锉刀柄箍的锉刀不可使用。

3) 锉削时锉刀柄不能撞击到工件，以免锉刀柄脱落造成事故。

4) 不能用嘴吹锉屑，也不可用手擦摸锉削表面。

5) 锉刀不可作撬棒或手锤用。

(5) 操作练习

1) 题目：锉削训练。

2) 练习要求

a. 掌握平面锉削时的站立姿势和动作；

b. 懂得锉削时两手用力的方法；

c. 掌握正确的锉削速度；

d．懂得锉刀的保养和锉削时的安全知识。

3）评分标准　见表 4-3。

操作练习考查评分表　　表 4-3

序号	考查项目	得分	练习要求、检查方法	备注
1	握锉		姿势正确	
2	站立步位		站立步位和身体姿势正确	
3	锉削动作		动作协调、自然	
4	工具安放		位置正确、排列整齐	
5	尺寸		最小厚度尺寸不小于27mm	
6	锉刀清理		清刷干净	
7				
8				
课题	锉削训练	Σ		

班级______姓名______指导教师______日期________

4.4　锯割训练

用手锯把原材料或工件（毛坯、半成品）分割成几个部分或在工件上锯出沟槽的操作叫锯割。

（1）作业图　见图 4-20。

（2）材料工具准备

四方铁（HT150）一件、长方体（45 钢）一件、钢六角（35 钢）一件、可调式锯弓、锯条。

（3）操作方法

1）弓锯握法、锯割姿势、压力及速度：

a．握法：右手满握锯柄，左手轻扶在锯弓前端，如图 4-21 所示。

b．姿势：锯割时的站立位置和身体摆动姿势与锉削基本相似，摆动要自然。

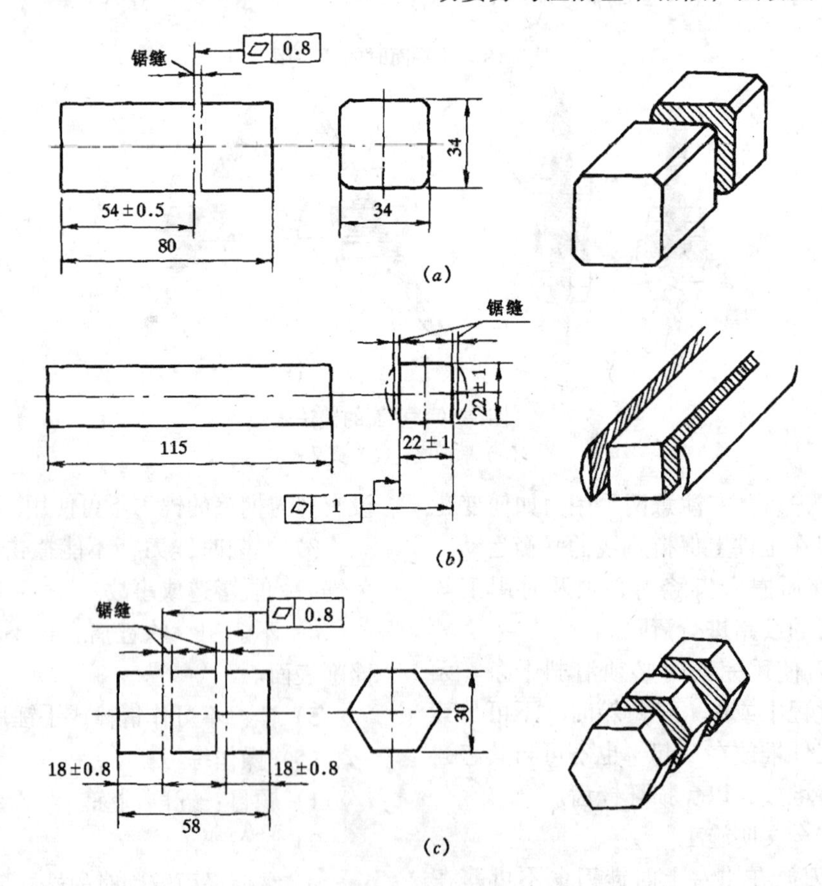

图 4-20　作业图

（*a*）锯割四方体；（*b*）锯割长方体；（*c*）锯割六角体

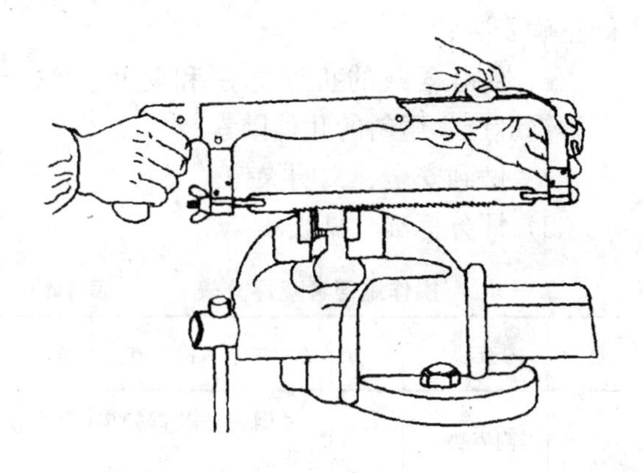

图 4-21　弓锯握法

c. 压力：锯割运动时，推力和压力由右手控制，左手主要配合右手扶正锯弓压力不要过大。弓锯推出时为切削行程施加压力，返回行程不切削不加压力作自然拉回。工件将断时压力要小。

d. 速度：锯割运动的速度一般为 40 次/分左右，锯割硬材料慢些，锯割软材料快些，同时，锯割行程应保持均匀，返回行程的速度应相对快些。

2）锯割操作方法

a. 工件的夹持：工件一般应夹在台虎钳的左面，以便操作；工件伸出钳口不应过长，应使锯缝离开钳口侧面约 20mm 左右，防止工件在锯割时产生振动；夹紧要牢靠，同时要避免将工件夹变形。

b. 锯条的安装：锯条安装应使齿尖的方向朝前（图 4-22（*a*））如果装反了（图 4-22（*b*）），就不能正常锯割了。在调节锯条松紧时，蝶形螺母不宜旋得太紧或太松，太紧锯条易折断，太松则锯割时锯条易扭曲，也易折断，且锯缝容易歪斜。其松紧程度可用手扳动锯条，以感觉硬实即可。锯条安装后，要保证锯条平面与锯弓中心平面平行，不得倾斜和扭曲，否则，锯割时锯缝极易歪斜。

c. 起锯方法：起锯有远起锯（图 4-23（*a*））

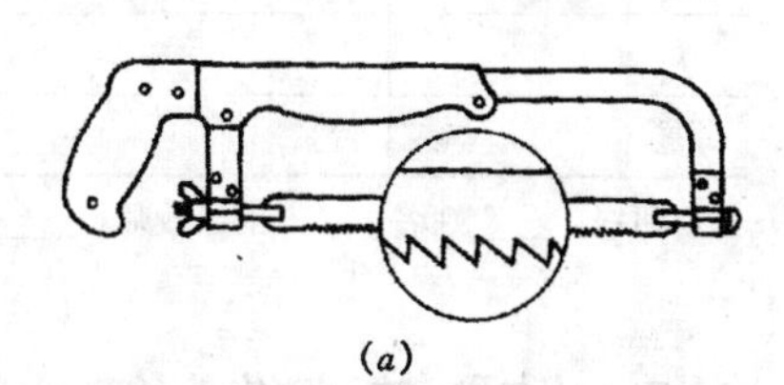

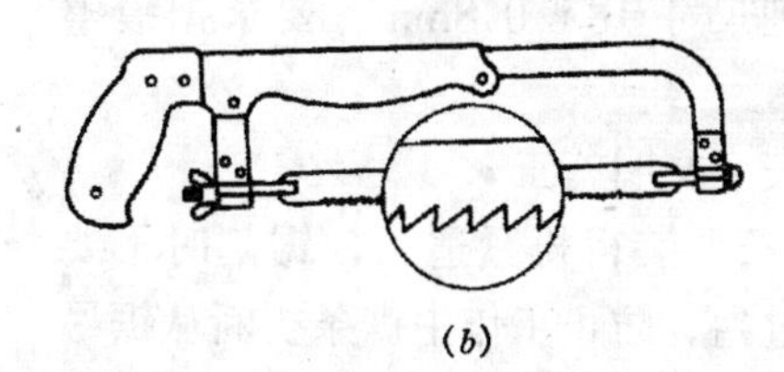

（*a*）　　（*b*）

图 4-22　锯条安装

（*a*）正确；（*b*）错误

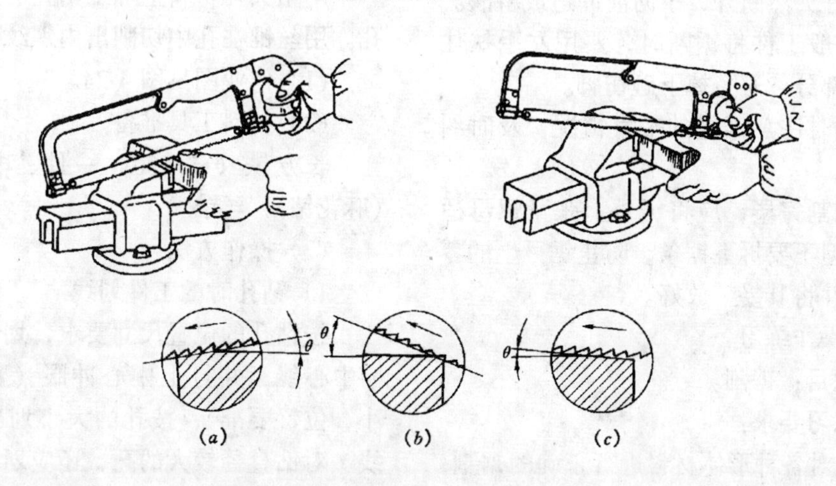

图 4-23　起锯方法

（*a*）远起锯；（*b*）起锯角太大；（*c*）近起锯

和近起锯（图4-23（*c*））两种。起锯时，左手拇指靠住锯条，使锯条能正确地锯在所需要的位置上，行程要短，压力要小，速度要慢。起锯角θ约在15°左右。如果起锯角太大，则起锯不易平稳，尤其是近起锯时锯齿会被工件棱边卡住引起崩裂（图4-23（*b*））。但起锯角也不宜太小，否则，由于锯齿与工件同时接触的齿数较多，不易切入材料，多次起锯往往容易发生偏离，使工件表面锯出许多锯痕，影响表面质量。

3）操作程序

a.按图样尺寸对三件练习件划出锯割线。

b.锯四方铁（铸铁件），达到尺寸54±0.5mm。

c.锯长方体（要求纵向锯），达到尺寸22±1mm，要求锯痕整齐。

d.锯钢六角件，在角的内侧面采用远起锯，达到尺寸18±0.8mm，要求锯痕整齐。

（4）安全文明施工

1）锯条要装得松紧适当，锯割时不要突然用力过猛，防止工作中锯条折断从锯弓上崩出伤人。

2）工件锯断时，用力要小，避免压力过大使工件突然断开，手向前冲造成事故。

3）一般工件将锯断时，要用左手扶住工件断开部分，避免掉下砸伤脚。

4）适时注意锯缝的平直情况，及时纠正。

5）锯割完毕，应将锯弓上张紧螺母适当放松，但不要拆下锯条，防止锯弓上的零件失散，并将其妥善放好。

（5）操作练习

1）题目：锯割。

2）练习要求：

a.能对各种形体材料进行正确的锯割，操作姿势正确，并能达到一定的锯割精度；

b.能根据不同材料正确选用锯条，并能正确安装；

c.懂得锯条的折断原因和防止方法，了解锯缝产生歪斜的几种因素；

d.做到安全、文明操作。

3）评分标准　见表4-4。

操作练习考查评分表　　表4-4

序号	考查项目	得分	练习要求、检查方法	备注
1	锯割姿势		弓锯握法及锯割姿势正确	
2	锯条使用		锯条安装正确、松紧适宜	
3	锯割		起锯方法正确、锯割断面纹路整齐、外形无损伤	
4	尺寸		符合规定要求	
5	安全与文明		安全文明操作，锯条无折断	
6				
7				
课题		Σ		

班级______姓名______指导教师______日期______

4.5　钻孔与攻丝训练

用钻头在材料上加工出孔的工作称为钻孔。用丝锥在孔中切削出内螺纹称为攻丝。

（1）作业图见图4-24。

（2）材料工具准备

长方铁（HT150）一件、电钻、钻头（麻花钻）、丝锥。

（3）操作方法

1）钻孔时的工件划线

按钻孔的位置尺寸要求，划出孔位的十字中心线，并打上中心冲眼（要求冲眼要小，位置要准），按孔的大小划出孔的圆周线。对钻直径较大的孔，还应划出几个大小不等的检查圆，以便钻孔时检查和纠正钻孔位置。

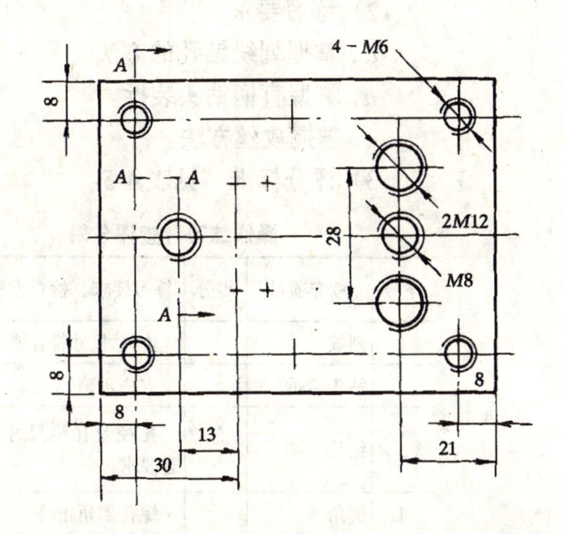

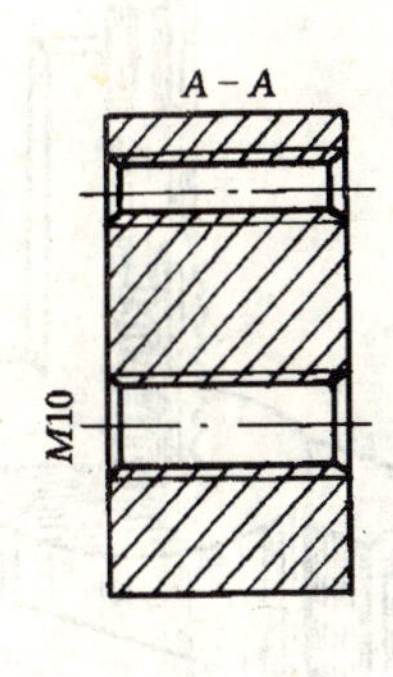

图 4-24 钻孔与攻丝作业图

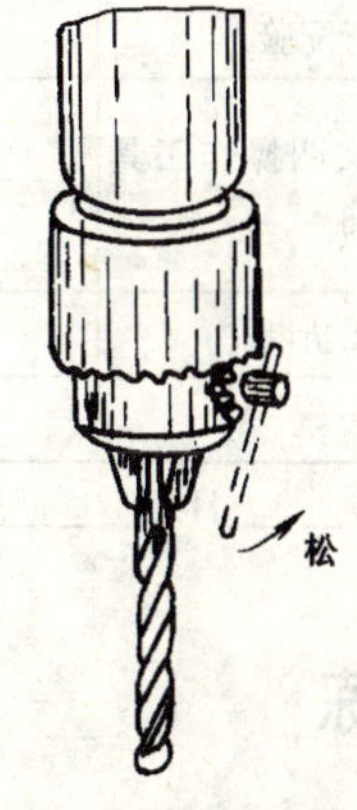

图 4-25 钻头装拆

2）直柄钻头装拆

直柄钻头用钻夹头夹持。先将钻头柄塞入钻夹头的三卡爪内，其夹持长度不能小于 15mm，然后用钻夹头钥匙旋转外套，使环形螺母带动三只卡爪移动，作夹紧或放松动作（图 4-25）。

3）起钻

钻孔时，先将钻头对准钻孔中心起钻出一浅坑，观察钻孔位置是否正确，并要不断校正，使起钻浅坑与划线圆同轴。当起钻达到钻孔的位置要求后，即可钻孔。钻小直径孔或深孔时，要经常退钻排屑，以免切屑阻塞而扭断钻头。钻孔将穿时，进给力必须减小，以防进给量突然过大，造成钻头折断。

4）攻丝方法

a. 划线、打底孔。

b. 在螺纹底孔的孔口倒角，通孔螺纹两端都倒角，倒角处直径可略大于螺孔大径，这样可使丝锥开始切削时容易切入，并可防止孔口出现挤压出的凸边。

c. 起攻时，可一手用手掌按住绞手中部沿丝锥轴线方向用力加压，另一手配合作顺向旋进（见图 4-26）；或两手握住绞手两端均匀施加压力，并将丝锥顺向旋进，保证丝锥中心线与孔中心线重合，不致歪斜。在丝锥攻入 1～2 圈后，应及时从前后、左右两个方向用角尺进行检查（见图 4-27），并不断校正至要求。

d. 当丝锥的切削部分全部进入工件时，就不需要再施加压力，而靠丝锥作自然旋转切削。此时，两手旋转用力要均匀，并要经常倒转 1/4～1/2 圈，使切屑碎断后容易排

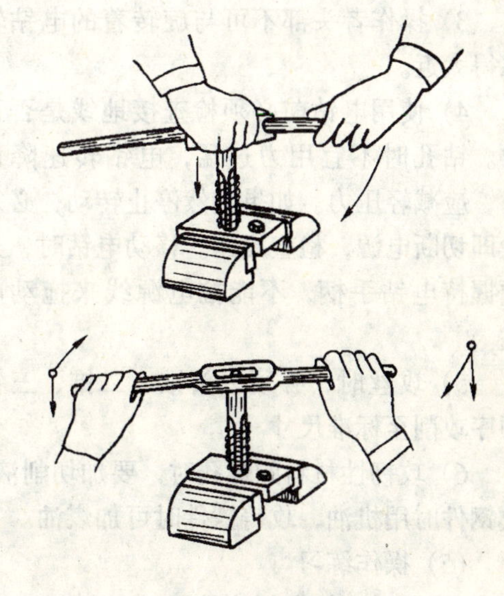

图 4-26 起攻方法

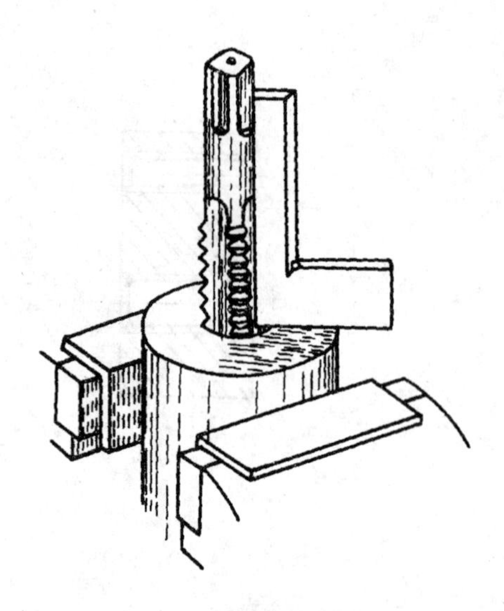

图 4-27 检查攻丝垂直度

除，避免因切屑阻塞而使丝锥卡住。

5）操作程序

a. 练习件上划线。

b. 装钻头，完成钻孔。

c. 对孔口进行倒角。

d. 依次攻丝，用相应的螺钉进行配验。

(4) 安全文明施工

1）使用电钻前，应检查是否有钻头夹钥匙插在钻轴上。

2）钻孔时不可用手和棉纱头或用嘴吹来清除切屑，必须用毛刷清除。

3）操作者头部不可与旋转着的电钻轴靠得太近。

4）使用电钻前必须检查接地线是否正常。钻孔时不宜用力过猛，电钻转速降低时，应减轻压力。如果突然停止转动，必须立即切断电源，检查原因。移动电钻时，必须握持电钻手柄，不能拉电源线来拖动电钻。

5）攻丝时，必须以头锥、二锥、三锥顺序攻削至标准尺寸。

6）攻韧性材料的螺孔时，要加切削液，攻钢件时用机油，攻铸铁件时可加煤油。

(5) 操作练习

1）题目：钻孔与攻丝。

2）练习要求

a. 掌握划线钻孔的方法。

b. 掌握直柄钻头装拆。

c. 掌握攻丝方法。

3）评分标准 见表 4-5。

操作练习考查评分表 **表 4-5**

序号	考查项目	得分	练习要求、检查方法	备注
1	划线		位置、尺寸符合要求	
2	钻头装拆		方法正确	
3	钻孔		孔径及孔距尺寸符合要求	
4	倒角		螺孔倒角正确	
5	攻丝		方法正确、垂直度符合要求，用相应的螺钉进行配验	
6	安全文明		安全文明操作工具使用正确	
7			丝锥无折断	
课题	钻孔与攻丝	Σ		

班级______姓名______指导教师______日期________

4.6 钣金工基本训练

(1) 手剪

手剪的工具是剪刀。有直剪刀和弯剪刀两种，见图 4-28 所示。直剪刀用于剪切直线，弯剪刀用于剪切曲线。手剪一般用来剪

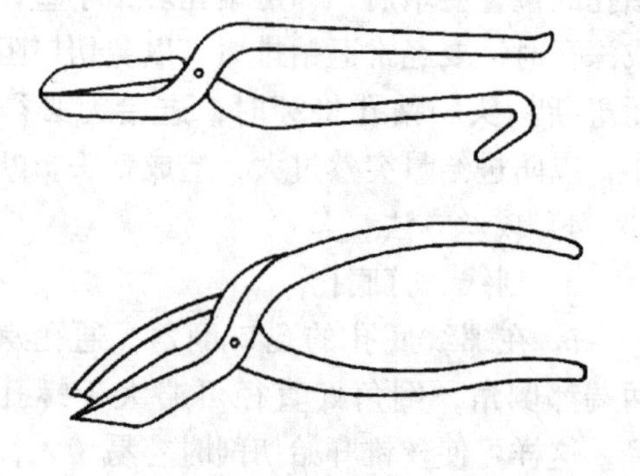

图 4-28 手剪刀

(*a*) 直剪刀；(*b*) 弯剪刀

切厚度为 1.5mm 以下的薄钢板。

手剪时，右手握持剪切柄末端，左手持料配合，剪切口的张开角度应保持在 15°左右，见图 4-29 所示。

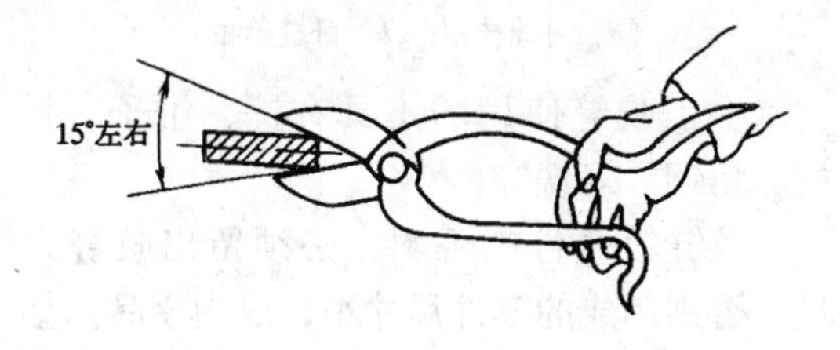

图 4-29　手剪的握持方法

手剪时应注意以下事项：

1）剪切时，刀口必须垂直对准剪切线，剪口不要倾斜。

2）剪切曲线外形时，应逆时针方向进行，见图 4-30 所示，剪切曲线内形时，应顺时针方向进行，因为这样操作标记线可不被剪刀遮住。

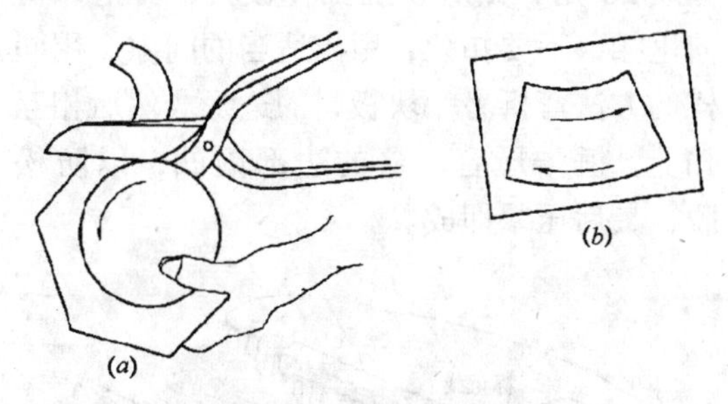

图 4-30　剪切曲线外形

3）在面积较小的板料上剪切窄条毛料时,可用左手拿着板料进行,见图 4-31 所示。

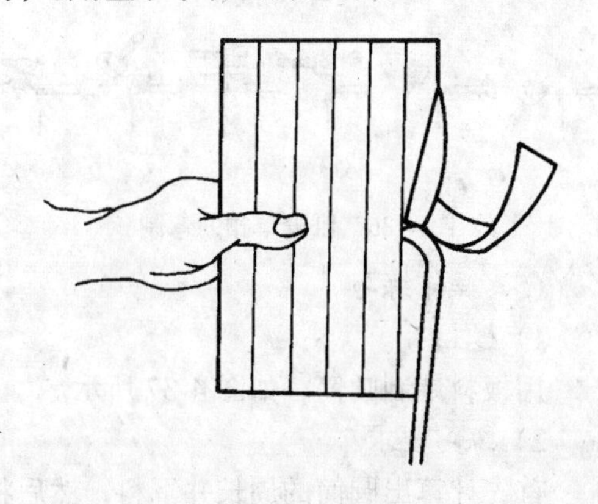

图 4-31　剪切窄条

4）不得利用人为的力量将板料过于抬高，防止剪切时出现拱曲或扭曲变形。

5）手剪的刀口变钝时，应重新刃磨。刃磨时用力要适当，必须使刃部的斜面保持平整，从端部到根部刃磨，直到锋利为止。

（2）弯曲

手工弯曲是通过手工操作来弯曲板料。弯曲角形零件是最简单的一种，首先下好展开料，划出弯曲线，弯曲时如图 4-32 所示，将弯曲线对准规铁的角，左手压住板料，右手用木锤先把两端敲弯成一定角度，以便定位，然后再全部弯曲成形。

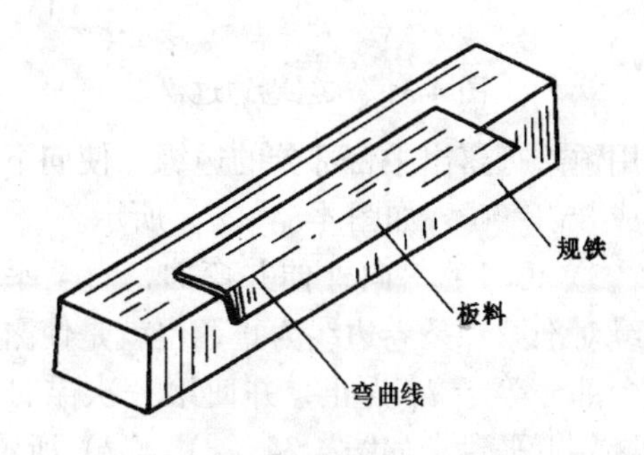

图 4-32　角形件的弯曲

（3）卷边

为增加零件边缘的刚性和强度，将零件的边缘卷过来，这种工作称为卷边。卷边分夹丝卷边和空心卷边两种。如图 4-33 所示。

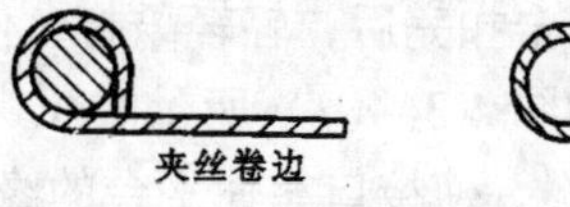

图 4-33　卷边

手工卷边操作如图 4-34 所示，其操作过程如下：

1）在毛料上划出两条卷边线（见图 4-34（a）），图中：

$$l_1 = 2.5d;\quad l_2 = \left(\frac{1}{4} \sim \frac{1}{3}\right) l_1$$

式中　d——铁丝直径。

2）将毛料放在平台或方铁上，使其露出平台的尺寸等于 l_2。左手压住毛料，右

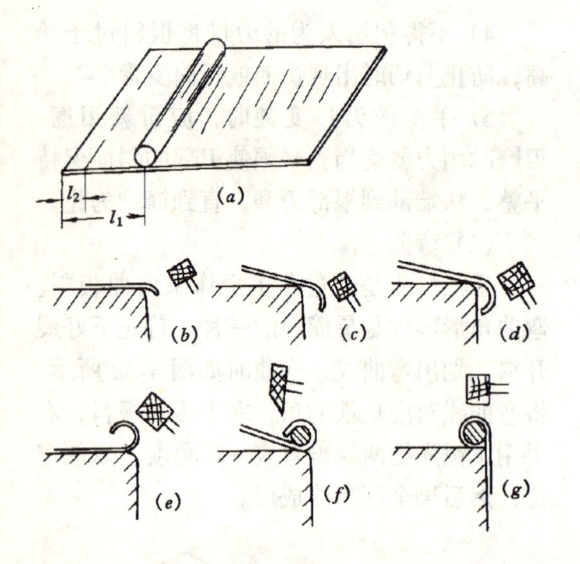

图 4-34 夹丝卷边过程

手用锤敲打露出平台部分的边缘，使向下弯曲成 85°～90°，如图 4-34（b）所示。

3）再将毛料向外伸并弯曲，直至平台边缘对准第二条卷边线为止，也就是使露出平台部分等于 l_1 为止，并使第一次敲打的边缘靠上平台，如图 4-34（c）、（d）所示。

4）将毛料翻转，使卷边朝上，轻而均匀地敲打卷边向里扣，使弯曲部分逐渐成圆弧形，如图 4-34（e）所示。

5）将铁丝放入卷边内，放时先从一端开始，以防铁丝弹出，先将一端扣好，然后放一段扣一段，全扣完后，轻轻敲打，使卷边紧靠铁丝，如图 4-34（f）所示。

6）翻转毛料，使接口靠住平台的缘角，轻轻地敲打，使接口咬紧，如图 4-34（g）所示。

手工空心卷边的操作过程和夹丝一样，就是最后把铁丝抽出来。抽拉时，只要把铁丝的一端夹住，将零件一边转，一边向外拉即可。

（4）咬缝

把两块板料的边缘（或一块板料的两边）折转扣合，并彼此压紧，这种连接叫做咬缝。这种缝咬得很牢靠，所以在许多地方用来代替钎焊。常用的咬缝形式有卧缝挂扣和卧缝单扣（咬口）。如图 4-35 所示。

图 4-35 咬缝形式
（a）卧缝挂扣；（b）卧缝单扣

手工咬缝使用的工具有锤、钳子、拍板、角钢、规铁等。

咬缝钣金件的毛料，必须留出咬缝余量，否则制成的零件尺寸小，成为废品。如是卧缝单扣，在一块板料上留出等于咬缝宽度的余量，而在另一块板料上须留出咬缝宽度两倍的余量，所以制单扣缝的余量是缝宽的 3 倍。

弯制卧缝单扣的过程，如图 4-36（a）、（b）、（c）所示。在板料上划出扣缝的弯折线，把板料放在角钢（或规铁）上，使弯折线对准角钢（或规铁）的边缘，弯折伸出部分成 90°角，然后朝上翻转板料，再把弯折向里扣，不要扣死，留出适当的间隙。用同样的方法弯折另一块板料的边缘。然后相互扣上，捶击压合。缝的边部敲凹，以防松脱，最后压紧即成。

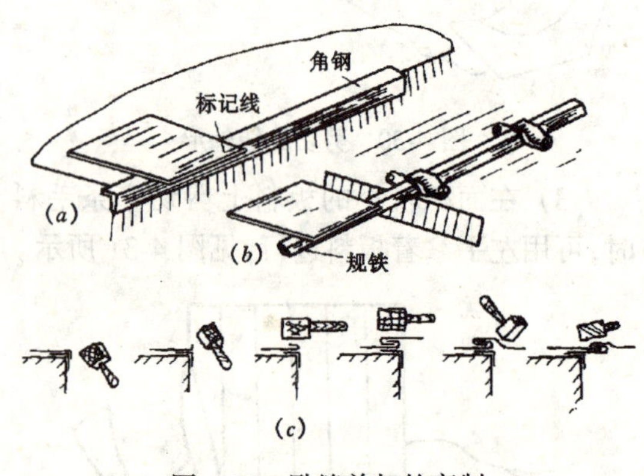

图 4-36 卧缝单扣的弯制

（5）操作练习

1）题目：

用板料煨制圆筒，如图 4-37 所示。

2）练习要求：

首先计算出圆筒的周长并下料，然后将板料放在方杠（或圆杠上），由两端向下敲

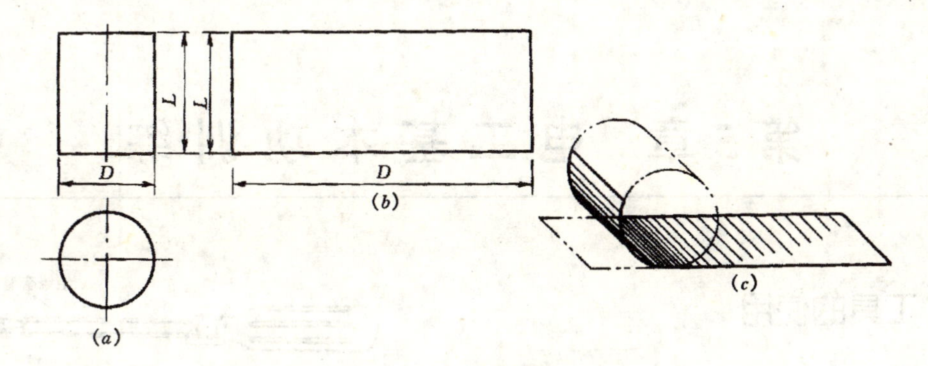

图 4-37　煨制圆筒

打弯曲，当两端敲成 1/4 圆时，见图 4-38 (*a*)、(*b*) 所示，再由两端逐渐向板料中心煨制（或敲打），见图 4-38（*c*）所示，并且敲打出口的两端圆弧一定要和规定直径的圆弧相同。当圆接口煨制到近于合拢时，可放在平台上再行压煨，见图4-38(*d*)所示，

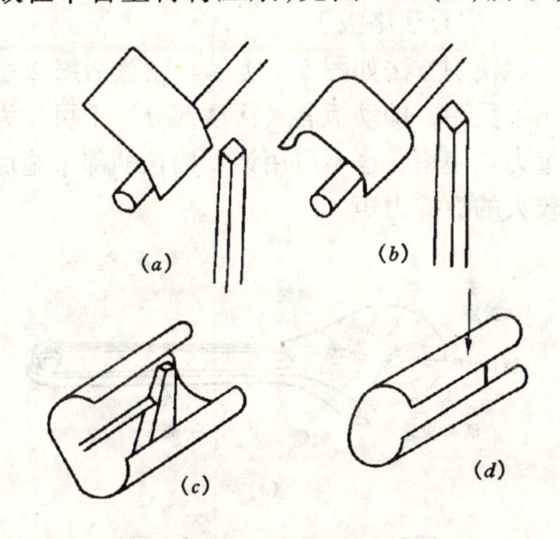

图 4-38　煨制圆筒程序

直至全部合拢为止。

3）评分标准　见表 4-6。

操作练习考查评分表　　　表 4-6

序号	考查项目	得分	练习要求、检查方法	备注
1	计算圆周长		计算正确	
2	放样划线		尺寸符合要求	
3	剪切		剪切方法正确	
4	煨制		程序和方法符合要求	
5	圆筒直径		尺寸符合要求	
6	工具使用		正确使用工具	
7	安全与文明操作			
课题	煨制圆筒	Σ		

班级______姓名______指导教师______日期______

第 5 章 电工基本功训练

5.1 工具的使用

(1) 低压试电笔

低压试电笔又称电笔，是用于检验500V以下导体或各种用电设备外壳是否带电的常用的一种辅助安全用具。低压试电笔使用时，必须按图5-1所示的方法把笔握妥。以手指触及笔尾的金属体，使氖管小窗背光朝向自己，便于观察；要防止笔尖金属体触及皮肤，以避免触电。

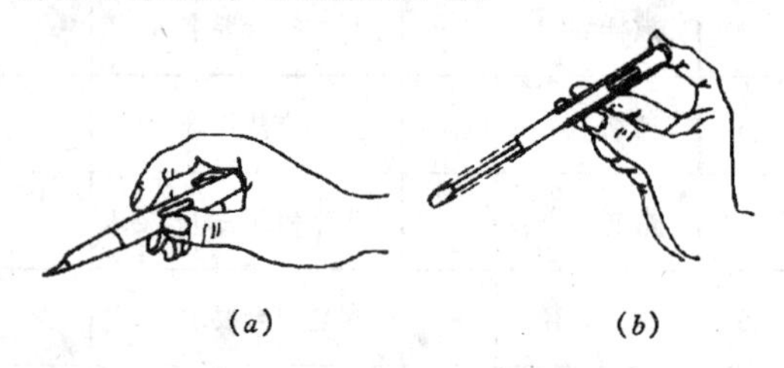

图 5-1 低压验电笔握法
(a) 钢笔式；(b) 螺丝刀式

(2) 钢丝钳

使用时的握法如图5-2 (b) 所示，刀口朝向自己面部。

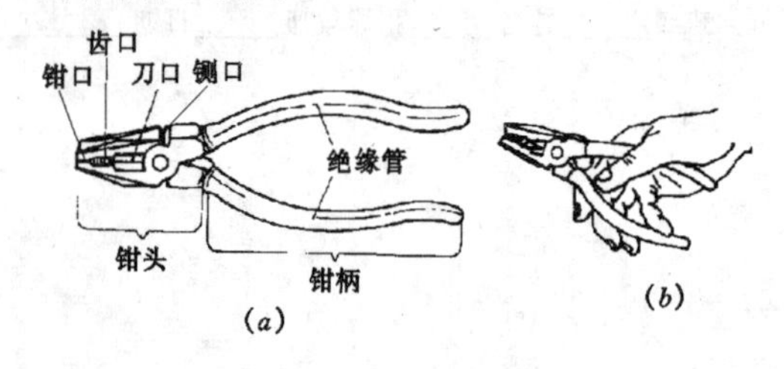

图 5-2 钢丝钳
(a) 构造；(b) 钢丝钳的握法

(3) 螺丝刀

使用时手握住顶部旋转所需的方向。注意不可使用金属柄直通柄顶的螺丝刀。

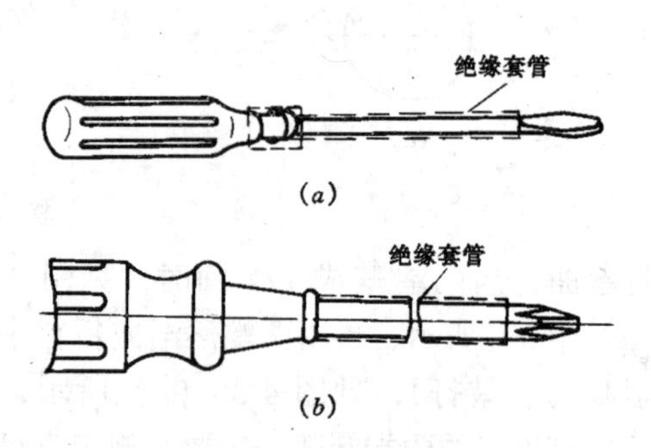

图 5-3 螺丝刀
(a) 平口螺丝刀；(b) 十字口螺丝刀

(4) 活络扳手

使用方法如图5-4所示。注意活络扳手不可反用，即动扳唇（活动部分）不可作为重力点使用，也不可用钢管接长柄部来施加较大的扳拧力矩。

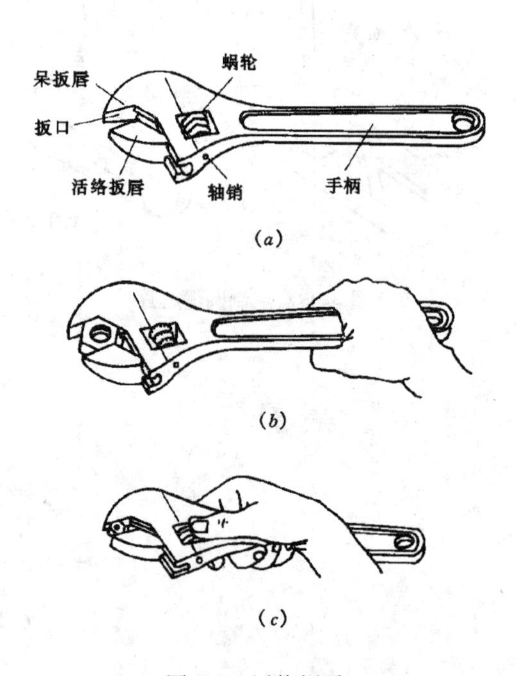

图 5-4 活络扳手
(a) 活络扳手构造；(b) 扳较大螺母时握法；
(c) 扳较小螺母时握法

(5) 电工刀

使用时刀口应朝外剖削；用毕随即把刀身折进刀柄。注意不能在带电导线或器材上剖削，以防触电。

(6) 冲击钻

使用方法如同电钻。注意在调速或调档时（“冲”和“锤”），均应停转。

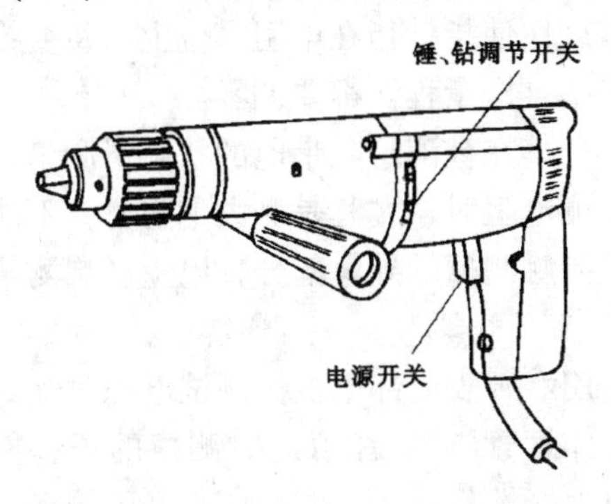

图 5-5　冲击钻

(7) 剥线钳

使用时，用手握住上下钳柄，朝手掌中心用力即可将导线的绝缘层剥去。注意电线必须放在大于其芯线直径的切口上切剥，否则要切伤线芯。

(8) 管子钳

使用方法类同活络扳手。

(9) 梯子

登在人字梯上操作时，不可采取骑马方式站立，以防人字梯两脚自动滑开时造成工伤事故。在直梯上作业时，为了扩大人体作业的活动幅度和保证不致因用力过度而站立不稳，必须按图 5-7 所示的方法站立。

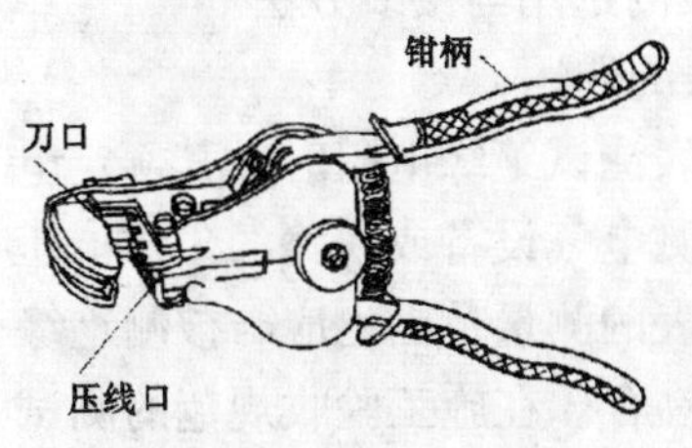

图 5-6　剥线钳

图 5-7　电工在梯子上作业的站立姿势

5.2 仪表使用

(1) 万用表

万用表测量的电量种类多、量程多，而且表的结构型式各异，使用时一定要仔细观察，小心操作，以获得较准确的测量结果。

1) 测量方法

测量前，先检查万用表的指针是否在零位，如果不在零位，可用螺丝刀在表头的“调零螺丝”上，慢慢地把指针调到零位，然后再进行测量。

测量电压时，当转换开关转到“ V̲ ”符号是测量直流电压，转到“V̰”符号是测量交流电压，所需的量程由被测量电压的高低来确定。如果被测量电压的数值不知道，可选用表的最高测量范围，指针若偏转很小，再逐级调低到合适的测量范围。

测量直流电压时，事先须对被测电路进行分析，弄清电位的高低点（即正负极），“+”号插口的表笔，接至被测电路的正极，“-”号插口的表笔，接至被测电路的负极，不要接反，否则指针会逆向偏转而被打弯。如果无法弄清电路的正负极，可以选用较高的测量量程，用两根表笔很快地碰一下测量点，看清表针的指向，找出正负极。测量交流电压则不分正负极，但转换开关必须转到“V̰”符号档。

测直流电流时，也要先弄清电路的正负极，将万用表串联到被测电路中，“+”插口的表笔是电流流进的一端，“-”插口的表笔是电流流出的一端。如果无法确定电路的正负极，可以选用较高的量程，用表笔很快地碰一下测量点，看清表针的指向，找出正负极。

测量电阻时，把转换开关放在“Ω”范围内的适当量程位置上，先将两根表笔短接，旋动“Ω”调零旋钮，使表针指在电阻刻度的“0”Ω上，（如果调不到“0”Ω，说明表内电池电压不足，应更换新电池）。然后用表笔测量电阻。表盘上×1、×10、×100、×1000、×10000的符号，表示倍率数，将表头的读数乘以倍率数，就是所测电阻的阻值。例如：将转换开关放在×100的倍率上，表头读数是80，则这只电阻的阻值是8000Ω。每换一种量程（即倍率数），都要将两根表笔短接后调零。

测量半导体二极管的正向电阻时，要按图5-8所示进行，因为表内部有电池，表笔上带有电压，而且它的极性却与插口处标的“+”与“-”相反，只有按图示电路测量，才能使表内电路与二极管构成正向导通回路。

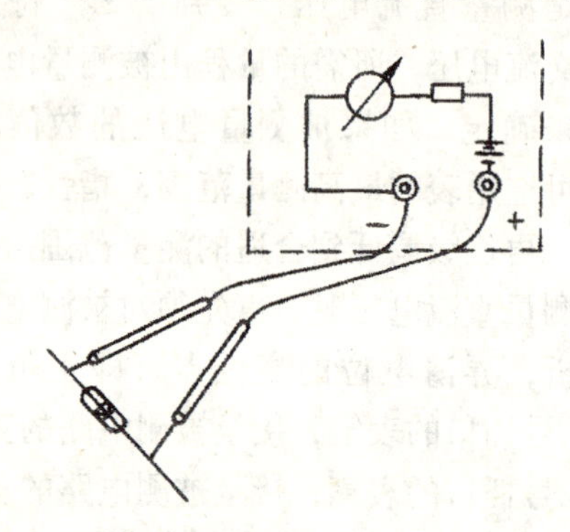

图5-8 测量半导体的正向电阻

目前，晶体管数字式万用表的使用已很普及，它可以在表头上直接显示出被测量的读数，给使用带来很大的方便。尽管万用表的型式很多，使用方法也有差别，但基本原理是一样的。

2）使用万用表一般应注意以下情况

首先要选好插孔和转换开关的位置。红色测棒为“+”，黑色测棒为“-”，测棒插入表孔时一定要按颜色对号入孔。测直流电量时，要注意正负极性；测电流时，测棒与电路串联；测电压时，测棒与电路并联。应根据测量对象，将转换开关旋至所需位置。量程的选择应使指针移动到满刻度的2/3附近，这样测量误差小。在被测量的大小不详时，应先用高档试测，后再改用合适的量程。

读数要正确，万用表有多条刻度线，分别适用于不同的被测对象。测量时应在对应的刻度尺上读数，同时应注意刻度尺读数和量程的配合，避免出错。

测量电阻时，应注意倍率的选择，使被测电阻接近该量程的中心值，以使读数准确。测量前应先把两测量棒短接调零，旋转调零旋钮使指针指在电阻零位上。每变换一种倍率（即量程）都要调零。

严禁在被测电阻带电的状态下测量。

测电阻时，尤其是测大电阻时，不能用两手接触测棒的导电部分，以免影响测量结果。

用欧姆表内部电池作测试电源时（如判断晶体管管脚），注意此时测棒的正、负极与电池极性相反。

测量较高电压或较大电流时，不准带电转动开关旋钮，以防止烧坏开关触点。

当转换开关置于测电流或测电阻的位置上时，切勿用来测电压，更不能将两测棒直接跨接在电源上，否则万用表会因通过大电流而烧毁。

使用完毕后，应注意保管和维护。万用表应水平放置，不得震动、受热和受潮。每当测量完毕后，应将转换开关置于空档或最高电压档，不要将开关置于电阻档上，以免两测棒短接时使表内电源耗尽。如果在测量电阻时，两测棒短接后指针仍调整不到零位，则说明电池应该更换。如果长期不用时，应将电池取出，防止电池泄漏腐蚀电表内其他元件。

（2）兆欧表

1）兆欧表的选用与接线方法

a.兆欧表的选用

选用兆欧表测试绝缘电阻时，其额定电压一定要与被测电气设备或线路的工作电压相适应；兆欧表的测量范围也应与被测绝缘电阻的范围相吻合。在施工验收规范的测试篇中有明确规定，应按其规定标准选用。一般低压设备及线路使用 500～1000V 的兆欧表；1000V 以下的电缆用 1000V 的兆欧表；1000V 以上的电缆用 2500V 的兆欧表。在测量高压设备的绝缘电阻时，须选用电压高的兆欧表，一般需 2500V 以上的兆欧表才能测量，否则测量结果不能反映工作电压下的绝缘电阻。同时还要注意：不能用电压过高的兆欧表测量低压设备的绝缘电阻，以免设备的绝缘受到损坏。

各种型号的兆欧表，除了有不同的额定电压外，还有不同的测量范围，如 ZC11－5 型兆欧表，额定电压为 2500V，测量范围为 0～10000MΩ。选用兆欧表的测量范围，不应过多的超出被测绝缘电阻值，以免读数误差过大。有的表，其标尺不是从零开始，而是从 1MΩ 或 2MΩ 开始，就不宜用来测量低绝缘电阻的设备。

b. 接线方法

兆欧表的接线柱有三个，一个为“线路”（L），另一个为“接地”（E），还有一个为“屏蔽”（G）。在进行一般测量时，应将被测绝缘电阻接在“L”和“E”接线柱之间。如测量照明线路绝缘电阻，则将被测端接到“L”接线柱，而“E”接线柱接地，如图 5-9 所示。

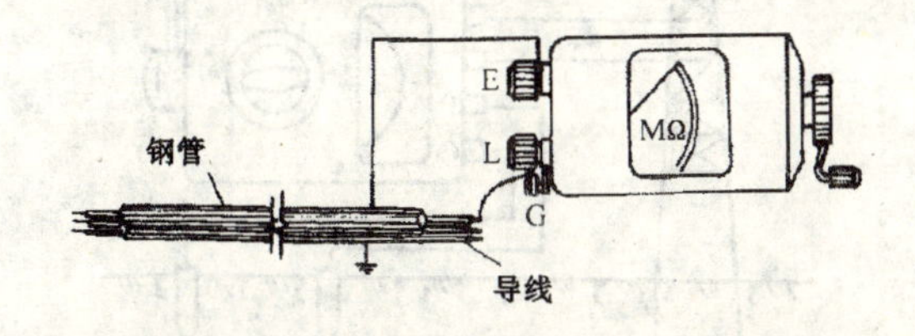

图 5-9　测量照明线路绝缘电阻接线图

测量电缆的绝缘电阻，为了使测量结果准确，消除线芯绝缘层表面漏电所引起的测量误差，其接线方法除了用“L”和“E”接线柱外，还需用“屏蔽”（G）接线柱。将“G”接线柱引线接到电缆的绝缘纸上，如图 5-10 所示。

接线时，应选用单根导线分别连接“L”和“E”接线柱，不可以将导线绞合在一起，因为绞线间的绝缘电阻会影响测量结果。如果被测物表面潮湿或不清洁，为了测量被测物内部的电阻值，则必须使用“屏蔽”（G）接线柱。

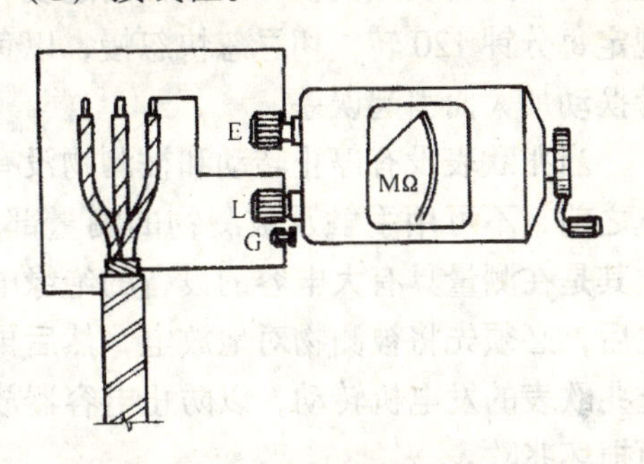

图 5-10　测量电缆绝缘电阻接线图

2）使用兆欧表时应注意以下事项

使用兆欧表测量设备和线路的绝缘电阻时，须在设备和线路不带电的情况下进行；测量前须先将电源切断，并使被测设备充分放电，以排除被测设备感应带电的可能性。

兆欧表在使用前须进行检查，检查的方法如下：将兆欧表平稳放置，先使“L”、“E”两个端钮开路，摇动手摇发电机的手柄并使转速达到额定值，这时指针应指向标尺的“∞”处；然后再把“L”、“E”端钮短接，再缓缓摇动手柄，指针应指在“0”位上；如果指针不指在“∞”或“0”刻度上，必须对兆欧表进行检修后才能使用。

在进行一般测量时，应将被测绝缘电阻接在“L”和“E”接线柱之间。如测量线路绝缘电阻，则将被测端接到“L”接线柱，而“E”接线柱接地。

接线时，应选用单根导线分别连接“L”和“E”接线柱，不可以将导线绞合在一起，因为绞线间的绝缘电阻会影响测量结果。

测量电解电容器的介质绝缘电阻时，应按电容器耐压的高低选用兆欧表，并要注意极性。电解电容的正极接“L”，负极接“E”，不可反接，否则会使电容击穿。测量其它电容器的介质绝缘电阻时可不考虑极性。

测量绝缘电阻时，发电机手柄应由慢渐快地摇动。若表的指针指零，说明被测绝缘物有短路现象，此时就不能继续摇动，以防止表内动圈因发热而损坏。摇柄的速度一般规定每分钟 120 转，切忌忽快忽慢，以免指针摆动加大而引起误差。

当兆欧表没有停止转动和被测物没有放电之前，不可用手触及被测物的测量部分，尤其是在测量具有大电容的设备的绝缘电阻之后，必须先将被测物对地放电，然后再停止兆欧表的发电机转动，以防止电容器放电而损坏兆欧表。

（3）接地电阻测量仪

1）接地电阻测量仪的测量方法

在测试接地装置（体）的接地电阻时，按图 5-11 所示进行正确的接线。

图 5-11 中的“E”端为接地端，“P”端为电位探测端，“C”端为电流探测端。

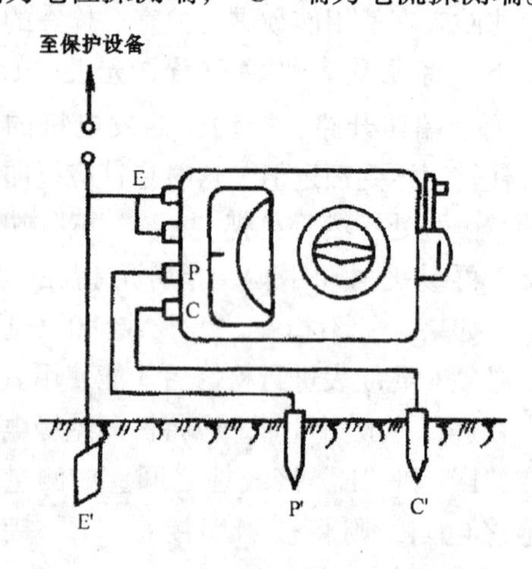

图 5-11　接地电阻测量接线

E′—被测接地体；P′—电位探测针；C′—电流探测针

接地电阻测量仪的测量方法和步骤如下：

沿被测接地极 E′，使电位探测针 P′和电流探测针 C′依直线彼此相距 20m，插入地中，且电位探测针 P′要插于接地接 E′和电流探测针 C′之间。再用备用导线将 E′、P′、C′连接在仪表相应的 E、P、C 接线柱上（E～E′用 5m 导线连接，P～P′用长 20m 导线连接，C～C′用长 40m 导线连接）。

测量前，应将接地装置的接地引下线与所有电气设备断开。

将仪表放置水平位置，检查零指示器是否指于中心线上，否则可用零位调整器将其调整指于中心线。

将“倍率标度”置于最大倍数，慢慢转动发电机的手柄，同时旋转“测量标度盘”，使零指示器的指针指于中心线。当零指示器指针接近平衡时，加快发电机手柄的转速，使其达到每分钟 120 转，再调整“测量标度盘”，使指针指于中心线上。

如果“测量标度盘”的读数小于 1 时，应将“倍率标度”置于较小的倍数，并重新调整“测量标度盘”，以得到正确的读数。

最后用测量标度盘的读数乘以倍率标度的倍数，即得到所测的接地电阻值。

当用 0～1～10～100Ω 规格的接地电阻测量仪测量小于 1Ω 的接地电阻时，应将 E 的联接片打开，分别用导线连接到被测接地体上，以消除测量时连接导线电阻附加的误差，如图 5-12 所示。

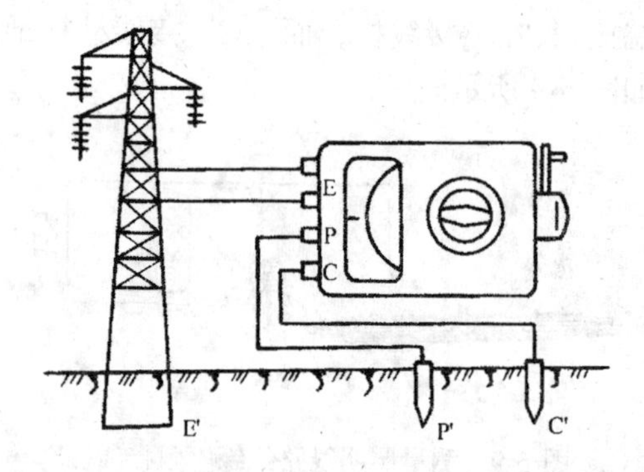

图 5-12　测量小于 1Ω 的接地电阻的接线

2）使用接地电阻测量仪时，应注意以下问题

当“零指示器”的灵敏度过高时，可将电位探测针插入土壤中浅一些；若其灵敏度不够时，可沿电位探测针和电流探测针注水使之湿润。

测量时，接地线路要与被保护的设备断开，以便得到准确的测量数据。

当接地极 E′和电流探测针 C′之间的距离大于 20m 时，电位探测针 P′的位置插在 E′、C′之间的直线几米以外时，其测量时的误差可以不计；但 E′、C′间的距离小于 20m 时，则应将电位探测针 P′正确地插于 E′C′直线中间。

(4) 钳形电流表

1) 测量方法：先把量程开关转到合适位置，手持胶木手柄，用食指勾紧铁芯开关，便可打开铁芯，将欲测导线从铁芯缺口引入到铁芯中央，这导线就等于电流互感器的一次绕组。然后，放松勾铁芯开关的食指，铁芯就自动闭合，被测导线的电流就在铁芯中产生交变磁力线，使二次绕组感应出与导线所流过的电流成一定比例的二次电流，从表上就可以直接读数。

常用的钳形电流表有 T－301 型,这种仪表有三种规格,每种规格有五档量程,即：

0～10～25～50～100～250A

0～10～25～100～300～600A

0～10～30～100～300～1000A

T－301 型钳型表，只适用于测量低压交流电路中的电流。因此，在测量前，要注意被测电路电压的高低，如果用低压钳形电流表去测量高压电路中的电流，会有触电的危险，甚至会引起线路短路。

在测量三相交流电时，夹住一相时的读数为本相的线电流值；夹两根线时的读数为第三相的线电流值；夹三根线时，如读数为零，则表示三相平衡；若有读数，则表示三相电流不平衡（也就是零线上的电流值）。

每次测量完毕后，一定要把量程开关置于最大量程位置，以免下次测量时由于疏忽而造成电表损坏。

2) 使用钳形电流表应注意以下几个问题

选择合适的量程，防止用小量程测量大电流，将表针打坏。

不要在测量过程中切换量程。因为钳形表的二次绕组匝数很多，测量时工作在相当于二次绕组短路状态（如忽略表头内阻)，一旦测量中切换量程，会造成瞬间二次绕组开路，这时会在二次绕组中感应出很高的电压，这个电压有可能将二次绕组的层间或匝间的绝缘击穿。

测量时，应将被测载流导线放在钳口中央位置，以免产生测量误差。

在测量小于 5A 以下电流时,为了得到较为准确的测量值,可把被测导线多绕几圈,放进钳口进行测量,但测得的数值应除以放入钳口的导线根数,才是实际的电流值。

每次测量完毕后，一定要把量程开关置于最大量程位置，以免下次测量时由于疏忽而造成电表损坏。

要保持钳口清洁、无污垢，以保证钳口接合紧密。

(5) 操作练习

课题：仪表使用练习。

练习目的：掌握常用的电工仪表的使用方法及使用注意事项。

练习内容:万用表的使用、兆欧表的使用。

分组：两人一组，2 课时完成。

练习要求:根据书中所讲内容及注意事项逐个测试,要求测试准确,使用方法正确。

5.3 导线连接

对于绝缘导线的连接，其基本步骤为：剥切绝缘层；线芯连接（焊接或压接)；恢复绝缘层。

(1) 导线绝缘层剥切方法

绝缘导线连接前，必须把导线端头的绝缘层剥掉，绝缘层的剥切长度，因接头方式和导线截面的不同而不同。绝缘层的剥切方法要正确，通常有单层剥法、分段剥法和斜削法三种，如图 5-13 所示。一般塑料绝缘线用单层剥法，橡皮绝缘线采用分段剥法或斜削法。

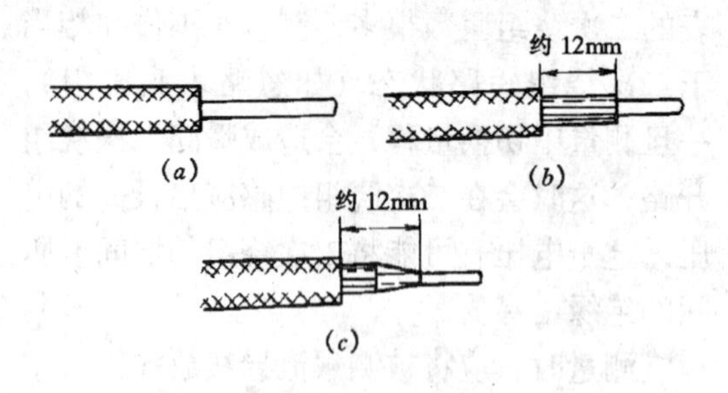

图 5-13 导线绝缘层剥切方法

(a) 单层剥法；(b) 分段剥法；(c) 斜削法

(2) 导线连接

1) 单股铜线的连接法

截面较小的单股铜线（截面积 $6mm^2$ 以下），一般多采用绞接法连接。而截面超过 $6mm^2$ 的铜线，常采用绑接法连接。

2) 绞接法

直线连接见图 5-14 (a)。绞接时先将导线互绞 2 圈，然后将导线两端分别在另一线上紧密地缠绕 5 圈，余线割弃，使端部紧贴导线。图 5-14 (b) 为分支连接。绞接时，先用手将支线在干线上粗绞 1～2 圈，再用钳子紧密缠绕 5 圈，余线割弃。

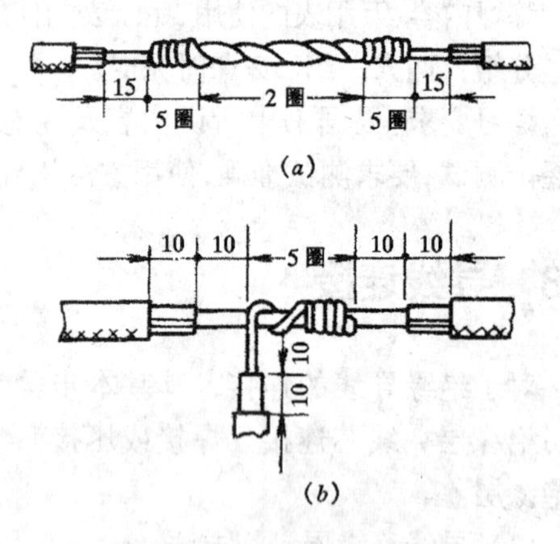

图 5-14 单股铜线的绞接连接

(a) 直线接头；(b) 分支接头

3) 绑接法

直线连接见图 5-15 (a)。先将两线头用钳子弯起一些，然后并在一起，中间加一根相同截面的辅助线，然后用一根直径 1.5mm 的裸铜线做绑线，从中间开始缠绑，缠绑长度为导线直径的 10 倍，两头再分别在一线芯上缠绑 5 圈，余下线头与辅助线绞合，剪去多余部分。图 5-15 (b) 为分支连接。连接时，先将分支线作直角弯曲，其端部也稍作弯曲，然后将两线合并，用单股裸线紧密缠绕，方法及要求与直线连接相同。

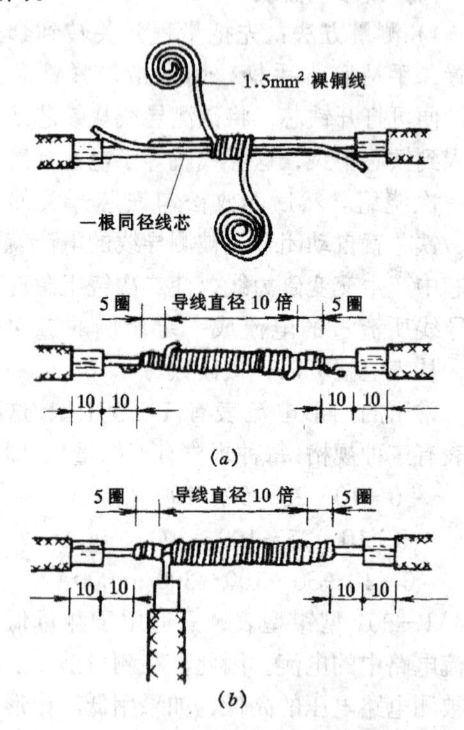

图 5-15 单股铜线的绑线连接

(a) 直线连接；(b) 分支连接

图 5-16 是单芯铜导线的另外几种连接方法。

4) 多股导线的连接法

多股铜导线的直线绞接连接如图 5-17 所示。先将导线线芯顺次解开，成 30°伞状，用钳子逐根拉直，并剪去中心一股，再将各张开的线端相互交叉插入，根据线径大小，选择合适的缠绕长度，把张开的各线端合拢，取任意两股同时缠绕 5～6 圈后，另换两股缠绕，把原有两股压住或割弃，再缠

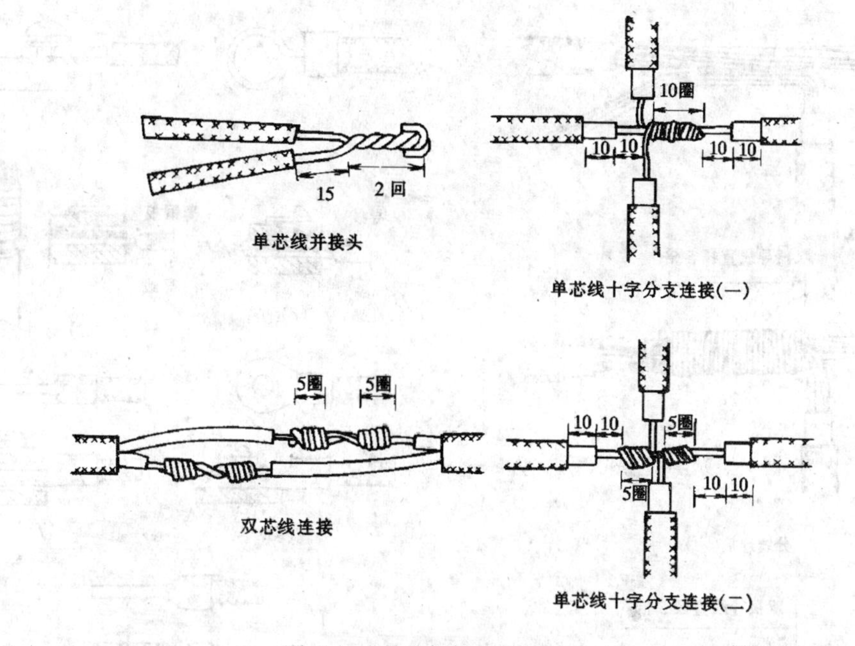

图 5-16　单芯铜导线的连接方法

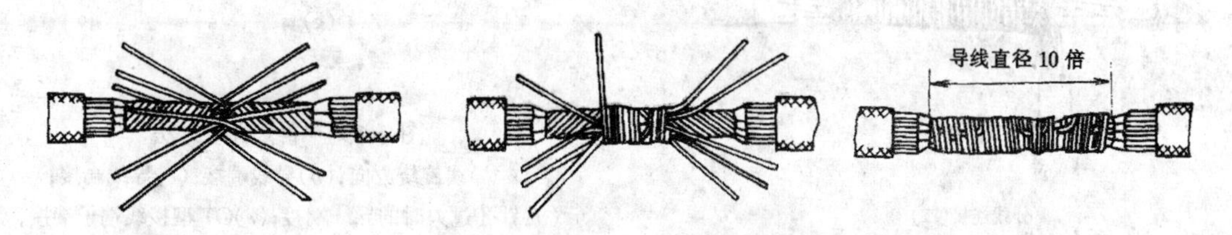

图 5-17　多股导线直线连接法

5～6 圈后，又取二股缠绕，如此下去，一直缠至导线解开点，剪去余下线芯，并用钳子敲平线头。另一侧亦同样缠绕。

多股导线的分支绞接连接如图 5-18 所示。

5）导线在接线端子处的连接

导线端头接到接线端子上或压装在螺栓下时，要求做到两点：接触面紧密，接触电阻小；连接牢固。

截面在 $10mm^2$ 及以下的单股铜导线均可直接与设备接线端子连接，线头弯曲的方向一般均为顺时针方向，圆圈的大小应适当，而且根部的长短要适当。

对于 $2.5mm^2$ 以上的多股导线，在线端与设备连接时，须装设接线端子。图 5-19 所示是导线端接的方法。

(3) 恢复导线绝缘

所有导线连接好后，均应采用绝缘带包扎，以恢复其绝缘。经常使用的绝缘带有黑胶布、自粘性橡胶带、塑料带和黄蜡带等。应根据接头处环境和对绝缘的要求，结合各绝缘带的性能选用。图 5-20 所示为导线绝缘包扎方法。包缠时采用斜迭法，使每圈压迭带宽的半幅。第一层绕完后，再用另一斜迭方向缠绕第二层，使绝缘层的缠绕厚度达到电压等级绝缘要求为止。包缠时要用力拉紧，使之包缠紧密坚实，以免潮气浸入。

(4) 操作练习

课题：导线连接练习。

练习目的：学会导线连接的各种方法，能正确的连接。

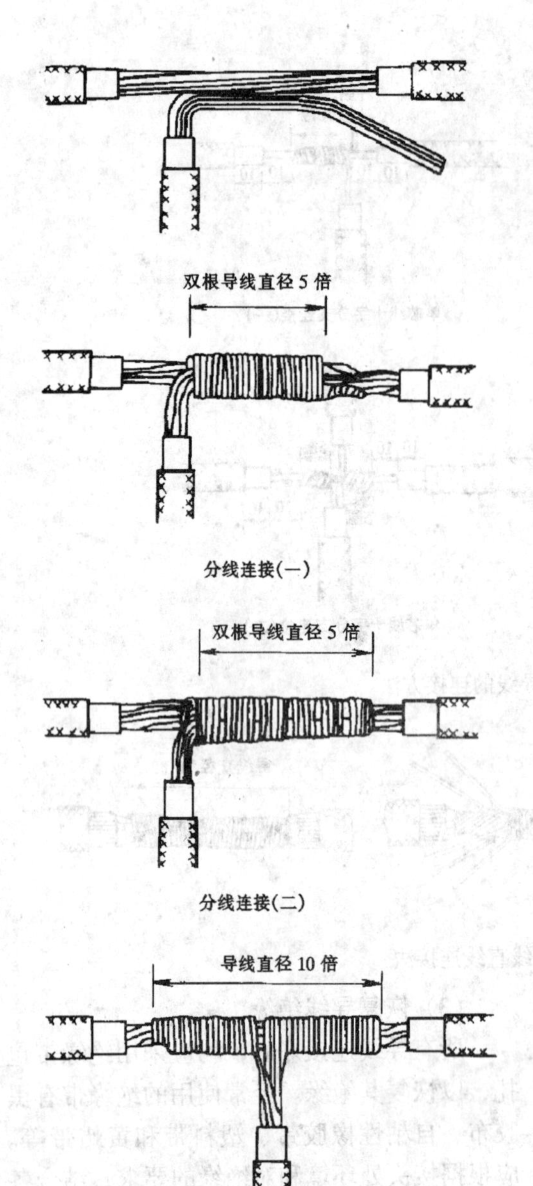

图 5-18　多股导线的分支连接

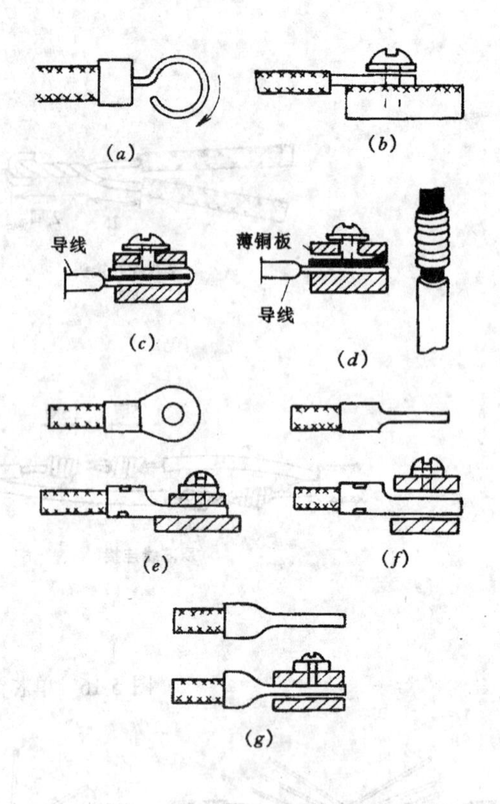

图 5-19　导线端接方法

(a)导线旋绕方向；(b)导线端接；(c)导线端接；(d)针孔过大时的导线端接；(e)OT 型接线端子端接；(f)IT 型接线端子端接；(g)管状接线端子端接；

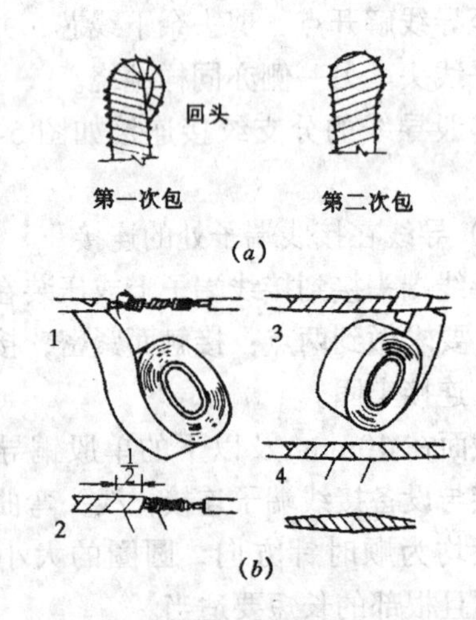

图 5-20　导线绝缘包扎方法

(a)并接头绝缘包扎；(b)直线接头绝缘包扎

练习内容：剥切导线；各种连接形式；恢复导线绝缘。

分组：一人一组，2 课时完成。

练习要求：正确剥切导线的绝缘层，不要切伤线芯，不同的导线，不同的连接方式要求操作正确，恢复导线绝缘时包扎要用力拉紧，方法正确。

5.4 室内配线的施工

根据施工图纸，确定电器安装位置、导线敷设途径及导线穿过墙壁和楼板的位置。

室内配线的施工程序如下：

在土建抹灰前：将配线所有的固定点打好孔洞，埋设好支持构件，最好配合土建工程搞好预埋预留工作；

装设绝缘支持物、线夹、支架或保护管；

敷设导线；

安装灯具及电器设备并作安装记录；

测量线路绝缘并作测量记录；

校验、自检、试通电。

(1) 塑料护套线配线的施工

塑料护套线多用于照明线路,可以直接敷设在楼板、墙壁等建筑物表面上,用铝片卡(钢精轧头)作为导线的支持物。施工方法如下：

1) 划线定位

在敷设导线前，先用粉袋按照设计需要弹出正确的水平线和垂直线。先确定起始点的位置，再按塑料护套线截面的大小每隔150～200mm 划出铝片卡的固定位置。导线在距终端、转弯中点、电气器具或接线盒边缘 50～100mm 处都要设置铝片卡进行固定。

2) 铝片卡固定

铝片卡的固定方法应根据建筑物的具体情况而定。在木结构上，可用一般钉子钉牢；在有抹灰层的墙上，可用鞋钉直接钉牢；在混凝土结构上，可采用环氧树脂粘接，为增加粘接面积，利用穿卡底片，如图

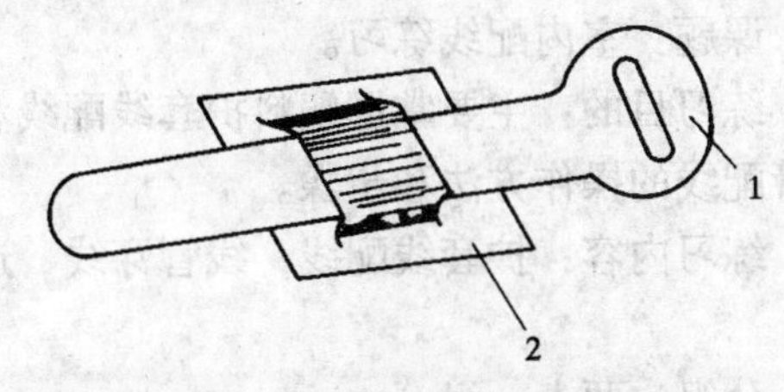

图 5-21 铝片卡和穿卡底片
1—铝片卡；
2—穿卡底片（粘于混凝土结构上）

5-21 所示，先把穿卡底片粘接在建筑物上，待粘接剂干固后，再穿上铝片卡。粘接前应对粘接面进行处理，用钢丝刷把接触面刷干净，再用湿布揩净待干。穿卡底片的接触面也应处理干净。经处理的建筑物表面和穿卡底片的接触面拉毛后，再均匀地涂上粘接剂，进行粘接。粘接时，用手稍加一定的压力，边压边转，使粘贴面接触良好，养护 1～5 天，待粘接剂充分硬化后，方可敷设塑料护套线。

在钉铝片卡时，一定要使钉帽与铝片卡一样平，以免划伤线皮。铝片卡的型号应根据导线型号及数量来选择。铝片卡的规格有 0～4 号 5 种，号码越大，长度越长。

3) 塑料护套线敷设

在水平方向敷设塑料护套线时，如果导线很短，为便于施工，可按实际需要长度将导线剪断，把它盘起来，一手持导线，一手将导线固定在铝片卡上。如果线路较长，且又有几根导线平行敷设时，可用绳子先把导线吊挂起来，使导线重量不完全承受在铝片卡上，然后将护套线轻轻地整理平整后用铝片卡扎牢。轻轻拍平，使其紧贴墙面。每只铝片卡所扎导线最多不要超过三根。垂直敷设时，应自上而下操作。

弯曲护套线时用力要均匀，不应损伤护套和线芯的绝缘层，其弯曲半径不应小于导线外径的 3 倍，弯曲角度不应小于 90°。当导线通过墙壁和楼板时应加保护管，保护管可用钢管、瓷管或塑料管。当导线水平敷设距地面低于 2.5m 或垂直敷设距地面低于 1.8m 时亦应加管保护。塑料护套线的分支接头和中间接头处，应装置接线盒，或放在开关、灯头或插座处。用瓷接头把需要连接的线头连接牢固。

(2) 线管配线的施工

线管配线的施工包括线管选择、线管加工、线管敷设和穿线等几道工序。

1) 线管选择

线管的选择，首先应根据敷设环境决定采用哪种管子，然后再决定管子的规格。一般明配于潮湿场所和埋于地下的管子，均应使用厚壁钢管；明配或暗配于干燥场所的钢管，宜使用薄壁钢管。硬塑料管适用于室内或有酸、碱等腐蚀介质的场所。但不得在高温和易受机械损伤的场所敷设。金属软管多用来作为钢管和设备的过渡连接。

2）线管加工

需要敷设的线管，应在敷设前进行一系列的加工，如除锈、切割、套丝和弯曲。

对于钢管，为防止生锈，在配管前应对管子进行除锈、刷防腐漆。

在配管时，应根据实际情况对管子进行切割。切割时严禁使用气割，应使用钢锯或电动无齿锯进行切割。管子和管子连接、管子和接线盒、配电箱的连接，都需要在管子端部进行套丝。套丝时，先将管子固定在管子压力上压紧，然后套丝。套完丝后，应随即清扫管口，将管口端面和内壁的毛刺用锉刀锉光，使管口保持光滑，以免割破导线绝缘。

根据线路敷设的需要，线管改变方向需要将管子弯曲。但在线路中，管子弯曲多会给穿线和维护换线带来困难。因此，施工时要尽量减少弯头。为便于穿线，管子的弯曲角度，一般不应大于90°。管子弯曲可采用弯管器、弯管机或用热煨法。

3）线管连接

无论是明敷还是暗敷，一般都采用管箍连接。不允许将管子对焊连接。钢管采用管箍连接时，要用圆钢或扁钢作跨接线焊在接头处，使管子之间有良好的电气联接，以保证接地的可靠性。见图5-22所示。硬塑料管连接通常有两种方法。第一种叫插入法，另一种叫套接法。

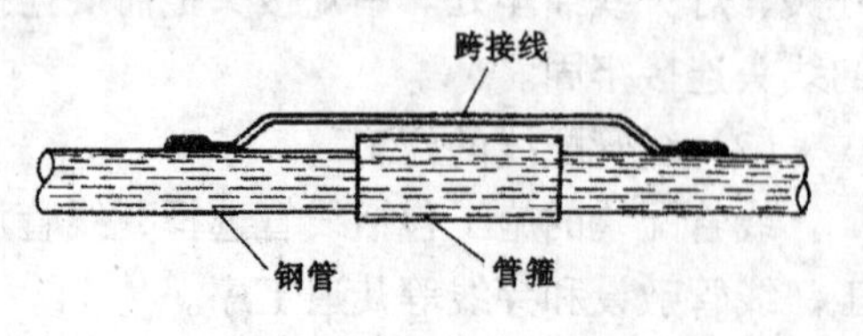

图5-22 钢管连接处接地

4）线管穿线

管内穿线工作一般在管子全部敷设完毕后及土建地坪和粉刷工程结束后进行。在穿线前应将管中的积水及杂物清除干净。

导线穿管时，应先穿一根钢线作引线。当管路较长或弯曲较多时，应在配管时就将引线穿好。一般在现场施工中对于管路较长，弯曲较多，从一端穿入钢引线有困难时，多采用从两端同时穿钢引线，且将引线头弯成小钩，当估计一根引线端头超过另一根引线端头时，用手旋转较短的一根，使两根引线绞在一起，然后把一根引线拉出，此时就可以将引线的一头与需穿的导线结扎在一起。在所穿电线根数较多时，可以将电线分段结扎，如图5-23所示。

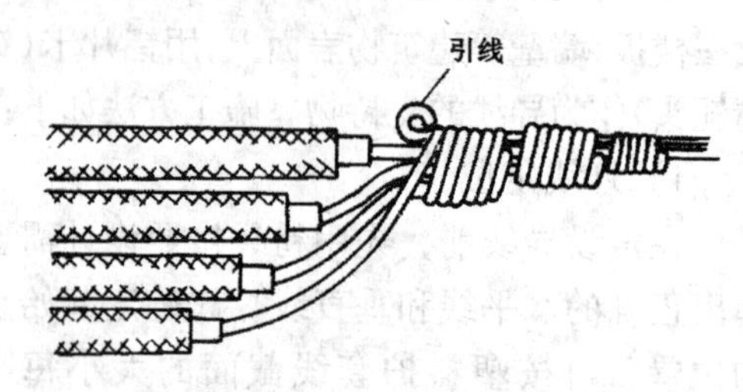

图5-23 多根导线的绑法

拉线时，应由两人操作，一人担任送线，另一个担任拉线，两人送拉动作要配合协调，不可硬送硬拉。当导线拉不动时，两人应反复来回拉1～2次再向前拉，不可过分勉强而将引线或导线拉断。

穿线完毕，即可进行电器安装和导线连接。

操作练习

课题：室内配线练习。

练习目的：主要掌握塑料护套线配线和线管配线的操作方法和步骤。

练习内容：护套线配线；线管穿线、连接。

分组：两人一组。

练习要求：学会护套线配线的操作步骤；了解线管配线的全过程，并要求学会线管穿线及在接线盒内连接。

5.5 常用灯具和配电器材安装

(1) 灯具的安装

1) 灯具安装使用的工具

常用工具有钳子、螺丝刀、锤子、手锯、直尺、漆刷、手电钻、冲击钻、电动曲线锯、射钉枪、型材、切割机等。

2) 荧光灯的安装

荧光灯的安装方式有吸顶、吊链和吊管几种。安装时应注意灯管和镇流器、启辉器、电容器要互相匹配，不能随便代用。特别是带有附加线圈的镇流器，接线不能接错，否则要损坏灯管。图 5-24～图 5-27 是荧光灯的几种安装方法。

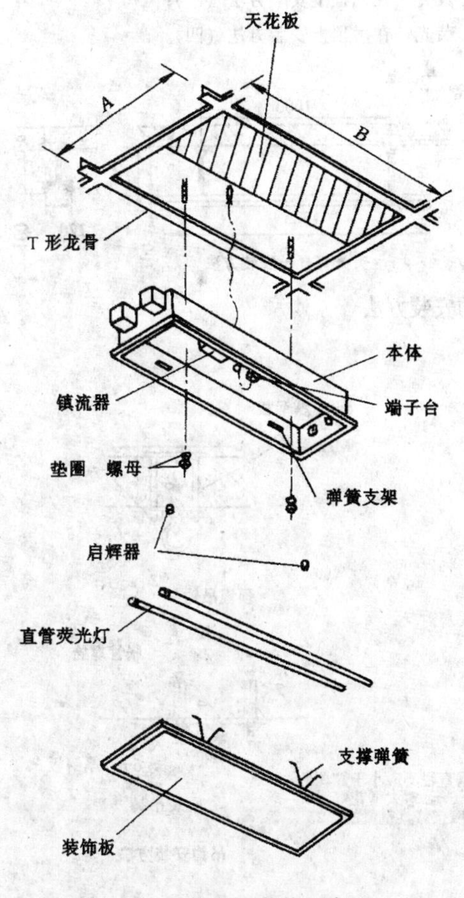

图 5-24 荧光灯安装示意图

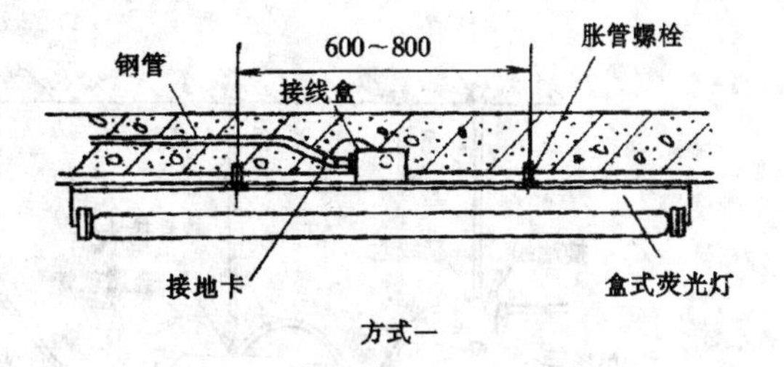

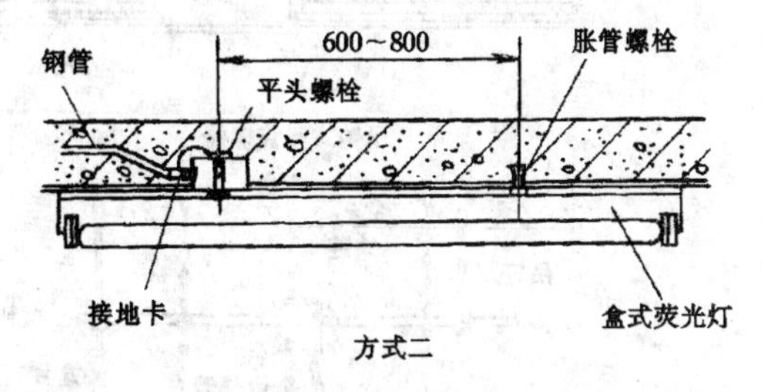

图 5-25 盒式荧光灯顶装方法

3) 吊灯安装

吊灯一般都安装于结构层上,如楼板、屋架下弦或梁上,小的吊灯常安装在顶棚上。

在吊灯安装前，应对结构层或顶棚进行强度检查。

放线、定位、吊灯安装位置，应按设计要求，事先定位放线。

安装吊杆、吊索。先在结构层中预埋铁件或木砖。埋设位置应与放线位置一致，并有足够的调整余地。

图 5-28 是一种花灯的安装方法。

4) 吸顶灯安装

小吸顶灯一般仅装在搁栅上,大吸顶灯安装时,则采用在混凝土板中伸出支承铁件,铁件连接的方法如图 5-29、图 5-30 所示。

安装前应了解灯具的形式（定型产品、组装式)、大小、连接构造，以便确定预埋件位置和开口位置及大小。重量大的吸顶灯要单独埋设吊筋，不可用射钉后补吊筋。

安装洞口边框。以次龙骨按吸顶灯开口大小围合成孔洞边框，此边框既为灯具提供连接点，也作为抹灰面层收头和板材面层的连接点。边框一般为矩形。大的吸顶灯可在局部补强部位加斜撑做成圆开口或方开口。如图 5-31 所示。

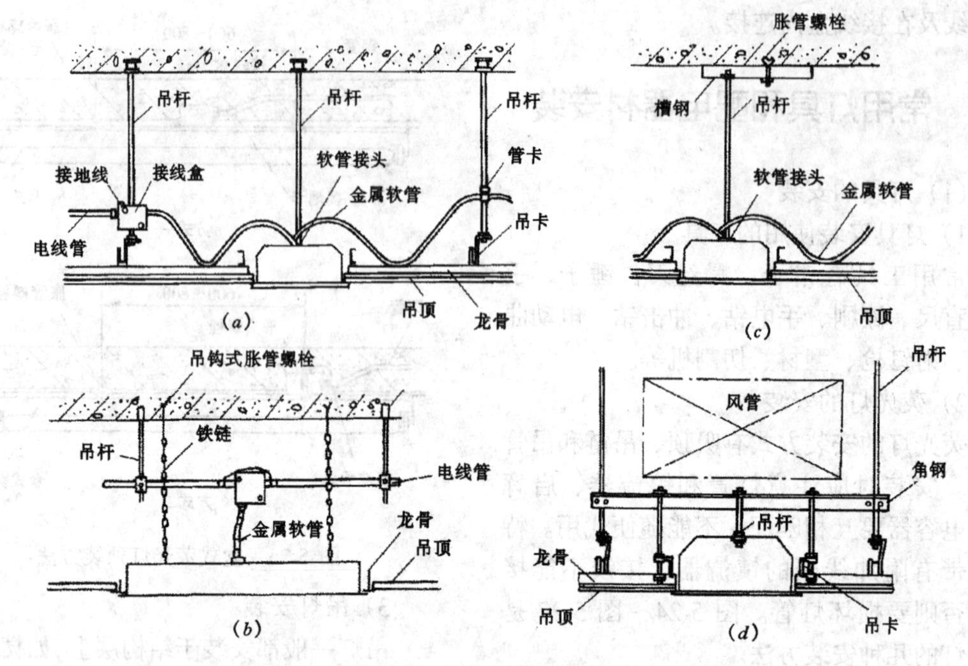

图 5-26 荧光灯的安装方法

(*a*) 荧光灯在吊顶上安装方法（一）；(*b*) 荧光灯在吊顶上安装方法（二）；
(*c*) 荧光灯在吊顶上安装方法（三）；(*d*) 荧光灯在吊顶上安装方法（四）。

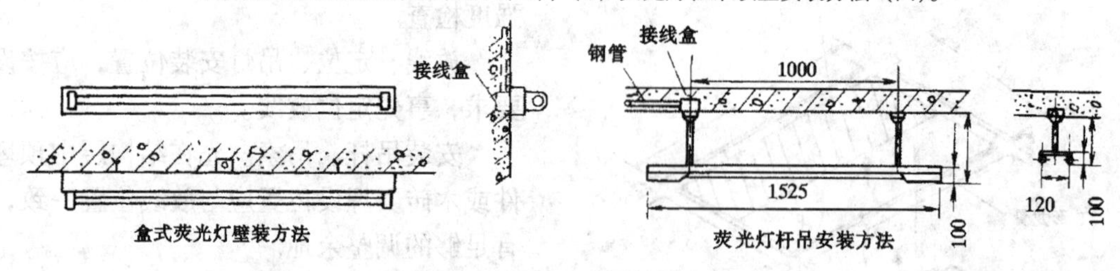

图 5-27 荧光灯的安装方法

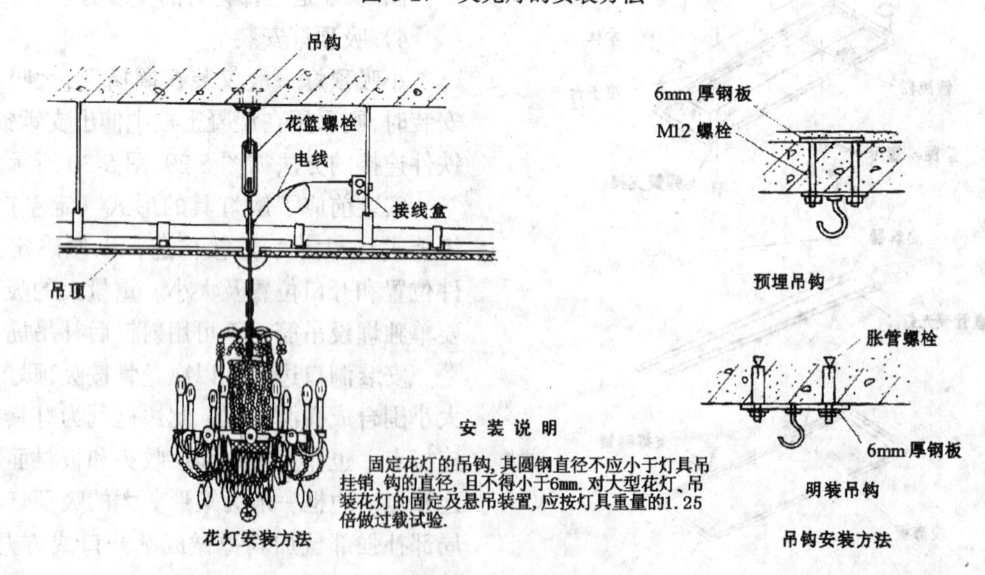

图 5-28 花灯的安装

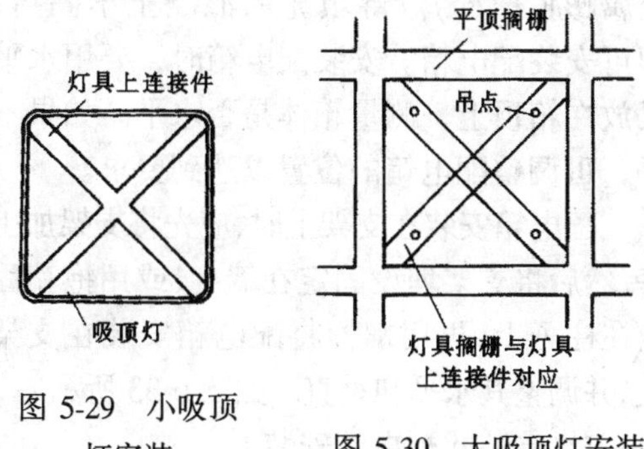

图 5-29　小吸顶灯安装

图 5-30　大吸顶灯安装

吊筋与灯具的连接。小型吸顶灯只与龙骨连接即可，大型吸顶灯要从结构层单设吊筋，在楼板施工时就应把吊筋埋上，埋设方法同吊顶埋设方法。

建筑化吸顶灯安装。常常采用非一次成品灯具，即用普通的日光灯、白炽灯外热格板玻璃、有机玻璃、聚苯乙烯塑料晶体片等，组装成大面积吸顶灯。

吸顶灯与顶棚面板交接处，吸顶灯的边缘构件应压住面板或遮盖面板板缝。在大面积或长条板上安装点式吸顶灯，采用曲线锯挖孔。

5）灯具安装注意事项

当在砖石结构中安装电气照明装置时，应采用预埋吊钩、螺栓、螺钉、膨胀螺栓、尼龙塞或塑料塞固定；严禁使用木楔。当设计无规定时，上述固定件的承载能力应与灯具的重量相匹配。

螺口灯头的相线应接在中心触点的端子上，零线应接在螺纹的端子上。

采用钢管作灯具的吊杆时，钢管内径不应小于 10mm；钢管壁厚不应小于 1.5mm。

吊链灯具的灯线不应受拉力，灯线应与吊链编叉在一起。

软线吊灯的软线两端应作保护扣，两端芯线应搪锡。

同一室内或场所成排安装的灯具，其中心线偏差不应大于 5mm。

（2）配电器材的安装

1）配电器材安装使用的工具

常用工具有钳子、螺丝刀、活络扳手、锤子、手锯、直尺、漆刷、手电钻、冲击钻、型材切割机等。

2）照明配电箱安装

照明配电箱有标准和非标准型两种。标准型可向生产厂家直接购买，非标准型可自

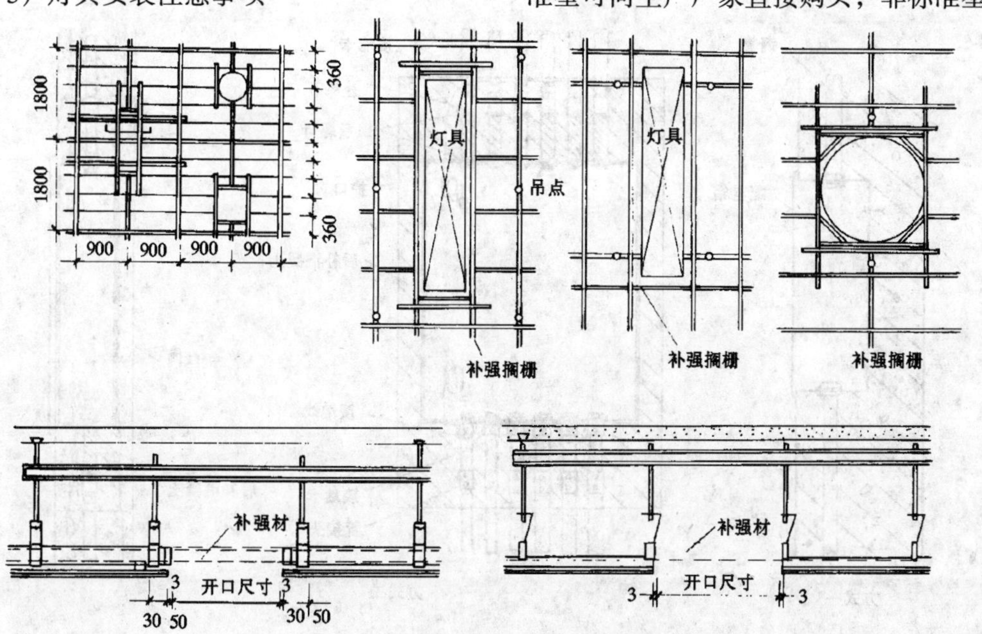

图 5-31　顶棚灯具安装开口示意

行制作。照明配电箱型号繁多，但其安装方式不外乎悬挂式明装和嵌入式暗装两种。

a. 悬挂式配电箱的安装

悬挂式配电箱可安装在墙上或柱子上。直接安装在墙上时，应先埋设固定螺栓，固定螺栓的规格应根据配电箱的型号和重量选择。其长度应为埋设深度（一般为 120～150mm）加箱壁厚度以及螺帽和垫圈的厚度，再加上 3～5 扣的余量长度。悬挂式配电箱安装如图 5-32 所示。

施工时先量好配电箱安装孔的尺寸，在墙上划好孔位，然后打洞，埋设螺栓（或用金属膨胀螺栓）。待填充的混凝土牢固后，即可安装配电箱。安装配电箱时，要用水平尺放在箱顶上，测量箱体是否水平。如果不平，可调整配电箱的位置以达到要求。

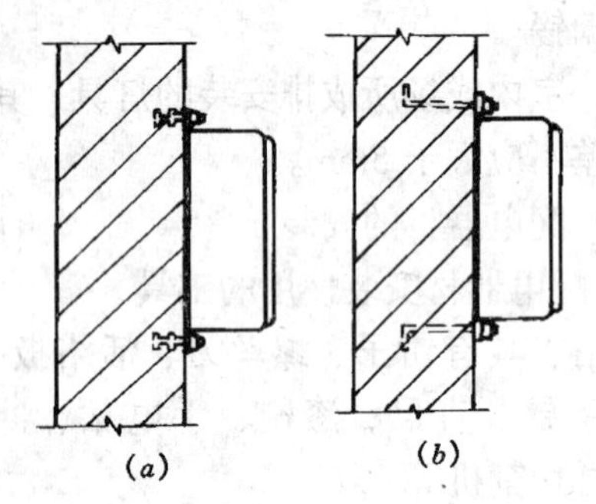

图 5-32 悬挂式配电箱安装

（*a*）墙上胀管螺栓安装；（*b*）墙上螺栓安装

配电箱安装在支架上时，应先将支架加工好，然后将支架埋设固定在墙上，或用抱箍固定在柱子上，再用螺栓将配电箱安装在支架上，并调整其水平和垂直。如图 5-33 所示。

b. 暗装式配电箱安装

暗装配电箱放入预埋位置后，应使其保持水平和垂直。预埋的电线管均应配入配电箱内，电线管与配电箱要做接地连接如图 5-34 所示。

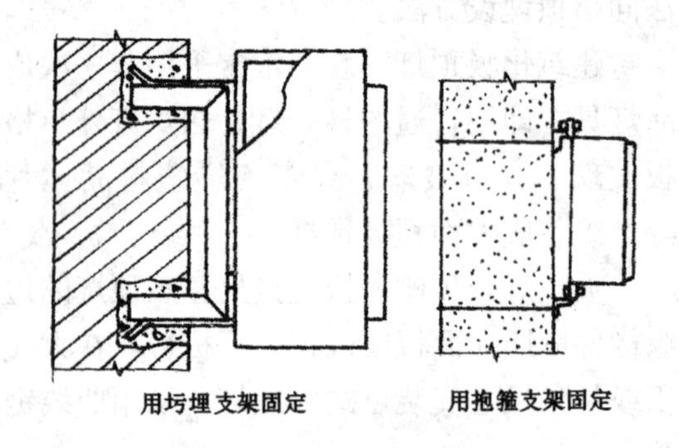

图 5-33 支架固定配电箱

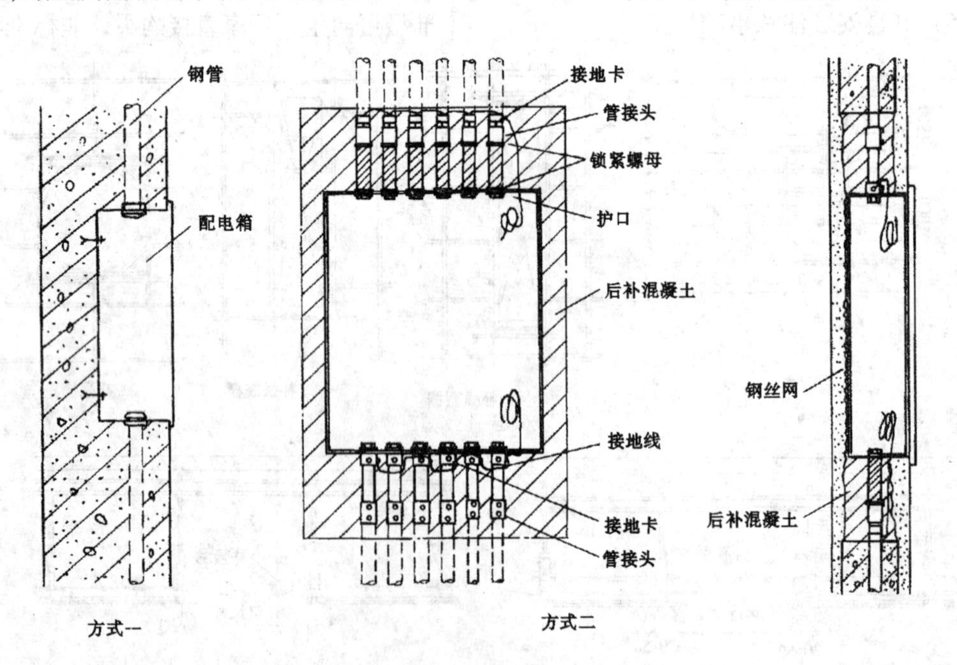

图 5-34 暗装式配电箱作法

暗装配电箱的入管孔应正确使用敲落孔，不准用气电焊切割开孔。暗装时其面板四周边缘应紧贴墙面，箱体与建筑物接触的部分应刷防腐漆。

配电箱接地接零应可靠，接地或接零应接在指定的接地螺栓上。

3）开关和插座的安装

a. 开关和插座的明装

其方法是先将木台固定在墙上，固定木台用的螺丝长度约为木台厚度的2～2.5倍，然后再在木台上安装开关或插座，如图5-35所示。

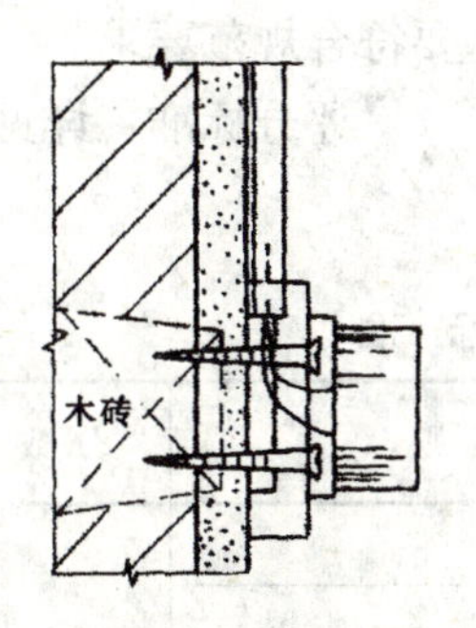

图5-35　明装开关或插座的安装

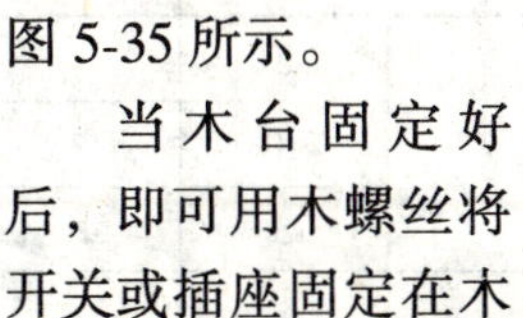

当木台固定好后，即可用木螺丝将开关或插座固定在木台上。且应装在木台的中心。相邻开关及插座应尽可能采用同一种形式配置，特别是开关柄，其接通和断开电源的位置应一致。但不同电源或电压的插座应有明显区别。

插座接线孔的排列顺序：单相双孔为面对插座的右孔接相线，左孔接零线。单相三孔、三相四孔的接地或接零均在上方，如图5-36所示。

在砖墙或混凝土结构上，不许用打入木楔的方法来固定安装开关和插座的木台，应用埋设弹簧螺丝或其它紧固件的方法，所用木台的厚度一般不应小于10mm。

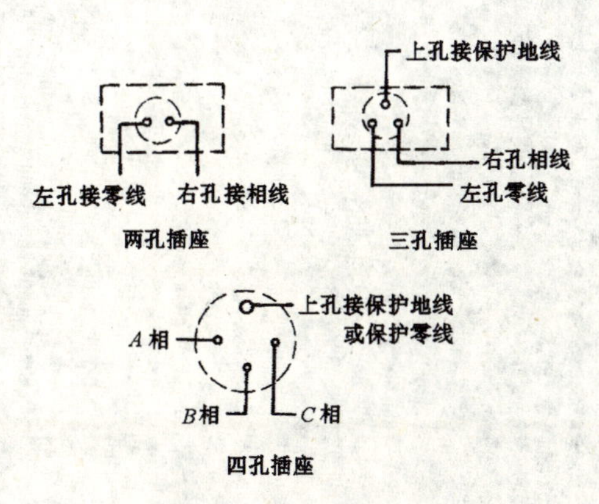

图5-36　插座排列顺序图

b. 开关及插座暗装

暗装方法如图5-37所示。先将开关盒按图纸要求位置埋在墙内。埋设时，可用水泥砂浆填充，但应注意埋设平正，铁盒口面应与墙的粉刷层平面一致。待穿完导线后，即可将开关或插座用螺栓固定在铁盒内，接好导线，盖上盖板即可。

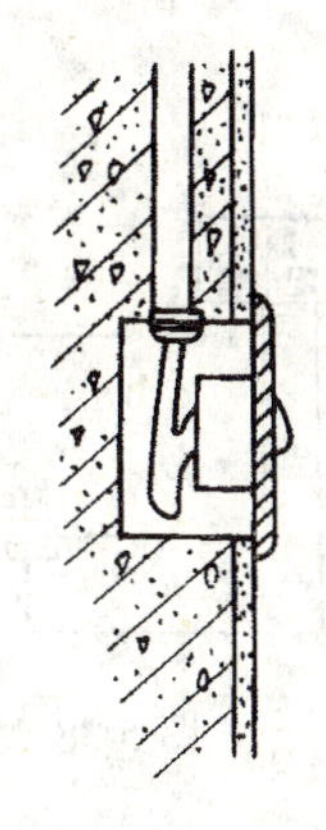
图5-37　暗装开关

4）安装注意事项

墙面粉刷、壁纸及油漆等内装修工作完成后，再进行开关、插座的安装。

相线应经开关控制。

在潮湿场所，应采用密封良好的防水防溅型开关、插座。在易燃易爆场所，开关应采用防爆型。

同一室内安装的开关、插座高度应一致，高度差不宜大于5mm，并列安装相同型号的开关、插座高度差不宜大于1mm。

带接地插孔的单相插座及带接地插孔的三相插座中，保护接地线应该与相应的相线截面一致，其颜色应与相线有所区别。

安装配电箱时，先清除杂物、补齐护帽，检查盘面安装的各种部件是否齐全牢固。零线要经零线端子连接，不应经过熔断器，也不应将零线绞接在一起。

(3) 操作练习

课题：室内电气安装练习。

练习目的：通过安装练习，巩固所学知识，学会正确的操作方法。在安装练习的同时掌握各种设备安装的规范。

练习内容：1）根据规范标出施工图（图5-38）中 *a*、*b*、*c*、*d* 的具体数字。

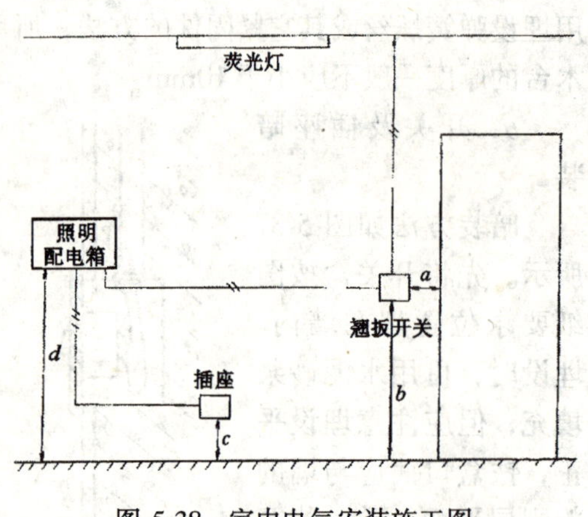

图 5-38　室内电气安装施工图

2）根据施工图进行电气安装练习，配电箱、插座、开关可视具体情况决定明装或暗装，导线的敷设视具体情况确定明敷或暗敷。

分组：四人一组，8 课时完成。

练习要求：掌握电气安装的正确操作方法，设备的安装要求横平竖直，明敷导线要求排列整齐、横平竖直。插座和开关的接线要符合规范要求。

评分标准：详见表 5-1。

评 分 标 准　　表 5-1

序 号	评分项目	评 分 细 则	分数比例	扣 分	得 分
1	线路敷设	导线不平直　每根	20	3	
		不按图接线		10	
		插座、开关火线接错		5	
2	设备安装	安装高度不符合规范　每项	40	5	
		设备安装不牢固　每项		5	
		没有做到横平竖直　每项		5	
		设备损坏　每项		10	
3	通　电	从通电第一次按下开关计一次不成功	20	10	
		二次不成功		20	
4	绘　图	标出规范要求	10		
5	安　全	违反安全操作，造成或可能引起人身及设备事故	10	5～10	

班级________姓名________指导教师________日期________总得分________

第6章 砖瓦工基本功训练

砖墙根据其厚可分为半砖墙、一砖墙、一砖半墙、两砖墙等。砖柱可分为独立砖柱、附墙砖柱两种。

6.1 施工准备

（1）场地准备

砌筑面上已抄平并弹好墙体轴线。各种材料已备齐。

（2）材料准备

标准砖、水泥、砂子、石灰膏。

（3）主要工具准备

瓦刀、摊灰尺、皮数杆、靠尺板、线锤、钢卷尺。

6.2 施工工序

摆砖→立皮数杆→砌砖→清理。

6.3 操作方法

6.3.1 摆砖

摆砖是指在放线的基面上按选定的组砌方式用干砖试摆，一般在房屋外纵横方向摆顺砖，在山墙方向摆丁砖。摆砖由一个大角摆到另一个大角，砖与砖之间留 10mm 缝隙。摆砖的目的是为了尽可能减少砍砖，并使砌体灰缝均匀，组砌得当。

6.3.2 立皮数杆

按标高立好皮数杆，其间距以 10～20m 为宜。

6.3.3 砌砖

（1）砖墙的组砌形式

砖墙组砌按砖的各种排列组成。

砖根据它的表面大小不同分大面（240×115），条面（240×53），顶面（115×53）。在砌筑时要打砍的“找砖”按尺寸不同分为“七分头”（也称为七分找）、“半砖头”、二寸条和二寸头，如图 6-1(*a*)所示。

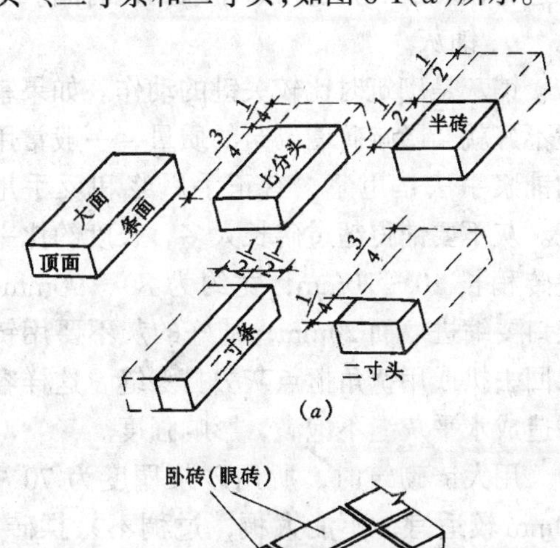

(*a*)

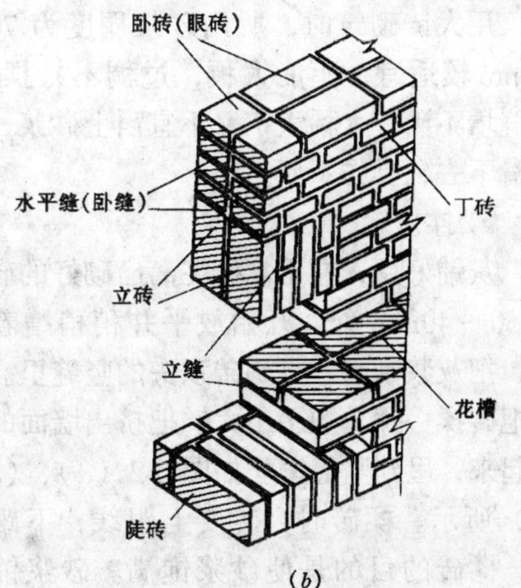

(*b*)

图 6-1 砖与灰缝的名称

砌入墙内的砖，由于放置位置不同，又分为卧砖（也称顺砖或眼砖），陡砖（也称为侧砖），立砖及丁砖，如图 6-1(*b*)所示。

砖与砖之间的缝统称灰缝。水平方向的叫水平缝或卧缝，垂直方向的缝叫做立缝，(也称头缝)，也有地区将顺砖间的立缝叫做花槽。

(2) 砖砌体的砌筑方法

1)"三一"砌筑法

"三一"砌筑法就是一铲灰、一块砖、一挤揉的砌法。其操作顺序是：

a. 铲灰取砖

砌墙时，操作者应顺墙斜站，砌筑方向是由前向后退着砌，这样易于随时检查已砌好的墙面是否平直。铲灰时，取灰量应根据灰缝厚度，以满足一块砖的需要量为标准，取砖时应随拿随挑选，左手拿砖而右手舀砂浆，同时进行，以减少弯腰次数，争取砌筑时间。

b. 铺灰

铺灰是砌筑时比较关键的动作。如果掌握不好就会影响砖墙砌筑的质量，一般常用的铺浆手法是甩浆，有正手甩浆和反手甩浆。灰不要铺得超过砖长太多，长度约比一块砖稍长 10～20mm，宽约为 80～90mm，灰口要缩进墙面 20mm，铺好的灰不要用铲来回去扒或用铲角抠点灰去打头缝，这样容易造成水平灰缝不饱满，影响强度。

用大铲砌筑时，所用砂浆稠度为 70～90mm 较适宜，不能太稠，过稠不易揉砖，竖缝填不满；太稀大铲又不宜舀上砂浆，容易滑下去，操作不便。

c. 揉挤

灰铺好后，左手拿砖在离已砌好的砖约有 30～40mm 处，开始放平并稍稍蹭着灰面，把灰浆刮起一点到砖顶头的竖缝里。然后把砖揉一揉，顺手用大铲把挤出墙面的灰刮起来，甩到竖缝里。如图 6-2 (*a*)、(*e*)、(*f*) 所示。揉砖时，砖要上跟线，下跟墙面，揉砖的目的是使砂浆饱满。砂浆铺得薄，要轻揉，砂浆铺得厚，揉时稍用一些

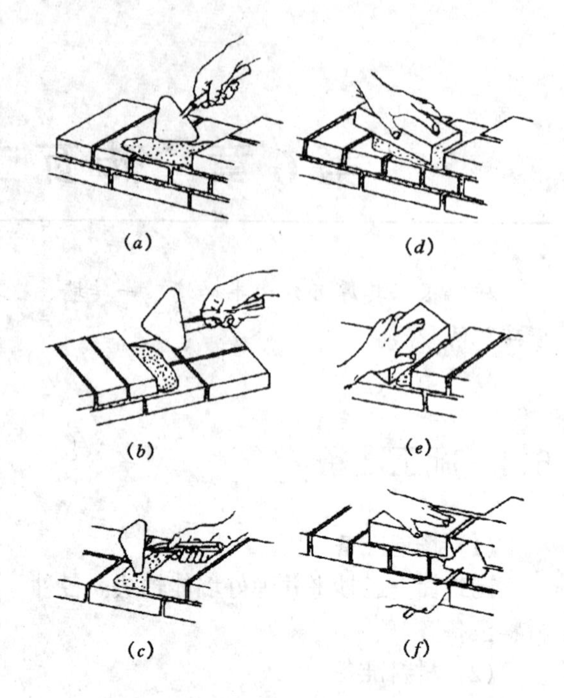

图 6-2　三一砌法

(*a*) 条砖正手甩浆手法；(*b*) 丁砖正手甩浆手法；(*c*) 丁砖反手甩浆手法；(*d*) 揉挤浆手法；(*e*) 丁砖揉浆手法；(*f*) 顺砖揉灰刮浆手法

劲。并根据铺浆及砖的位置还要前后左右揉，总之揉到下齐砖棱上齐线为宜。

2) 摊灰尺砌筑法

摊灰尺砌筑法又叫"坐灰砌筑法"，砌

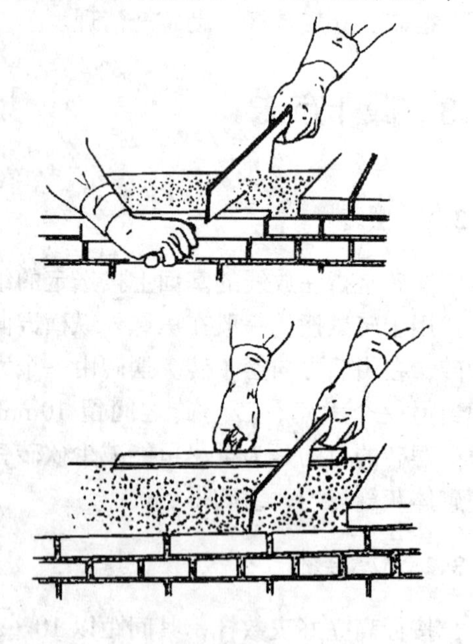

图 6-3　摊尺砌筑法

筑时，拿灰勺舀砂浆均匀地倒在墙上，然后左手拿摊灰尺，把摊灰尺搁在砖墙的边棱上，右手拿瓦刀刮平砂浆如图 6-3 所示。

摆砖时，应在砖竖缝处披上砂浆，随即砌上。砖要看齐，放平摆正。

在砌筑中，不允许在铺平的砂浆上刮取竖缝浆，以免影响水平灰缝砂浆饱满度。

摊灰尺砌筑，摊灰尺能控制水平灰缝厚度，对灰缝厚薄易于掌握，砌体的水平缝平直，砂浆不易坠落，墙面干净美观，砂浆损耗少。

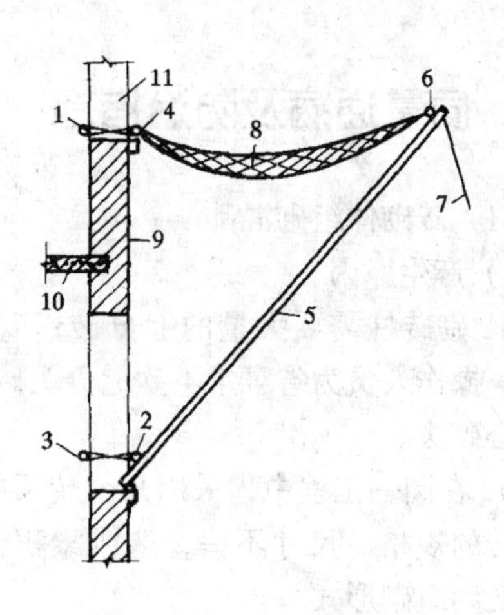

图 6-4 安全网搭设
1、2、3—水平杆；4—内水平杆；5—斜杆；6—外水平杆；7—拉绳；8—安全网；9—外墙；10—楼板；11—窗口

6.4 施工注意事项及安全文明施工

（1）砌在墙上的砖必须放平，且灰缝不能一边厚一边薄造成砖面倾斜。

（2）砖墙的水平灰缝厚度和竖缝宽度一般为 10mm，但不能小于 8mm，也不能大于 12mm。灰缝的砂浆饱满度应不低于 80%。

（3）须搭设脚手架时，脚手架必须满足强度、刚度和稳定性的要求。

（4）当外墙砌筑高度超过 4m 或立体交叉作业时，必须设立安全网，架设安全网时，其伸出墙面宽度应不小于 2m，外口要高于里口 500mm。两网搭接应扎接牢固，每隔一定距离应用拉绳将斜杆与地面错桩拉牢，如图 6-4 所示。图为安全网搭设的一种方式，施工过程中应经常对安全网进行检查和维修，严禁向安全网内扔弃杂物。

（5）当墙砌起一步架高时，要用托线板全面检查一下垂直度和平整度，发现问题及时纠正。

（6）砌砖必须跟着准线走，俗语叫“上跟线，下跟棱，左右相跟要对平”。就是说砌砖时砖的上棱边要与线约高 1mm，下棱边要与下层已砌好的砖楞平，左右前后位置要准，上下皮砖要错缝，相隔一皮要对齐，俗称不要“游丁走缝”。同时不但要跟线，还要做到穿墙，即穿着下面已砌好的墙面，来找准新砌砖的位置。

（7）砌好的墙不能砸，如果墙面有鼓肚，用砸砖调整的办法是不行的，因为砂浆与砖已粘结牢固，如发现墙有大的偏差，应拆掉重砌才能保证质量。

（8）砖墙的转角处和交接处应同时砌筑，不能同时砌筑时，应砌成斜槎，斜槎长度不应小于高度的 2/3，如图 6-5 所示。

（9）砖墙每天砌筑高度以不超过 1.8m 为宜，雨天施工时，每天砌筑高度不宜超过 1.2m。

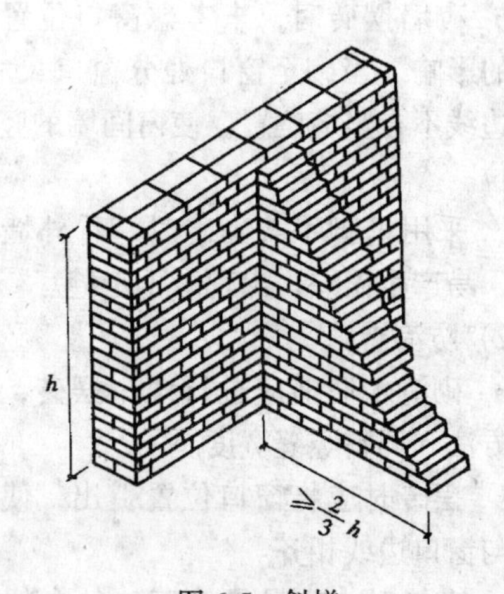

图 6-5 斜槎

6.5 质量通病及防治措施

(1) 砖砌体组砌混乱

1) 产生原因

a. 砌砖柱需要大量的七分砖，砍砖较费工，操作人员为省事常不砍七分头砖，而用包心砌法。

b. 在同一工程中，采用几个砖厂的砖，致使砖的规格、尺寸不一，造成累积偏差，而常变动组砌形式。

2) 防治措施

a. 砌砖墙应注意组砌形式，砌体中砖缝搭接不得少于1/4砖长。

b. 内外皮砖层，至少每隔五层砖应有一层丁砖拉结，使用半砖头应分散砌于混水墙中。

c. 砌砖柱时，该砍砖则必须砍砖，严禁采用包心砌法。

d. 同一工程中，尽量使用同一砖厂的砖。

(2) 游丁走缝（清水墙）

1) 产生原因

a. 砖的长宽尺寸误差较大，如砖的长度超长，宽度不够，砌一顺一丁时，竖缝宽度不易掌握，误差逐皮累积，易产生游丁走缝。

b. 砌墙摆砖时，未考虑窗口位置对砖竖缝的影响，当砌至窗口处分窗口尺寸时，窗的边线不在竖缝位置，使窗间墙的竖缝上下错位。

c. 采用里脚手架砌砖时，看外墙缝不方便，易产生误差，出现游丁走缝。

2) 防治措施

a. 砌清水墙前应进行统一摆砖，确立组砌方法和调整竖缝宽度。

b. 摆砖时应将窗口位置引出，使砖的竖缝与窗口边线相齐。

c. 砌筑时，应尽量使丁砖的中线与下层顺砖中线重合（即丁压中）。

d. 每砌几层砖后，宜沿墙角1m处，用线锤吊一次竖缝的垂直度。沿墙面每隔一定距离，用线锤引测，在竖缝处弹墨线，每砌一步架或一层墙后，将墨线向上引伸，以防游丁走缝的出现。

(3) 水平缝不直，墙面凹凸不平

1) 产生原因

a. 砖规格偏差较大，两个条面大小不等，砌筑时不跟线走，易使灰缝宽度不一致；个别砖大条面偏差较大，不易将灰缝砂浆压薄，而出现冒线砌筑。

b. 墙长度较大时，拉线不紧，挂线产生下垂，跟线砌筑后，灰缝易产生下垂现象。

c. 当第一步架墙体出现垂直偏差进行调整后，砌第二步架交接处置出现凹凸不平。

d. 操作不当，铺灰厚薄不匀，砖不跟线，摆砖不平。

2) 防治措施

a. 砖规格偏差大，应注意跟线砌筑，随时调整灰缝，使缝宽大小一致，砌砖宜采用小面跟线。

b. 挂线长度超过15m时，应加腰线砖，腰线砖突出墙面30～40mm，将挂线搭在砖面上，在尽端穿着挂线的平直度，若不平直，用腰线砖的灰缝厚度调平。

c. 第一步架墙体出现垂直偏差，（在允许范围内），第二步架调整时，应逐步收缩，使表面不出现太大凹凸不平。

d. 灰浆要铺平，摆砖要跟线，每块砖要摆得横平竖直。

e. 瓦工应带托线板、吊线锤，经常检查表面平整度，做到“三皮一吊，五皮一靠”。

(4) 砌体粘结不良

1) 产生原因

水源不足，班组浇湿砖制度不健全，脚

手架上余砖未浇水，接砌时直接取用。

2）防治措施

a. 避开用水高峰期，尽量利用早、中、晚时间给砖浇水，或建贮水池，贮水浇砖。

b. 建立专人浇水制度。

c. 脚手架上备水桶贮水，竖持浇湿已风干的砖；接砌时，瓦工应先将接砌墙面浇湿，再铺砂浆砌筑。

d. 建立干砖上墙推倒重砌的制度。

（5）灰缝厚薄不匀，砖墙不交圈（即同一砖层标高相差一皮砖厚度）

1）产生原因

a. 灰缝无控制，拉线不直，皮数杆与实际砖行不一致。

b. 未坚持层层砖挂线砌筑。

2）防治措施

a. 按进场砖的实际尺寸画皮数杆，房屋四角，楼梯间或纵横交接处立皮数杆。

b. 拉线要直，皮数杆与第一层砖不符时，应用细石混凝土找平。

c. 按皮数杆砌好大角，竖持层层砖拉通线，线应平直，做到上跟线、下跟棱，左右相跟要对平。

（6）砂浆不饱满

1）产生原因

采用水泥砂浆砌筑，拌合不匀，和易性差，挤浆费劲，用大铲或瓦刀铺刮砂浆易产生空穴，砂浆层不饱满。

2）防治措施

砌砖应可能采用和易性好，掺塑化剂的混合砂浆砌筑，以提高灰缝砂浆饱满度。

6.6 操作练习

以240mm厚砖墙砌筑为例。

（1）施工准备

1）材料：水泥、石灰膏、砂子、砖等。

2）工具：瓦刀、皮数杆、百格网、钢卷尺、靠尺板、塞尺、线锤等。

（2）施工平面布置图

施工平面布置图如图6-6所示，每堵墙拟定两人进行操作训练。

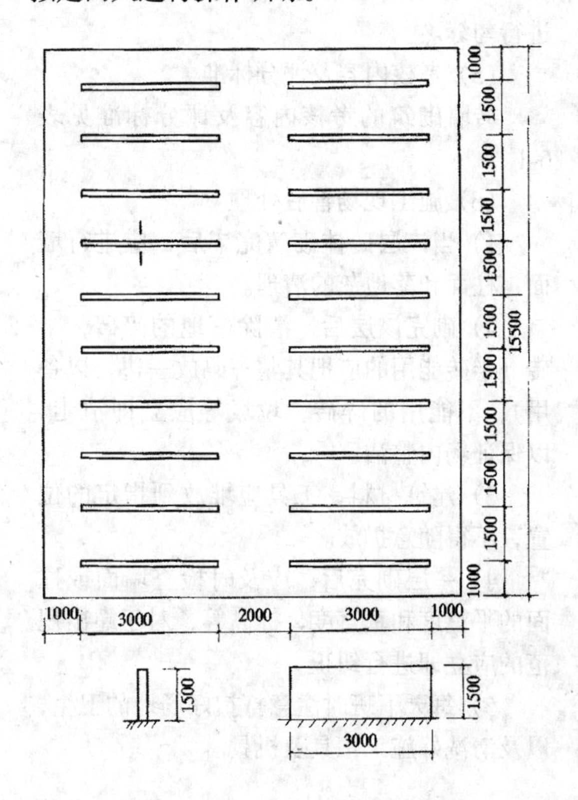

图6-6　学生砌砖作业平面布置图

（3）实训要求

1）数量：1～1.5m^3/2人

2）时间：4h

（4）操作程序

抄平→弹线→试摆→立皮数杆→盘角→砌筑→清理。

1）砌筑前准备好材料，工具；并将砌筑面用砂浆抄平。

2）按平面布置图放好线（弹出墙体边线、端线，及墙端的壁柱线）。

3）按已弹好的线进行干砖试摆，主要是将缝调匀，减少砍砖。

4）摆砖完成后，在砌墙两端立上皮数杆，并在两端头盘角（4～5皮砖），用线锤校正好垂直度，然后挂上线一层层向上砌砖。当砌平两端头角后，再盘4～5皮砖的头角，然后再挂线一层层向上砌筑，如此往复，直到达到要求高度为止。

5）最后清理场地，若为清水墙，则应进行勾缝。

（5）考核内容及评分标准

砖墙砌筑的考核内容及评分标准见表6-1。

（6）施工现场善后处理

1）当该层砖体砌筑完毕后，应进行墙面、柱面和落地灰的清理。

2）砌完该层后，清除落地的碎砖，半砖（半砖能用的应把其整齐码放一边，以备用）、不能用的碎砖，垃圾等应立即清走，以保证场内整洁。

3）建筑材料，工具应堆放到指定的位置，不得随意扔放。

4）一层砌完后，应及时检查墙面或柱面的平整度和垂直度，标高等，对于超出规范的应立即进行纠正。

5）每天下班时注意打扫好场地的卫生，以及清洗好施工工具及机具。

砖墙砌筑评分标准　　表6-1

<table>
<tr><td>班级</td><td></td><td>学号</td><td></td><td>姓名</td><td></td><td>工种</td><td></td></tr>
<tr><td>产量定额</td><td>单位 块</td><td>510</td><td>定时</td><td>4h</td><td>实际用工时</td><td></td><td>超工时扣分</td></tr>
</table>

考核项目	考核内容	考核要求	配分	检测结果
	砂浆饱满度	水平灰缝砂浆饱满度不小于80%	30	
主要项目	允许偏差	1. 轴线位移±10mm	10	
		2. 垂直度偏差≤10mm	10	
		3. 表面平整度≤5mm	6	
		4. 水平灰缝平直度≤7mm	6	
		5. 水平灰缝厚度±8mm	6	
		6. 游丁走缝≤20mm	7	
		7. 门窗洞口宽度±5mm	4	
一般项目	外观	1. 刮缝严密	7	
		2. 选砖恰当	4	
安全文明生产	安全生产	按国颁《建筑施工操作规程》考核	5	
	文明生产	按企业有关规定考核	5	
其它				
记录员	检验员		评分员	

第7章 木地板铺设施工

木质地板按其构造做法分为架铺式和实铺式两种。

7.1 架铺式木地板施工

架铺式木地板由地垄墙、木搁栅、剪刀撑、毛地板和企口地板等组成。

木地板架铺与实铺的差异，关键在于基层做法不同，面层的处理大致相似。所以，本节着重介绍架铺式木地板的基层施工操作，即包括从地垄墙、木搁栅、剪刀撑直至毛地板的施工操作，至于面层的铺钉与实铺面层雷同，故留待后文讲述。现介绍首层架铺式木地板毛地板及其以下部位的施工。

(1) 施工项目

施工项目为在地垄墙上架铺毛地板，详见施工图（图 7-1）。

图 7-1（*a*）为架铺式木地板施工图的平面图，最上一层为毛地板，从局部剖面上看到毛地板下面的搁栅。图 7-1（*b*）是两张立面图，一为沿地垄墙的立面，另一张是垂直于地垄墙方向的立面，可以清楚地看出该架铺式木地板的构造做法。

(2) 材料、工具的准备

材料：松木、圆钉、防腐剂等，详见备料单（表 7-1）。

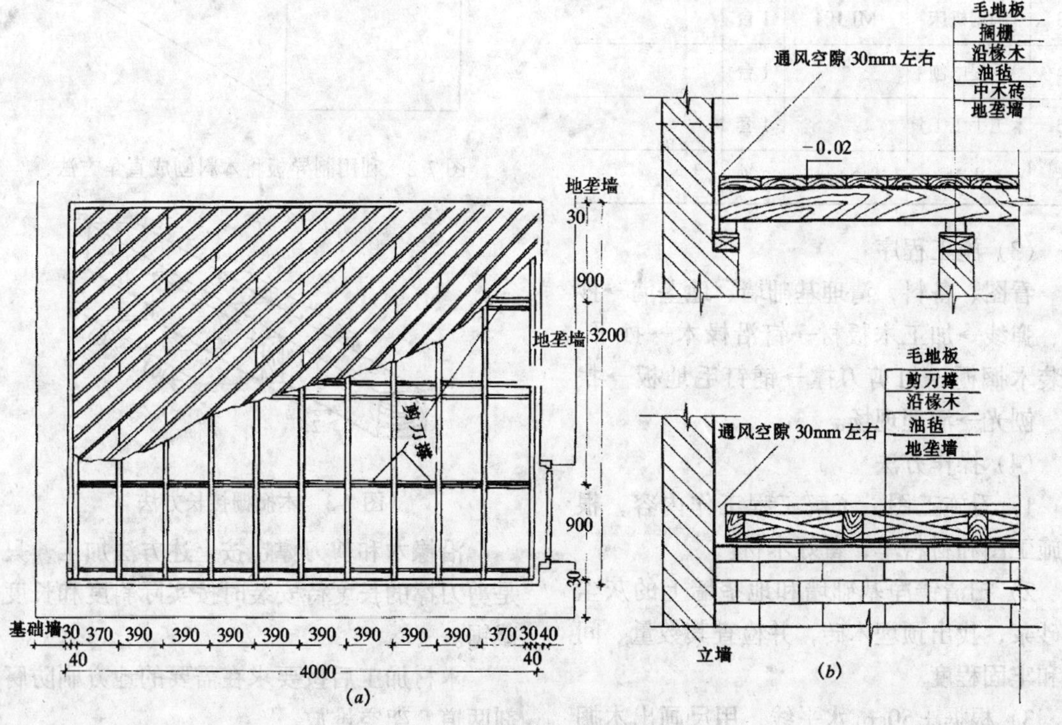

图 7-1 架铺式木地板施工图

（*a*）平面；（*b*）立面

工具：木工机械、手工工具，详见工具单（表 7-2）。

备　料　单　　　　**表 7-1**

序号	名　称	规　格	数量	含水率%	备注
1	毛地板	22×120	$14m^2$	≤15	
2	搁栅	50×120	36m	≤15	
3	剪刀撑	40×50	16m	≤15	
4	沿椽木	30×100	12m	≤18	木材为东北红、白松截面为净尺寸
5	垫木	20×100×200	33 块	≤15	
6	圆钉	100	1kg		
7	圆钉	50	3kg		
8	防腐剂		1.5kg		
9	油毡	900×10000	1 卷		

工　具　单　　　　**表 7-2**

序号	名　称	规　格	数量	备注
1	平刨机床	MB 103	1 台	
2	压刨机床	MB 502A	1 台	
3	圆锯机床	MJ 104	1 台	
4	手提电刨		1 台	
5	木工手工工具		1 套	
6	漆刷	2 in	2 把	

（3）施工程序

看图、备料，清理基础墙、地垄墙→抄平、弹线→加工木板材→钉沿椽木→抄平、安装木搁栅→钉剪刀撑→铺钉毛地板→找平、刨光→清理现场。

（4）操作方法

1）看施工图，了解工程工作内容，根据施工图和材料单，备好木材。

2）扫清铲净基础墙和地垄墙上的灰尘和砂浆，找出预埋木砖，并检查其数量、间距和牢固程度。

3）根据 +50cm 水平线，用尺画出木搁栅和毛地板的表面位置点，并用墨斗弹出其水平线（即在四周立墙上弹线）。

4）加工木板材

首先加工毛地板。先在平刨机床上刨出一个平面和一个侧面，然后用压刨机床压刨成厚度为 22mm 的（统一厚度）毛地板，再用圆锯机床将宽度超过 120mm 的毛地板锯成≤120mm 宽，最后再将另一个侧面在平刨机床上刨平直。

按上述方法将木搁栅先平刨，后压刨加工成截面为 50×120mm 的木方（注意利用平刨机床的制导板，将木搁栅截面刨成 90°直角），见图 7-2 所示。用圆锯机或手工锯截成每根长 3140mm，共 11 根。如果长度不够，可按图 7-3 所示进行对接。对接所用的两侧木板不得高出木搁栅表、底面。

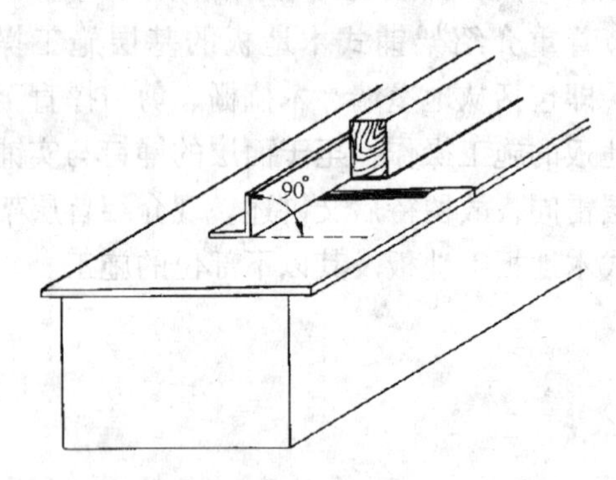

图 7-2　利用制导板将木料刨成直角方法

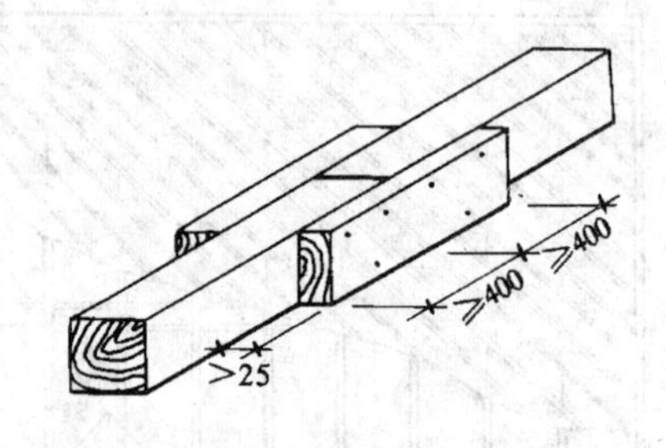

图 7-3　木搁栅接长方法

沿椽木和剪刀撑也按上述方法加工，只是剪刀撑的长度待安装时按实际斜度和长度截锯。

木材加工后按要求在需要的地方刷防腐剂两道，架空堆放。

5）木搁栅安装

宽于墙截面 100～200mm 油毡平铺三道于墙上，需接长的搭接处不少于 100mm 长；沿椽木放在油毡上与墙内预埋木砖用钉钉牢，钉距不得大于 800mm，钉牢后按施工图画出搁栅位置中线。

将靠立墙两边的搁栅放置在沿椽木上，端部中线对准沿椽木上所画的线就位，用水平尺检测搁栅面与立墙上所弹搁栅水平线是否一致，如有误差用垫木的厚薄调整，见图 7-4。符合要求后用 50mm 圆钉将垫木和沿椽木固定，再将木搁栅用 100mm 圆钉从侧面斜钉，使木搁栅固定在垫木和沿椽木上，见图 7-5。然后用带通线或架直尺置于两边高度标准的搁栅上，如图 7-6 所示，逐一将其他搁栅加适当垫木调整到同一水平，再用直尺进行交叉、纵横检查，如有误差可用木工刨刨削或加厚垫木直至完全符合标准为止。中至中距应为 390mm。垫木用 50mm 圆钉垂直与沿椽木连接。所有纵向 11 根搁栅固定后，

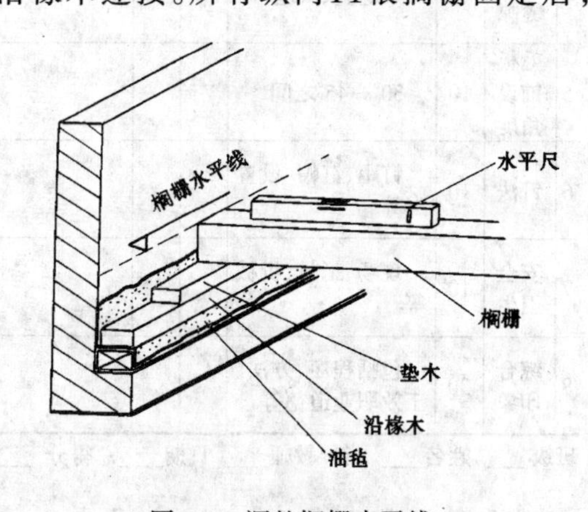

图 7-4　调整搁栅水平线

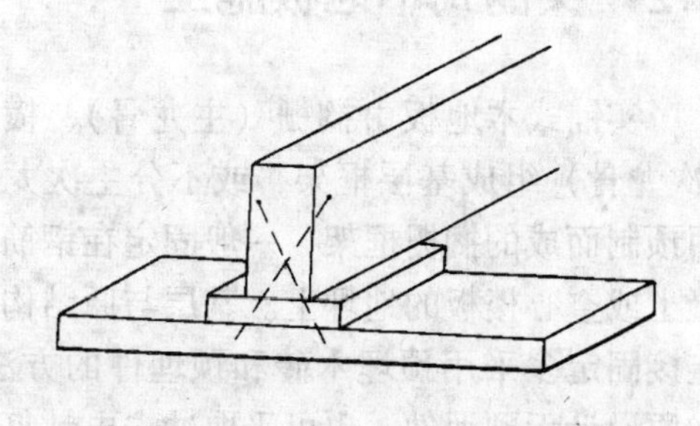

图 7-5　木搁栅固定方法

再将靠两边基础墙搁栅和搁栅之间空间用短搁栅料做成横挡（一边一道），高度与标准搁栅一致，如图 7-7 所示。在搁栅表面按施工图弹出两道剪刀撑中线，清理地垄墙内的杂物等就可以钉剪刀撑。

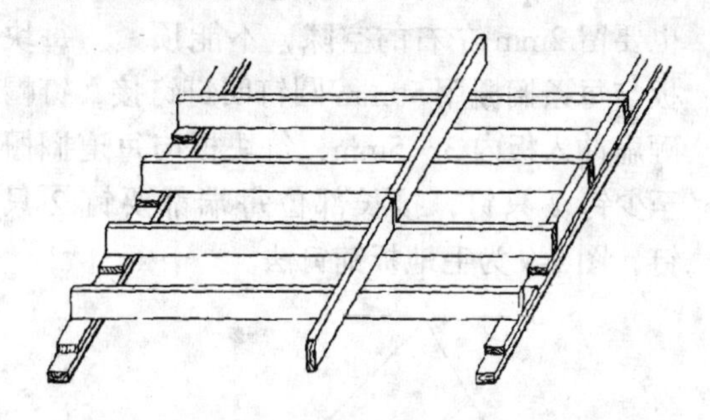

图 7-6　带曲线或架直尺

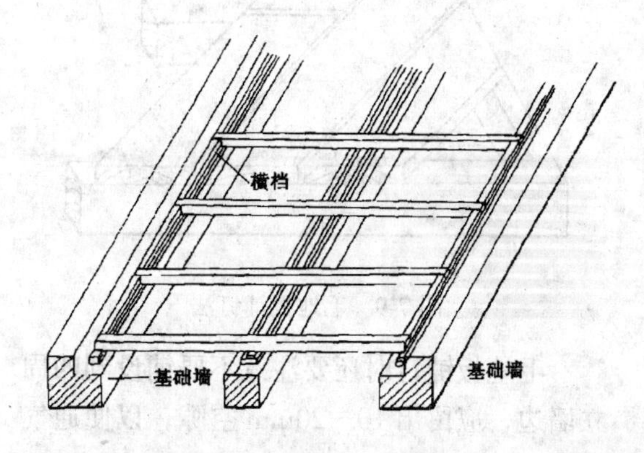

图 7-7　基础墙两边横档

剪刀撑要锯成适合的角度，可以用活动角尺调整所需要的角度，用活动角尺在剪刀撑木方上画出线，按线锯割。剪刀撑不能长，也不宜短，过长会超出搁栅面，过短斜度不够。每根剪刀撑与搁栅侧面连接的端部要钉 2 根 50mm 圆钉，两根剪刀撑交叉接处钉 1～2 根 50mm 钉，参见图 7-8。剪刀撑上下都不要超过搁栅上

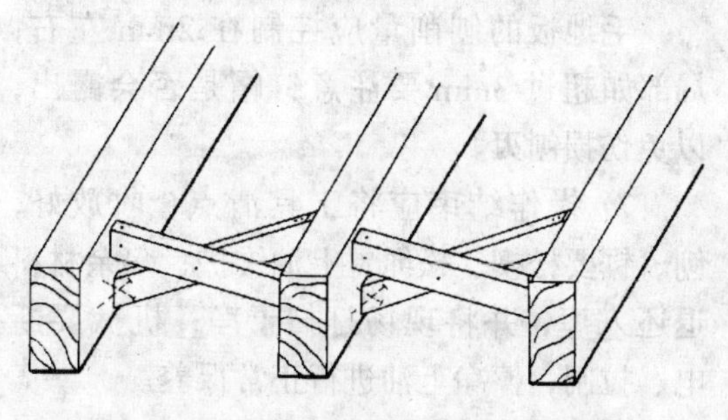

图 7-8　剪刀撑交叉处钉 1～2 根圆钉

下面，并纵向对齐在一条直线上。

6）铺钉毛地板

毛地板与搁栅成30°～45°角铺钉，毛地板的心材一律朝上，边材朝下，板与板之间留3～5mm空隙，长向拼接要在搁栅中心，也要留2mm左右的空隙，不能顶紧。每块板与每条搁栅用50mm圆钉明钉钉接，钉帽砸扁冲入板内3～5mm，每块板与每道搁栅至少钉2只钉，接长部位每端都要钉2只钉，图7-9为毛地板铺钉法。

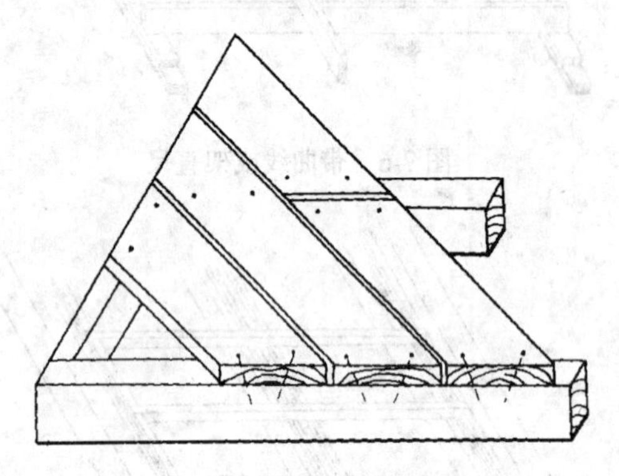

图7-9　毛地板铺钉法

毛地板铺钉时还要注意不要铺设到四周立墙边，应留出10～20mm空隙，以便通气防潮。

刨削毛地板先用粗刨，与板顺纹成45°～60°进行刨削，其目的是为找平整个房间的板面，因为是接近横纹的刨削，比较费力，也容易戗槎，所以刨削量要小些，刀刃要快，一次不要刨削太长，要多刨几遍，直到整个地板面平整为止，然后再用细刨顺纹逐条刨光。

毛地板的刨削量应控制在2mm左右，局部如超过3mm要注意钉帽是否会露出，以免伤损刨刃。

7）操作结束应将工具清点、收放好，刨、锯要松楔、松绳，上油维护；多余材料退还入库，并将现场打扫干净；机械要断电、拉闸，擦净上油进行正常保养。

（5）操作练习

课题：首层架铺式木地板施工。

练习目的：掌握首层架铺式木地板施工程序和操作方法。

练习内容：在地垄墙上架铺毛地板，见图7-1首层架铺式木地板施工图。

分组分工：4～6人一组，24课时完成。

练习要求和评分标准：详见表7-3。

现场善后整理：同前述操作方法第7)条。

考查评分表　　**表7-3**

序号	考查项目	单项配分	要　求	考查记录	得分	备　注
1	标高	10	尺量查点不少于10个			以+50mm水平线为准
2	平整度	10	允许偏差2mm，每超1mm扣1分			2m直尺、塞尺
3	搁栅间距	10	±3mm每超1mm扣1分			尺量
4	毛板缝隙	10	条缝、顶头缝			
5	毛板铺设角度	10	30°～45°之间			
6	钉法	10	钉距、钉帽、设置点等			
7	安全卫生	10	现场、工具、机械等			
8	综合印象	30	包括程序、方法、工效职业道德等			

班级____　姓名____　指导教师____　日期____总得分 ____

7.2　实铺式木地板施工

实铺式木地板由搁栅（主龙骨）、横档（次龙骨）组成基层框架，或不分主次龙骨用预制而成的搁栅框架，一般固定在钢筋混凝土或空心楼板的地坪上。基层与原结构的连接固定多采用预埋木砖和预埋件的方法，如原设计无预埋件，也可采取冲击电钻打孔塞木楔作为固定连接点的方法。

面层按设计有单层和双层构造，面板有条形木地板和拼花木地板两种形式。面板与基层连接有钉接式和胶粘两种方法。

(1) 施工项目及阅读图纸

在楼层混凝土地坪上实铺硬木(水曲柳)长条地板,详见施工图(图 7-10)和构造图(图 7-11)。从图上可看出,该项施工即将木搁栅钉固在楼板的预埋木楔上,再将面板(水曲柳长条木地板) 铺钉在木搁栅上。

(2) 材料、工具的准备

详见备料单(表 7-4)、工具单(表 7-5)。

(3) 施工程序

清理楼（地）面→地坪修整、抄平、弹线→制作搁栅→刷防腐涂料→抄平、弹线→打孔、塞楔→安装搁栅→找平、弹线→铺钉面板→刨地板、修边→清理现场。

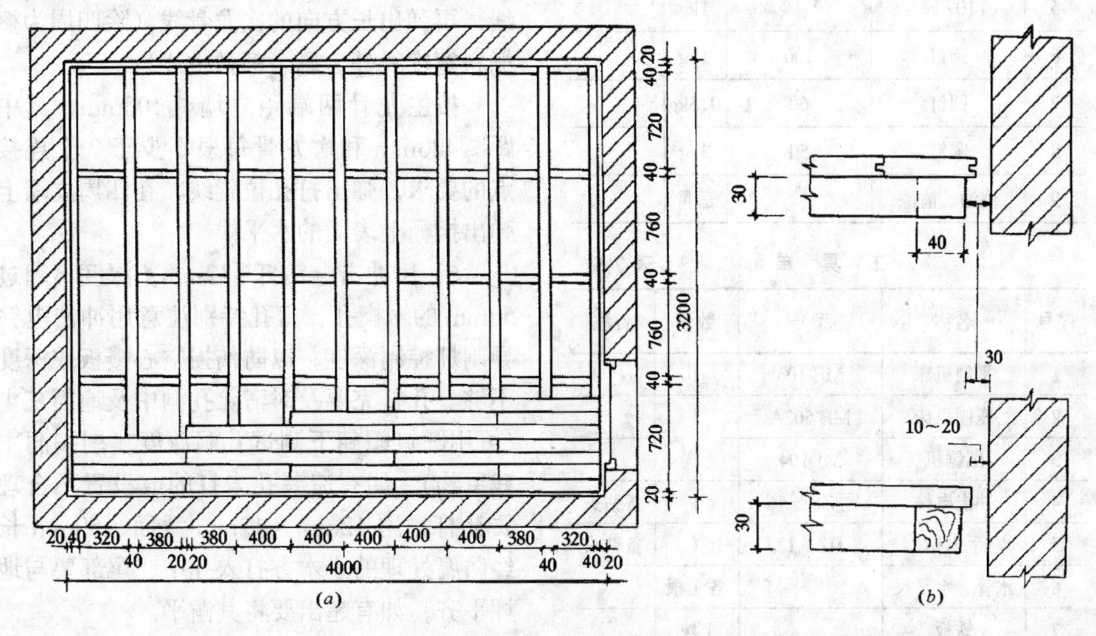

图 7-10 施工图

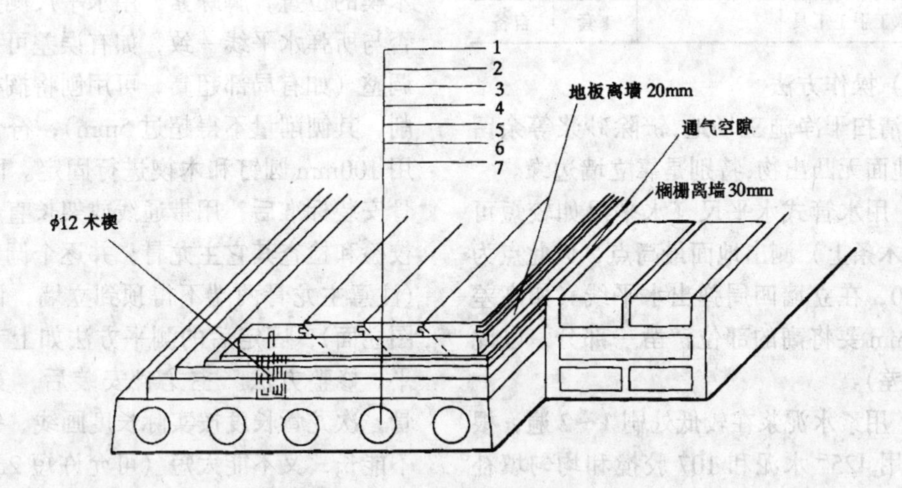

图 7-11 水曲柳长条地板构造

1—水曲柳地板；2—木搁栅框架；3—防腐层；4—净水泥找平层；5—原 1:2 水泥粉涮层（厚 20mm）；6—细石混凝土找平层（厚 30mm）；7—空心楼板或钢筋混凝土楼板

备 料 单 **表7-4**

序号	名 称	规格 (mm)	数量	含水率 (%)
1	水曲柳长条地板	20×50×1600	14m²	≤12%
2	松木搁栅	50×40	73m	≤12%
3	防腐剂	851焦油聚氨酯	1.5kg	
4	水泥	425号硅酸盐	5.5kg	
5	107胶		1kg	
6	圆钉	100	1kg	
7	圆钉	60	0.5kg	
8	圆钉	50	3kg	
9	汽油、清漆		适量	

工 具 单 **表7-5**

序号	名称	型号	数量	备注
1	平刨机床	MB 103	1	
2	压刨机床	MB 502A	1	
3	圆锯机	MJ 104	1	
4	冲击电钻	回ZIJ－16	1	备钻头
5	手电钻	JIZ－13	1	备钻头
6	水管、水平尺		各1根	
7	铁板		1块	
8	漆刷		2把	
9	木工手工工具		1套	自备

(4) 操作方法

1)清扫干净施工场地,铲除砂浆等余留物,使地面无凸出物,特别是靠立墙边缘。

2) 用水管式水平尺（水平尺如较短可架在直木条上）测出地面最高点，以此点为地平±0，在立墙四周弹出水平线（如高差超过5mm要将高的部位铲凿一部分，以此缩小高差）。

3) 用素水泥浆在较低处刷1～2遍，根据需要用425#水泥和107胶搅和均匀填补低处（先用铁板抹，再用直尺校验，再用铁板抹平）。

4)根据施工图和材料单制作搁栅料(加工方法如上节所述),主龙骨11根、次龙骨20m左右,材料加工后,刷防潮、防腐涂料。

5) 将修整过的地坪再用长直尺和水平尺进行测量，清铲修补地面遗留的水泥块和杂物，并清扫、拖净，刷1～2遍防腐涂料。检查房间的地面方正，找出房间的中心点并画出纵横垂直线。

根据施工图弹出房间短方向的主龙骨线，再弹出长方向的次龙骨线（除四周为搁栅料宽度线外，剩余都弹中线）。

按主龙骨两端距立墙≤100mm，其中距≤400mm和次龙骨每根不少于2个连接点的要求，弹出打孔位置线，在四周立墙上弹出搁栅上表面的水平线。

6) 用冲击电钻打ϕ12mm，深度不超过50mm的木楔孔，打孔特别注意用冲击电钻导制杆控制深度，以防伤损空心楼板或深度不够。孔打完要及时清除孔洞中及地面灰尘(可用圆钉帽朝下测试孔洞深度，剔掏洞中残留物)，如有遗漏孔未打的或设置不合理要补打，用12mm×12mm截面、50mm长经防腐处理的小木方打入孔中，尾部要与地坪平齐，如有超出要将其凿平。

7) 先将靠立墙两边的主龙骨放在塞过木楔的位置，脚踩紧，用水平尺测量表面是否与所弹水平线一致，如有误差可用薄垫木调整（如有局部超高，可用刨将搁栅背面刨削，其刨削量不得超过5mm)，符合要求后用100mm圆钉和木楔进行固定。两边主龙骨安装标准后，用带通线或架长直尺的方法校验和检查其它主龙骨，并逐个调整、固定(注意主龙骨两端不得顶到立墙，详见施工图立面)，固定后的测平方法如上节搁栅测平、修整方法。主龙骨安装后，安装次龙骨，次龙骨长度按实际长度画线、锯割，即不能长，又不能太短（可允许短2mm)，先安装靠墙边的两排，再安装中间的，安装龙骨要牢固（钉要钉准木楔)，钉偏的要补钉，钉帽砸扁顺纹冲入3～5mm。次龙骨（横档）不得高于主龙骨（可允许低于主龙骨2～3mm），并在次龙骨中部开深度10mm宽12mm通风槽，如图7-12（示意图）所示。

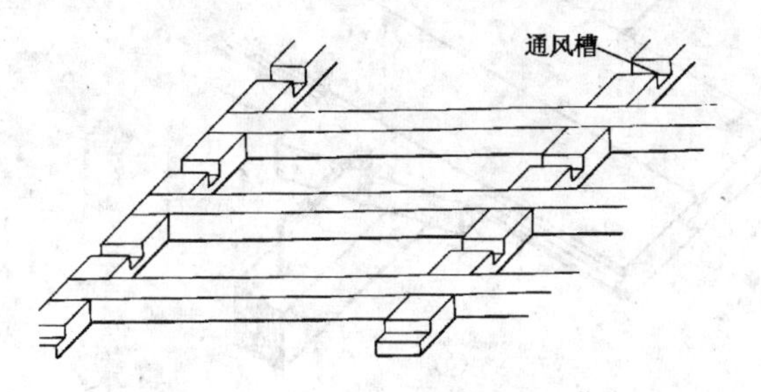

图7-12 次龙骨锯凿通风槽

安装木搁栅结束后，要将操作时刨花木屑清除干净，在搁栅面弹出第一块木地板的位置线（弹线前要套方，第一块木地板与立墙有10～20mm空隙，可用于调整，按此线再弹出间距为500mm的平行线，这些平行线是为控制和检查所铺地板是否平行通直而设置）。

8）铺钉面板从靠近门口的一边开始，第一排地板铺钉很重要，其具体方法是：首先将第一块地板条放在定位线上，凹槽的一边朝立墙，用明钉与主龙骨连接（钉不要钉死），然后用垫木将与立墙之间空隙塞紧，如图7-13所示。垫木高度要小于地坪到地板面的高度（如高出会影响刨边和踢脚板的安装），垫木到位，经查符合标准后，再拼接第一排的第二块，直到第一排最后一块，最后一块要用撬棒挤紧顶头接缝，如图7-14所示。第一排全部就位后要带通线，查看是否在一条直线上，如有偏差要用垫木的

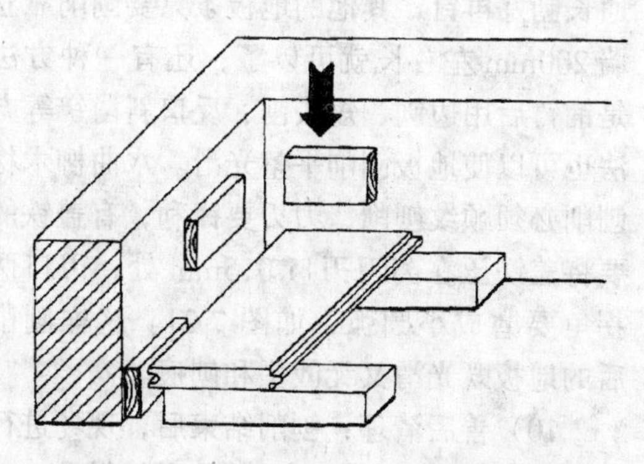

图7-13 用垫木将与立墙之间的空隙塞紧

图7-14 第一排最后一块挤紧顶头缝

厚薄来调整，直至达到标准后可将钉全部钉牢，钉法如构造图。

长条木地板接头要间隔错开，间隔的接缝要在一条直线上，如施工图平面所示。接头处不允许上严下空，如图7-15所示。

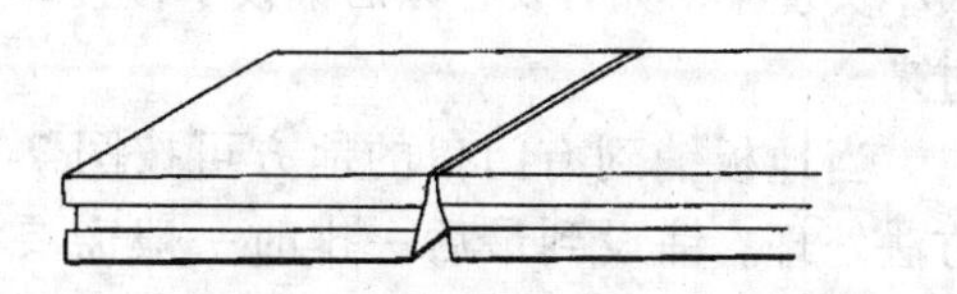

图7-15 接头不允许上严下空

第一排地板钉牢后，安装第二排地板，第二排的第一块用手先将接头处凹槽推入第一排的凸榫内，如图7-16所示。再用带有凹槽的垫木压在凸榫上，脚踏紧，用锤击打垫木而使地板条全部入槽，挤紧条缝的方法如图7-17所示。按上述方法逐一铺钉，每铺一排要用线拉一次，看是否有弯曲现象，如有可调整拼缝的松紧（拼缝允许有0.5～1mm的空隙）或修刨有凹槽的侧面，因凸

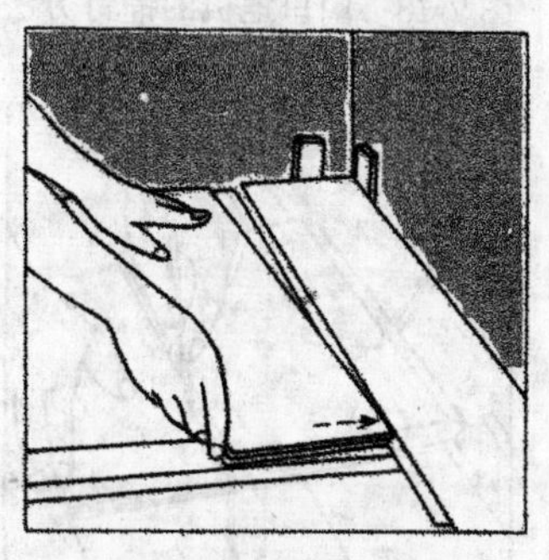

图7-16 用手将第二排地板凹槽推入凸榫皮

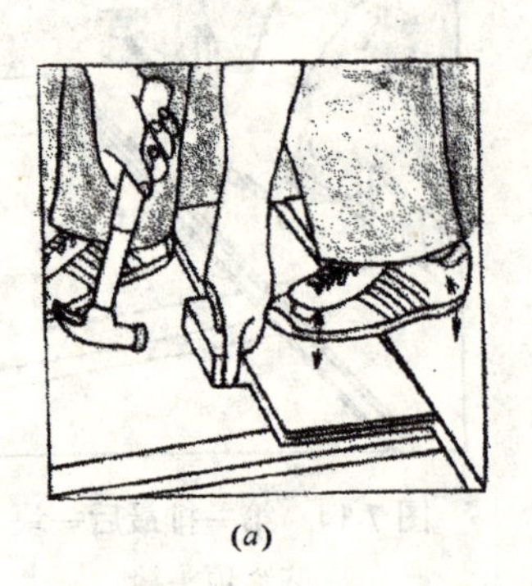
(a)

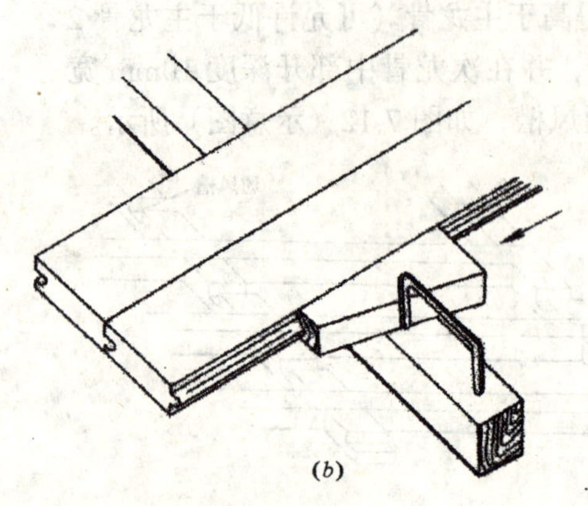
(b)

图 7-17　地板条入槽、挤紧条缝方法
(a) 用锤打击垫木使地板条全部入槽；(b) 挤紧条缝的方法

凹槽之间有 0.5mm 余量，只能微刨，地板铺设 500mm 宽左右，可通过搁栅上弹的控制线用尺检查与线的尺寸是否一致、是否有大小头现象，如有要在以后铺设中慢慢纠正过来。

当地板铺到有门口的地方可按图 7-18 方法处理。铺设到最后一排时一般需要裁锯。画线，截锯方法如图 7-19、图 7-20 所示。

裁锯地板要注意留出 10～20mm 的通气位置，最后一排靠立墙边用明钉与搁栅连接，钉帽要砸扁冲入3～5mm。最后用垫木

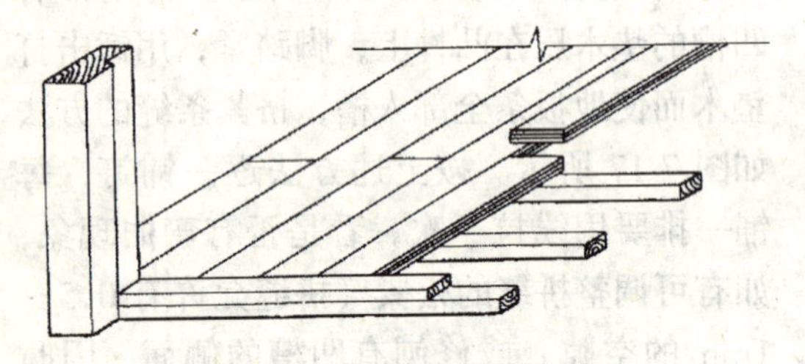
图 7-18　门口地板的铺钉方法

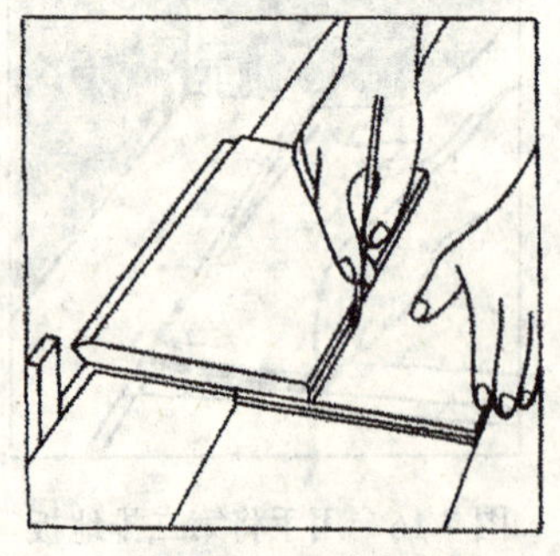
图 7-19　画线方法

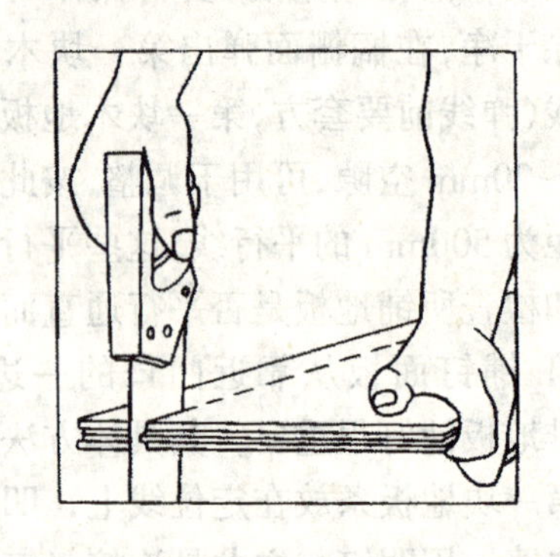
图 7-20　裁锯方法

塞紧与立墙之间空隙，垫木中距不大于 800mm。

铺钉结束将工具圆钉收拾好，扫净刨花木屑就可以刨削了。

9）刨削面板方法与刨毛地板一样，先粗刨后细刨。靠立墙边缘的地板条可采取铺钉前预刨的方法，就是第一排和最后一排先通长刨好再钉，其他的地板条只要刨削靠立墙 200mm 左右长就可以了；还有一种方法是铺钉后用边刨、短头刨、反口斜凿铲等方法也可以使地板刨削平整光滑。水曲柳木材刨削必须顺纹刨削，刀刃要锋利，有盖铁的要将盖铁压在离刀刃口 0.5mm 处，刃口两拐角要磨成小圆弧，如图 7-21。这样刨削后的地板既光滑又无戗槎和刨痕。

10）善后清理：刨削结束后，现场进行打扫清理，收拾工具，退还多余材料。

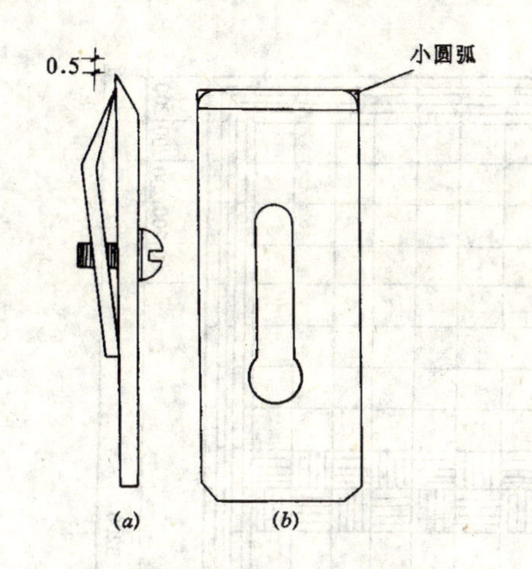

图 7-21　水曲柳木材刨削
(a) 刨刃离盖铁 0.5mm；
(b) 刀刃口两拐角要磨成小圆弧

(5) 操作练习

课题：实铺木地板。

练习目的：掌握在楼层地坪上实铺硬木长条地板的施工程序和操作方法。

练习内容：见图 7-10 施工图和图 7-11 构造图，铺设一间 12.8m² 的硬木长条地板。

分组分工：4～6 人一组，20 课时完成。

练习要求和评分标准：见表 7-6（考查评分表）。

现场善后整理：同（4）操方法第 10）条。

考查评分表　　　　表 7-6

序号	考查项目	单项配分	要求	考查记录	得分
1	标　高	10	尺量、查点不少于 10 个		
2	平整度	10	2m 直尺塞尺检查，允许偏差 2mm		
3	光滑无戗槎	10	手摸、观察		
4	搁栅通气槽	10	按施工图要求验收检查		
5	蹬踏无声响	15	有踏踩声响不得分		
6	安全、卫生	10	无工伤、现场整洁		
7	钉　法	10	钉接合理、角度正确		
8	综合印象	25	程序、方法、职业道德等		

班级____ 姓名____ 指导教师____ 日期____总得分 ____

7.3　拼花木地板施工

拼花木地板的施工分为钉接法和胶粘法两种。前者以企口式拼花木地板条或块，用钉接法将拼花木地板钉在毛地板面层上；后者大多直接用胶将拼花木地板粘贴在楼层水泥地面上。

(1) 施工项目

在楼层水泥地面胶粘一间水曲柳平口拼花木地板，详见构造图（图 7-22）和施工平面图（图 7-23）。

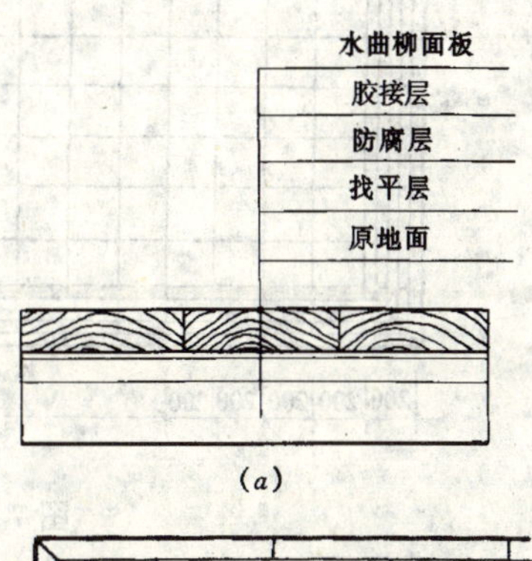

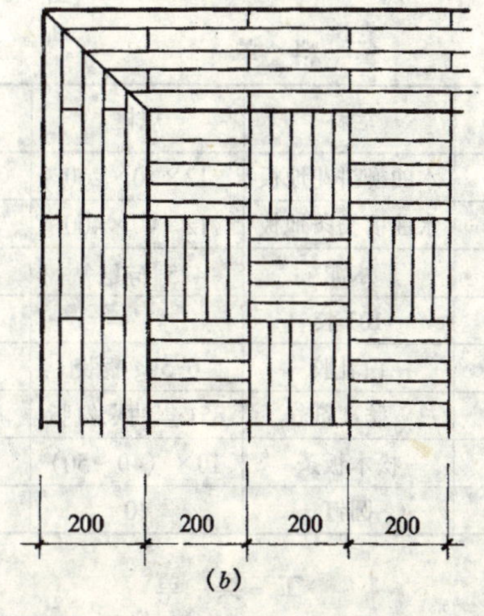

图 7-22　构造图
(a) 剖面构造；(b) 圈边构造

(2) 材料、工具准备

1) 材料主要有水曲柳地板条、胶合材料，详见备料单（表 7-7）。

2) 工具以手工工具为主，详见工具单（表 7-8）。

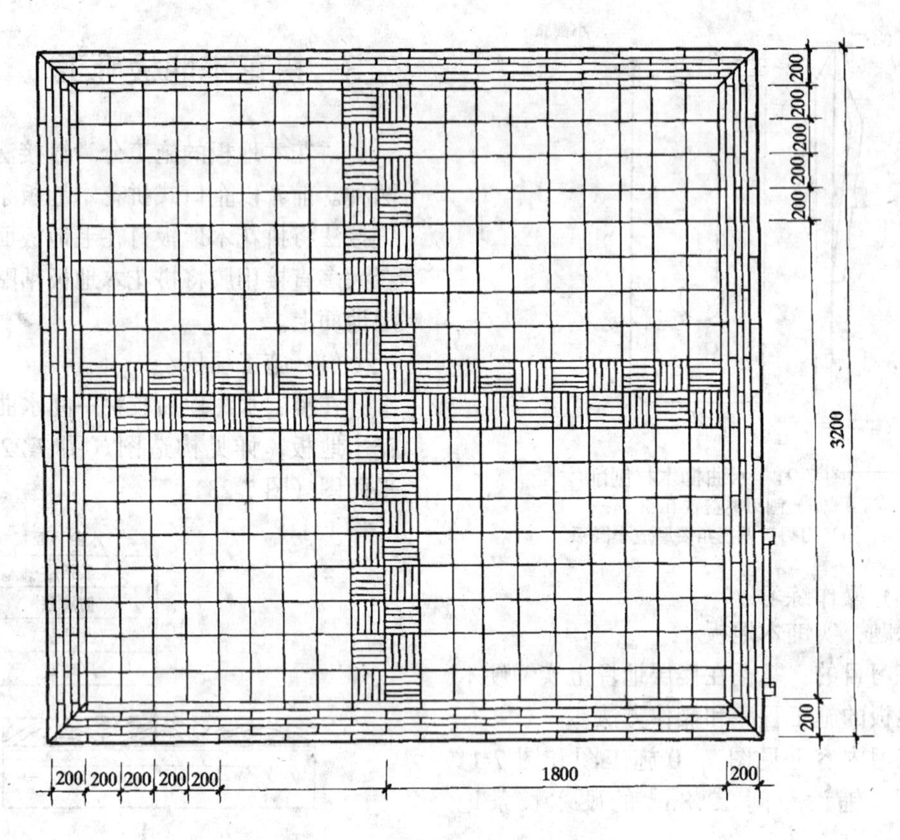

图 7-23　拼花木地板施工平面图

备　料　单　　　　　表 7-7

序号	名称	规格	数量
1	水曲柳拼花地板	12×40×200	11m²
2	水曲柳长条地板	12×40×400	2.9m²
3	水泥	425# 硅酸盐	50kg
4	107 胶		3kg
5	白乳胶	0.5kg 瓶装	6 瓶
6	防离剂	851 焦油聚氨脂	2kg
7	松木板条	10×（40～50）	15m
8	圆钉	40	0.5kg

工　具　单　　　　　表 7-8

序号	名称	型号	数量
1	铁板		2
2	刮板	有齿塑料	2
3	水平尺	1200mm 长	2
4	漆刷	50mm	2
5	拖把		2
6	木工手工工具		自备
7	其他公用工具可以临时借用		

（3）施工程序

清洗地面→做防潮找平层→材料准备、试铺→弹线→胶粘地板面层→刨磨面层→清理现场。

（4）操作方法

1）清扫地面后要用拖把或鬃刷将地面拖、洗干净，不能有灰尘，用 425# 水泥加水在地面均匀涂刷，横竖两遍。干燥后用水管式水平尺抄平，找出地面的最高点，以此点在立墙四周弹出水平线。

2）将水泥（硅酸盐 425#）、107 胶和水按 100∶5∶26 的比例搅拌均匀倒在地面上。首先用长刮尺按所弹水平线将水泥浆刮平（刮的时候只要大部分平整，不要光滑），然后用长刮尺或长直尺按水平度检查所刮的水泥浆是否有超高的。如有要将其刮往低处，所刮大部分符合要求后，再用铁板将水泥浆压实、抹平、抹光，最后再用长直尺放在水泥浆上校验其水平度（要纵横、交叉检查），如有高出部分，可用直尺在地面上来回拖压几次留下痕迹，再用铁板将高出处的多余水泥浆抹到低处直至符合要求（最后用铁板抹平要先里后外，逐步退出门外）。

3）水泥浆找平层做好后等5~10h可刷防水涂料两遍（选用851焦油聚氨酯防水涂料）。

4）铺胶面层前，要进行挑选、试排工作。首先将成品地板条逐块挑选，剔除腐坧、变形等不符合标准的板条，所挑选的地板条按木纹和色泽分类拼成方块，堆码整齐。

5）取5块拼选好的地板块（每块由5条小地板块组成）横拼、竖拼各一次，如图7-24所示。量取其各长度，可较精确地了解其每块长、宽尺寸和长宽度拼块的误差，

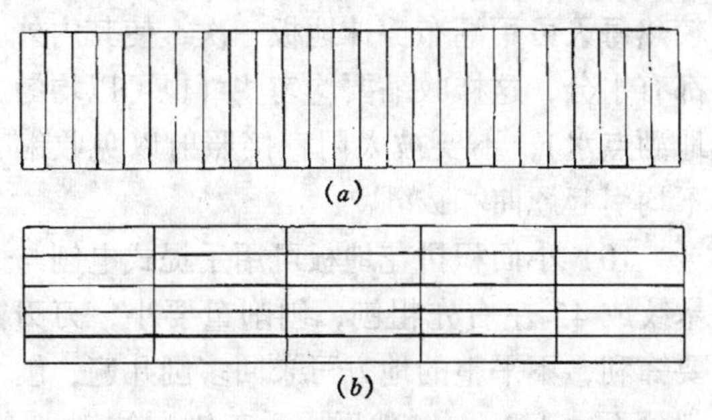

图7-24 每5条小地(横排)板组成竖排、横排
(a)竖排；(b)横排

取其平均数作为弹分格线和计算的依据（通常几块木地板条宽度之和小于1块地板条的长度，如1小条木地板的宽度小于1/5长度0.5mm以内，则按一条木地板长度为基数分格，如超过0.5mm则为不合格产品不能铺设席纹地板。

6）按上述方法所取得的实际方格尺寸进行计算对照施工图，如有误差放在圈边部分解决，根据计算共需252块200mm×200mm地板块，因是双数，所以最中间的4块正方形地板拼接后成十字线应同房间过中点的十字垂直线重合，如图7-25所示。

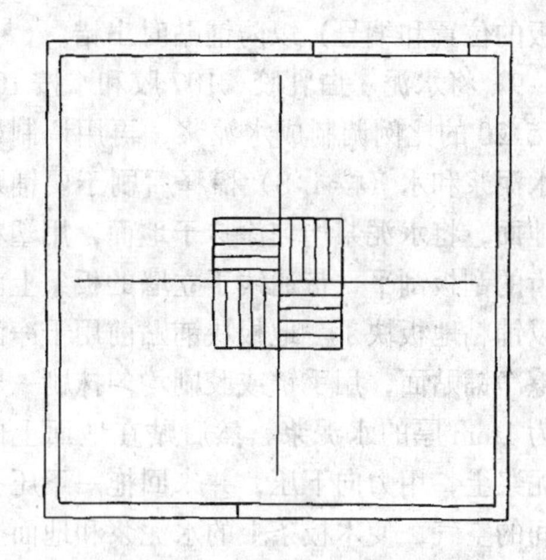

图7-25 双数地板块同房间十字线重合

用约10mm左右厚的小木板条钉在立墙四周靠近地面的位置（为以后带控制线临时设置，用冲击电钻打孔塞木楔的方法固定，木板条一边要刨光，以便划线。门扇部位可用厚木料钉在门框上）。

7）用尺量房间短方向，无论有无大小头都取长度的1/2，弹出一条直线，并引划在立墙的木板条上，再过此线中点作垂线并弹线在地，引画在小板条上（注意此垂线一定要标准），有此标准十字垂线再用尺一次分量出各分格线的端点，然后弹线于地面，引线于板条上。

所有方格线弹好后要用长卷尺复核每个小方格的尺寸和对角线，还要复核整个席纹地板的尺寸和对角线（每一个200mm×200mm的小正方形和3600mm×2800mm大矩形的尺寸和对角线都要复核），圈边如有误差可在做圈边时处理，复核后就可以试拼木地板。

8）将木地板块从中十字线开始，按施工图所示，先纵横拼放各两排再从中间向四面辐射直至将252块小正方形地板块全部放好（注意不能用胶），其目的是为检查所试排的地板块有无大小、色差和纹理错乱的现象，如有可以调整、更换和加工直到满意为止。再将地板块按后铺先收的顺序按不同方位堆放整齐，并要编好号（可用纸画好每块

地板的位置和编号）以防铺贴时出错。

9）将水泥、白乳胶、107胶和水按100:5:5:20的比例调制成水泥浆，再用调制好的水泥浆和水（按1:8）稀释后刷于要铺贴的地面，将水泥浆均匀涂抹于地面，用塑料带齿的刮板刮平，带通线于立墙的板条上就可以铺粘地板块了。地板块铺贴前用干净湿布擦净铺贴面，用手铲或胶刷均匀抹刷一层约为1mm厚的水泥浆，然后贴在地面上的水泥浆上，用力向下压，并来回拖一下压去中间的空气，使木板条上的水泥浆和地面上的水泥浆密实的结合在一起，如图7-26所示。最后移到需要的位置。

图7-26 用力往下压，同时来回拖一下压去中间的空气

因地面弹线已被水泥浆胶盖住，所以立墙上板条上的各点就成了纵横各方的控制点，钉上圆钉带紧线。所铺贴的地板要以此线为准，线不要带的太高，也不能太低，以超过铺贴板面5~8mm为宜。线一次不必带全，可用一部分带一部分，中间的两排纵横十字线铺贴时要常用长直尺架在地板上检查其平整度，高的地方可用锤向下打一点，要使木板呈水平向下降，低的地方可以撬起再填些胶料，整个铺贴面高差不得超过1mm，横向拼缝要均匀离缝，且每条缝隙不得大于0.5mm。尽量不要使泥胶溢出，如有满溢到地板面层上的要及时用湿布擦干净。

中间纵横两排铺粘好，再向四周辐射铺粘时，要做好逐渐退出门外的计划，当天铺粘的地面不允许上人。铺粘到圈边处要特别注意一是要通直，严格按带的控制线铺粘，不符合要求的地板块要经加工后再铺粘；二是要将多出的泥胶铲刮干净（如果圈边当天不能完成，圈边用400mm长、40mm宽的同材质按施工图和构造图（*b*）所示。墙角处用45°角拼接，和席纹地板拼接处要紧，与立墙交接处要留有10~20mm的空隙，这10~20mm可用于调整因原房间不方，或宽窄不一所造成困难。圈边的接长处应隔条错开，且与小方块地板同缝，不符合要求的要修整。圈边最靠立墙的1~2排铺粘前最好预先将表面刨光，且铺粘一定要略低于其他板块1mm左右，并呈水平状，为的是刨削时的方便。

铺粘结束将工具刷洗干净，金属工具要上油。常温下一天后可以上人，3~5d后才可人工刨削。机械刨削要7d以后，如天气较热每天可用潮布擦抹地板一次，使其内外都有水分，这样收缩要均匀些（也可以均匀地洒点水），不要被太阳直接照射以免收缩不均引起翘曲和拔缝。

10）小面积拼花地板可用手提式电刨与木纹成45°左右先粗刨，刨削量要小，刀刃要锋利，不平整的地方可来回多刨几遍，刨削量不大于1mm，然后用手工刨顺纹刨光，也可用手提式磨光机磨光。刨拼花地板要求与长条地板相同。

（5）操作练习

课题：拼花木地板。

练习目的：掌握胶粘法拼花木地板的施工程序和操作方法。

练习内容：在楼层水泥地面胶粘一间水曲柳平口拼花地板，其构造见图7-22，施工平面图见图7-23。

分组分工：4~6人一组，14课时完成。

练习要求和评分标准：见表7-9考查评分表。

现场善后整理：同上述施工方法9）、10）条。

考 查 评 分　　表 7-9

序号	考查项目	单项配分	要求与检查	考查记录	得分
1	标高	10	尺量+50cm 水平线		
2	平整度	10	2m 直尺、塞尺检查		
3	拼花图案	10	观察		
4	光滑	10	观察、手摸		
5	空鼓	10	敲击、踏踩		
6	缝隙	10	尺量、拉通线		
7	圈边	10	合理、割角严密		
8	安全卫生	10	无工伤、现场整洁		
9	综合印象	20	程序、方法、职业道德		

班级____ 姓名____ 指导教师____ 日期____总得分 ____

7.4 踢脚板施工

木地板房间四周立墙面与木质地板面转角处应设木踢脚板。踢脚板起保护墙面和压盖木地板边缘通风槽的作用。

(1) 施工项目

制作与安装柳桉木材踢脚板，见施工平面图（图 7-27)。

(2) 材料、工具

1) 材料以柳桉木板为主，详见备料单(表 7-10)。

2) 工具有木工机械和手工工具，详见工具单（表 7-11)。

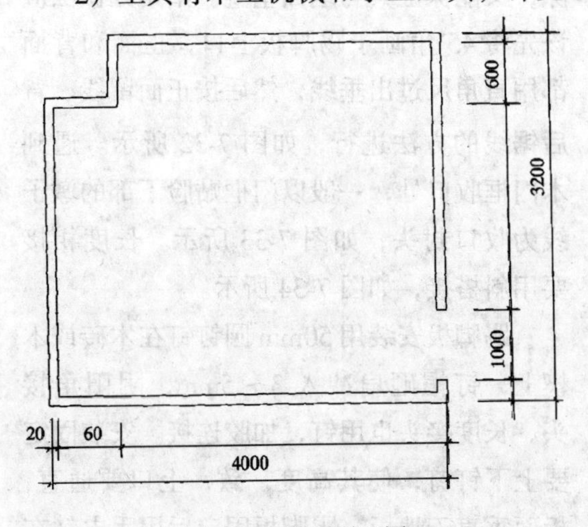

图 7-27 施工平面图

备 料 单　　表 7-10

序号	名称	规格	数量
1	白松踢脚板	25×125 (mm)	15m
2	防腐剂	851 焦油聚氨脂	1kg
3	圆钉	50mm	1kg
4	白乳胶	0.5kg	1 瓶

工 具 单　　表 7-11

序号	名称	型号	数量
1	平刨机床	MB 103	1
2	压刨机床	MB 502A	1
3	圆刨机床	MJ 104	1
4	冲击电钻	回ZIJ-16	1
5	水平尺	1200mm	1 把
6	漆刷	50mm	2 把
7	木工手工工具		自备

(3) 施工程序

加工踢脚板→清理现场→弹线、安装连接点→安装踢脚板→清理现场。

(4) 操作方法

1) 踢脚板加工见图 7-28。加工踢脚

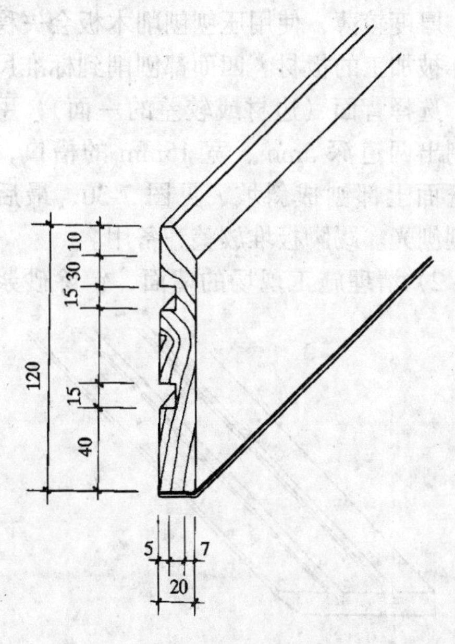

图 7-28 踢脚板加工图

板，首先按规格下料，然后先在平刨机床上刨出一个侧面和一个正面，利用制导板使其两个面成为直角，然后按宽窄尺寸在圆锯机上裁成宽度为 123mm，再将厚度压刨成 20mm 后，将几块已刨好两个宽面、一个侧面的踢脚板以平刨刨过的侧面向下并对齐钉在一道，再用压刨机床压刨到标准尺寸，见图 7-29。

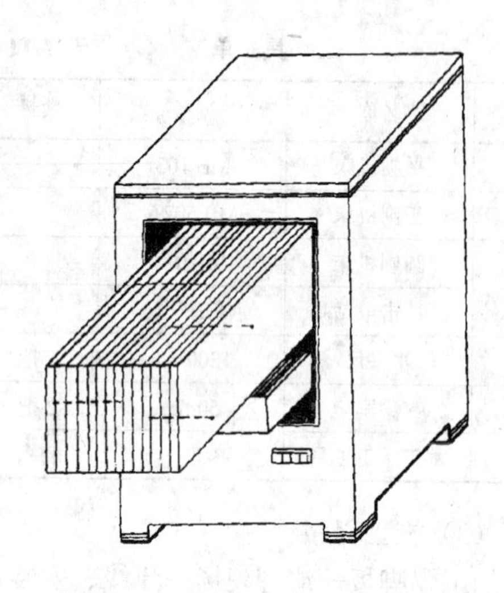

图 7-29 几块板拼钉在一起再用压刨机压刨

注意，如果不将几块钉在一道，因板较高，厚度较薄，使用压刨刨削木板会失稳而损坏被加工的板材。四面都刨削到标准尺寸后，选择背面（边材或较差的一面），用槽刨刨出两道深 5mm、宽 15mm 的槽口，再在正面上部刨成斜坡，见图 7-30，最后用光刨刨光。踢脚板堆放整齐备用。

2）清理施工现场的墙面，铲除砂浆或

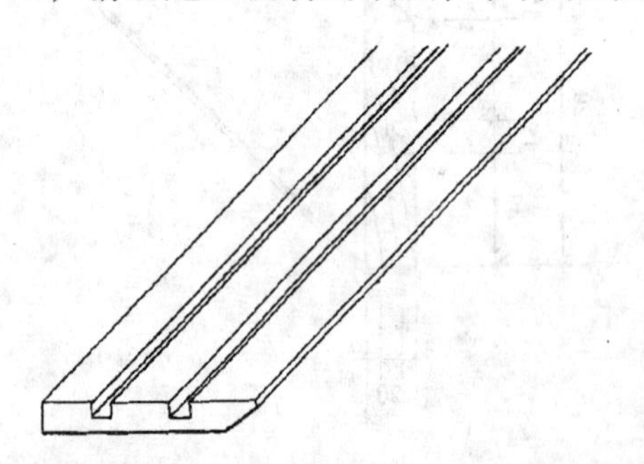

图 7-30 背面刨槽、正面上部刨成斜坡

胶泥等杂物，抄平、弹出踢脚板上口的水平直线。有预埋木砖的要找出来进行数量、间距、位置等方面检查，没有预埋木砖的用冲击电钻打 ϕ12 的木楔孔，深度大于 50mm，间距≥600mm，且要上下对称打两排孔。阴阳转角处的起止处必须要有固定点，塞紧木楔，且契端部不得超过立墙饰面（木楔和踢脚板背面要经防腐处理）。

3）房间内有阴阳转角的一般从有阳角的部位开始，阳角转接为直角的用 45°角对接，其他角度都是以其角度的 1/2 对接，阴角处可用 45°（或其 1/2 角度）按图 7-31 所

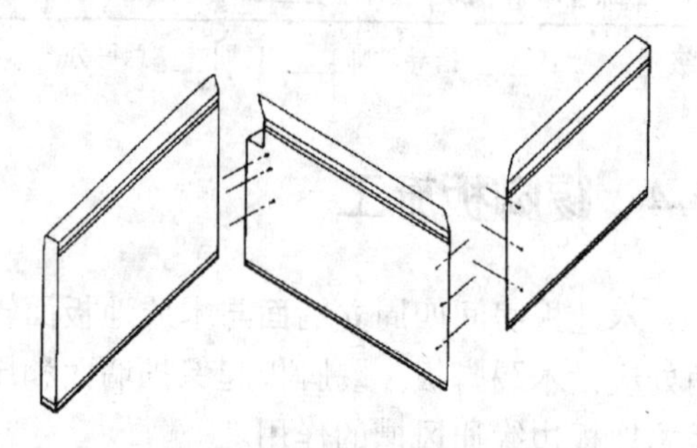

图 7-31 踢脚板阴阳角制作方法

示只在踢脚板上部约 1/5 高的地方为 45°角接，其下部 4/5 都为平板 90°钉接。这样做法简单、牢固又省时，且交接处较为密实。可先将有阴阳角相连的几个接头先预制好再一次安装在立墙上，既能保证其严密无缝隙，又能保证其与地面垂直。阳角处做法应该先将 45°角画于踢脚板上口，正面和背面都用直角尺过出垂线，然后按正面留线、背后锯线的方法进行，如图 7-32 所示。遇到木门框收口处，一般以门框贴脸下部的墩子线为收口封头，如图 7-33 所示。长度相接要用斜搭接，如图 7-34 所示。

踢脚板安装用 50mm 圆钉钉在木砖或木楔上，钉帽砸扁冲入 3～5mm，阴阳角接头、长度接头也用钉，加胶连接。安装固定要上下钉钉，使其高度一致，上口要通直，板面垂直于地板。踢脚板固定后用手电钻在

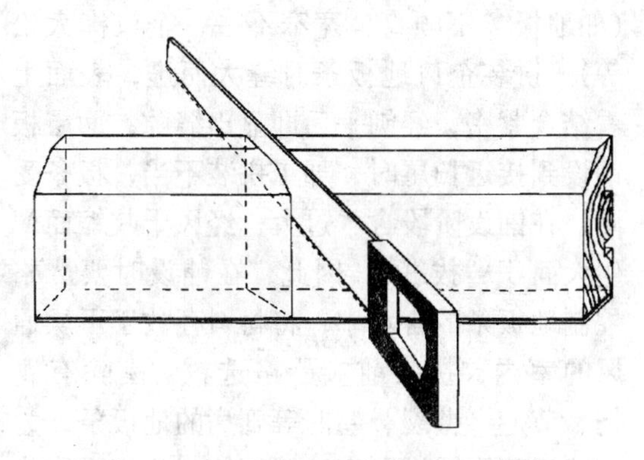

图 7-32　45°阳角正面留线、背后锯线

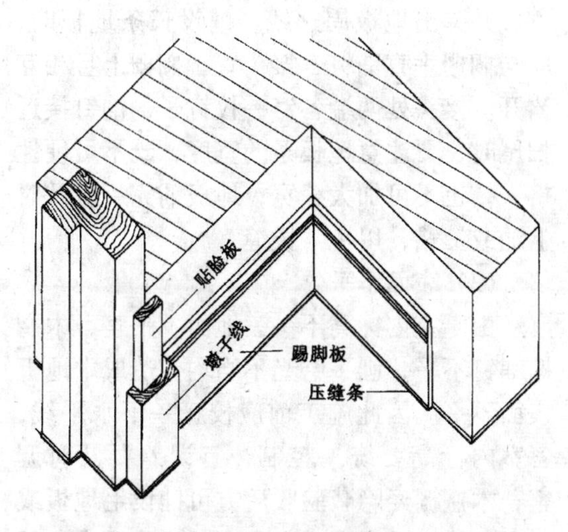

图 7-33　踢脚板

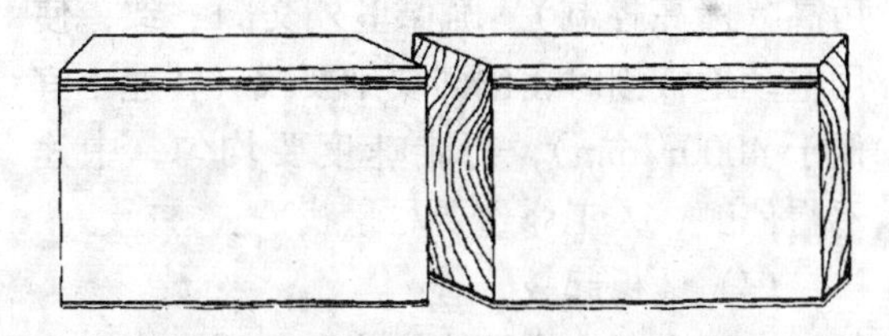

图 7-34　踢脚板长度斜搭接

背后有槽口的位置打 $\phi8\sim\phi10$ 的通气孔，间距不大于 900mm 一组，每组孔距 25mm 3 个（打通气孔尽量在房间的隐蔽处）。

4）踢脚板安装结束再钉上压缝条，压缝条一般购买成品，规格有 15mm×15mm 直角△型和 1/4 圆形两种。压缝条用 25mm 圆钉钉于地板面层上，钉距≤300mm，起止处离端点约 60～80mm，钉帽砸扁冲入 2mm。转角和接长都为 45°连接。

踢脚板、压缝条钉接要牢固，接头处要平整，高低一样，如有表面不平要用刨子修平，最后用木砂纸打磨光滑，清扫现场，收拾工具，退还剩余材料。

（5）操作练习

课题：踢脚板制作与安装。

练习目的：掌握木踢脚板制作安装的施工程序和操作方法。

练习内容：按图 7-27 制作安装柳桉木材的踢脚板。

分组分工：4～6 人一组，7 课时完成。

练习要求与评分标准：见表 7-12 考查评分表。

现场善后整理：同上述施工方法第 4)条。

考查评分　　　　**表 7-12**

序号	考查项目	单项配分	要　求	考查记录	得分
1	制作尺寸光洁	15	断面尺寸±0.5mm		
2	通风槽	10	深度±0.5mm		
3	安装平直度	10	通线检查		
4	安装垂直度	8	水平尺检查		
5	安装阴阳角	10	无明显缝隙		
6	接长、收口	7	合理		
7	钉法	10	符合要求		
8	安全、卫生	10	无工伤、现场整洁		
9	综合印象	20	程序、方法、工效职业道德		

班级____　姓名____　指导教师____　日期____总得分____

7.5　木地板铺设施工注意事项

前面我们已分别讲述了木地板的架铺、实铺和胶粘拼花的施工程序和操作方法，其中也分别提示了施工注意事项，现就木地板施工总体情况再补充提示如下注意事项：

(1)木地板铺设施工必须有足够的强度、稳定性和牢固性。严格控制木材含水率、规格和材质,相对控制面板的木纹和色差。

(2) 熟练掌握施工程序和操作方法，正确使用机械和工具是提高工效、保证质量的前提。

(3) 不具备施工条件不施工。抄平弹线要准确，严格执行工序间质量验收，防止不合格品进入下道工序，确保木地板制作安装工程的整体质量。

(4) 注意安全文明施工。使用木质材料施工，在施工准备、施工全过程和成品、半成品保护期间切记防火。粘贴面板要大量使用化学剂品，应注意查阅说明书，注意防火防毒。使用木工机械要严格按操作规程施工，防止工伤。施工现场堆放材料，开机生产，成品保护，均应注意文明生产，遵守环境保护的有关规定。

7.6 木地板铺设施工质量通病及其对策

(1) 踩踏时有响声

由于木搁栅固定不牢，含水率偏大或施工时周围环境潮湿等原因造成踩踏有响声。当采用“冂”形铁件锚固木搁栅时，因锚固铁钉变形间距过大亦会造成木搁栅受力后变曲变形、滑移、松动，以致会出现此类质量通病。因此采用预埋铅丝法锚固木搁栅，施工时要注意保护铁丝，不要将铁丝弄断；木搁栅及毛地板必须先干燥后使用，并注意铺设时的环境干燥；锚固铁件的间距应控制在800mm以下，顶面宽度不小于100mm。14号铅丝要与木搁栅脚扎牢固，并形成两个固定点，横撑或剪刀撑间距不应大于800mm，且与搁栅钉牢。搁栅钉完后，要认真检查有无响声，不符合要求不得进行下道工序。

(2) 地板拼缝不严

其主要原因是地板条规格不符合要求(如地板条不顺直，宽窄不一，企口榫太松等)。拼装企口地板条时缝大而虚，表面上看结合紧密，经刨平后即显出缝隙；面层板铺设到接近扫尾时，加工拼装不当，板条受潮，在铺设阶段含水过大，经风干收缩而产生大面积“拔缝”。因此，在铺设时要严格控制地板条的含水率，将材料存放于干燥通风的室内；拼装前应严格选料，剔除有腐朽、节疤、劈裂、翘曲等疵病的地板条；为使地板面层铺设严密，铺钉前房间应弹线找方，并弹出地板周边线。铺设长条地板时，应与搁栅垂直铺钉，接头置于搁栅上且相互错开。接头处两端各钉一枚钉子；铺钉接近扫尾时，要注意地板条的宽度，既不可硬性挤入，也不可加大缝宽；地板铺完后应及时上油或烫蜡，以免“拔缝”。

(3) 表面不平

由于室内标高不一，地面不平整，木搁栅铺钉不平，刨平磨光不当均会造成木地板表面不平。因此施工前应校正一下水平线，各室内标高要统一控制，有误差要及时调整；木搁栅经隐蔽验收后方可铺设毛地板或面层；施工顺序应遵守先湿后干作业，先低后高(标高控制)，确保里外交圈一致；使用电动地板刨时，刨刀要细要快(转速不宜低于4000r/min)，行走速度要均匀，中途不得停顿，人工修边要尽量找平。

(4) 地板起鼓

主要由于室内湿度太大，保温隔音材含水率偏大，未设防潮层或地板未开通气孔，铺设面层后内部潮气不能及时排出；毛地板未拉开缝隙或缝隙偏小，受潮后鼓胀严重，引起面层起鼓；雨水渗漏、浸泡亦会使木地板严重起鼓。故必须合理安排木地板施工工序，待室内湿作业完成至少10d后方可进行木地板施工；严格控制面层木地板条的含水率；杜绝管道漏水及阳台等处的倒泛水；毛地板之间拉开3～5mm的缝隙，合理设置通气孔；室内上下水或暖气片试水应在木地板刷油或烫蜡后进行，杜绝木地板被水浸泡。

（5）拼花不规范

由于地板条规格不符合要求，宽窄不一，施工前又未严格挑选，安装时没有套方，致使拼花犬牙交错；铺钉时没有弹施工线或弹线不准，排档不匀；操作人员互不照应，造成混乱，以致不能保证拼花图案匀称、角度一致。所以，拼花地板应经挑选，规格整齐一致，最后分规格、颜色装箱编号。操作中也要逐一套方，不合要求的地板要经修理后再用；房间应先弹线后施工，席纹地板弹十字线，人字地板弹分档线，各对称边留空一致，以便圈边；铺设宜从中间开始，做到边铺边套方，不规矩的应及时找方。

（6）地面戗槎

造成原因是刨地板时吃刀太深或行走过度太慢，戗槎部分应经人工修理。

（7）踢脚板安装缺陷

由于木踢脚板变形翘曲，与墙面接触不严，木砖间距过大，垫木表面不在同一平面上，钉完后呈波浪形。因此，为防止木踢脚板翘曲，应严格选材并控制其含水率，在靠墙的一面设变形槽，槽深3～5mm，宽不小于10mm，木砖间距不得大于800mm，木砖要上下错位设置或立放，转角处或最端头必须设木砖，垫木要平整，并拉通线找平；踢脚板与木地板交接处有缝隙时，可加钉三角形或半圆形木压条。

7.7 木地板铺设施工成品保护

木地板铺设施工的成品保护，按工序应分为基层施工结束和面层刨光、磨平后两个层次的成品保护。

（1）基层施工结束后，不要随便在上面走动，要保持整洁。需要临时加固的要做好加固工作。

（2）面层刨光、磨平后要及时清扫木屑、刨花，并刷干性底油一道。

（3）进出已刨、磨过的地板房间，不能穿有钉的鞋，以免磨损面层。

（4）有门窗的房间，应避免阳光直射，以免局部收缩不均匀，人走关好门窗防止风雨。

（5）严禁用水冲洗木地板，特别防止其他工种在清洗石板材地面时，将水溢到地板上。

（6）进门口处，加临时压条，保护门口边缘不受损坏。

（7）房间墙、顶要做饰面施工时，必须用遮挡物覆盖木地板面层上。

第 8 章　墙柱面木装饰施工

本章主要讲述护墙板和木装饰柱的施工操作，并进行操作练习。

8.1　木护墙和木墙裙

木护墙和木墙裙，通称护墙板，其区别在于，前者为全高，后者为局部。

现介绍室内隔墙装饰胶合板面层的木檣裙施工，如图 8-1 所示。

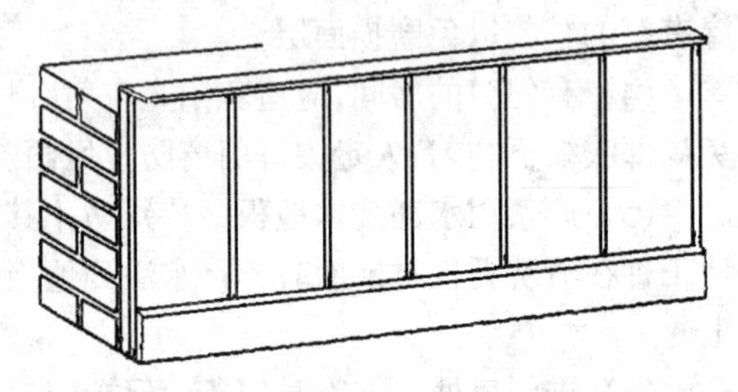

图 8-1　胶合板木墙裙示意图

(1) 施工图

详见图 8-2。

(2) 材料工具准备

1) 材料准备详见表 8-1。

木墙裙材料单　　　　**表 8-1**

序号	名　称	规格（mm）	数量	含水率%	备　注
1	竖龙骨	30×40×1150	7 根	≤15	木料截面为净尺寸，单面刨光加 3mm 双面刨光加 5mm。红白松一等材
2	横龙骨	30×40	10000	≤15	
3	木踢脚板	20×150	2400	≤15	
4	木压条	22×45	2400	≤15	
5	封边条	8×52	2300	≤15	
6	水曲柳切面五夹胶合板	915×183 或 1220×2440	1.5 1 张		
7	圆钉	70 50 25	0.5kg 0.5kg 0.1kg		
8	白乳胶	0.5kg	1 瓶		
9	防潮、腐涂料		1.5kg		

2) 工具准备详见表 8-2。

木墙裙工具单　　　　**表 8-2**

序号	名　称	型　号	数量	其他
1	平刨机体	MB 103	1	
2	压刨机床	MB 502A	1	
3	圆锯机床	MJ 104	1	
4	冲击电钻	回MZ 14－200	1	
5	手电钻	J 12－13	1	
6	板锯	400mm	1	
7	水平尺	1200mm	1	
8	线锤	0.25kg	1	
9	墨斗		1	
10	漆刷	50mm	2	
11	其他手工工具	1 套		自备

(3) 施工程序

识图→备料→原墙面处理→加工制作龙骨、面板、踢脚板、压条、封边条→弹线→打孔、楔木塞→安装木龙骨→修整、弹线→安装面层、踢脚板→饰面、收口→清场、刷底油。

(4) 操作方法

1) 清铲原墙面，刷防腐涂料 2 遍。

2) 加工木材：

按施工图和材料单在圆锯机上开出 35mm×45mm 龙骨料，23mm×153mm 踢脚板，27mm×50mm 压条、13mm×55mm 封边条等料。

使用平、压刨机床刨出比截面规格大 0.5mm 的木方、板料。再用手工工具进一步精加工后分类堆放待用。

3) 弹线：

利用水平尺或水管和墨斗按图 8-3 弹出主要线段，再按施工图具体尺寸分别弹画出

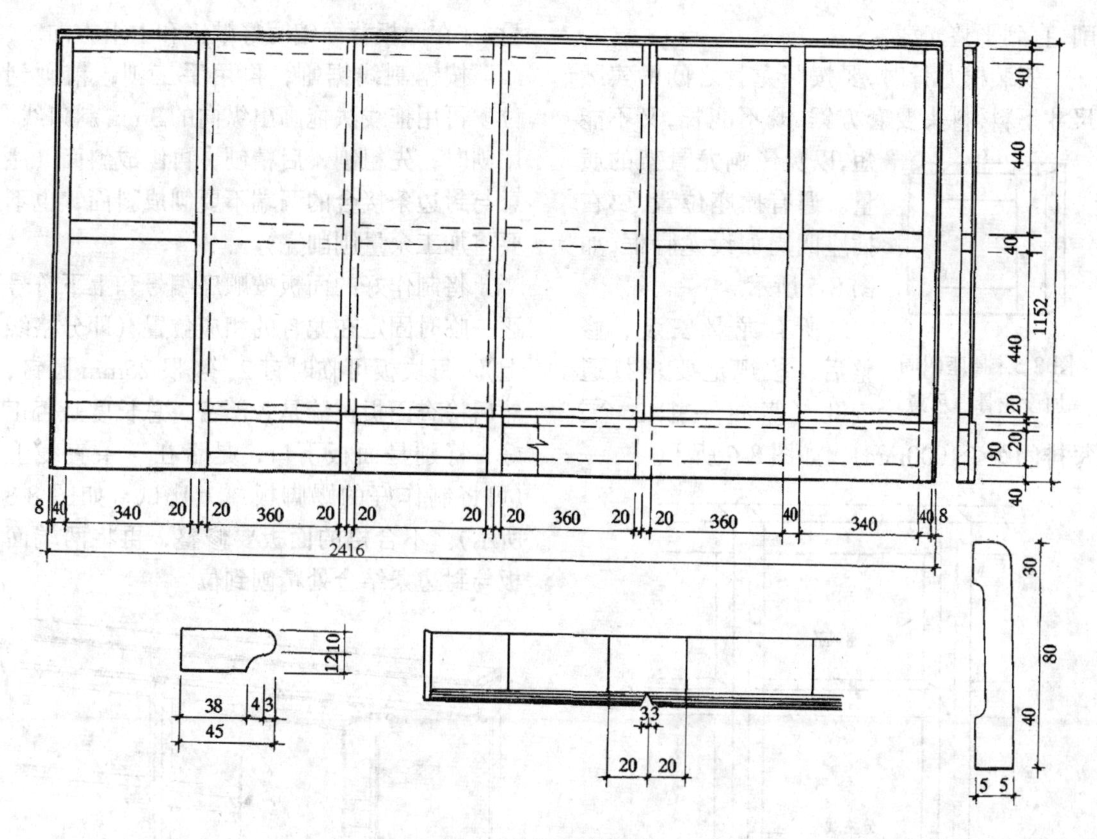

图 8-2　木墙裙施工图

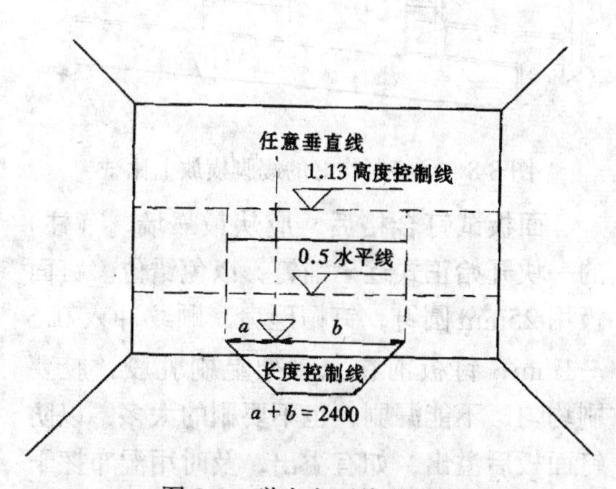

图 8-3　弹出主要线段示意

分格线和分档线。

4）按龙骨设置的位置用冲击电钻打出 ϕ12、深度≥60mm 的孔。（每根竖龙骨不少于 3 个孔，横龙骨不少于 2 个孔）并打入刷过防腐剂的木楔，木楔端部与墙面平齐。

5）钉龙骨（龙骨与墙面用 70mm 圆钉，钉帽要砸扁，冲入龙骨 3mm）

先钉两端竖龙骨（龙骨上端，齐高度控制线），同时用水平尺校验其垂直。如图 8-4所示。再上下带线，按线钉其他竖龙骨。

龙骨与墙面之间的空隙要用防腐垫木垫实、垫平、并与龙骨连接牢固（用 40～50mm 圆钉）。

竖龙骨安装后要用 2m 直尺检查其平整度，合格后再钉横龙骨，横龙骨表面要与竖龙骨表面平齐，安装后再用 2m 直尺交叉检查，看横竖龙骨的交接处是否平整。

用手摸各龙骨交接处，如有不平的地方，可用木工刨顺纹刨

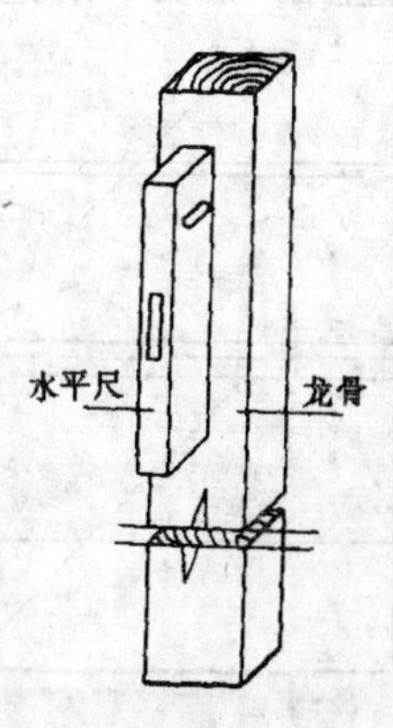

图 8-4　水平尺校验其垂直

削，直到平整光滑。

安装横龙骨时，要按竖龙骨之间的实际尺寸下料，料头要套方锯，既不能长，又不能短，以免影响龙骨架的质量。遇有插座位置，要在插座四周加设龙骨框，如图 8-5 所示。

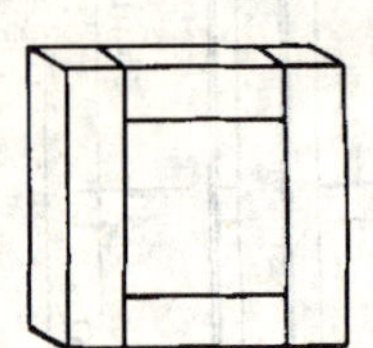

图 8-5　插座四周加设龙骨框示意

所有龙骨安装、修整后，按规范要求打通气孔（竖向一排 3 个，每排间距≤1000mm），如图 8-6 所示。

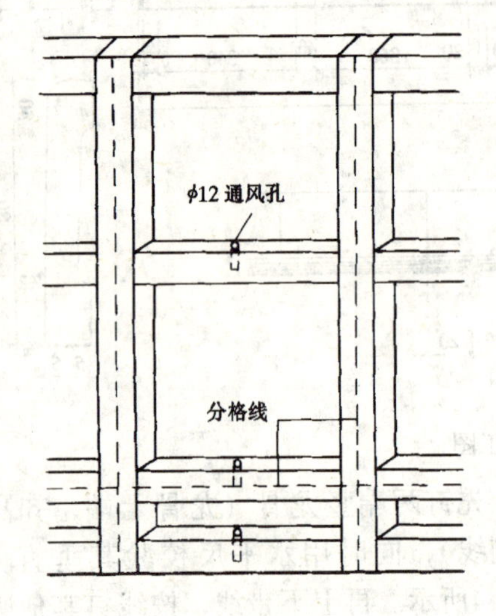

图 8-6　通气孔示意

6）制作、安装面板层

如图 8-7 所示画线。画面板线要准确，用直角尺套方，用尺量对角线，并留足加工余量，并在面板背面编写好顺序和上下方向。

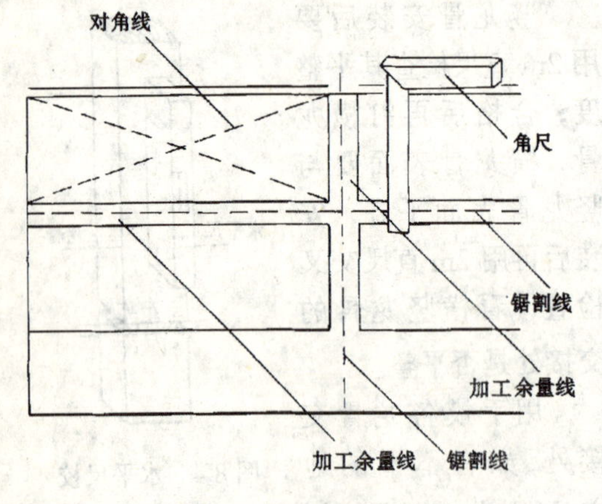

图 8-7　面板画线示意

按锯割线锯割，再用手工刨，精刨到位。再用拖线法拖画出纵向的 3mm 斜口线。用刨时，先粗刨，后精刨，再刨成斜面（注意与封边条接合的两端不要刨成斜面，也不要将加工余量刨削完）。

将制作好的面板按顺序编号和上下符号逐一临时固定在龙骨的相应位置（即分格线上），每块板可临时钉 2～4 根 25mm 圆钉，然后检查面板拼缝是否严密，总长度是否正好，特别是面板下口，是否在一条直线上(可将制作好的踢脚板放上比试，如图 8-8 所示)。不合格的面板要修整，再将两端面板与封边条结合处精刨到位。

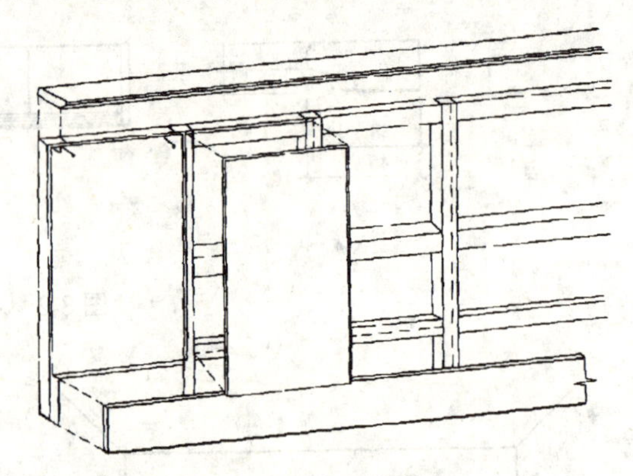

图 8-8　可将制作好的踢脚横放上比试

面板试钉合格后，应从最靠墙、（柱）的一块开始正式逐一铺钉，以免错位。钉面板用 25mm 圆钉，钉帽砸扁，顺纹冲入 0.5～1mm；钉板前在龙骨架上刷乳胶，胶要刷均匀，不能漏刷，也不要刷的太多，以防钉面板后溢出，如有溢出，及时用湿布擦干净，以免污损面层。面层的钉距纵向≤100mm，横向≤80mm。

面板钉好后，钉踢脚板。钉踢脚板要注意两端，要和两端的面层上下为一条直线。踢脚板要上下钉钉，钉距与竖龙骨间距一样，也可按≤600mm 间距。

接着安装封边条和压顶条，安装前要检查所安装位置与龙骨、面板是否平整，如有误差，可用单线木刨修整。合格后先钉封边条，最后钉压顶条。

封边条不能接，压条和踢脚板如需接长，一律为45°斜搭接。

如面板用汽钉枪射钉固定，应注意汽钉枪射口紧贴面板。并使其垂直于板面。钉距一般在50～60mm之间。

7）清理、上油

操作结束应及时将现场打扫干净，归还所借机具和多余材料。对于暂不油漆的面层应涂刷快干性底油一遍，以防面板污损。

（5）产品保护

1)面板制作前后要平放于干燥通风的室内。制作后要分类、按编号、方向堆放整齐。

2）面层制作完毕要及时清扫现场,并刷底油一遍,在阳角或易碰撞处加临时护面保护。

3）人走断电，下班关好门窗，做好防火、防雨等工作，并及时做好与下道工序的交接手续。

（6）质量通病及其对策

1）龙骨安装缺陷主要表现在固定不牢、不平整、不方正、档距不符合要求等。这主要是因为结构与装修施工配合不当，木龙骨含水率偏大，选择圆钉尺寸偏小，操作不规范等造成。因此，须熟悉图纸，按要求埋置预埋件，及时增补龙骨联接点，增加龙骨与墙体的结合点；严格控制含水率，合理设置纵横向龙骨，选用合适圆钉、罗钉，按工艺标准操作施工，严格执行持证上岗制度。

2)面层安装缺陷其主要表现在花纹错乱、颜色不均、表面不平、留缝不匀、接缝不严、割角不严不方、棱角不直等。这主要是因为面板未挑选、未对色、未对木纹;没有编号或未注明上下等原因造成。因此要在施工前挑选好面层的优劣、花纹、色差,并分类存放。加工时尽量选色差小,纹理近似者用在一面墙;一个房间内注意木纹根部在下,防止倒置,上下拼接要对色、对纹。钉面板时自下而上进行,按序、按编号进行。割角接缝要细,要试好后再安装,收口要交圈出墙一致。

（7）操作练习（作业内容）

制作、安装水曲柳切面五夹胶合板面层墙裙。如图8-2。2人一组，12课时完成。

（8）考查评分

考查评分详见表8-3。

木墙裙操作练习考查评分表　　表8-3

序号	考查项目	单项配分	要　　求	考查记录	得分	检查方法
1	尺、寸	10	每误差2mm扣1分			总高、长、尺量
2	上口平直度	10	每误差2mm扣1分			全长检查
3	垂直度	10	每误差2mm扣1分			全高检查
4	表面平整度	10	每误差2mm扣1分			2m靠尺、塞尺
5	面板间距	10	每误差2mm扣1分			尺量
6	拼接缝	10	±0.5mm			尺量
7	钉距	10	±3mm			尺量
8	安全卫生	10	无工伤、现场清			随堂考查
9	综合印象	20	程序、方法、工效文明施工等			随堂考查

班级____ 姓名____ 指导教师____ 日期____ 总得分____

8.2 木装饰柱体

8.2.1 装饰木圆柱施工

本节讲述装饰木圆柱的施工操作，使读者掌握装饰木圆柱的施工程序和方法，掌握一般装饰柱体的检查验收方法。

（1）施工项目

制作安装室内胶合板包面的装饰圆柱，详见图8-9所示。图8-10为装饰木圆柱施工图，图8-11为施工现场平面布置图。

（2）材料、工具准备

详见表8-4、表8-5。

图8-9 装饰圆柱

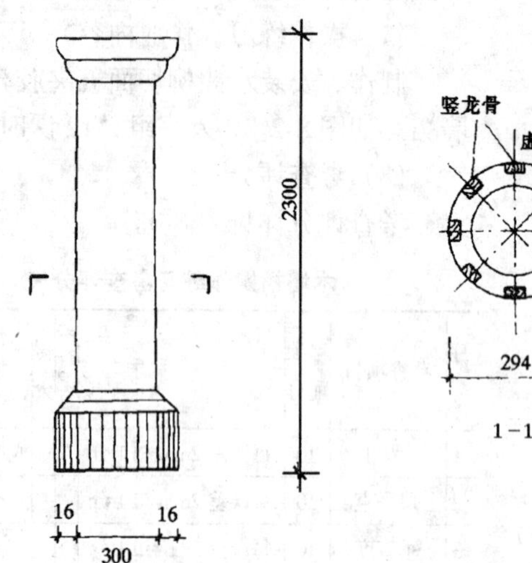

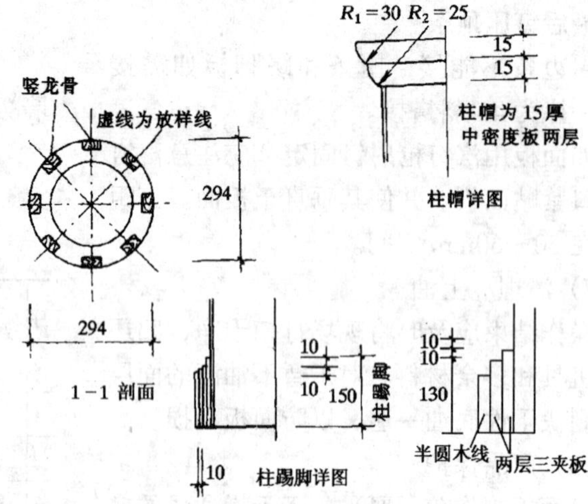

图 8-10　装饰圆柱施工图

装饰圆柱材料单　　表 8-4

序号	名称	规　格(mm)	数量	其他
1	木竖龙骨	40×50×2300	8根	二类木方、含水率≤15%截面为净尺寸
2	水平支撑	20×50×290	6根	
3	多层胶合板	360×360×15(厚) 330×330×15(厚)	各1块	
4	中密度板	210×2000×20(厚)	1块	
5	水曲柳胶合板	1220×2440×3(厚)	1块	
6	L形角钢	5×50×50	4～8块	
7	金属膨胀螺丝	φ12	4～8只	
8	圆钉	60 20	0.5 kg 0.2 kg	
9	乳胶	0.5kg/瓶	1瓶	
10	立时得	0.25kg/瓶	1瓶	

工　具　单　　表 8-5

序号	名称	型　号	数量
1	平刨机床	MB 103	1
2	压刨机床	MB 502A	1
3	圆锯机	ML 104	1
4	电剪 手提电钻	回J1J－2 J1 2－13	1
5	冲击电钻	回ZIJ－16	1
6	水平尺		1
7	线锤		2
8	套筒扳手	M 12	1只
9	手工工具		1套

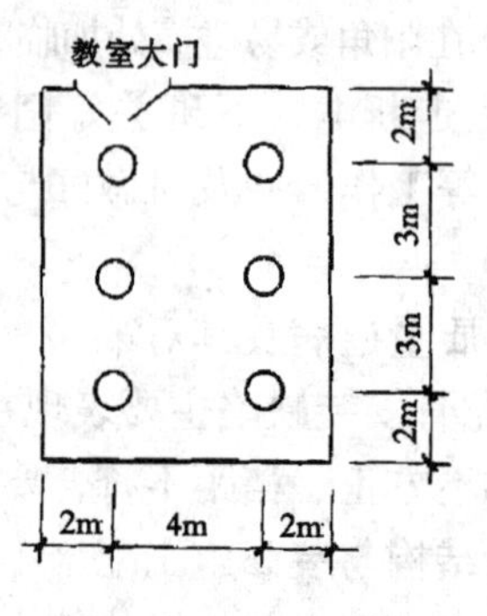

图 8-11　平面布置图

(3) 施工程序

定位→放样、取样板→制作骨架→骨架组合修整→就位固定→包覆面层→制作安装柱脚、帽→清理现场。

(4) 操作方法

1) 定位放线

按现场平面布置图尺寸弹出纵横柱中心线（即为圆柱圆心）按$\frac{1}{2}$直径减 3mm 为半径画出圆柱骨架就位线。

2) 放样、取样板

在 3mm 厚的胶合板上按施工图放样，按线锯割加工一块$\frac{1}{4}$圆的弧形横向龙骨样板，再加工一块$\frac{1}{2}$柱外圆的样板，如图 8-12 所示。

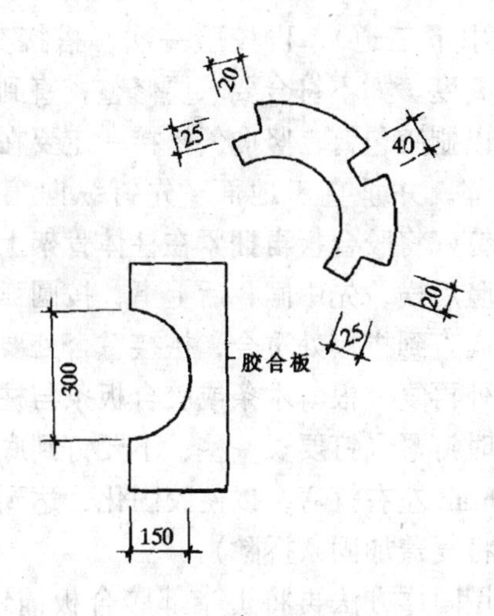

图 8-12 $\frac{1}{4}$横龙骨板；

$\frac{1}{2}$圆柱外圆样板

3）骨架材料制作

按样板用 20mm 厚中密度板画出需要的弧形龙骨架(4 块一组×5 组),按线、锯、刨、开槽,按施工图制作竖向龙骨(40mm×50mm×2270mm)8 根并开槽口,如图 8-13 所示。

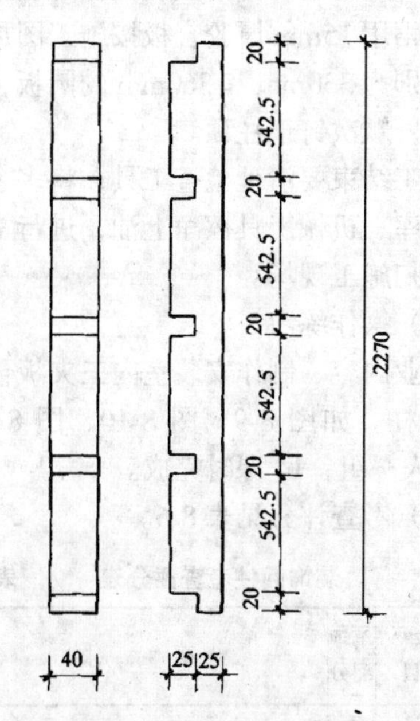

图 8-13 竖龙骨加工图

4）骨架组合

将加工好的弧形横龙骨逐块与样板校验,合格后与竖龙骨用钉、胶连接,先组成两个半圆柱龙骨架如图 8-14 所示。再拼合成圆木龙骨架。注意,因为横龙骨架材料是中密度板,所以装钉时要用手电钻钻出钉径 0.7 倍的孔再钉,以防开裂影响结合强度。如钉帽在柱体表面竖向龙骨上,要砸扁钉帽并冲入 3mm,每接点不少于 2 只 50mm 圆钉。

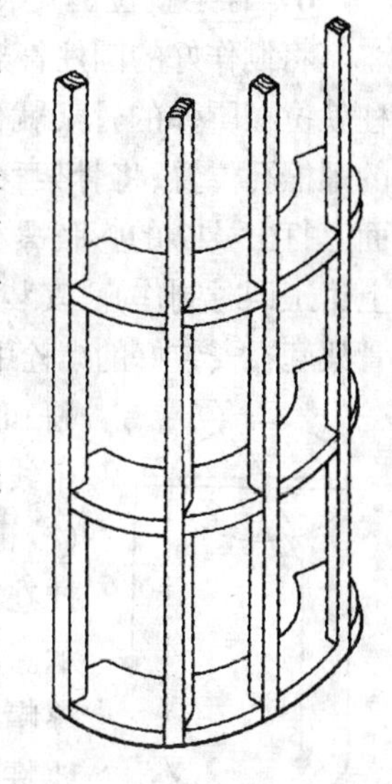

图 8-14 半圆柱龙骨架

5）圆柱架修整加固

柱体组成后将竖向龙骨倒边,刨成与弧形样板弧度一样的弧面,用半圆样板从上至下逐一检查,特别是横竖龙骨交接部位。同时用水平支撑双面,交叉钉在竖龙骨上进行调整圆度和加固,连接方法如图 8-15 所示。水平柱支撑不少于 3 道(也可按骨架的牢固程度而定),注意水平支撑端部不得超出柱体表面,一般可短5mm 为宜。用明钉与竖龙骨连接,圆柱骨架组合牢固后要检查柱顶、底部、竖龙骨端部和横龙骨水平面是否平整,如有误差要进行修整,直到符合要求。再用木螺丝（40mm）将角铁与竖龙骨下部连接。如图 8-16 所示。

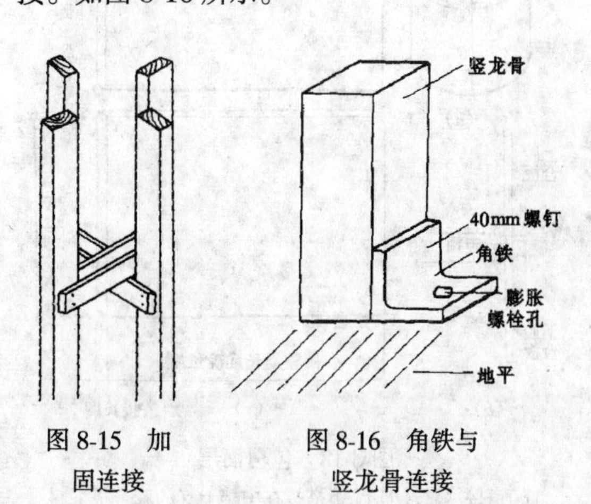

图 8-15 加固连接

图 8-16 角铁与竖龙骨连接

6）骨架就位、安装

将制作好的圆柱骨架按原定位置就位(各柱就位在所弹的骨架就位线上),画出角铁上的螺栓孔位置,将骨架移开,用冲击电钻在地面上打出 $\phi12$ 的膨胀螺丝孔。(L形角铁可在上钳工课时制作)。安装好膨胀螺栓。再将柱骨架套在安装好的螺栓中,并用套筒搬手将螺帽和垫片紧固,紧固时要用线锤校正柱体的垂直(校正可用两只线锤同时挂在柱顶，如图 8-17 所示。一边校正一边紧固螺帽，直至牢固。如因地坪不平，可在连接件上角铁与地坪交接处用防腐垫木调整（连接件要刷好防锈漆)。

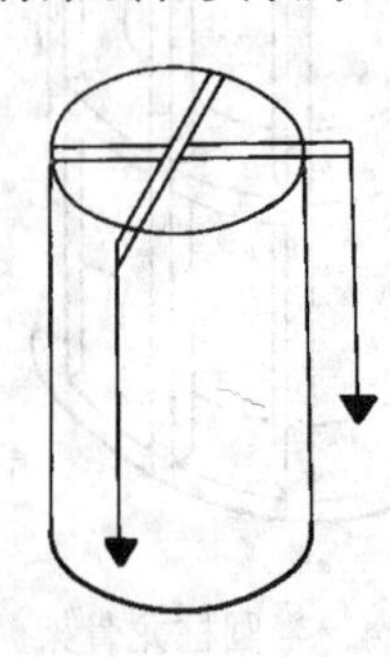

图 8-17 用两只线锤校正柱体垂直

7）包覆面层

用整张 3mm 胶合板将下部柱骨架试包，取得准确长度和中档拼长高度，加上交接处的斜搭接长度和高度，按图 8-18 所示进行制作。

下部胶合板制作好用废电线（护套线）或布条将胶合板捆在柱体上，要捆紧（至少要上中下三道)，再校验一次，搭接交口、长、高度。如不符合要求要修整，直到标准就可以刷胶包钉，竖向斜搭接一定要在竖龙骨中部，并垂直于地面。先钉纵向第一排钉，钉好将胶合板再捆紧在柱体骨架上，顺次先竖后横，先中间，后上下，按圆弧的旋转方向直到搭接处重合，搭接重合处要在胶合板外再复一根薄木条或胶合板条与柱竖龙骨临时钉紧（钉要长一些，不要钉到底，留出 10mm 左右打弯，以便胶固化，达到强度后再将复盖加固条拆除)。

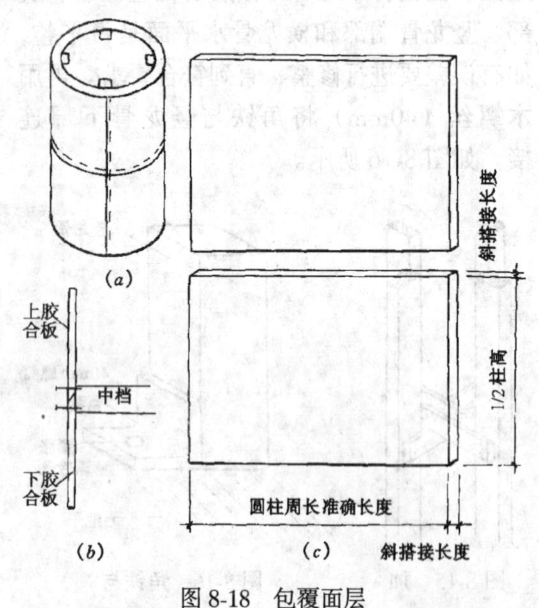

图 8-18 包覆面层

(a)搭接示意;(b)上、下搭接在中档上;(c)胶合板下料

用同样方法再将上半部胶合板铺钉好，注意钉加固条要留出下部的柱踢脚位置，以免影响柱踢脚施工。

柱踢脚先用高度分别为 150mm 和 140mm，两层 3mm 胶合板包覆在圆柱的底部，钉胶连接后再用 15mm 宽，130mm 高的半圆木线按中到中，间距 30mm，或不留空隙密排的方法胶结在胶合板面层上（为粘合牢固可用“立时得”或其他强力快干胶)。

柱帽用 15mm 厚胶合板按施工图加工成直径分别为 330mm 和 360mm 的圆板，倒磨好圆角，顺次钉于柱顶。

施工结束要清理检查工具，将多余材料放在仓库、机械工具擦净上油，进行常规保养，清扫施工现场。

(5) 操作练习

作业内容、制作安装室内三夹板包面的装饰圆柱。如图 8-9、图 8-10、图 8-11 所示。2 人一组，14 课时完成。

(6) 考查评分见表 8-6。

装饰圆柱考查评分表　　表 8-6

序号	考查项目	单项配分	要　　求	得分
1	垂直度	20	±3mm 每超 1mm 扣 1 分(全高)	
2	圆度	10	样板检查,每超过 1mm 扣 1 分	
3	高度	10	+3、-2 每超 1mm 扣 1 分	
4	直径	10	量周长计算 ±3mm 每超 2mm 扣 1 分	

续表

序号	考查项目	单项配分	要求	得分
5	接缝	10	±1mm 超过 2mm 不得分	
6	柱帽脚	10	弧纯、光滑尺寸正确	
7	安卫	10	安全操作,现场清理	
8	综合印象	20	程序、方法、工具使用、时间、态度等	

班级____ 姓名____ 指导教师____ 日期____总得分 ____

8.2.2 扁方柱装饰施工

(1) 施工项目

制作安装靠墙的扁方形仿爱奥尼克式装饰柱。详见施工图 8-19 和平面布置图8-20。

(2) 材料、工具准备

详见表 8-7、表 8-8。

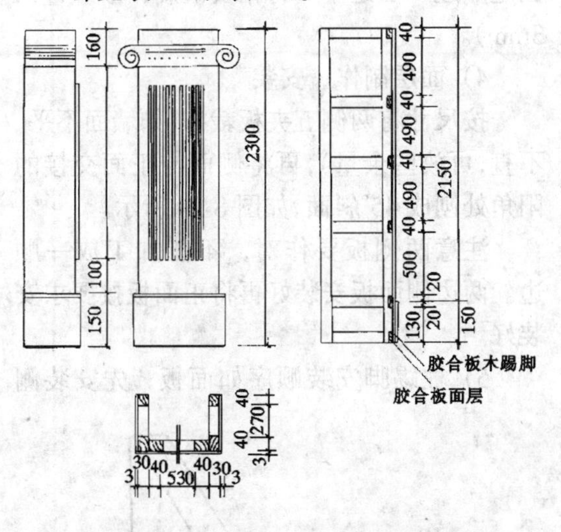

图 8-19 扁方形木装饰柱施工图

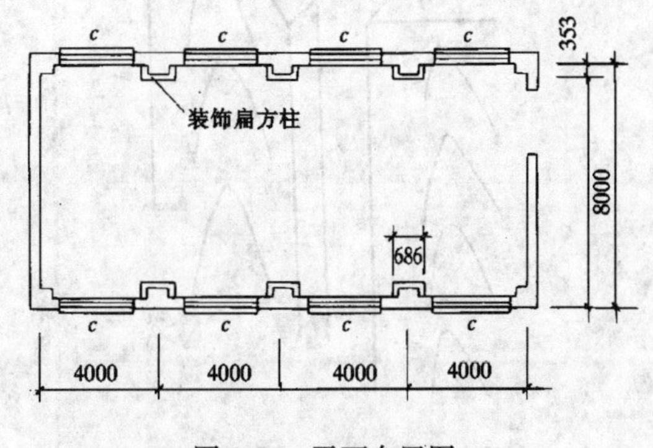

图 8-20 平面布置图

材 料 单 表 8-7

序号	名称	规格(mm)	数量
1	木龙骨	30×40×2300	6
		30×40×620	6
		30×40×350	12
2	柱帽(中密度板)	15×130×700	1
	木 板	20×130×1500	1
	圆 木	ϕ100 以上×800	1
3	面板(三夹板)	1220×2440	1.5
4	圆 钉	60 20	各 0.2kg
5	乳白胶		0.5kg

工 具 单 表 8-8

序号	名称	规格	数量
1	木工机械	参见表 8-5	
2	冲击电钻		
3	手电钻		
4	板 锯	400mm	1
5	水平尺	1200mm	1
6	线 锤	0.25kg	1
7	胶 刷	25mm	1
8	钢丝锯		1
9	其他手工工具	自备	

(3) 施工程序

清理场地、柱面→熟悉图线→拉线定位→制作骨架→安装骨架→铺钉面层→柱脚、柱帽制作安装→柱身装饰→收口→清理现场。

(4) 操作方法

1) 放样画线

将施工现场地面清扫干净,原柱清铲。认真看施工图,弹出通长辅助线(要与原墙柱平行)。在辅助线上用尺量出原柱轴线位置(也是装饰柱的中点)。

以辅助线和辅助线的柱中线为准用直角尺按要求套方,在地面上画出扁方柱的骨架外缘线。再用线锤吊垂直线检查原柱各方向垂直度是否能达到施工尺寸要求（因原建物柱体不一定很标准，施工图已放出余量）。各组要互相协调，无论任何一柱如误差大于施工图，所放的加工余量都必须统一增加装饰柱的尺寸。

2）骨架制作

统一意见后如无异议，按骨架构造图制作。

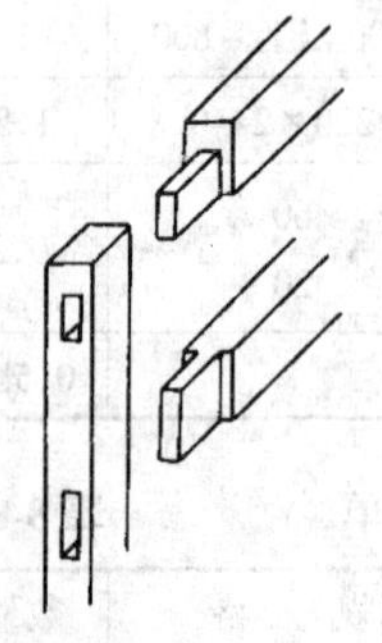
图 8-21 平肩通榫

按截面尺寸在木工机械上加工成统一规格，用平肩、通眼连接的方法，如图 8-21 所示，画线打眼、做榫，先制作成三片，再用 60mm 圆钉带胶组合成“⊔”型。在横筋上用手电钻打 ϕ4mm 间距≤60mm 的安装钉孔。如图 8-22 所示。

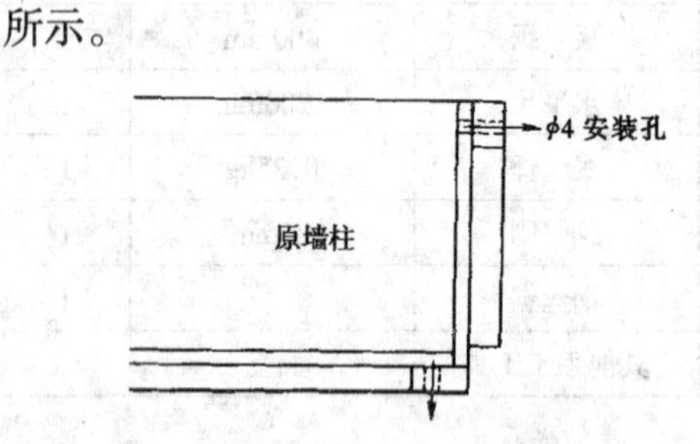

图 8-22 钉出固定点钉印

3）骨架安装

将组合牢固的⊔型骨架套在原柱上，依据地面的骨架外边缘线就位，通过线锤，水平尺校正后用 70mm 圆钉，通过横筋上的安装孔在原柱上钉出柱和架的固定点的钉印，如图 8-22 所示。每个固定点不能离原柱边缘太近，一般要离柱边 50～60mm，上下要错开，如图 8-23 所示。以免冲击电钻打孔离原柱的粉刷层太近，而影响木楔塞紧，或原柱体因加楔后而边缘开裂等等。钉出所有固定点后，将框架移开，用冲击电钻打孔，塞紧木楔，再将⊔型骨架复位。先从地面开始按照地面所画准确位置线（柱架和原柱体之间空隙由平垫木楔塞紧），将柱脚一周钉固在原柱木楔上再用线锤、水平尺、直角尺校验柱体垂直，通过垫木调整，可用钉与柱体上部固定。

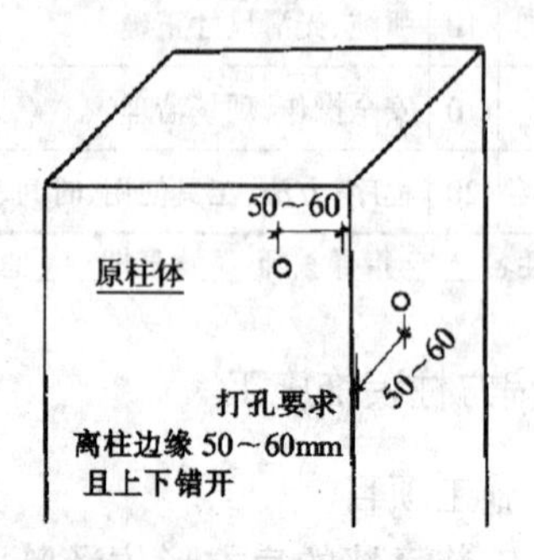

图 8-23 冲击电钻打孔要求

上下固定后再检查一遍，符合要求后将固定点逐一固定牢（钉帽要砸扁，顺纹冲入 3mm）。

4）面层制作、安装

按尺寸将两侧五夹板裁好(如墙面不平、不直,可放些余量),再将侧面与正面交接的阳角处刨成 45°斜面,如图 8-24 所示。

注意两侧板要作对，不能加工成一顺边。两边侧面板安装好再将正面板按要求安装好。

5）柱踢脚安装顺序如面板，先安装侧

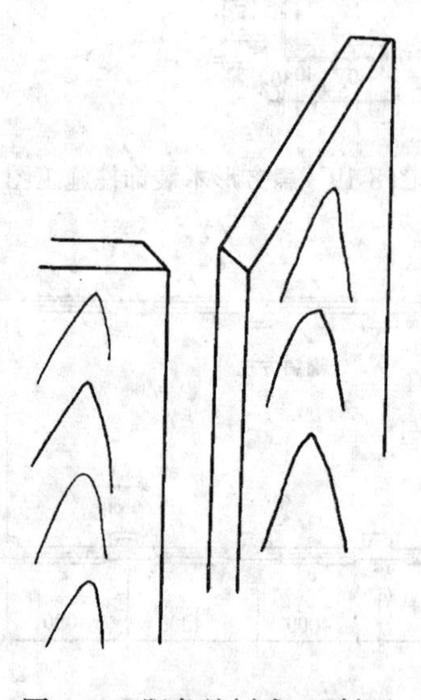
图 8-24 阳角处刨成 45°斜面

面后安装正面，柱帽按大样图（图 8-25）制作、安装。正面板中部木线条按图制作、安装。柱踢脚、木线条用立时得快干胶胶合在面板上，安装前要画好位置线，先试放，符合要求后一次贴粘到位。

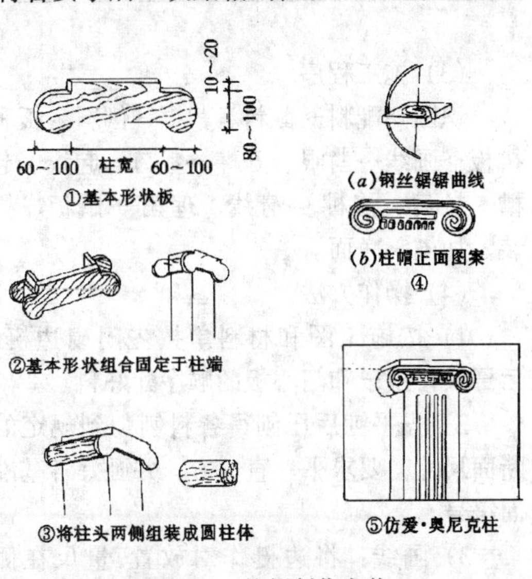

图 8-25 柱帽制作安装

6）施工结束清理现场，机械擦净、养护，剩余材料入库。

(5) 操作练习

作业内容：制作安装教室靠墙的扁方柱成为仿爱奥尼克式装饰柱，如图 8-19、图 8-20 所示。

分工分组：2～4 人一组，12 课时完成。

作业要求：按施工程序和上述施工方法精心练习，每排柱都应在一直线上，高、宽、式样一致。

考查评分：详见表 8-9。

扁方柱操作练习考查评分表 表 8-9

序号	考查项目	配分	要求	得分
1	垂直度	10	全高 ± 1、每超过 1mm 扣 1 分	
2	方正度	10	通线、直角尺套方，每超 1mm 扣 1 分	
3	高度	10	尺量 ± 1 每超 1mm 扣 1 分	
4	柱体截面尺寸	10	上、中、下力于 3 点，每误差 1mm 扣 1 分	
5	接缝	10	塞尺量、每超过 1mm 扣 1 分	
6	柱脚柱帽	10	制作安装、观察、尺量	
7	安全生产	10	安全操作、善后清理	
8	综合印象	20	程序、方法、态度、工效等	

班级____ 姓名____ 指导教师____ 日期____总得分 ____

8.2.3 柱体装饰的通病与对策

圆、方柱的制作中最易出现不垂直，多根柱体的装饰会出现不在一道直线上，或与其他装修应交圈而不交圈或交圈不严密、不合理等现象。因此在装饰施工中必须熟悉图线，认真研究施工图，与其他装修工程要配合协调。

施工中应不断检查基层龙骨架，要采用线锤吊、水平管（R）测量，及时校验。对基层骨架不能有丝毫马虎，做好隐蔽工程验收工作。较大场地和规模的，要用仪器测量，多柱装饰的要拉通线。对面层的铺钉要先做样板，试装，不可一次到位。面层装饰要待骨架全部检查合格后方可成批铺钉。

要注意保护半成品，如骨架制安后也要像保护饰面一样，不得碰撞，要保持表面整洁，为安装好饰面打好基础。面层饰面结束要清理胶渍和灰尘，及时刷底油一遍。1.5m 以下部位要注意用遮挡物保护起来。

第9章　装饰木门窗施工

9.1　装饰木门扇

装饰木门扇分为实木镶板门和人造板包板门两类。

9.1.1　实木镶板门扇制作施工

(1) 施工项目

制作全柳桉木质镶板半玻璃门，其施工和榫眼结合示意如图9-1所示。

(2) 材料、工具准备

材料、工具详见材料单（表9-1）和工具单（表9-2）。

材　料　单　　　　表9-1

序号	树种	名称	规格（mm）	数量	含水率%
1	柳桉木	边　梃	45×105×2040	2	13≤
2	柳桉木	上冒头	45×105×820	1	13≤
3	柳桉木	中冒头	45×125×820	1	13≤
4	柳桉木	下冒头	45×155×822	1	13≤
5	柳桉木	中竖梃	45×130×780	1	13≤
6	柳桉木	门心板	18×280×750	2块	13≤
7	柳桉木	棂　子	$45\times50\times\frac{1000}{700}$	各2	13≤
8		平板白玻	3mm厚	0.9m²	
9		白乳胶	0.5kg瓶	0.5	

工　具　单　　　　表9-2

序号	名　称	型　号	数　量
1	平刨机床	MB103	1
2	压刨机床	MB502A	1
3	圆锯机床	MJ 103	1
4	窗　刨	起线、裁口一次性	1
5	槽　刨	12mm	1
6	手电钻（或手拉钻）		1
7	其它手工工具	自备	

(3) 施工程序

识图→配料→截料、裁锯→刨料、板和拼板→画线→凿眼、开榫→裁口、起线、起槽→拉肩、修榫→清线、理角→试板、拼装、加楔→净面。

(4) 操作方法

1) 按施工图和材料单按先门扇边梃、后冒头再棂子和门心板的顺序配好料。

2) 先平刨后压刨得各料刨削到规定的断面尺寸，要求平、直、方，并画好各基准面符号。

3) 画线：将边梃作对放置，量尺在侧面，一次性标出各尺寸的点，用直角尺画出直线后再将各线过线于另一侧面；上、中、下三冒头平放一排一次性画出榫头位置（凡通眼榫头每端要加长5～10mm，用于修榫和加楔齐头余量），用直角尺套方画直线，并过线于四周。用同样方法画出8根棂子料和中竖梃料的榫眼位置线，并于四周过好线。

用拖线法或线勒子顺基准面拖出榫、眼宽度线，眼、榫宽度误差不得超过±0.3mm，如误差较大要更换或修理凿子。

4) 凿眼（也称打眼）：凿眼应在平整的木凳或工作台面板上，凿眼的位置应选在有凳腿的部位，如图9-2所示。

作对的一双应同时一道凿眼，并要求通眼的先凿背面，深至$\frac{1}{2}$以上，再翻转凿正面；凿通后用扁凿铲削不平整的孔洞两侧壁，如图9-3所示。凿眼时，内侧的一边，其长度方向应前后留线，另一侧凿线，这样略有斜度的榫眼组装加楔后更紧密，且外大内小榫头不易松动，又利于拼装时不伤损外

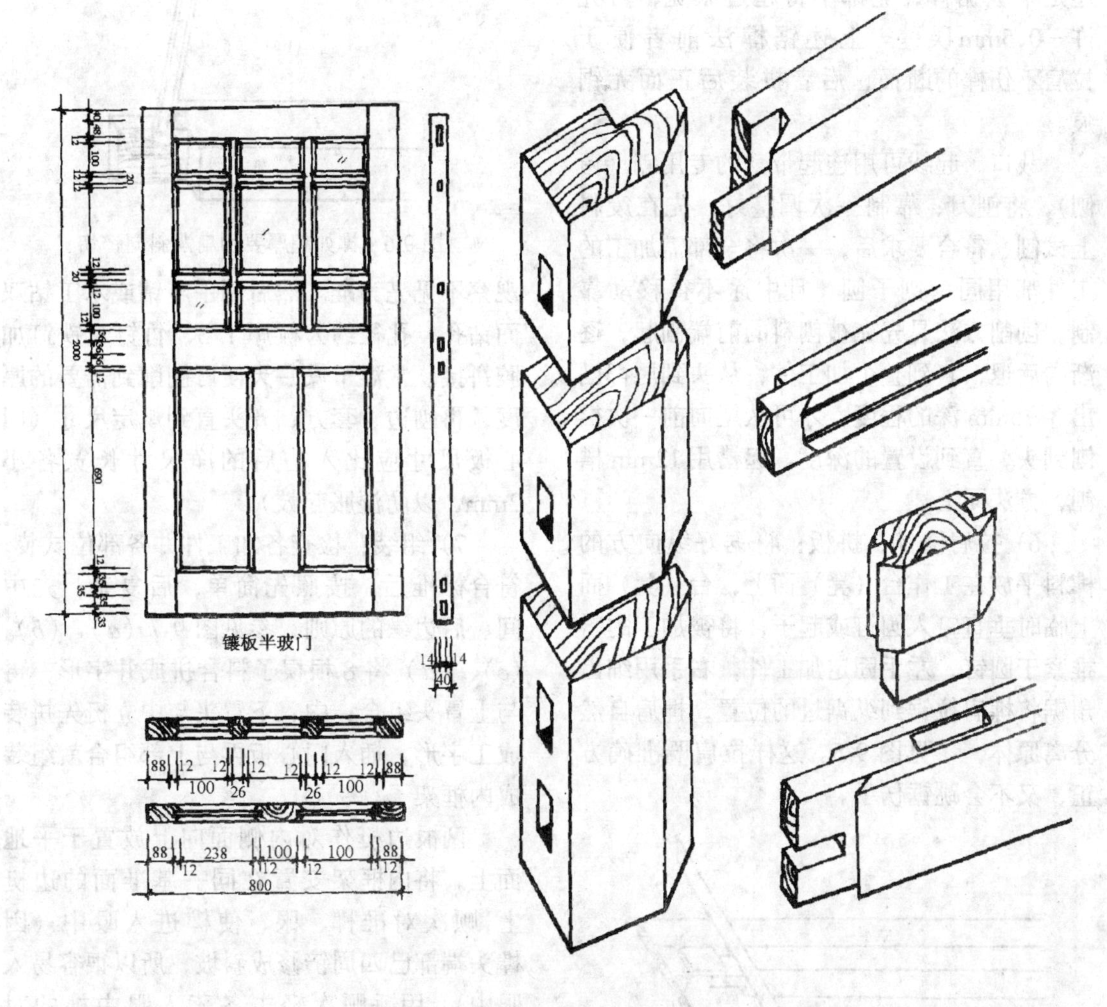

图 9-1　施工及榫眼结合示意图

侧榫眼边缘。凿榫眼要方正垂直，半眼深浅一致。

5）锯榫、裁口、起槽口线：锯榫应先纵向在线中锯，锯到榫根部将锯拉垂直并可超过根线 0.5～1mm；三肩以上的榫先纵向立锯如上述，再平放锯纵向，锯必须短于根部线 0.5～1mm，参见图 9-4。无论立纵锯

图 9-2　凿眼的位置应选在有凳腿的部位　　图 9-3　扁凿铲削不平整的孔洞两侧壁

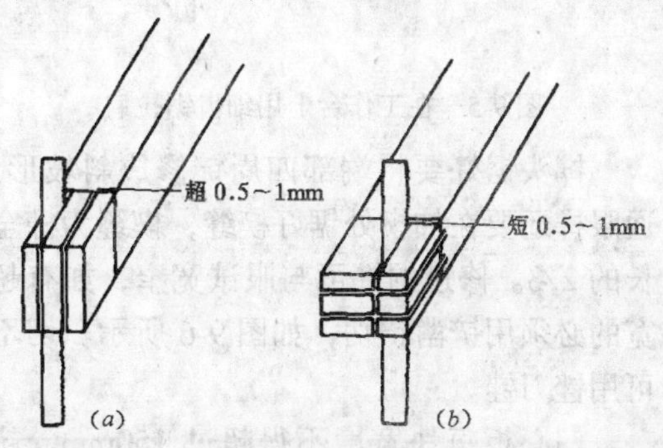

图 9-4　锯榫

（*a*）先纵向立锯超线 0.5～1mm；

（*b*）再平放锯纵向，必须短于榫根 0.5～1mm

还是平纵锯榫，宽都不得超过眼宽，可允许-0.5mm误差。上述锯榫法前者便于拉肩不伤榫的断面，后者拼装后正面无锯痕。

裁口、起线可用连起带裁的专用刨（窗刨），将刨刀、靠制一次调整好，先在废料上试刨，符合要求后，一次将全部需加工的工件都用同一刨子刨，且中途不得移动靠制。刨削方法是先在被刨料的前端刨起，逐渐向后退，直到整个加工件，从头到尾都刨出3～5mm深的程度，才可从尾向前一次推刨到头，直到设置的深度。起槽用12mm槽刨，方法同上述。

6）拉肩修榫、拼板：将锯好纵向方的榫料平放在工作台（凳）面上，台（凳）面上临时垂直钉入圆钉或起子，将被加工的料推紧于圆钉，左手固定加工件，右手用细齿角锯将榫肩拉锯到纵锯过的位置，榫肩自然分离原体，参见图9-5。这样拉肩既准确方正，又不会跳锯伤手。

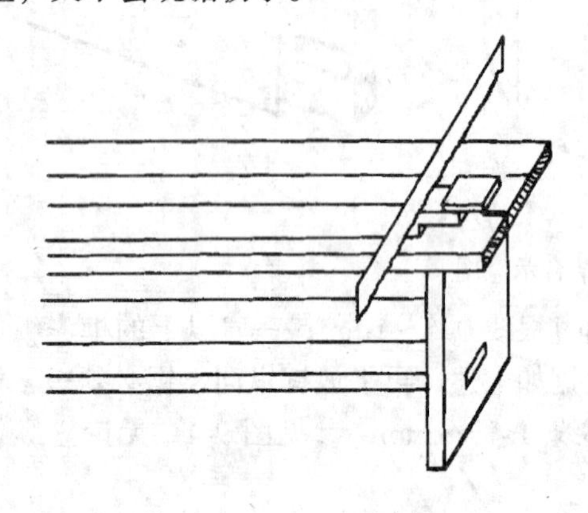

图9-5　在工作台上用细齿锯拉肩

榫头锯好要将端部四周铲修成斜坡形，通眼榫还要在加楔处锯好楔缝，楔缝为榫全长的2/3。修过的榫可与眼试宽窄，如有超宽的必须用铲凿铲切，如图9-6所示。切不可用锉刀锉。

门心板每块宽度不得超过150mm，超过150mm宽的板要裁开重新拼接，拼缝以两块以上的木板侧立重叠成一条垂线，迎光

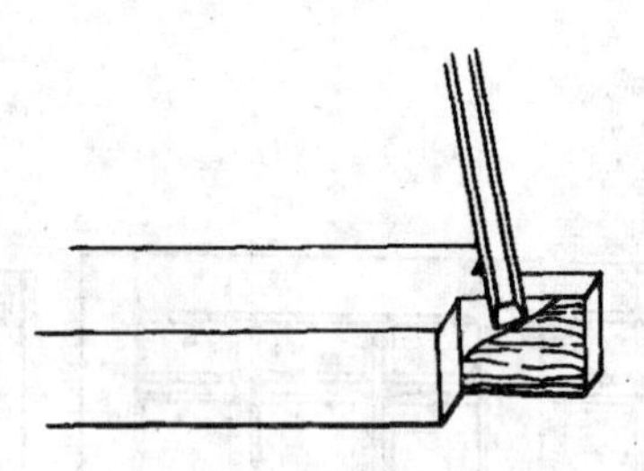

图9-6　榫如超厚要用扁凿斜向铲切

观察不见亮为准。然后用手电钻或木工钻双面钻孔，孔径约为板厚1/3，竹钉、铁钉加胶拼接。常温干燥一天便可刨削到需要的厚度，再刨边、套方、齐头直到规定尺寸（门心板尺寸应比入槽后的净尺寸长宽各小2mm，以防湿胀起鼓）。

7）组装：检查各加工件并各部位试装，符合标准后，按照先简单，后复杂；先中间、后边缘的原则，参见图9-7（*a*）、（*b*）、（*c*）、（*d*）将8根棂子料合拼成井字形，再与上冒头组合；中、下冒头与中立梃先拼装成工字形，插入门心板再与上部组合就组装成内框架了。

两根边梃作对内侧面向上放置于平地面上，将内框架安置在同一基准面的边梃上，顺次对准榫、眼、使榫进入眼中（因榫头端部已四周铲修成斜坡，所以很容易入眼中），用锤顺次轻击各落入眼中榫的对应端，如图9-7（*e*）、（*f*）所示。慢慢地将榫打入眼中（并不要求一次到位），将地面另一边梃拿起翻转180度，将内侧的榫眼逐次套入各榫，垫木加锤击使榫眼逐步基本到位。

观察有无扭曲、翘曲，直角尺套方，如有扭曲，操作的两人配合侧向推拉，可调整到超过原扭曲程度，同时锤击、加楔即可调整好。不方正要击打长边，顶紧短边，使其对角线相等一致。边框和冒头结合到位后，加满木楔用角锯齐头，翻转180度用同法将另一侧安装到位，带胶加楔，齐头组装完成。

组装好的门扇应平置于工作台上用长

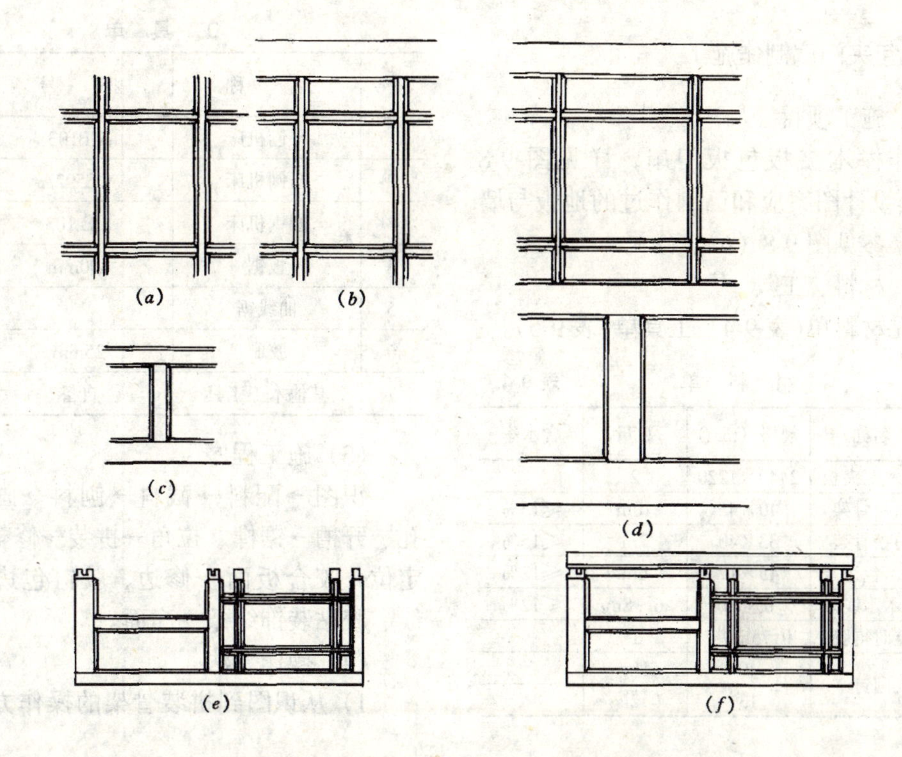

图 9-7 按照先简单、后复杂，先中间、后外缘的原则组装门扇

细刨理平各交接处和整个平面，再用光刨净面，使其双面平整、光滑、纹理清晰。木门扇制作结束后应刷快干性底油一遍。

8）清扫现场

制作结束要收拾工具，切断电源，擦净机械，上油保养，退还借用的工具和剩余材料，清扫教室卫生。

9）产品保护

制作好的门扇应水平放置在干燥通风的室内。

(5) 操作练习

课题：实木镶板门制作施工。

练习目的：掌握镶板木门扇的制作程序和操作方法，熟悉质量检查标准。

练习内容：制作全柳安木质镶板半玻门一扇，见图 9-1 木门扇施工图。

分组分工：2 人一组，18 课时完成。

练习要求和评分标准：见表 9-3。

考 查 评 分 表 9-3

序号	考查项目	单项配分	要 求	得分	其他说明
1	尺寸	10	全长、高尺量检查		
2	平整度	10	平台上楔塞尺检查		
3	裁口、起线、割角	10	全长顺直、无刨痕、对角密实		
4	门心板拼缝	10	不透光、无明显接缝		
5	对角线	7	±2mm		
6	表面光滑	8	无戗槎、毛刺、木纹清晰		
7	眼、榫	15	眼榫饱满、密实、无龟榫		
8	安全、卫生	10	无工伤、现场整洁		
9	综合印象	20	操作程序、方法、职业道德		

班级_____姓名_____指导教师_____日期_____总分_____

9.1.2 包夹门扇制作施工

(1) 施工项目

制作榉木夹板包板门扇，详见图 9-8 (a)，其设计图案应和已制作过的地板与墙裙协调，参见图 9-8 (b)、(c)。

(2) 材料、工具

详见材料单(表 9-4)、工具单(表 9-5)。

材 料 单　　　　表 9-4

序号	名称	规格（mm）	数量	含水率
1	榉木三夹板	2440×1220	2	
2	白松骨架	40×45	10m	≤15%
3	白松骨架	33×40	7m	≤15%
4	榉木包边条	45×17	6m	≤12%
5	榉木木线条	6×10	6～8m	≤12%
6	立时得胶	0.75kg 装	1	
7	圆钉	40	1kg	
		13	0.2kg	

工 具 单　　　　表 9-5

序号	名　称	型　号	数　量
1	平刨机床	MB103	1
2	压刨机床	MB502A	1
3	圆锯机床	MB 103	1
4	板锯	400mm	1
5	曲线锯		1
6	胶刷	25mm	2
7	其他木工工具	自备	

(3) 施工程序

识图→配料→截料→刨料→画线→凿孔、开槽→锯榫、拉角→拼装→修整→画线定位→胶合板面→修边、胶钉包边条→画线、胶粘装饰线条→净面。

(4) 操作方法

1) 从识图到拼装骨架的操作方法与镶

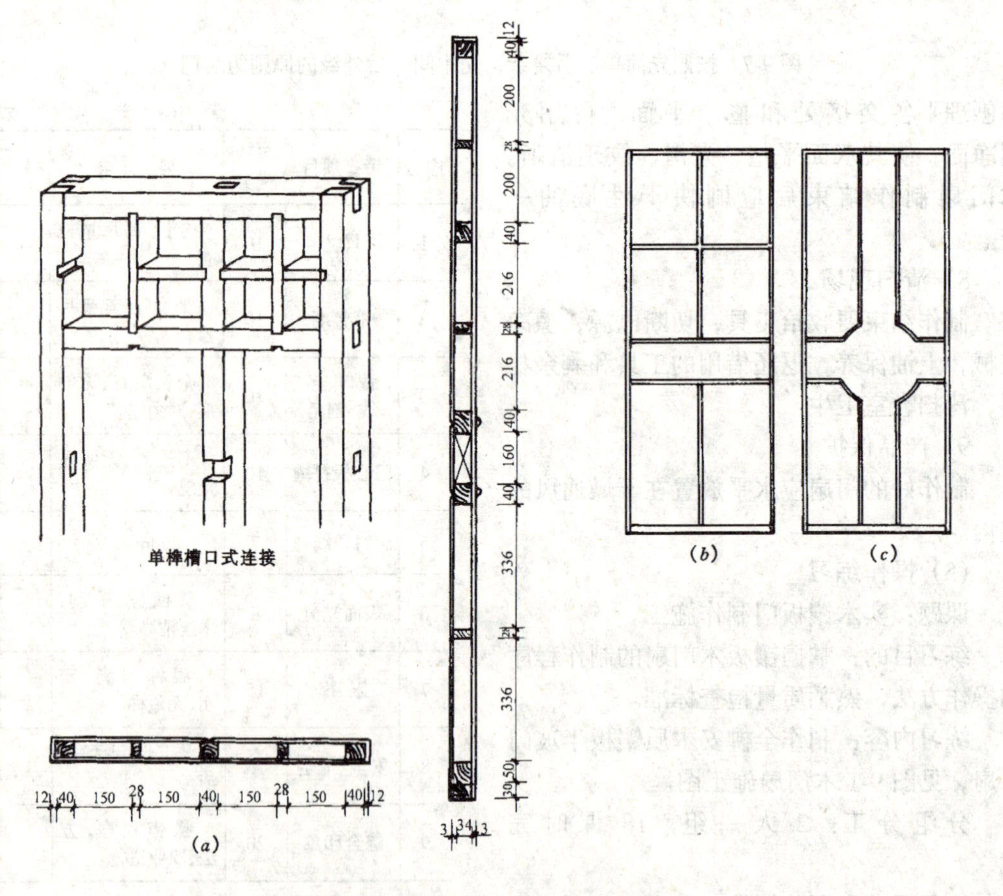

图 9-8　榉木夹板包板门扇施工图

板门扇的制作方法和要求类似。

2）修整是指对骨架进行平整度的修整，要用细长刨以整平为目的，将骨架平置于工作台上，刨削凸出的部位，使其横竖交接处通直、平整，不要在某一处刨削过多，要兼顾整个骨架的平整，每次刨削量要小，因刨削处往往在横竖交接的地方，如刨削量过大会产生横纹刨削处撕裂现象。在刨削整平过程中要用 1m 左右长的直尺经常横竖、交叉检查骨架，不能出现中间部位高，边缘部分低的现象。一面修整好，再修整另一面，两边整修的刨削量应控制在 1mm 左右，整平过程中要用直角尺，或量对角线的方法，校正骨架外围的方正度。通过修刨侧边来调整（这只能使对角线误差在 ±2mm 以内）。

侧边修整比较容易，只要将侧面刨削平直，如需调整方正度的可用刨削量来控制。刨削侧面主要注意将骨架侧立于地面时与地面不能直接接触，要加垫木板或人造板使骨架与地面隔开，以免地面的细小砂石嵌入木材内而伤损刨刃。侧立刨削时骨架前端要顶紧较牢固的物体，如立墙或在工作台预钉卡口，如图 9-9 所示。总之最好不要使骨架在刨削时松动和前后移动，以免因刨削而使骨架变形。刨削目的一是使侧边平直，达到设定的尺寸，二是使骨架方正，可用直角尺的内角测验，如图 9-10 所示，直到符合要求，并按设计要求画出面板拼接缝中线。

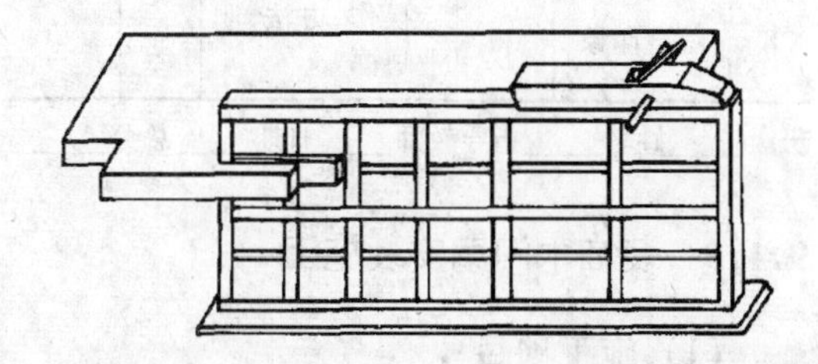

图 9-9　工作台卡口可卡紧骨架

3）胶粘面板是包夹门扇中最重要的环节。

先将榉木夹板双面抹擦干净，看清木纹的分布情况，再选择长条纹路的夹板做 a 面，选择木纹较简单的做 b 面（外粘木线条来装饰），再根据图案拼接的方向成 30°角或 45°角画出 a 面上下 6 块拼接缝板和一块中部平纹板，如图 9-11 所示。排列画线裁板（注意要留加工量），板与板之间可平缝直接，也可以成 V 字形拼接，胶粘顺序为：先将中间直纹板临时固定在其位置（用小钉），再将上下与其拼接的夹板拼排，观察是否符合要求，并以中间直纹板为标准，刨去多余毛边，直到横平竖直为止，并再临时固定在其位置。上部还有两块夹板按上述办法试排、修整（注意凡是外缘的板边，可暂时不要刨修到位，只要略大于骨架边缘即可，一定不能小），如图 9-12 所示。观察所试排的板面图案和拼接缝，如有不满意的地方还可略做移动和修整（因为四周边缘还有一定余量），直到满意合格后。按照试排时

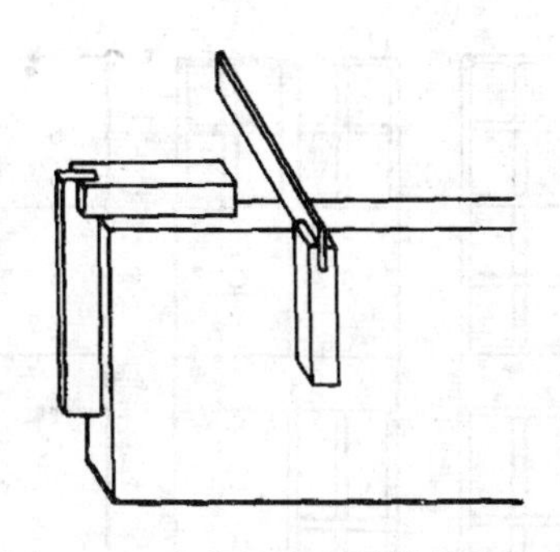

图 9-10　直角尺内角纵横检查角度

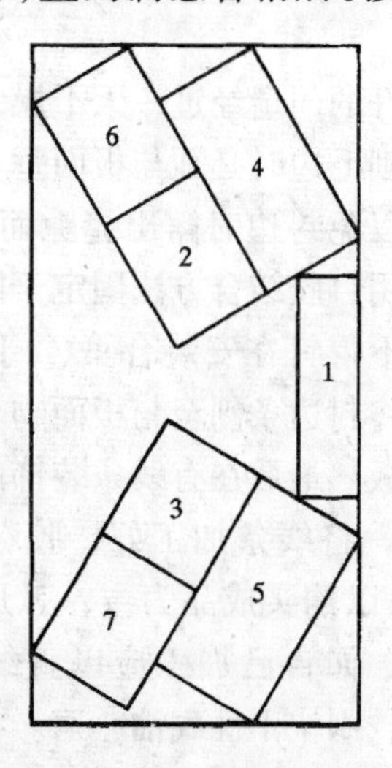

图 9-11　拼花面板的画线方法

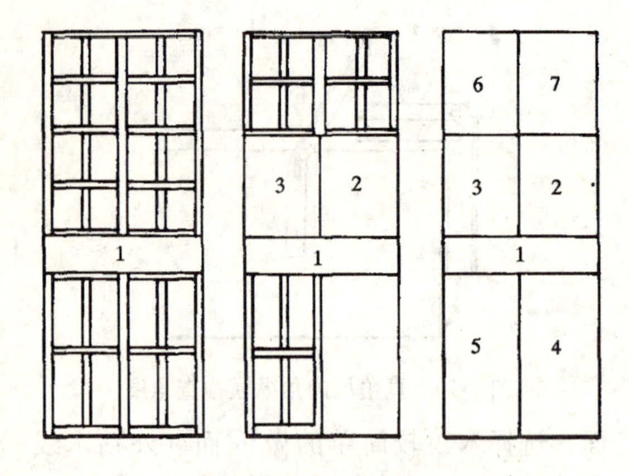

图 9-12　胶粘面板顺序和位置

的顺序拆除（临时固定钉小钉）一块胶合一块。

胶合前再将夹板和骨架抹擦干净，将立时胶搅调均匀先涂刷于骨架上，后涂刷在夹板上（胶在木材上干燥的慢一点），刷胶后待 5～10 分钟（以胶膜不粘手为准），以面板长方向为准边，先侧立就位，符合标准后慢慢平放下，一次到位，中途不得移位，再用平滑垫木垫在锤击处，从中间向四周辐射打击，使胶合层密实无空鼓。按上述方法逐一将板块胶合，擦净面板上的胶迹。翻转 360°再将另一面胶合好（第二面因是整板胶合，所以应在胶合第一面之前套画出板背面的刷涂胶的位置线，如也是多块拼接式就不必套画）。

胶合好的门扇经过一天干燥，可刨削四周毛边，刨毛边时必须与板面垂直，不得向外倾斜，以免封边时露出缝隙而影响美观。将封边条用钉胶结合方法固定于门扇四周侧面，但钉不得钉在安装合页、门锁的位置，再用光刨将封边条刨至与板面吻合，并且不得刨伤面板。最后在有线条装饰的板面按图案画好线，将线条加工好，胶粘于面板上（装饰线条以购买成品为主，弧形、圆形应配套购买，如自己加工应以直线条为主）。擦净胶迹，刷快干性底油一遍。将门扇平放在室内工作台或有垫木且水平的地面待安装。

4）清扫现场，退还剩余材料，机械、工具维修保养。

（5）操作练习

课题：包板门扇制作施工。

练习目的：掌握包板门扇的制作程序和方法，熟悉质量检查标准。

练习内容：制作榉木夹板包板门一扇，见图 9-8。

分组分工：2 人一组、12 课时完成。

练习要求和评分标准：见表 9-6。

考　查　评　分　　表 9-6

序号	考查项目	单项配分	要　求	得分	其他说明
1	尺寸	10	长、宽、厚、尺量检查		
2	平整度	15	平台上楔形塞尺检查		
3	对角线	7	±2mm		
4	面板拼缝	10	横平竖直、纹路合理		
5	木线条	8	图案正确、弧度纯滑		
6	胶合牢度	10	手扒、锤轻击检查		
7	安全、卫生	10	无工伤、现场整洁		
8	综合印象	30	操作、方法、职业道德		

班级____姓名____指导教师____日期____总分____

9.1.3　装饰木门扇安装施工

（1）施工项目

安装榉木包夹门扇。门扇与地面，门扇与门框之间的缝隙详见图 9-13。

（2）材料、工具

1）材料：榉木装饰木门扇、樘，安装五金见表 9-7。

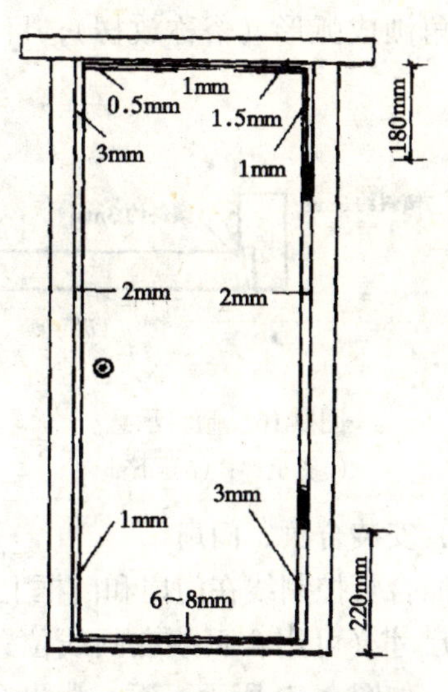

图 9-13　门扇与地面、门框缝隙

材　料　单　　表 9-7

序号	名　称	规　格（mm）	数　量
1	榉木包夹门扇	800×2000	1扇
2	合页	钢质100	1付
3	螺丝	钢质40	16只
4	门锁	球型拉手	1把
5	门吸		1付
6	关门器		1付

2）工具以木工手工工具为主，详见工具单（表 9-8）。

工　具　单　　表 9-8

序号	名　称	型　号	数　量
1	手电钻	JIZ－13	1
2	夹具	自制	1付
3	打孔器	ϕ25～ϕ60	1套
4	手工工具	自备	

（3）操作程序

检查门框→制作夹具→画线→刨削→安装门扇→调试→五金安装。

（4）操作方法

1）检查门框：用水平尺、线锤、量尺分别检查门框的水平度、垂直度和框内裁口的尺寸和对角线是否符合标准；如有误差需调整。如水平、垂直和对角线及宽、长均误差在 2mm 以内可在安装门扇时刨削调整。

2）制作一付安装门扇的木夹具，如图 9-14 所示，再刨削一根厚度为 6～8mm 的板条（可以是一头厚 6mm，一头厚 8mm 楔形板条）。

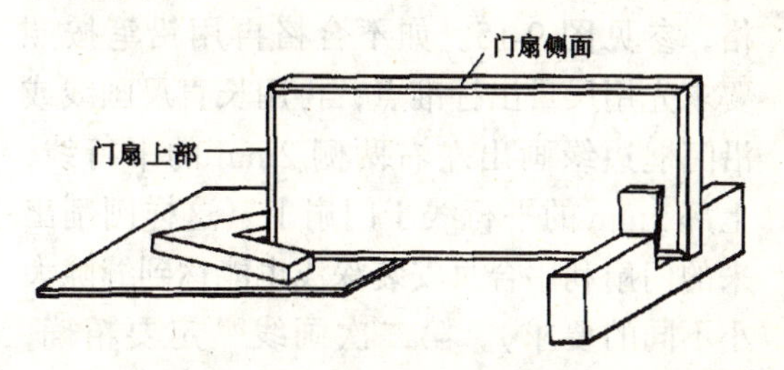

图 9-14　自制装门夹具示意图

3）画线：门扇装锁的位置钉一根 3～4in 的圆钉作为临时拉手（如果安装半玻门就不必钉临时拉手），将门扇搬到门框附近，木板条放在门口，再将门扇架在板条上，然后人站在门外，将门扇搬移至门框裁口处（此时因人在外手在内，所以只能大致就位），一手拉紧圆钉，另一手从地面板条边的缝隙抓住门扇下部，慢慢将门扇移到裁口边缘，观察门扇与门框左右两条的加工刨削余量或缝隙的大小。通过左右移动，使门扇加工量或亮缝均匀，就可以用铅笔在门扇上画出门框边缘线（此时只能一只手画线另一只手要拉紧圆钉，手要交换才能画出全部的线）。这次画线主要目的是将加工余量刨削掉，不必很精确。

4）刨削、二次画线、二次刨削：画好线的门扇卡顶在夹具上塞紧木楔，就可刨削，刨削应先刨门扇上部，参见图 9-14 所示（因门扇侧横在夹具上所以只能刨削全长的一大半，另一半待翻转门扇，刨削另一侧边时再刨削），再通长刨削侧边。门扇下部一般不要刨削，如需刨削按刨门扇上部方法，同法刨削另一侧边。刨削中要将所画的线都刨削掉，不能留线，以免门扇大，放不进门框内。

刨削好的门扇第二次搬至门框附近，垫好6～8mm板条于地面，门扇架在板条上推入门框裁口内，使门扇上部顶紧门框中贯档或上冒头，可用填于地面的楔形板条楔紧，门扇才不会倾倒。

观察刨削后的门扇与框门缝隙是否合格，参见图9-15。如不合格再用铅笔按照要求先用尺量出标准点，再用长直尺画线或沿门框边缘画出左右两侧2mm的平行线，上部1mm的平行线于门扇上（这样刨削出来的门扇利用合页安装深浅也能达到缝隙大小不同的要求）。第二次画线一定要精确，缝隙的大小与此次画线有直接关系。门扇缝隙线画好后还要及时画出合页在门扇和门框上的同一标高的控制线，参见图9-15合页控制线尺寸。同时要认准开启方向，不得将合页控制线画错方向。

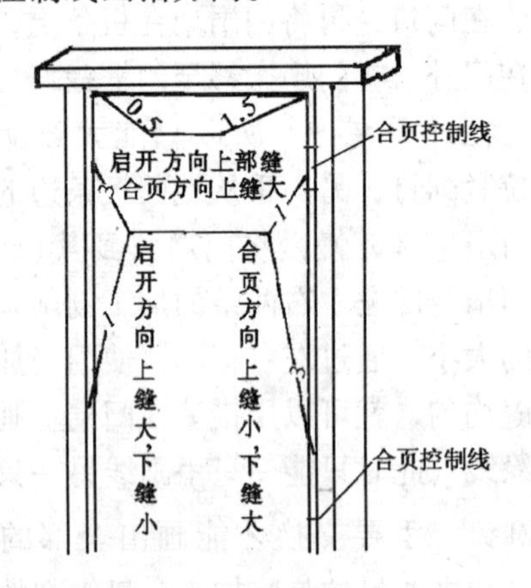

图9-15　缝隙要求

二次刨削先刨削开启面，后刨削转轴面（即安装合页面），刨削到线后，再向裁口面倾斜，参见图9-16。同时将板面和侧面相交的棱角刨成弧形（俗称放楞），目的是不割手。

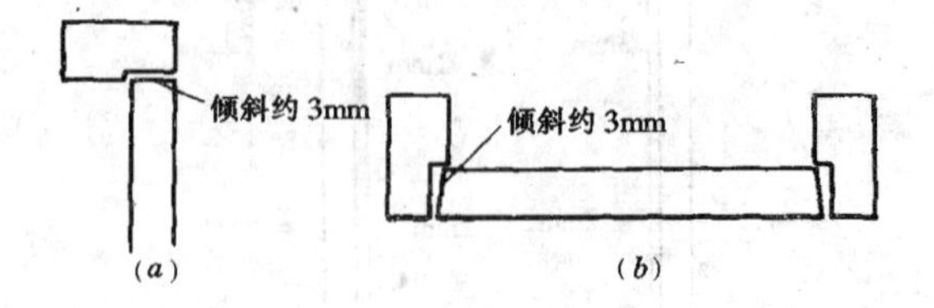

图9-16　倾斜示意
(*a*) 上部；(*b*) 下部

（5）安装合页、门扇

按照合页控制线在门扇和门框上分别画出合页尺寸（可用合页放在画线位置描画）和深度，如图9-17所示，逐一凿出合页槽，所凿的合页槽大小、深浅要符合要求，门扇的合页槽应与倾斜面平行（这样形式的门扇安装后不会自开），门框上的合页槽应上部深、下部浅，上下深度差为1.5mm左右，目的是为达到图9-13各部缝隙要求。

安装合页用40mm木螺丝，要拧入骨架内，不可钉入，如木质较硬可钻螺丝直径0.6～0.7倍的孔，其深度不得超过螺丝长度的3/5。

先将门扇上的合页安装牢固，将门扇搬到与门框安装的位置并垫楔形木条于门扇下，移动门扇使门扇的上合页嵌入门框的合页槽口内，如图9-18所示。用一根木螺丝先将上部合页与框连接固定，抽掉楔形木条关闭门扇，观察门扇与框的缝隙和平整

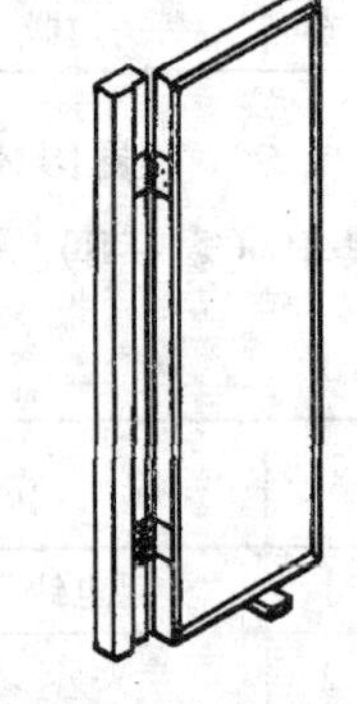

图9-18　安装合页

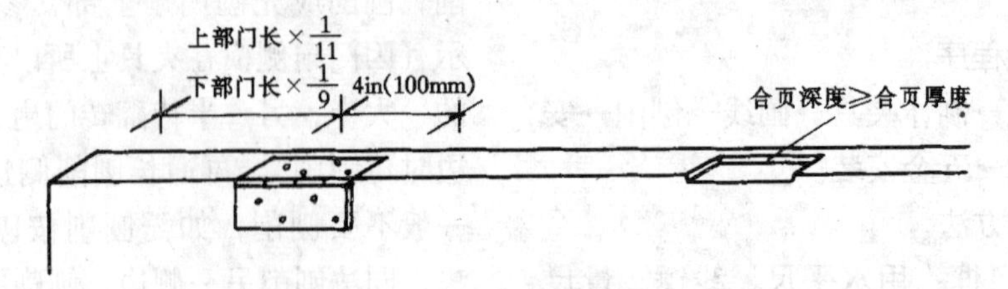

图9-17　合页位置和深度

度，缝隙有误差调整门框合页口深浅，平整度误差调节合页，离门框边缘的进出。符合标准后拧齐所有螺丝，平开木门扇安装结束，门锁、关门器、门吸等五金可以按要求安装。

最后打扫卫生收拾工具。如装锁的门扇锁装好后，要将钥匙系在小木板或人造板上，并编写好序号以免遗失和错乱，并把门关锁好，没有装锁的门扇将门扇开至墙边，用楔形木板条在地面将门扇楔紧，以免门扇被风吹得忽开忽关而损坏门框、门扇。

(6) 作业练习

课题：木门扇安装。

练习目的：掌握安装室内门扇的操作程序和方法。

练习内容：安装一扇榉木包板门扇。见图 9-13。

分组分工：每人一扇，4 课时完成。

练习要求和评分标准：见表 9-9。

考 查 评 分　　　表 9-9

序号	考查项目	单项配分	要　求	得分	其他说明
1	平整度	15	关闭后、平靠尺、塞尺口不超过 2mm		
2	上缝	10	楔形塞尺不超过 1mm		
3	侧缝	10	楔形塞尺不超过 2mm		
4	下缝	10	楔形塞尺不超过 6~8mm		
5	合页	10	位置正确、平整、牢固		
6	开闭	15	无自开、自关现象		
7	安全、卫生	10	无工伤、现场整洁		
8	综合印象	20	不超时、门锁、五金等齐全		

班级_____姓名_____指导教师_____日期_____总分_____

9.1.4 装饰木门扇制作安装通病及其对策

(1) 门扇翘曲：主要原因是因为木材含水率超过了规定数值，选材不适当，成品堆放不合理，门扇过高，过宽而选料断面偏小，刚度不足，造成膨胀、干缩而变形。另外作镶板门只图造型，过度挖裁而使局部断面偏小，制作难度较大而影响质量亦会造成翘曲变形。因此，须用含水率达标的干燥木材及木质好的树种，合理设计图形，适当加大断面尺寸，桉木纹合理下锯和设置榫眼等提高制作质量。

(2) 门扇窜角：主要原因是眼榫加工不当，拼装未规方，加楔位置不当等引起窜角。故打眼应方正，榫头肩膀要方正，宽窄、大小要适当，先规方后拼装，合理设置加楔位置，并做好成品放置和保护。

(3) 包板装饰木门扇开胶，包边条与板面胶合不严密：原因是木材含水率偏大，胶合剂质量不好，胶结面有灰尘，干燥固化时间不够，敲击挤压不均匀和操作不当而引起，故须控制好木材含水率，选用合格的优质胶合剂，胶合前清扫现场，保持环境的清洁，涂胶均匀有序，不漏不重，敲击时垫实骨架，不乱敲乱打，待完全干燥固化后再进行下道工序，以保证包板门扇的质量。

(4) 门扇与门框翘曲：主要原因是合页安装不准确，不在同一的位置，因此在安装合页时一定要将合页位置画准确，并开出标准的槽口位置。安装时先安装 1~2 颗螺丝，关闭门扇检查，如有偏差（排除门框翘曲因素），应及时修整，待合格后再将全部螺丝拧紧。

(5) 门扇自开或回弹：主要原因是门扇边框侧面斜度过小或没有斜度，使合页闭合后间隙过小而引起，所以在安装时要按操作方法中所述要求将边框侧面刨出适当的斜度，并使合页槽的深度与斜面平行就可避免门扇回弹或自开。

9.2 细木制品的制作和安装

细木制品系指室内的木质窗台板、窗帘盒、筒子板和门窗贴脸等项目。

在室内装饰工程中，这些细木制品既有其功能作用，又是其他装饰工程封边、过渡和配套项目。这些细木制品往往处于较醒目的位置，所以要选优质木材精心制作、仔细安装，才能收到良好的效果。

9.2.1 木质窗帘盒的制作

窗帘盒有明、暗两种。明窗帘盒可预先加工，以减少现场制作的工期，然后在现场安装。

(1) 施工项目

制作暗榫槽、木板窗帘盒详见加工图和构造图 9-19。

(2) 材料、工具

材料以榉木板材为主，详见材料单（表 9-10）。

工具以手工工具为主，详见工具单（表 9-11）。

(3) 制作程序

材料单 表 9-10

序号	名　称	规　格（mm）	数　量
1	榉木板	25×180×1250	1 块
	榉木板	25×170×1250	1 块
	榉木板	25×170×400	1 块
2	单窗轨	滑轮式 1200	1 根
3	机螺丝	ϕ4×40（带垫圈）	6 根
4	白乳胶	0.5kg 瓶	1
5	圆钉	40	0.2kg

工具单 表 9-11

序号	名　称	型　号	数　量
1	手电钻		1
2	裁口刨		1
3	槽刨	13mm	1
4	板锯	细齿 300	1
5	手工工具	自备	

识图、配料→刨削→画线→制作盖板→制作主板→修整、光面→拼装、组合。

(4) 操作方法

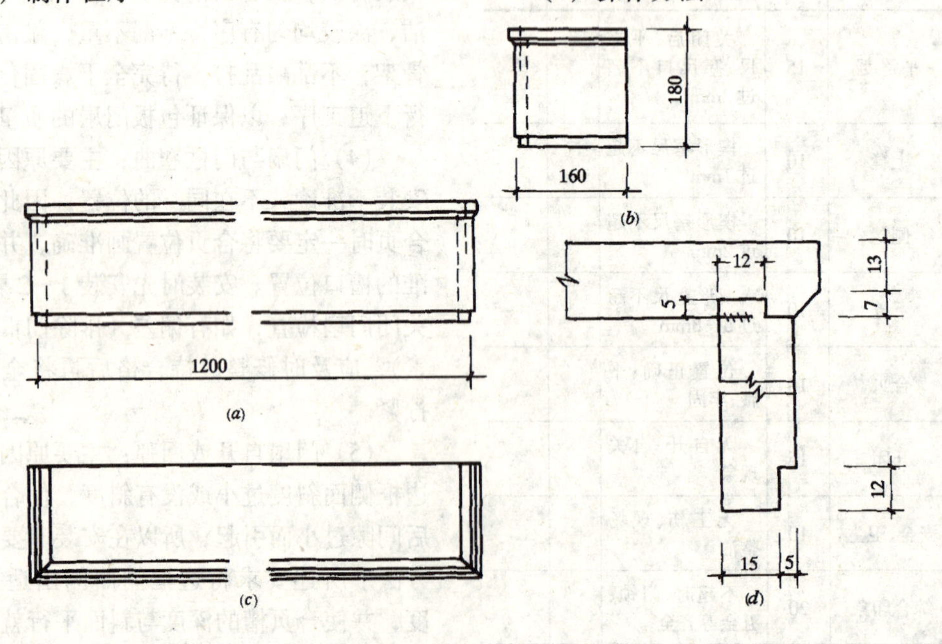

图 9-19 加工图和构造图

1）按加工图和材料单配好盖板一块，立侧板两块（最好两块立侧板连在一道加工，不必先截短成单块尺寸）。

2）刨削木板达到规定的尺寸（盖板可宽3mm作修整余量），如板材不够宽可以拼接。

3）画线

选择心材为基准面作好符号，画好盖板的暗榫槽位置线、装饰斜坡线和齐头线；画立木线时要考虑45°斜角的加工难度，应留出适当加工余量，尤其是两块侧立板的加工方法和作对制作。所以将两块侧立板连在一块板上画线，两端只留5～10mm，加工余量放在中间，以防一端45°斜角出错，还可以向中部移动，再重新锯割而不影响其长度。并将两块板连在一块便于加工（过短的板、方材不易刨削和锯斜角）。立板画线和排列方法参见图9-20所示。

4）盖板制作

按设计和美观的需要，盖板的榫槽不得明露，所以制作比较复杂。

用细齿板锯按线横向锯割一部分，如图9-21所示，再用凿、铲切掉被锯过的部位，然后用凿、铲、锯加工无法锯割的部位，如图9-22所示。使横向暗榫槽达到设计要求（用锯是因为横向凿槽难度较大，所以能锯多少尽量多锯，以不伤损美观为准）。

加工纵向暗榫槽，同样不能用槽刨通长起槽，必须先用适当宽的凿（按图要求为12mm）按线先凿出一部分纵向槽，深度超过5mm（最好为7mm），并要深浅一致，其长度以大于槽刨的长度为准，见图9-23。

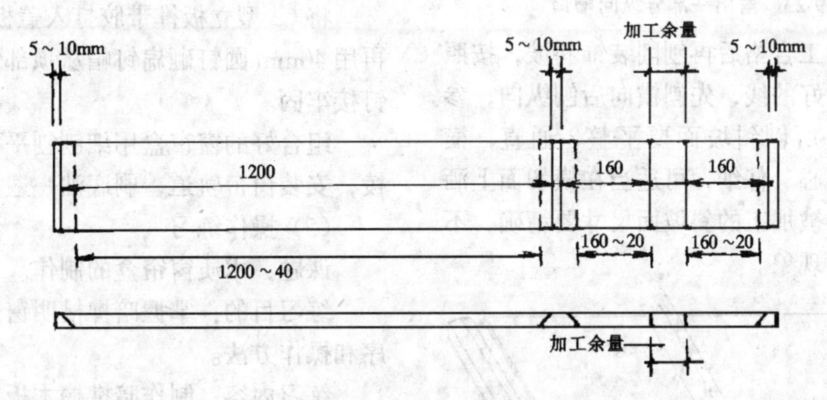

图9-20　立板画线方法和排列布置

①先画正面标准尺寸和加工余量线；

②用45°角尺画出向内的45°斜线再将线过 a 图的背面（虚线示）

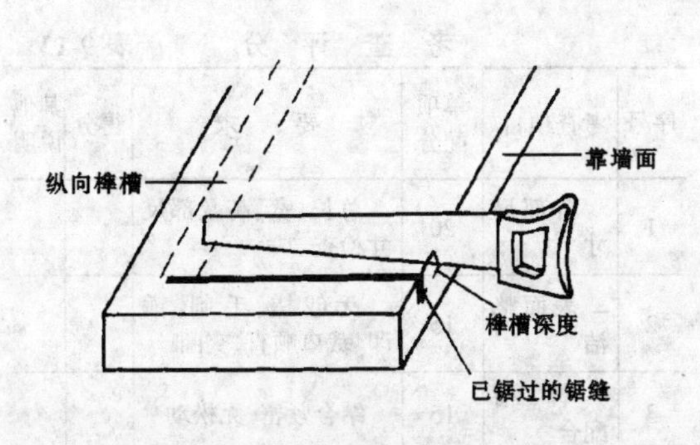

图9-21　细齿锯横向锯割一部分

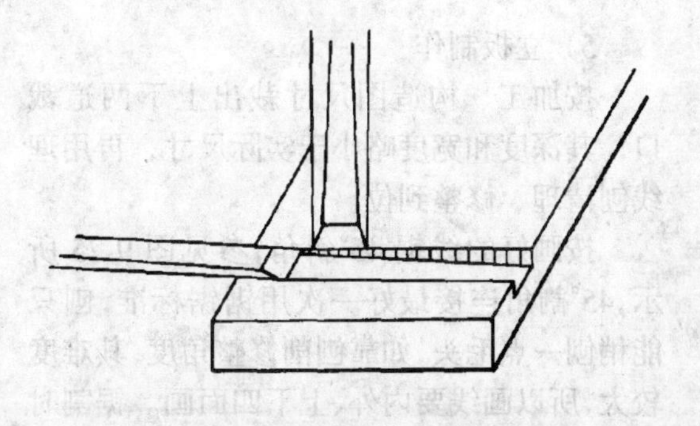

图9-22　用凿铲切掉被锯过的部分再用凿铲凿击锯无法锯割部分

按上述方法将另一端同样加工好，再用槽刨刨出纵向榫槽，榫槽要通直，侧壁垂直，深度大于实际尺寸1～2mm为宜。

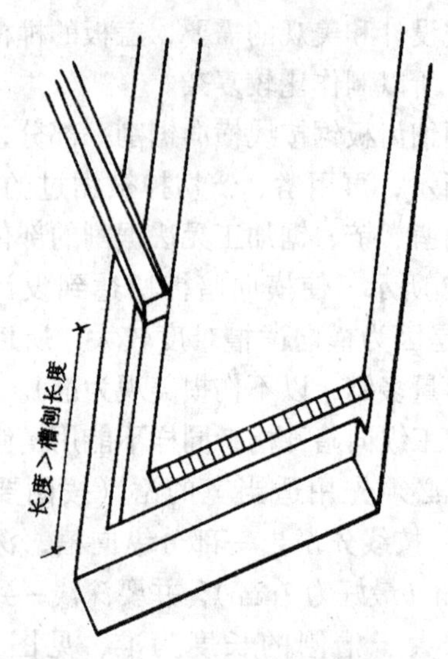

图9-23　凿出一部分纵向槽口

榫槽加工合格后再刨削装饰斜坡，按照构造图和画好的线，先刨横向后刨纵向，参见图9-24。所刨斜坡面要平整、通直，横向刨削要小心、仔细，可适当在横切面上洒些水刨削，被加工的斜坡面尺寸要精确，不得出现弧面现象。

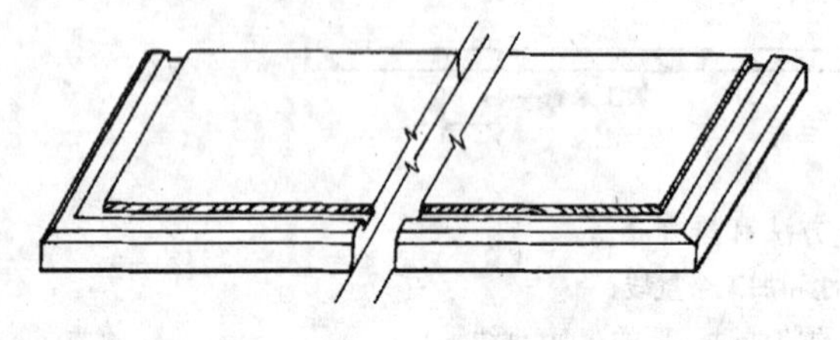

图9-24　顶板斜坡示意

5）立板制作

按加工、构造图尺寸裁出上下两道裁口，其深度和宽度略小于实际尺寸，再用理线刨清理、修整到位。

按画好的线锯45°斜角，参见图9-25所示，45°割角连接最好一次用锯锯标准，刨只能稍刨一点毛头，如靠刨削修整角度，其难度较大，所以画线要内外、上下四面画。锯割时将侧立板固定，锯割要准，45°斜角锯好后用细刨略修立面，刨光背面，再将其锯成需要的长度(指两端侧立板)。然后用40mm圆钉按图9-26所示带胶钉牢、钉准，拼装成凵型，用细光刨将正面刨光就可以与盖板试组合。观察榫与暗槽是否吻合，如有误差可作调整。

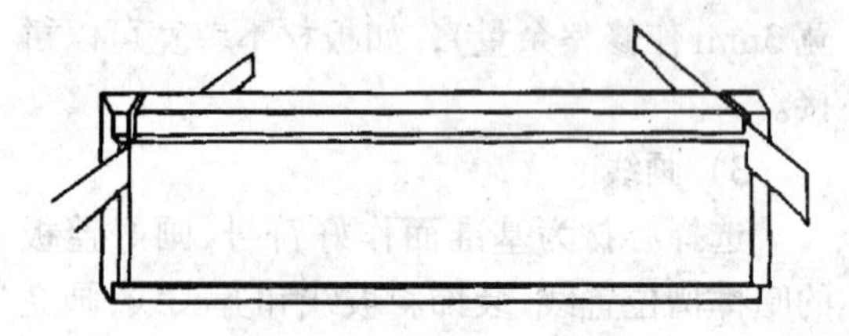

图9-25　45°角斜向锯割

图9-26　钉胶45°连接

6）组装

将凵型立板榫带胶打入盖板暗榫槽中，再用40mm圆钉砸扁钉帽从顶部钉入与立板钉接牢固。

组合好的窗帘盒用细刨刨平下口，放楞棱，安装窗帘轨道，刷底油一遍。

(5）操作练习

课题：木质窗帘盒的制作。

练习目的：掌握暗榫槽明窗帘盒制作程序和操作方法。

练习内容：制作暗榫槽木板窗帘盒，见图9-18。

分组分工：每人制作一樘，9课时完成。

练习要求和评分标准，详见表9-12。

考　查　评　分　　　表9-12

序号	考查项目	单项配分	要　求	得分	其他说明
1	各部尺寸	20	总长、宽、高及部尺寸检查		
2	表面整洁	15	无戗槎、毛刺、锤印、裁口顺直、交圈		
3	榫、槽配合	15	结合紧密、无松动		
4	45°斜角连接	20	牢固、无缝隙、方正		

续表

序号	考查项目	单项配分	要　　求	得分	其他说明
5	安全、卫生	10	无事故、现场整洁		
6	综合印象	20	方法、程序、正确使用工具等		

班级____姓名____指导教师____日期____总分____

9.2.2 筒子板、门窗贴脸施工

筒子板、门窗贴脸既是装饰木门窗工程中独立的装饰项目，又是起整个装饰工程的过渡、封边、封口的作用。

合理设计、精心制作筒子板和门窗贴脸能起到事半功倍的效果。

(1) 施工项目及阅读施工图纸

筒子板、门贴脸的制作安装，详见图9-27筒子板和门贴脸安装图。

(2) 材料、工具

材料以五夹板、木方、木板为主，详见材料单（表9-13）。

工具以手工工具为主，详见工具单（表9-14）。

材　料　单　　　　表9-13

序号	名　　称	规　格（mm）	数　量
1	五夹板	水曲柳 1830×915	1张
2	白松木方	30×45	13m
3	圆钉	70	0.2kg
	圆钉	40	0.2kg
	圆钉	20	0.1kg
4	白乳胶	0.5kg	1瓶
5	防腐剂	氟化钠 500cc	1瓶
6	油毡	1000×7000	1张
7	榉木板	18×50	5.3m

工　具　单　　　　表9-14

序号	名　　称	型　　号	数　量
1	冲击电钻	回Z1J－16	1
2	平刨机床	MB103	1
3	压刨机床	MB502A	1
4	圆锯机	MJ104	1
5	板锯	400mm	1
6	手工工具	自备	

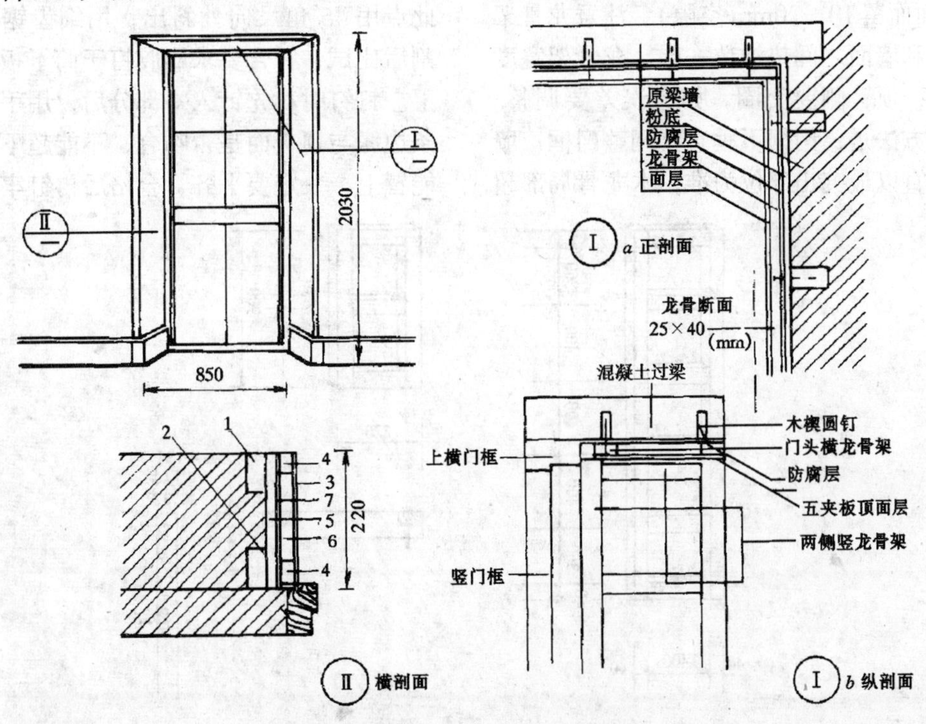

图9-27　筒子板、门窗贴脸施工图

1—门贴脸；2—防腐木砖；3—面板；4—龙骨架；5—粉刷层；6—门框；7—防腐层

(3) 施工程序

检查门窗洞口及埋件→制作龙骨架和门贴脸→安装龙骨架→装钉面板、门贴脸。

(4) 操作方法

1) 检查门洞尺寸是否符合要求，是否垂直方正，预埋木砖数量、位置是否正确，混凝土过梁上有无埋件，不全或未预留的用冲击电钻打孔安装防腐木楔，增设连接固定点。

2) 按照构造图和材料单尺寸将松木加工成厚度为 25mm、宽为 40mm 的小方，并钉制成三片龙骨架（顶部一片，侧面两片），如图 9-28 所示。并刷防腐剂两遍（氟化钠）；加工榉木门贴脸，如图 9-29 所示。

3) 安装龙骨架

先将顶部龙骨架钉在过梁的木楔中（如不水平可垫防腐垫木调整），使纵、横方向都水平。（固定龙骨架用 3in 圆钉，钉帽要砸扁冲入木内，以下同），再将两侧龙骨架钉在门洞侧面的砖墙木砖上，使其垂直平整（与地面而留 10～20mm 空隙）。注意龙骨架与梁底和墙面之间垫油毡一层，龙骨架宽度要一致，顶、侧要交圈，如有误差要调整。调整的方法是：门框不垂直要调整门框；墙面不垂直以最突出部位为准，木龙骨局部超出墙面（其最大值不得超过 5mm），超出部分由门贴脸背后的空腹处覆盖。

4) 面板安装

将 1830mm 长，915mm 宽的五夹板裁成长 1830mm、宽 230mm 三条，选出两条木纹近似的留做两侧，另一块取中间部分做顶板，另两小块做侧板的拼接板。

先将顶板在龙骨上比试宽度，里口进裁口，外口略超出龙骨架为准，长度以离侧龙骨架 1～2mm 为准，刷胶钉于顶龙骨架上。

将长条侧板按上述方法比试并拼接好与顶板的接缝，和下部与短五夹板拼接缝（下部拼接缝一方面要在横档上，二要使短夹板够长），符合要求后刷胶钉牢，最后将下部短板拼钉好，两侧同样方法。

最后用长刨将凸出龙骨边缘的毛边刨直、刨平，使左右和顶部交圈。

5) 将加工好的门贴脸，按实际尺寸画线，先画上部的一根，画线方法是以上面板为基准直线，定出左右两边侧板面的点，以此点用 45°角尺向外斜出，用细齿锯留线锯割后比试，符合要求刷胶钉于筒子板木框架上。钉钉时，先钉入一部分后，用手摸贴脸条边缘与顶板面是否吻合，不能超下，也不能冒上，一定要平齐，合格后再钉牢。两侧

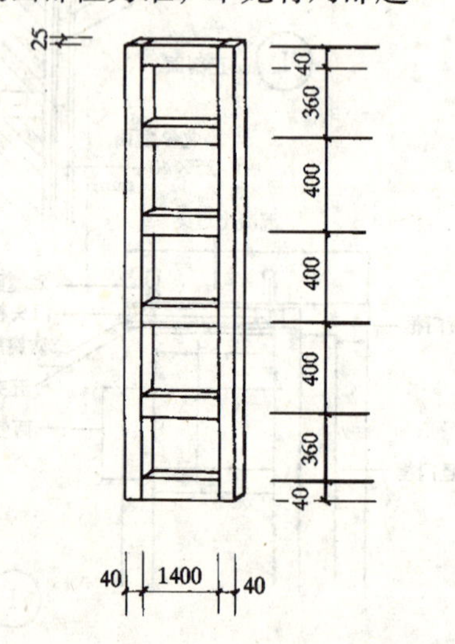

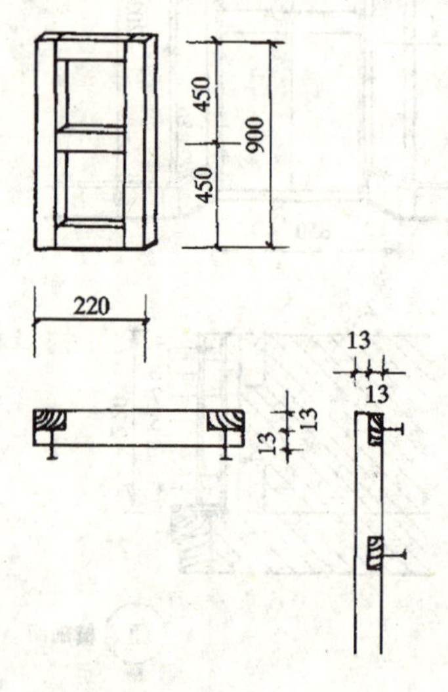

图 9-28　筒子板木龙骨骨架制作尺寸和方法

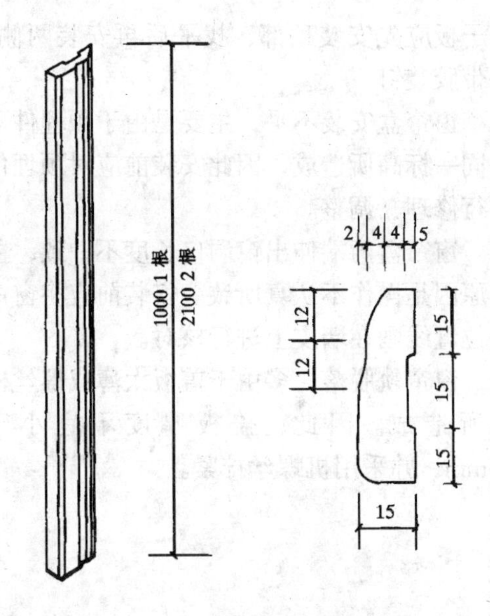

图 9-29　门贴脸式样断面大样

贴脸也是先对 45°角，合格后再定长度（有踢脚板和贴脸墩的要扣除其高度），刷胶钉牢，方法与上部贴脸一样。

贴脸条钉好后要将上部 45°对角处的尖角用凿或砂纸加工成小圆弧，再检查有无钉帽未冲入板内或冲入深度不够的现象，如有要补冲。

6）刷底油一遍，打扫现场卫生，收拾工具，退还多余材料。

（5）操作练习

课题：筒子板、门窗贴脸施工。

练习目的：掌握筒子板、门窗贴脸的制作安装施工程序和操作方法。

练习内容：制作安装筒子板和门窗贴脸，见图 9-26。

分组分工：2 人一组，12 课时完成。

练习要求和评分标准：详见表 9-15。

考　查　评　分　　　　表 9-15

序号	考查项目	单项配分	要　　求	得分	其他说明
1	水平度	10	水平尺测量、全长不超过 2mm		
2	垂直度	10	线锤吊线不少于两面、全长不超过 2mm		

续表

序号	考查项目	单项配分	要　　求	得分	其他说明
3	平整度	10	1m 平靠尺、楔型塞尺、不超过 2mm		
4	钉距	7	纵向中到中 100，横向中到中 80±2mm		
5	接缝	8	严密无缝隙		
6	45°对角	10	严实、准确		
7	整洁	10	无胶迹、无戗槎、无毛刺、无锤印		
8	安全、卫生	10	无工伤、现场整洁		
9	综合印象	25	程序、方法、职业道德等		

班级____姓名____指导教师____日期____总分____

9.2.3　细木制品制作安装施工质量通病及其对策

（1）窗帘盒制作过程中往往会产生尺寸不准、割角不严、线条不交圈、45°角连接错位、不严密、结合不紧密等缺陷，这主要是操作方法不当，使用工具不合理、线未画齐全及操作不认真等原因所造成。

为了杜绝以上缺陷，首先要统一画好线，套方过全线；正确使用工具精心操作，不符合要求的工件不带入下道工序，操作认真仔细。

（2）基层龙骨架固定不牢、不平整、不方正、档距不符合要求，这主要是因为结构与装修施工配合不当，预留洞口变形，木材含水率偏大，档距不合理，操作不规范造成。因此，须熟悉图纸，按要求埋置预埋件；安装前对墙面洞口进行检查、修理；严格控制木材的含水率；严格按工艺标准操作。

（3）面层安装缺陷主要表现在木纹错乱、颜色不均、棱角不直、表面不平、接缝不严、割角不严、不方、线角不顺直、不光滑等现象。这主要是因为：未选料、未对色、未对木纹、门窗框未裁口或打槽，使筒子板正面直接贴在门窗框的背面，盖不住缝隙，造成结合不严；贴脸割角不方、不严，主要是45°角割得不准；贴脸条断面小，难加工，容易钉劈裂等，因此要严格进行选材并控制面板的含水率；使用切面板时，尽量将花纹木心对上，将花纹大的安装在下面，花纹小的安装在上面，防止倒装；接缝严密；有筒子板的门窗框要预先裁口或打槽，筒子板应先安装顶部，找平后再安装两侧，并带胶装钉。

窗帘盒安装不平，主要是由于预埋件不在同一标高所造成，因此安装前应对预埋件进行修理、调整。

窗帘盒两端伸出窗洞口长度不一致，主要原因是操作不认真所致。安装前应将窗帘盒位置线画在墙皮上进行核对。

窗帘轨脱落，多由于盖板太薄或螺丝松动所造成。因此，盖板厚度不宜小于15mm，并采用机螺丝拧紧。

第10章 木龙骨吊顶

采用悬吊方法将装饰层支承于屋顶或楼板底部就是吊顶。以木方作为吊顶的支承和基层材料称为木龙骨吊顶。木龙骨吊顶以吊杆（吊筋）、主龙骨组成支承部分，以次龙骨和间距龙骨组成基层部分，以胶合板作为饰面部分。

10.1 木龙骨吊顶施工

木龙骨施工一般分为结构造型和面层装饰两部分。结构造型由支承部分和基层部分组成。

10.1.1 结构造型施工

（1）施工项目

制作安装迭级式带暗窗帘盒的木龙骨吊顶骨架，详见图10-1。

（2）材料、工具

材料以东北红、白松为主，详见材料单（表10-1）。工具详见工具单（表10-2）。

（3）施工程序

看图→加工龙骨→搭设脚手→弹线→吊主龙骨→安装基层龙骨→预制迭级龙骨→安装、组合迭级龙骨架→起拱、整修。

材料单　表10-1

序号	名称	规格（mm）	数量	含水率%
1	主龙骨	55×105×3200	3	≤15
2	次龙骨	45×45×3200	12	≤15
3	间距龙骨	45×45	累计36m	≤15
4	圆钉	90mm 12mm 70mm	2kg 1kg 2kg	
5	镀锌铅丝	8#	1kg	
6	防腐剂	氢酚合剂	1kg	
7	防火剂	硅酸盐涂料	1kg	
8	脚手（板）	自制		

工具单　表10-2

序号	名　称	型　号	数量
1	刨机床	MB103	1
2	压刨机床	MB502A	1
3	圆锯机	MJ225	1
4	手电钻	J12－13	1
5	冲击电钻	回2J－16	1
6	水平尺或水管	500mm或12×5000mm	1
7	手工工具	自备	
8	漆刷	2in	2把

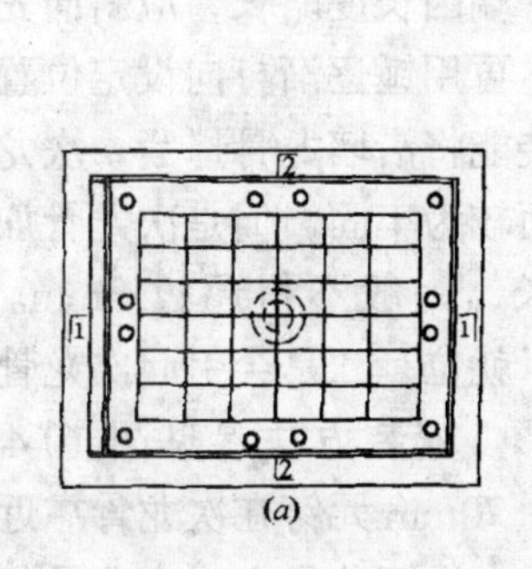

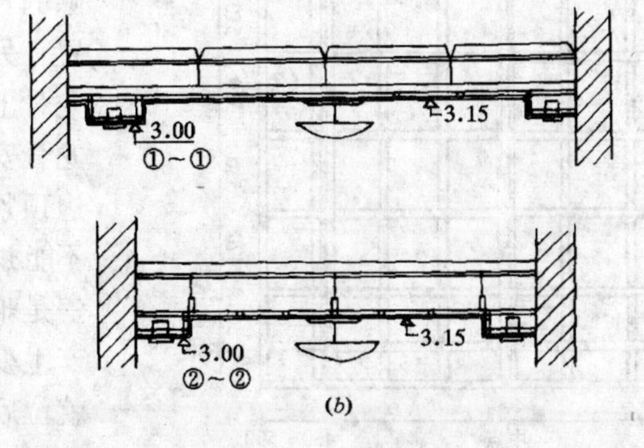

图10-1　施工图

（a）平面布置图；（b）剖视图

(4) 操作方法

1) 根据施工图、材料单加工木龙骨，加工应按先主龙骨、再次龙骨、间距龙骨和迭级龙骨的顺序进行。

主龙骨要求一个窄面刨削平直；其它龙骨要高低尺寸一样、宽窄尺寸一样（可先平刨后压刨），并刷防腐剂两遍待用。

2) 搭设满堂脚手，脚手板面距吊顶大面积 1.8m 左右（以人站在脚手板上，头顶离吊顶面一拳为宜），脚手板不得有空头，板厚一般为 55～60mm。

3) 根据室内标高 +500mm 水平线，弹出四周立墙上的各标高线（一是标高为 3.15m 处；二是标高 3m 处）；再在楼板底弹出与主体龙骨位置相应垂直的吊点线，找出吊点预埋件，穿入 8 号镀锌铅丝。（如预埋件不符合要求，可用冲击电钻打 $\phi12$～$\phi16$ 的孔，安装金属膨胀螺栓为吊点。）将加工后的主龙骨临时吊在 8 号铅丝上，主龙骨长度应略短于房间长度 20～40mm。

4) 安装标高为 3.15m 处的基层龙骨架。

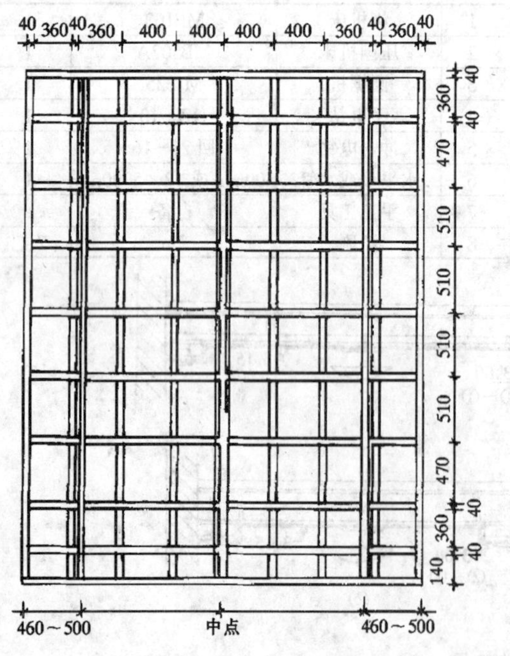

图 10-2　标高 3.15m 处龙骨架施工图

按图 10-2 施工图和图 10-3 构造示意图，首先将龙骨按标高线钉在预埋木砖上，所钉龙骨要求标高准确、牢固、四面交圈（如有接头必须在木砖上）。

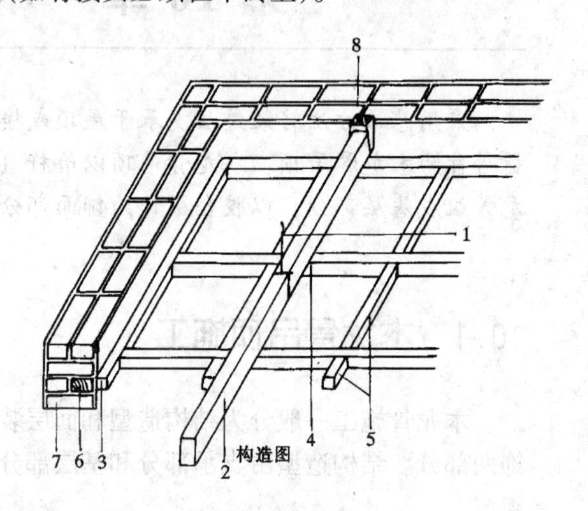

图 10-3　构造示意图

1—吊筋；2—主龙骨；3—沿墙龙骨；4—次龙骨；5—间距龙骨；6—防腐木砖；7—砖墙；8—木楔

次龙骨和间距龙骨的分格线，应从对称两边的中点向两侧分量，一次画好，并应准确。

次龙骨顺次安装，安装时先将一端锯方正，顶紧沿墙龙骨，另一端放在对称沿墙龙骨下（注意位置不能错）按实际长度，画出长度线，并注意观察所安装位置的沿墙龙骨与立墙有无空隙，如没有空隙可按实际尺寸加长 2～3mm，如有空隙还要再加上两边空隙的长度，长度锯好后，一端先放在设定位置，另一端因长度略长，应斜向先顶入沿墙龙骨上，再用锤逐渐打向设定位置，这样次龙骨安装能将沿墙龙骨撑紧，次龙骨也因两边顶紧而较为牢固，但是次龙骨加放的长度不能过长，一般不得超过 3mm。如太长，一是难以就位，二是会引起次龙骨顶撑过度产生变形。安装方法参见图 10-4。次龙骨就位后用 70mm 元钉在次龙骨靠近端部的侧面斜向钉在沿墙龙骨上。次龙骨与沿墙龙骨钉接法，参见图 10-5。

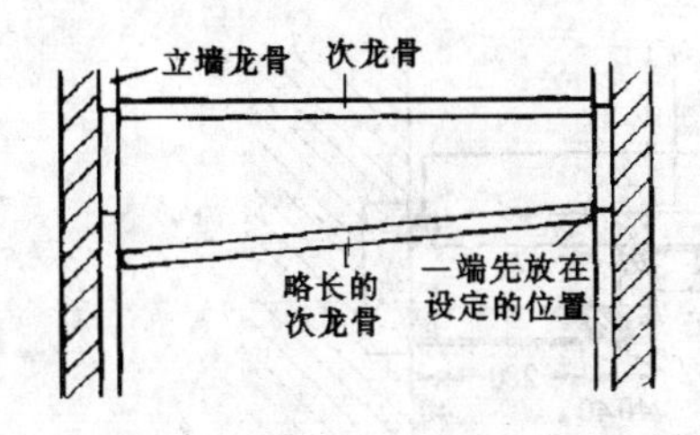

图 10-4　次龙骨安装方法

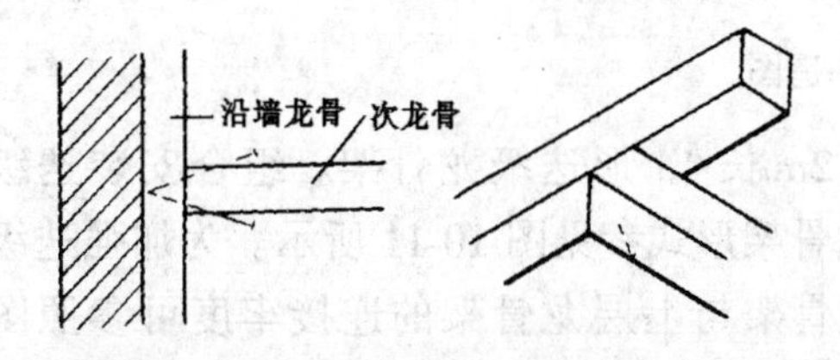

图 10-5　次龙骨与沿墙龙骨钉接方法示意

次龙骨与沿墙龙骨连接每端只少两根钉，并连接牢固，下部平整，不得有凹凸现象。所有次龙骨安装完毕后，将主龙骨从吊筋铅丝中放下与次龙骨上部接合，先在次龙骨上弹出主龙骨位置线，将主龙骨移至次龙骨所弹的主龙骨位置线上，并用木楔将主龙骨两端楔紧，（因主龙骨一般要略短于实际长度，才容易先吊在吊筋上）再将次龙骨用 90mm 圆钉从下面、或侧面钉在主龙骨上。参见图 10-6 示意。钉次龙骨时要带通线。以保证次龙骨与主龙骨连接后次龙骨通直且间距准确。次龙骨全部固定在主龙骨上后，在次龙骨的底面，逐一弹出画在立墙龙骨上

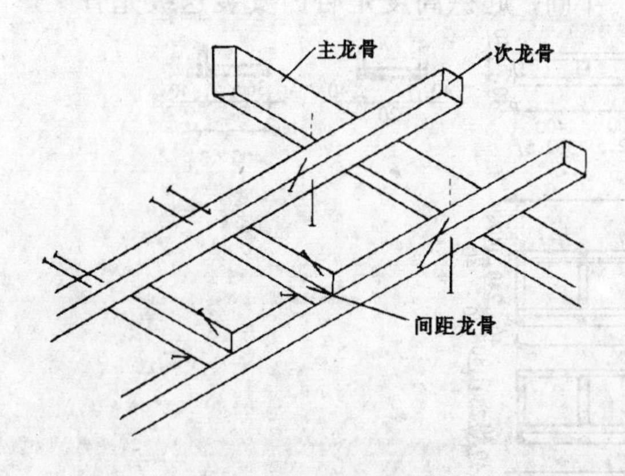

图 10-6　次龙骨与主龙骨钉接法、间距龙骨与次龙骨的钉接法

的分格线，以弹出的分格线为平行线作出垂直于分格线的间距龙骨线。用分量分格线的方法从中点向两端分画各间距龙骨的中点线，按照各画点弹线于次龙骨上，就是各间距龙骨的中线，然后将间距龙骨一端先锯方正，顶紧次龙骨，另一端按实际尺寸画线，锯割前再次观察次龙骨是否通直，如有弯曲，可用间距龙骨放长撑，缩短拉的方法，将次龙骨调整通直。所以间距龙骨截锯一定要按实际情况，决定长度，次龙骨与间距龙骨的钉接法，参见图 10-6 所示。逐排逐根钉接。间距龙骨钉结束后，可将主龙骨与吊筋铅丝绑扎牢固。并按起拱要求拧紧铅丝、或吊杆螺栓、螺丝，达到需要起拱的高度。按要求弹出单块罩面板的中线，基层龙骨按装基本完成了，再根据施工图在基层龙骨上弹出标高 3m 处的迭级龙骨位置线，和立墙上的标高线。

5）迭级龙骨架的预制和安装：

按龙骨架节点构造图 10-7、图 10-8 和图 10-9 构造大样图所示，将加工好的迭级龙骨方料按图 10-10 预制龙骨架制作加工图要求，制成 4 个龙骨架。（2 个 3.2m 长，其中一个为 ⊔ 形一个为 L 形；2 个 3.06m 长都是 L 形）。

预制的迭级龙骨架要达到设计要求，要有足够的强度和刚度，要求榫槽结合、钉胶结合尺寸准确、方正平直。

制作好的龙骨架先抬到脚手板上。

安装的方法是先将一片长 3.2m L 形的龙骨架抬托至 3.15m 龙骨底面处，L 形的侧立边与已弹好的位置线对齐，底平面与立墙标高（3m）弹线平齐，用 90mm 圆钉分别与次龙骨和预埋木砖（或设置的连接点）钉接牢固。（如立墙与龙骨架之间有空隙，应用防腐楔木塞紧）以保证 L 形迭级龙骨架侧立面与地面垂直、底面与地面水平。同样方法将另 2 片 L 形 3.06m 的迭级龙骨架安装好，最后安装带有暗窗帘盒侧板的

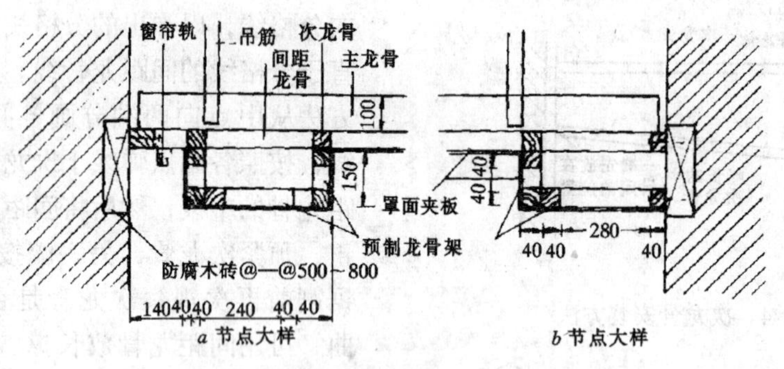

图 10-7　节点构造图

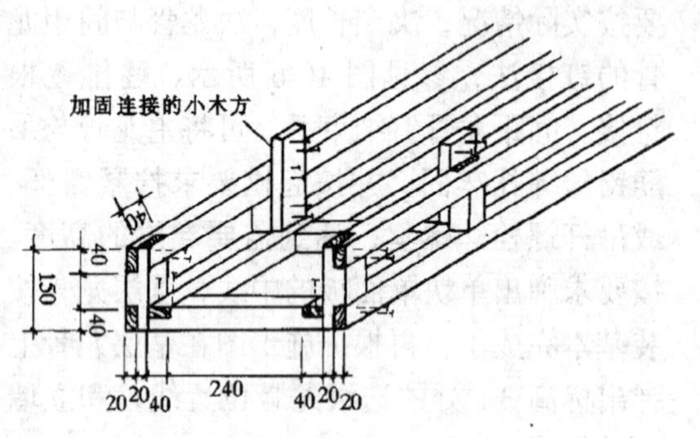

图 10-8　节点构造大样（一）

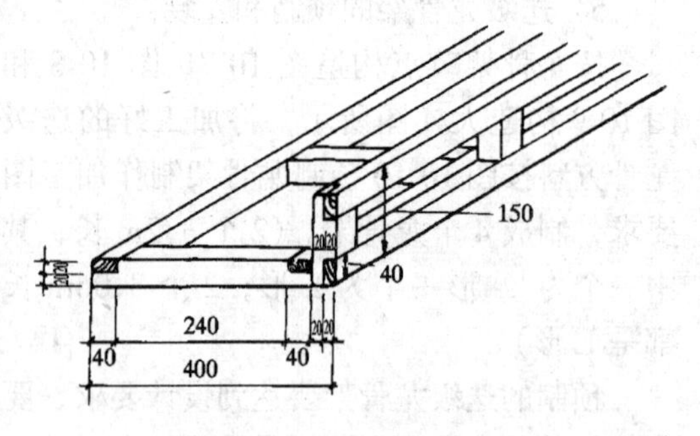

图 10-9　节点构造大样（二）

3.2m 长 ⊔ 形迭级龙骨架。组合安装迭级龙骨架形式参见图 10-11 所示。为加强迭级龙骨架与上层龙骨架的连接牢度可参照图 10-8，加钉小木方（板）。迭级龙骨架安装结束。

6）清理现场，退还多余材料、机械擦净、上油保养。

（5）龙骨架安装注意事项

安装的迭级龙骨架下部要与标高线吻合，四片骨架应等宽，交圈，侧面垂直于地面，底部水平于地面，交接处应无高低差，如立墙四周不方正，可在立墙和单片龙骨架之间加垫垫木，使其方正。

然后用拉通线、或直靠尺，检查所有龙骨基层，和龙骨架的平整度，如有误差应修整，特别注意所有接头处，纵横交接处的平直情况，最后再检查吊点、吊筋，是否固定牢固，起拱高度是否因安装迭级龙骨架影

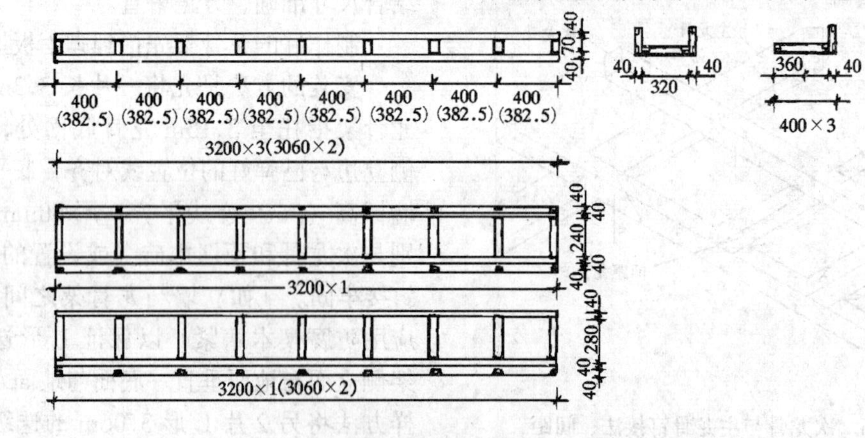

图 10-10　预制龙骨架的施工图

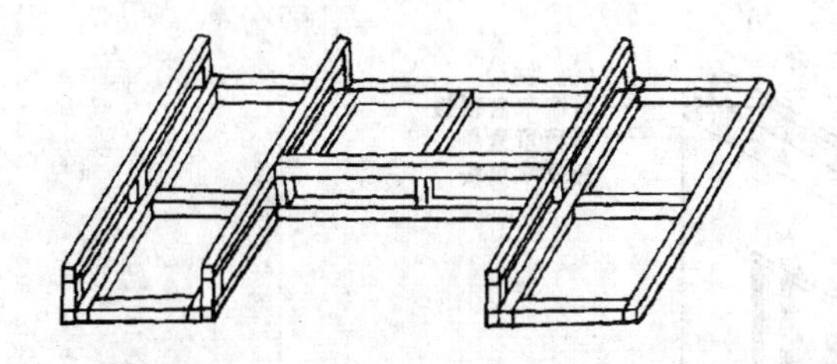

图 10-11 迭级龙骨架的组合示意

响，如不符合要求应根据具体情况调整，紧固吊筋、和吊筋铅丝，或再增设吊点。安装结束再弹出罩面板中心线。

（6）操作练习

课题：木龙骨吊顶结构造形施工

练习目的：掌握木龙骨吊顶结构造形施工程序和操作方法。

练习内容：制作安装迭级式带暗窗帘盒的木龙骨吊顶骨架。

分组分工：4～6 人一组，18 课时完成。

练习要求和评分标准：详见表 10-3。

木龙骨吊顶骨架考查评分表　　表 10-3

序号	考查项目	单项配分	要　求	得分
1	标　高	15	3.15m、3.00m 处准确、交圈	
2	起　拱	8	符合 1/200 要求且纯直	
3	平整度	10	纵横、交接、各连接点无高低	
4	牢固性	10	吊筋间距不大于 800mm、钉接牢固	
5	尺　寸	10	各部分尺寸准确、± 不超过 2mm	
6	方正度	10	房间对角线不超过 ±3mm，分格对角线不超过 ±1mm	
7	弹　线	7	准确、清晰、不漏不缺	
8	安全卫生	10	无工伤、场地清	
9	综合印象	20	程序不乱、操作合理、职业道德	

班级____姓名____指导教师____日期____总得分____

10.1.2 木龙骨吊顶罩面

（1）施工项目

制作安装迭级式带暗窗帘盒木龙骨吊顶面层。参见图 10-12。

（2）材料、工具：

材料：详见表 10-4。

工具：详见表 10-5。

材　料　单　　表 10-4

序号	名称	规格（mm）	数量
1	榉木三夹板	1220×2440	5 张
2	椴木五夹板	1220×2440	2 张
3	阴角木线角	25×25×4000	8 根
4	阳角木线角	30×30×4000	4 根
5	白乳胶	0.5kg	3 瓶
6	圆钉	30	0.5kg
7	圆钉	20	1kg
8	铝窗轨	单层 3.2m	1 根

工　具　单　　表 10-5

序号	名　称	型　号	数　量
1	手电钻	J12－13	1
2	开孔器	25－80	1 套
3	细齿板锯	400mm	1
4	尖钉冲	自制	1
5	工作台	自制	1
6	手工工具	自备	
7	胶刷	20mm	2 把

（3）施工程序

看图、量取标准尺寸→制作面板→预排、修整→铺钉面层→收口、压木线条→清理。

（4）操作方法

1）选板、放样、画线

按示意图，挑选通长竖条纹，色泽相同或近似的榉木三夹板 5 张。椴木五夹板 2 张。

检查吊顶基层龙骨上所弹的拼花单板中

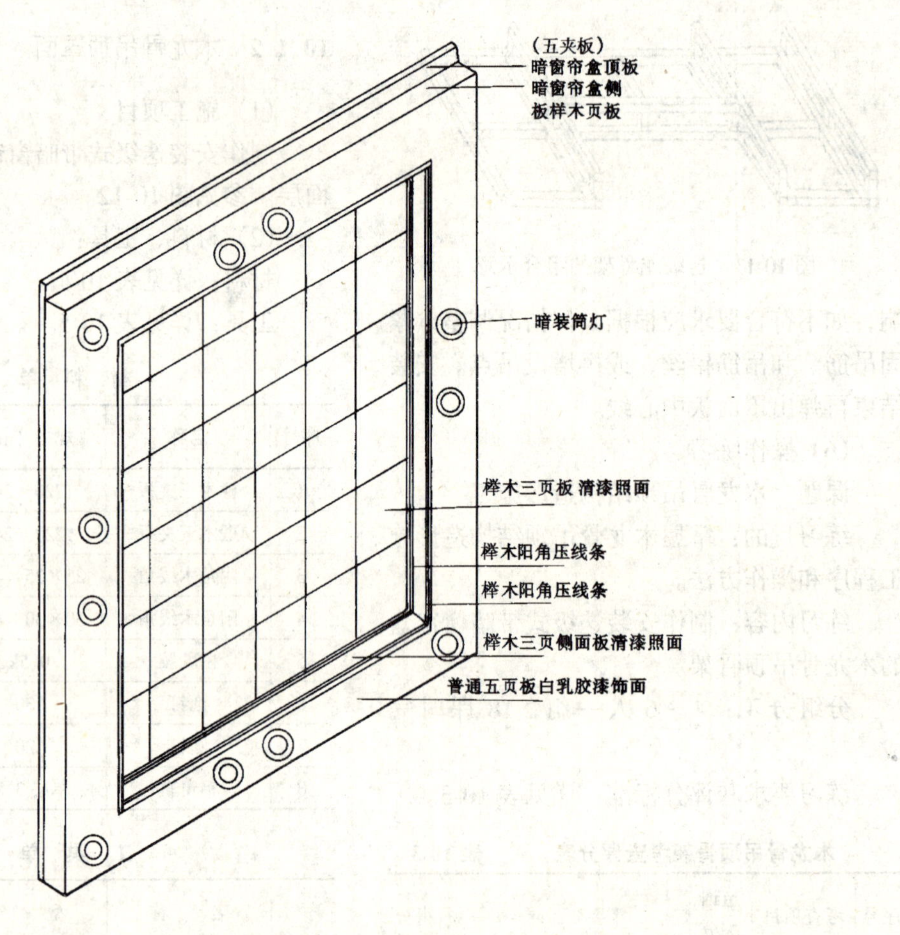

图 10-12　示意图

心线的中距尺寸是否统一正确，对角线是否准确，如有误差要修正。按照图 10-13 单块罩面样放样图放样画线，并留出锯、刨加工余量（注意放样图括号中的数字是另三块整板画出单块面板的编号）。两张五夹板画成 400mm 宽的长条，共 6 块，用于标高 3.00m 处罩面。

2）裁板、修边

按所画的线，用板锯从正面下锯，锯裁成 36 块单块板，11 块侧立板，和 6 块五夹板。再用细长刨将各板侧面刨削平直、方正，并达到设定尺寸。

3）试排

将 36 块对花纹的单板，按示意图和预先策划的目的，临时试排固定在标高 3.15m 处的基层龙骨上。试排应从房间的中心开始，以龙骨面上所弹的中心线为准，先将最中心的 4 块单板用 20mm 的圆钉，钉在该板四个拐角处，（每角只需钉一根圆钉，且不要钉到底，留出钉帽以便拆除，以下同样方法）作为临时固定。然后向四周辐射排钉。

排钉时要横平竖直，拼接缝通直。试排结束后，要站在地面观察试排后的罩面板色泽、木纹、拼接缝是否达到要求，如有不协调处，可相互调换或修整，（一般情况只须调换板块，除单板尺寸偏大需修刨，一般不要轻意刨削板块）直至完全符合要求。

4）加工斜坡造型、铺钉面板

将试排的罩面板逐块拆下（按照先钉的先拆，后钉的后拆，边拆边加工、边钉的方法）按照图 10-14 所示，先画线再用细长刨按线刨成斜坡（注意刨削加工一定要在平整

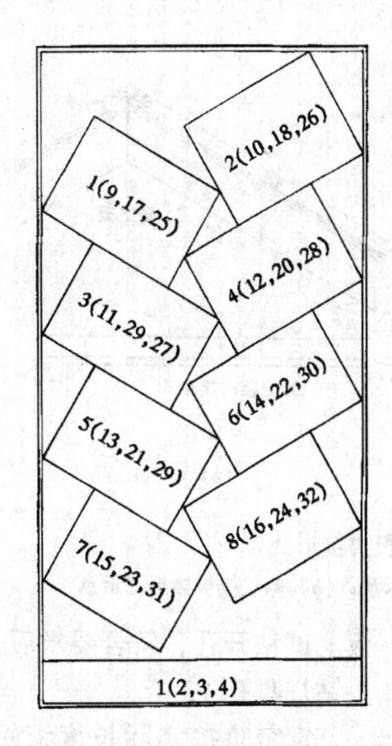

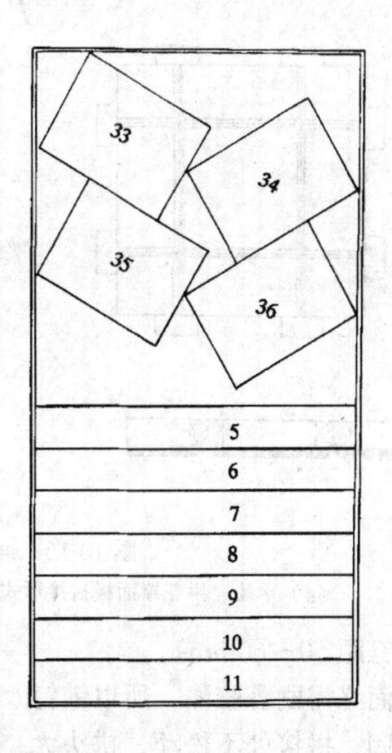

图 10-13　单块拼花罩面板侧立板下料放样图

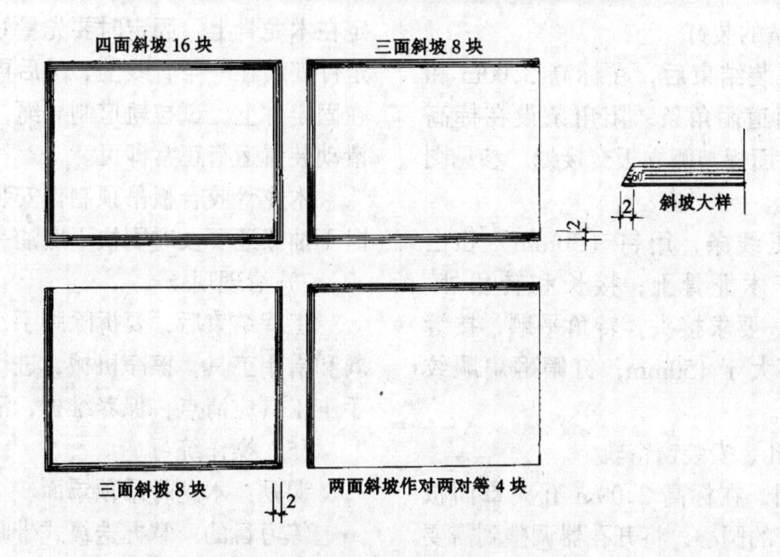

图 10-14　拼接罩面板斜坡加工图

的工作台上，以免损坏边角，也可用修边机进行加工。)

斜坡加工好，在单板背面涂刷白乳胶，钉在原位（钉距≤100mm，用 20mm 圆钉。也可用射钉枪钉接）。

加工斜坡造形，铺钉面板可同时进行，每组人员可分成上、下两部分同时操作。但要相互协调相互提醒对方，以防方向、木纹错乱。

侧立板铺钉较为简单，只是在拼接时要按图 10-15 所示进行斜面搭接，且要在竖向龙骨中心，转角处以 45°对角，钉胶结合要求同上述。

暗装窗帘盒的侧板和 3.15m 标高处顶板，用五夹板面层铺钉（用 30mm 圆钉钉距≤120mm，接缝，钉胶结合方法如同上述；

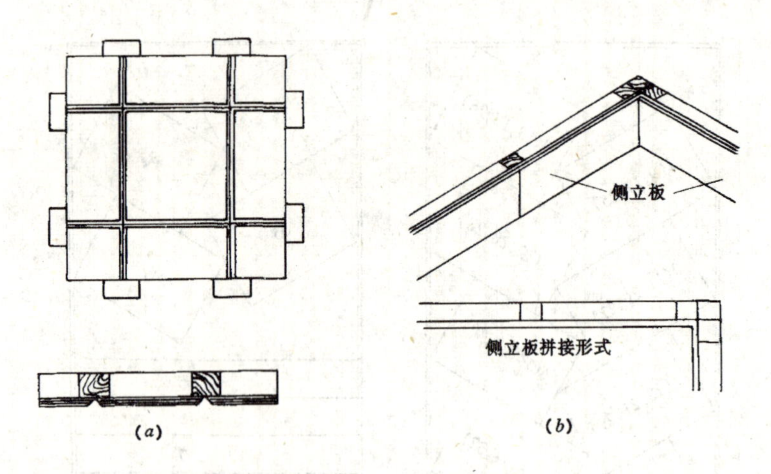

图 10-15　面板拼接形式

(a) 单块、拼花罩面板拼接形式示意；(b) 侧立板拼接形式示意

如采用射钉枪，钉距 50～60mm)。

因五夹板罩面终需刷乳胶漆，所以铺钉的要求主要是牢固，拼接处不松动，拼头无明显高低。

5) 压线条的装钉

罩面板安装结束后，在标高 3.00m 和 3.15m 处有两道阴角条，阳角条设在标高 3.00m 五夹罩面板与侧立板交接处。参见图 10-16 所示。

阴阳角压线条，用钉（30mm）和白乳胶结合钉于木龙骨上，接长和转角处，采用 45°斜接，要求接头，转角平顺，接缝严密，钉距不大于 150mm，钉帽砸扁顺纹冲入 1～2mm。

6) 开灯孔、安装窗帘轨

按施工图，在标高 3.00m 五夹罩面板上画出各筒灯的圆心，将开孔器调整到需要的尺寸，夹紧于手电钻夹头中，先在废旧夹板上试钻开孔，符合要求后，逐一在罩面板上钻灯具孔 12 个。

窗帘轨按实际长度缩短 30～50mm 截锯，拆下固定件，将其用 30mm 木罗钉，固定在木龙骨上，固定时要先量好尺寸，使固定件安装在一条直线上，然后再将轨道安装在固定件上，试拉轨道制导绳，如连接件和滑动装置运行正常即可。

木龙骨胶合板吊顶制作安装结束（如暂时不油漆还要及时刷快干底油一遍）。

7) 清理现场

工程结束后，要拆除脚手，退还多余材料和借用工具，擦净机械，进行保养。自备手工工具应清点，保养维护，清扫地面。

(5) 操作练习

课题：木龙骨吊顶罩面

练习目的：掌握迭级式带暗窗帘盒木龙骨吊顶面层制作安装施工程序和操作方法。

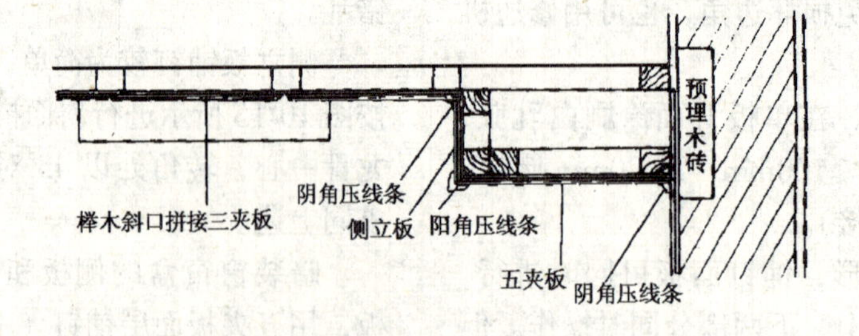

图 10-16　罩板拼接形式及阴、阳角处理

见图10-12。

分组分工：4～6人一组，12课时完成。

练习要求和评分标准：详见表10-6。

罩面板考查评分　　　　表10-6

序号	考查项目	单分	要　求	得分
1	罩面板整洁	10	无损伤、翘角、锤印、麻点污染	
2	平整方正	10	横平竖直、单板对角线不超±1mm	
3	色泽木纹	15	色泽近似木纹无错乱、协调	
4	牢固	10	钉距正确不超过±2mm用胶合理	
5	接缝	10	缝隙均匀一致、接头严密	
6	收口压缝	10	收口压缝合理、线条通直、拼接严密、四周交圈	
7	安全卫生	10	无工伤、场地、材料、工具清点	
8	综合印象	25	程序不乱、操作合理、按时完成	

班级____姓名____指导教师____日期____总得分____

10.2 木龙骨吊顶质量通病及其对策

(1) 吊顶拱度不匀

1) 主要原因

吊顶龙骨材质差、变形大、不顺直、含水率大；操作不规范、起拱不均匀；吊杆或吊筋间距过大，拱度不易调匀；吊顶龙骨接头不平；受力点结合不严密，受力后产生变形等。

2) 对策

选用比较干燥的松木、杉木等软质木材；按操作工艺弹线；严格控制主龙骨、次龙骨等龙骨的截面尺寸；各受力点必须装钉严密、牢固。

(2) 木压条或板块明拼缝装钉不直，分格不均匀，不方正

1) 主要原因

装钉吊顶基层龙骨时，拉线找直和规方控制不严；龙骨间距分得不均；龙骨间距与板块尺寸不符；未按先弹线再按弹线装钉板块或木压条的规程操作；板块不方正或尺寸不准等。

2) 对策

装钉吊顶龙骨时，必须保证位置准确，纵横顺直，分格方正；板块要裁截方正、准确，不得损坏棱角，四周要修去毛边，使板边挺直、光滑。装钉前，在每条纵横龙骨上按所分位置弹出中心线，然后试排，符合要求后沿墨线装钉板块。木压线条加工规格必须一致，表面要刨得平整光滑，且按所弹分格墨线装钉。

(3) 纵横龙骨接头缝隙明显、高低不平

1) 产生原因

间距龙骨截锯尺寸不准，且锯割不方正；纵横龙骨钉接时，未注意下口高低平齐。

2) 对策

锯截间距龙骨要按实际尺寸，现场量取，用直角尺画线，照线锯割，保证割面方正。钉接要牢固，每端不少于2根圆钉，且选用合适长度圆钉；钉接时要用手捏平连接处下口；保证钉接时不错位，发现有高低不平要及时修整。

(4) 罩面板色泽、木纹杂乱

1) 产生原因

罩面板铺钉前未对板材进行挑选，单块板材加工后未编排、编号，或未预排、策划。

2) 对策

安装前，应对板材进行挑选，加工单块板材应统一预排和对木纹、色泽进行策划，并编好顺序和编号。木纹、色泽相同或近似的应尽量安排在一个房间或有规律地编排。

10.3 木龙骨吊顶安全施工

(1) 木龙骨吊顶施工脚手架必须搭设牢固，并有足够的稳定性和刚度，高度符合施工要求。

(2) 脚手板要符合安全施工要求，其厚度不应少于55mm，且不得有腐朽，和损伤等缺陷。铺设不得有空头板；搭接处要作临时固定，不得有松动和滑移现象。以防操作人员坠落。

(3) 操作人员不得在脚手上嘻戏和哄闹，以防发生安全事故。

(4) 工具材料不得随意放置在龙骨架上，以防坠落伤人事故。

(5) 各连接点和龙骨架必须安装牢固，符合设计要求，不得随意减小各构件的截面尺寸，以确保骨架的负载。

(6) 临时照明、机具等用电线路应符合工程用电规定，并应由专业电工安装、设置，不得私自拉、接和移动，做到人走断电。以防触电和火灾事故的发生。

第 11 章 木质隔墙(断)施工

木隔断对建筑内部空间进一步划分，不仅有功能作用，同时又能满足人们对室内装饰的艺术的要求。

木质隔断以其自重轻、墙体薄、施工快、式样多等优点，一直是室内装饰采用的手段之一。

11.1 木隔墙施工

木隔墙一般采用红松、白松、花旗松等作骨架，其断面一般有 40mm × 70mm、40mm×80mm 和 50mm×100mm 等，竖龙骨之间的中距 400mm～600mm，横撑间距与竖向相同，也可以适当放大（主要由设计或面层而决定）。

所用木材必须符合国家对材质等级、含水率，以及防腐、防虫、防火处理的标准。主结构应预埋防腐木砖或其他埋件，且位置、数量和牢固度应符合设计要求。

(1) 施工项目

制作安装胶合板木隔墙。详见施工图 11-1。

(2) 材料、工具

材料：白松木方为主，详见表 11-1。

材　料　单　　表 11-1

序号	名称	规格（mm）	数量	含水率%
1	上、下槛	45×85×4300	2	≤15
2	竖龙骨	45×85×3200	13	≤15
3	横龙骨	45×85×400 以上	32m	≤15
4	水曲柳三夹板	1200×2440	9 张	
5	白乳胶	0.5kg 瓶	6	
6	防腐涂料	氟酚合剂	4kg	
7	木线条	15×15	22m	
8	木门框	790×2000	1 樘	
9	圆钉	9070 25	4kg 3kg	
10	木花格隔断	自制	1	

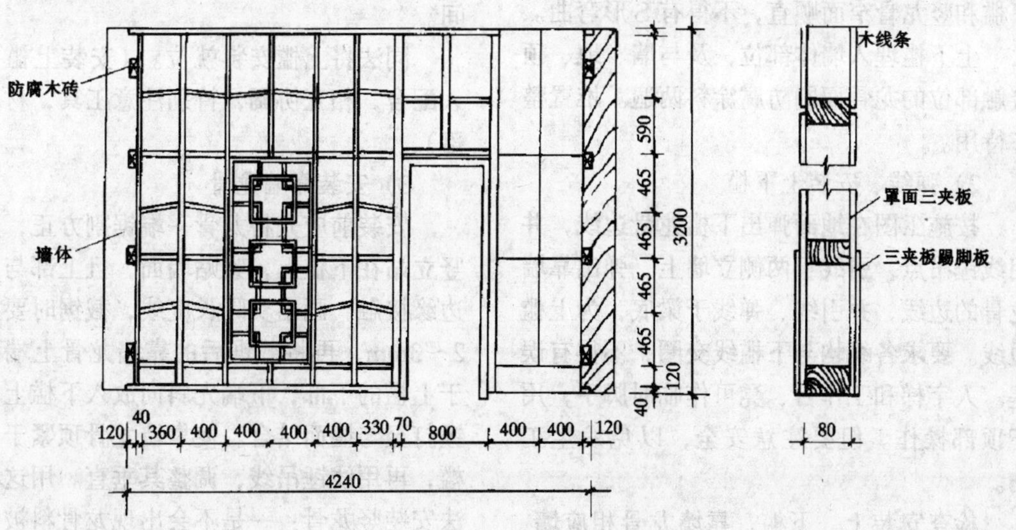

图 11-1　木龙骨胶合板隔墙施工图

工具：木工机械和手工工具为主，详见表11-2。

工　具　单　　　　表11-2

序号	名　　称	型　　号	数　　量
1	平刨机床	MB103	1
2	压刨机床	MB502A	1
3	圆锯机床	MJ205	1
4	冲击电钻	回 ZJ－16	1
5	水管	ϕ12	6m
6	胶刷	25mm	2
7	钢錾		1
8	手工工具	自备	1套

(3) 施工程序

看图→配料→加工龙骨→弹线、安装上下槛→安装靠墙龙骨→分格、安装竖龙骨→安装横向龙骨→安装门框、木花格隔断→弹线、铺钉面板。

(4) 操作方法

1) 配料、加工木材

根据施工图和材料单、按先长后短，先大后小的原则，配齐木龙骨。

通过木工机械锯、刨、压交叉操作将木龙骨加工好。要求木龙骨截面尺寸准确，上下槛和竖龙骨窄面顺直，不得有S形弯曲。

上下槛埋入墙体部位，及与墙、地、顶接触部位的龙骨面刷防腐涂料两遍。堆置整齐待用。

2) 弹线、安装上下槛

按施工图在地面弹出下槛龙骨边线，并用线锤吊点，引线于两侧立墙上，弹出靠墙龙骨的边线，并引线、弹线于梁底，为上槛边线。要求各线均与下槛线交圈，不得有误差。人字梯和工作台、凳可作临时脚手，用于顶部操作。但要注意安全，以免发生工伤。

检查安装上、下槛，靠墙龙骨相应墙、地、顶的预埋木砖和埋件位置、数量、及牢固情况如有不符合安装要求的，可用冲击电钻，打ϕ12～ϕ16的孔，塞防腐木楔来增设连接固定点。

用冲击电钻钻孔，钢錾剔凿的方法，开出上下槛需埋入立墙的位置孔洞，孔洞的宽窄应比龙骨截面大些，深度应符合上下槛埋入墙体的尺寸要求（如上下槛为整料，一侧洞深应为上下槛两端入墙尺寸之和，否则无法安装。）用同法凿出门框下部入地面的孔洞，深度为20～40mm。

上、下槛不够长可以接长，接长方法如图11-2所示。接长的上、下槛安装时应上下错开接头位置，以保证隔墙的整体性。

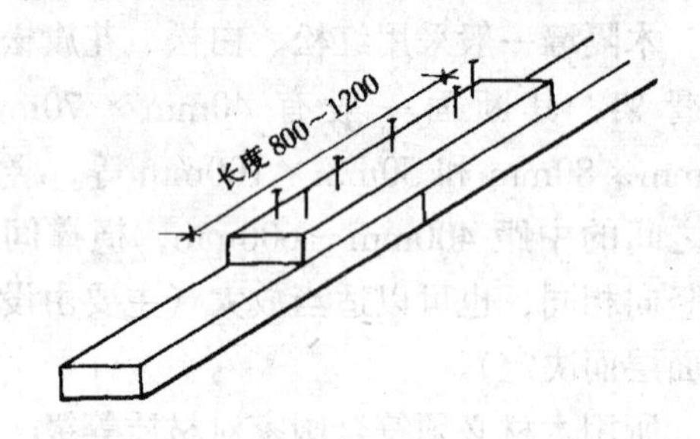

图11-2　上、下槛拼接（接长方法）

先将下槛两端放入墙内（如需接长可先放置、后拼接，这样墙孔就不必有一侧凿孔太深了），按弹线就位，用90mm圆钉，钉于地面的连接点，钉距应在400～600mm之间。

同法将上槛安装就位。（安装上槛要四人配合，相互协调，特别注意工具，材料坠落）。

3) 安装靠墙龙骨

安装前应先将龙骨一端锯割方正，然后竖立站在下槛上，紧贴墙面，且上部与上槛边缘接触，画出实际长度线，截锯时要放长2～3mm，再将截锯后的靠墙龙骨上端顶紧于上槛的下部，下端先斜向放入下槛上，用锤打至与墙面结合。使靠墙龙骨顶紧于上下槛，再用线锤吊线，调整其垂直。用这种方法安装竖龙骨：一是不会出现龙骨料被锯短的现象，二是龙骨安装紧固，不会因松动而倾倒造成砸人的事故。

靠墙龙骨往往遇到因墙面不垂直或不平整的情况，而造成木龙骨安装不符合要求的现象，遇此情况，可在立墙与靠墙龙骨之间加设合适防腐垫木调整。垫木应设置在紧靠钉接处，且不得超出龙骨截面。垫木的厚薄应符合龙骨的垂直的要求。调整好垂直度，用90mm圆钉钉固。

4）安装竖龙骨

首先应将木门框的位置确定在下槛上，通过线锤吊点，引至上槛，根据确定的门框位置点用钢卷尺分画出各竖龙骨的中点于上、下槛上，用小角尺引线于上、下槛两侧（如竖龙骨需接长，要双面夹钉木方）。将竖龙骨逐一与上下槛钉接牢固。钉龙骨的钉法如图11-3所示。竖龙骨与上下槛的钉接应平齐，不得有高低不平现象，以免影响面板铺钉。

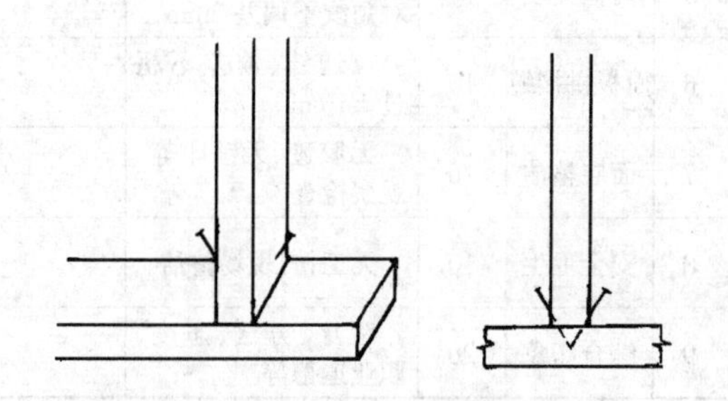

图11-3　竖龙骨与上、下槛的钉法

竖龙骨安装后，用拉通长线或2m托线板检查龙骨面横向是否平整，竖向是否垂直，全高的垂直度误差不得超过3mm，如有不符合要求的，应及时修整，直到符合标准。

5）弹线、安装横向龙骨

用水管或水平尺，测找水平点于竖龙骨两端（可为任意高度）以测出的两水平点弹出一水平基准线，按此线分画出水平横龙骨的中点，横斜撑的控制点及室内地坪点，按测点在竖龙骨两侧弹出各线。

先安装水平横龙骨，水平龙骨两端应割锯方正，而长度则应以满足竖龙骨垂直方向通直为准（竖龙骨的宽面往往有弯曲或顺弯现象），通过水平横龙骨的顶、拉，可以使竖龙骨（宽度方向）通直，如图11-4所示，水平横龙骨为罩面板的纵向拼接位置，所以安装位置一定要准确。

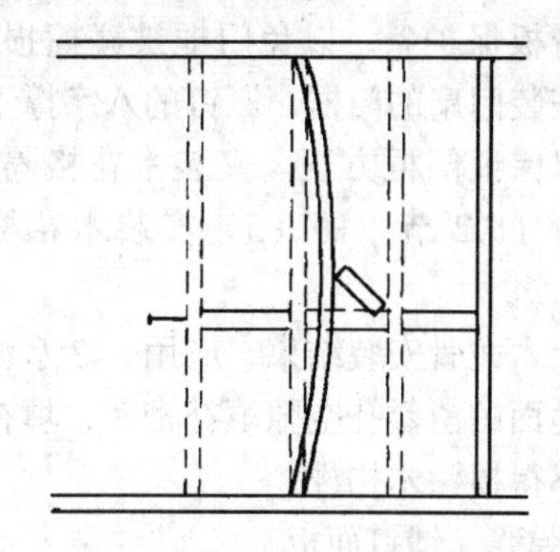

图11-4　通过水平横龙骨的顶、拉可以使竖龙骨通直

横向斜撑按控制线成八字型钉接在竖龙骨上，横斜撑的设置：一是为加强整体性，使隔墙有足够的刚度，二因其有一定的斜度，可以楔紧竖龙骨与水平龙骨的间距；三是钉钉方便。为满足斜撑有一定的斜度，所以斜撑长度应比实际水平间距长10～20mm，且两端应锯成相对应的斜度，并与竖龙骨接合严密。

所有横向龙骨安装都应与竖龙骨两侧平齐，不得有凹凸现象，以免影响罩面板的平整和胶合能力。如有不符合要求的应及时修整，严重的要拆除重新安装，轻微的用木刨刨平。

6）门框安装

门框为预制，安装前要核对隔墙所留的门洞尺寸，方正度是否准确，再确定门框裁口的开启方向，量取门框水平线锯口以下找头长度，与所凿錾的槽孔深度是否相符（门框下部有水平锯口线和埋入地坪的找头），如不相符，在保证门框找头埋入20～30mm深度的前提下，将多余找头锯掉，并保证门框水平锯口与室内地坪吻合。然后将门框下部放入孔槽中，再将上部推入门洞。通过线锤吊点，使门框既要与地面垂直，又要与竖龙骨平行，且内裁口对角线还要相等，方可与隔墙龙骨钉接，钉接用 90mm 圆钉（注意，不得钉在安装合页和门锁的安装位置）。

门框安装好应及时在裁口内外钉上薄木板或人造板保护条，以免门框被碰撞损坏，暂时不安装门扇的门框，原钉的八字撑不得拆除，以保证门框方正。安装木花格隔断，详见本章 11.2 节中的（5）安装木花格隔断。

整个木龙骨安装结束，应用 1∶2 水泥砂浆将墙地面的凿錾孔空隙填补密实，填补时要仔细不得损污木构件。

7）弹线、铺钉面板

按施工图在隔墙龙骨上弹出面板的纵横拼接线（拼接线应处于竖横龙骨的中部，如有不符合要求的龙骨应修整）。

按施工图对胶合板进行挑选，要求木纹、色泽相同或近似，且无缺角、损边。然后找方、画线、裁板、刨边、编号，将面板加工好待用。

将加工好的面板，从门框拼接处开始，从下往上进行试排并临时固定在隔墙上，观察是否符合要求，必要时应及时修整，待符合要求才可正式铺钉。铺钉时在胶合板背面涂刷白乳胶，用 20mm 圆钉，采取拆除一块铺钉一块的方法，在隔墙两边同时进行。面板铺钉要求接缝宽窄一致，横平竖直，钉距相等，板面整洁无胶迹，无锤印，钉帽冲入 0.5～1.0mm。面板与墙面、梁底面各交接处用木线条压缝，面板与地面交接处用同质胶合板加钉一层作为踢脚板。门框与面板交接处，用门贴脸覆盖压缝。木线条、门贴脸安装时应采用 45°对角，接缝严密，无高低。

8）现场清理

工程结束，退还多余材料和借用工具，擦净机械进行保养，手工工具应收拾齐全，打扫现场卫生。

（5）操作练习

课题：木隔墙施工

练习目的：掌握胶合板木隔墙的施工程序和操作方法。

练习内容：制作，安装室内胶合板木隔墙。详见图 11-1（施工图）。

分组分工：4 人一组、12 课时完成。

练习要求和评分标准：详见表 11-3。

考 查 评 分　　表 11-3

序号	项目	单项配分	要　求	得分
1	龙骨尺寸（截面）	10	尺寸正确、规格一致	
2	平整度	10	拉通线、楔形塞尺检查	
3	方正度	10	尺量对角线，误差不超过 3mm	
4	垂直度	10	线锤吊线、尺量、偏差不超过 3mm	
5	门框安装	10	牢固、方正、垂直、对角线不偏差 2mm	
6	面板拼接缝	10	拉通线、偏差不超过 ± 1mm	
7	面层整洁	10	无胶迹、无锤印等、观察检查	
8	安全卫生	10	无工伤、现场整洁	
9	综合印象	20	程序、方法、态度、职业道德等	

班级____姓名____指导教师____日期____总得分____

11.2 木花格隔断制作、安装

木花格隔断一般采用硬质木材，木纹清晰，美丽，且不易变形的板材制作。断面有 20mm × 120mm、25mm × 150mm 或 30mm × 180mm 等，按一定的图案组装拼合而成。辅以少量的花饰点缀就更加突出其装饰特点。

（1）施工项目

实木板空透式木花格装饰隔断的制作安装，详见图 11-5 施工图、图 11-6 木花格隔断局部示意图。

（2）材料、工具

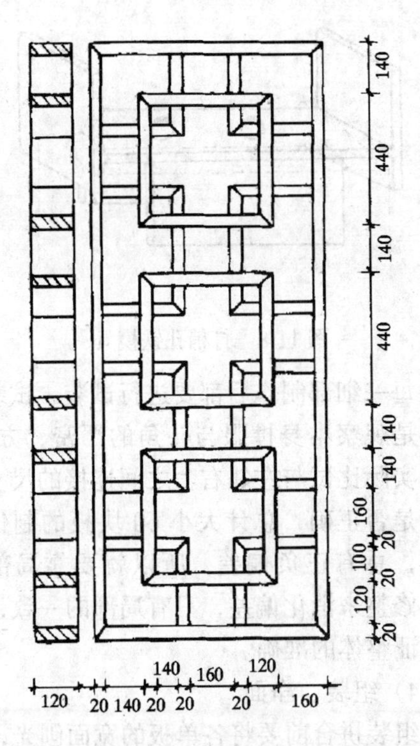

图 11-5 施工图

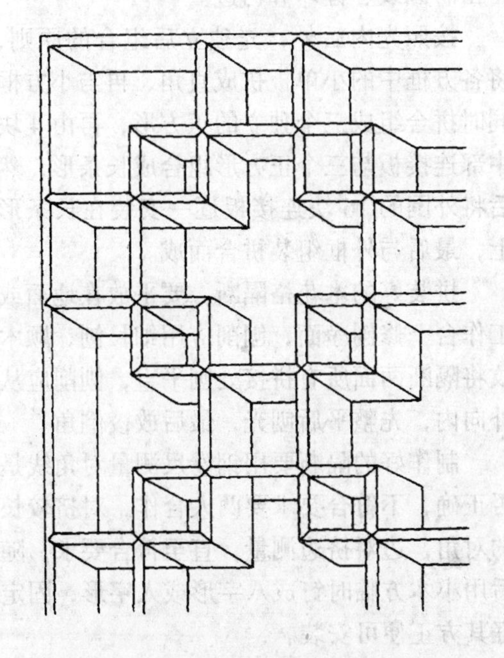

图 11-6 木花格隔断局部示意

1）材料以红榉木木板为主，详见材料单（表 11-4）。

2）工具以手工工具为主，详见工具单(表 11-5)。

材 料 单　　表 11-4

序号	名称	规格尺寸（mm）（净尺寸）	数 量
1	边框	20×120×800 20×120×1820	2 块 2 块
2	正方框	20×120×480	12 块
3	连接板	20×120×200	20 块
4	中心直角板	20×120×150 以上	24 块
5	白乳胶	0.5kg	2 瓶
6	阴角木线条	15×15	5.2m
7	圆钉	60 25	1kg 0.1kg

注：所用板材木线条为红榉木，含水率低于 15%。

工 具 单　　表 11-5

序号	名 称	规 格	数 量
1	平刨	MB103	1
2	圆刨	MB502A	1
3	圆锯	MJ202	1
4	手电钻	回 J2－13	1
5	手工工具	自备	
6	梢孔模具	自制	

（3）制作程序

看图→配料→加工木板→画线→凿眼、做榫→制梢、打孔→斗角、试装→修整、组装→净面倒棱。

（4）操作方法

1）配料、加工板料

根据施工图和材料单，按照要求配齐板料。

使用木工机械进行粗加工，手工工具精加工，使加工件截面方正、一致。

2）画线

根据施工图要求的尺寸和节点构造示意图 11-7 所示的连接方法画线。

3）制作

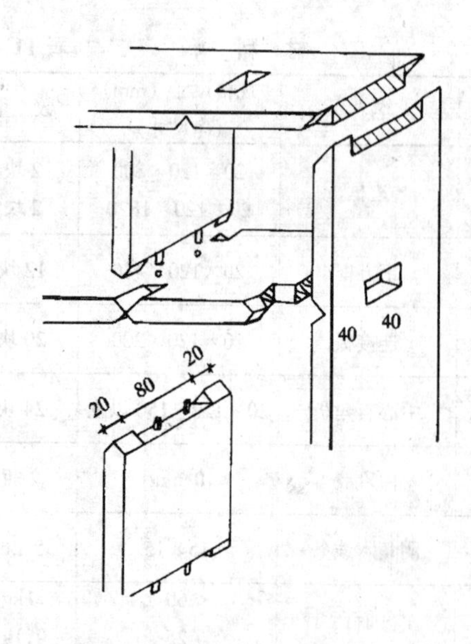

图 11-7 节点构造示意

先凿眼后锯榫，先制梢后打孔，先试装后打孔，先试装后斗角。

凿眼要方正，前后两端要留线，侧壁平滑，通眼应先凿背面再凿正面。

锯榫头纵向锯割可伤线（即锯出的榫宽略小于眼宽），要锯到榫眼，拉肩大面留半线，小面当线锯，且要与榫头垂直，45°割角时要留线，以便修整。

做梢钉可用毛竹，也可用硬质木材或胶木棒，先刨成小方再用半圆刨刨圆，长度以300mm左右一根最好加工。木、竹梢做好后，可按梢的直径选择钻头，钻头应比梢的直径略大或相同，不得选用小于梢径的钻头，以免将木板撑裂。因为梢主要起固定位置的作用。打孔前应做一个横竖板都能同用的钻孔模具，这样可以保证所有钻孔板的间距中心相同，而免去画、找圆心的工序，梢孔模具可参见图 11-8 所示，此模具上面可用来打横向板的孔，下面可用来打竖板孔。

斗角是整个操作过程中最细、最多也是最难的部分，榫、眼做好后方可斗角，斗角时既要保证缝隙紧密，又要保证尺寸正确；所以每一个细部都要规矩才能做到榫到位、肩密实。

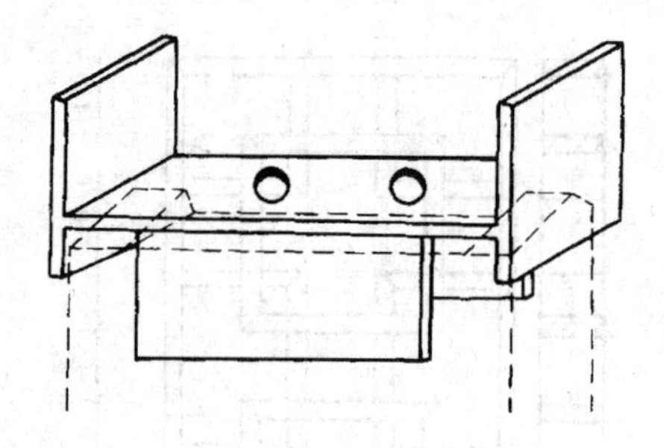

图 11-8 打梢孔铁模具

每一细部制作后都要进行试装，试装的目的是观察本身榫眼与斗角的严密、方正，还要实际比试与左邻右舍之间连接的尺寸和角度是否正确，总计大小 60 块板的制作过程中，总有正负偏差，所以就要靠局部试装，修整来消化偏差，只有局部的一致，才能保证整体的准确。

4）组装、净面

组装拼合前要将各单板的宽面刨光，不得留有画线、锤印和污迹。

按照先内后外，先独立后组合的原则，将各方框中的小单板拼成直角，再与小方框同时拼合组成三个独立的正方形，再由 4 块中部连接板与三个正方形组合成长条形，然后将外围的 16 块连接板逐一安装在长条形上，最后与外框组装拼合而成。

拼装好的木花格隔断，要平放在地面或工作台上修刨净面，刨削应用细长刨，顺木纹将隔断两面所有拼接处刨平直，刨削应从外向内，先整平后刨光，最后放棱倒角。

制作好的隔断要用钢卷尺测量对角线是否正确，不符合要求要两人合作，对挤较长的对角，边对挤边测量，直至符合要求，随后用小木方临时钉成八字形或人字形，固定好其方正便可安装。

5）安装木花格隔断

先检查木隔所留的洞口尺寸和方正度是否正确，一般留洞都要略大，将木花格隔断抬起并垂直于地面，平行推入隔墙预留洞中，按设定位置就位，用水平尺、线锤校正其方正，有空隙处用垫木垫实，用50mm或60mm圆钉，砸扁钉帽，钉在隔墙的龙骨上。

15mm×15mm的木线条盖压在隔断外侧与隔墙的罩面板的交接阴角处，木线条转角和接长均用45°斜接，用25mm圆钉，钉距≤150mm，钉胶结合，钉于木龙骨上。

6）现场清理

工作结束要退还多余的材料和借用工具，机械擦试干净，保养上油。收拾维护自己的手工工具，将现场打扫干净。

(5) 操作练习

课题：木花格隔断制作安装

练习目的：掌握木花格隔断施工程序和操作方法。

练习内容：制作安装榉木板空透式木花格装饰隔断。详见图11-5和图11-6。

分组分工：4人一组，12课时完成。

练习要求和评分标准：详见表11-6。

考 查 评 分　　表11-6

序号	考查项目	配分	要　求	得分
1	尺寸	15	总体尺寸不超过±2mm，分部尺寸±0.5mm	
2	方正度	15	总体±2mm、分部±0.5mm	
3	割角、拼缝	20	各45°角严密无缝、榫眼饱满到位	
4	整洁美观	20	无缺口损边、无锤印、胶迹、无污迹	
5	安全、卫生	10	无工伤、场地清	
6	综合印象	20	操作程序、合理用料、工作态度等	

班级____姓名____指导教师____日期____总得分____

11.3　木隔断施工的质量通病及其对策

(1) 隔墙与结构或骨架固定不牢。其原因是骨架料尺寸过小或材质较差；上下槛与主体结构固定不牢靠，立筋（竖龙骨）、横龙骨、横撑之间连接不牢，安装不得当，即先安装了立筋，并将上下槛断开，门、窗洞处两侧立筋的截面尺寸未加大，门窗框上部未加钉人字撑等。因此，选材要严格，凡是腐朽、劈裂、扭曲、多节疤等疵病的木材不得使用。且应使上下槛与主体结构连接牢固，骨架固定顺序应先立上下槛，再立边框、立筋（竖龙骨），最后钉水平横撑，遇到门洞，须加通天立筋，下脚卧入地楼板内嵌实，并应加大截面尺寸到80mm×70mm，门窗框上部宜加钉人字撑。

(2) 墙面粗糙、接头不平不严。由于骨架料含水率偏大，干燥后产生变形，工序安排不合理，选面板没有考虑防潮防水，板面粗糙、厚薄不一；钉板顺序不当，拼缝不严或组装不规范，造成表面不平整等。因此，选材要严格，骨架应按线组装，尺寸一致，找方找直，交接处要平整；工序要合理；而板应从下至上逐块钉设，拼缝应位于立筋或横龙骨上。

细部做法不规矩，装饰隔断不精细，割角不严实，表面不光滑。其原因对设计理解不够，未进行技术交流，施工操作不认真。故须熟悉图纸，多与设计人员商量，妥善处理每一个细部构造；加强对操作人员进行技术指导，提高操作人员的职业道德。

第12章　聚合物水泥砂浆抹灰施工

聚合物水泥砂浆抹灰主要有滚涂与弹涂，本章讲述其施工准备、施工工序、操作方法、施工注意事项、安全文明施工要求、质量通病及防范措施、产品成品保护、操作练习等内容。

12.1　滚涂

12.1.1　施工准备

（1）现场准备

施工平面布置图如图12-1。每个工位为一砖墙，1.5m高。

（2）材料准备

1）水泥：采用不低于425#的普通水泥或白水泥、彩色水泥等。

2）107胶：稀释20倍水的六偏磷酸钠溶液。

3）甲基硅醇钠：含固量30%，pH值13，密度1.23(甲基硅醇钠溶液：水=1:9)。

4）砂粒：要求洁净，粒径约为2mm左右。

5）滚涂用色浆配合比：参见理论部分。

（3）主要机具准备

灰桶；木杠；盘状容器或铁网；靠尺；铁皮刮子；胶布辊筒；搅拌机，小台秤；砂浆稠度仪。

12.1.2　施工工序及操作方法

（1）基层清理

清扫墙面上浮灰污垢，检查孔洞口尺寸，打凿补平墙面，浇水湿润基层。

（2）做灰饼与冲筋

基层处理完毕，应设置灰饼与冲筋，作为底层抹灰的依据。

（3）抹底、中层灰

待冲筋有了一定强度后，洒水湿润墙面，然后在两筋之间抹上底层灰，用木抹子压实搓毛。底层灰要略低于标筋。待底层灰干至6～7成后，即可抹中层灰；抹灰厚度应稍高于标筋5mm为准。然后用木杠按标筋刮平，接着用木抹子搓压，使表面平实。在墙体阴角部位，应用方尺上下对方正，后用阴角器上下抽动搓平，使墙角方正。

（4）粘贴胶布分格条

滚涂前，若有门窗以及不需要滚涂的部位应采取遮挡措施，以防止污染。接着，根据设计要求分格，其作法有二：一是在分格线位置上用107胶溶液贴胶布条；一是滚涂后，在分格线位置上压紧靠尺，用铁皮刮子沿着靠尺刮去砂浆，露出基层，成为分格缝。分格缝宽一般为20mm左右。

（5）滚涂

滚涂前，根据墙面干湿情况，酌情洒水湿润。滚涂时，辊子蘸浆不可过多，一般蘸取涂料时只需浸入筒径的1/3即可。然后，在平盘状容器内或料桶内的铁网上来回滚动几下，使辊筒被涂料均匀浸透。如果涂料吸附不够，可再重复一下。

滚涂操作时，需要2人合作，一人在前用铁抹子进行色浆罩面，另一个紧跟着用辊子滚涂，运行要轻缓平稳，保持花纹的均匀一致性。为使涂层厚薄一致，防止涂料滴落，辊子要由上往下拉，使滚出的花纹有一自然向下的流水坡度。当辊子比较干燥时，

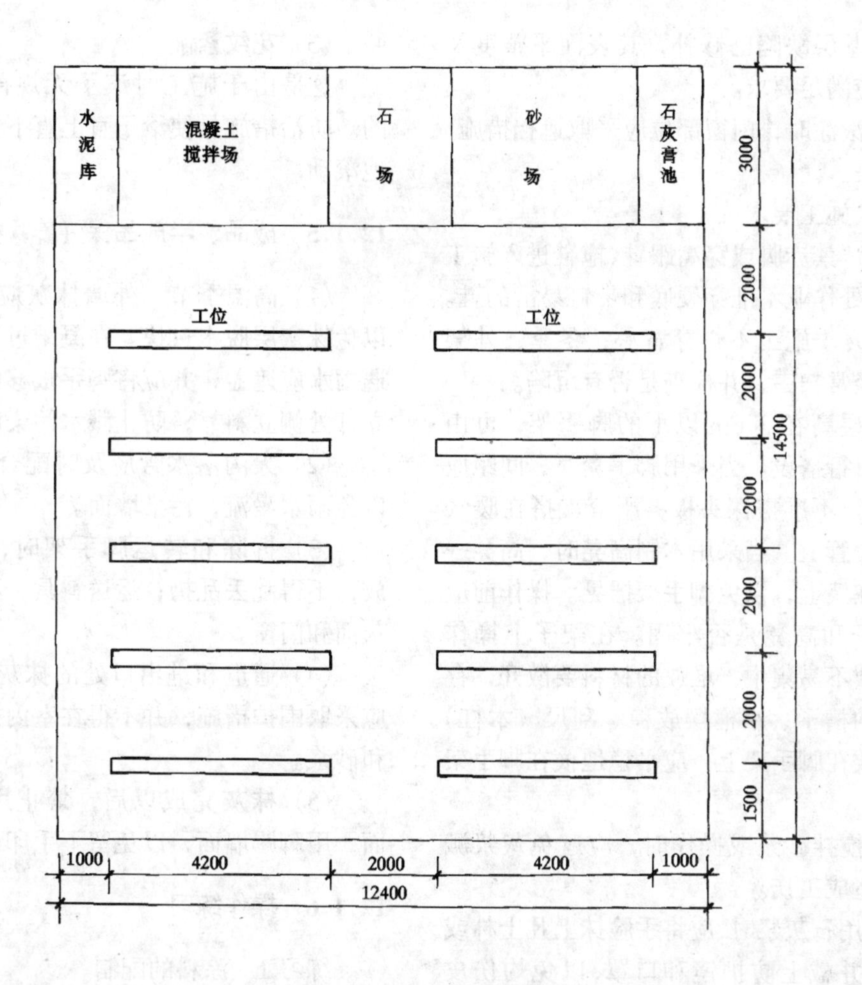

图 12-1　施工平面布置图

可将刚滚涂的表面轻轻梳理一下，然后就可以再蘸上涂料，水平或垂直地一直滚下去。结束滚涂时，还需将辊子由上往下拉一遍，使滚出的花纹有自然向下的滚水坡度。

辊筒经过初步滚动后，筒套上的绒毛会向一个方向倒伏，顺着倒伏方向滚涂，形成的涂膜最为平整。为此，滚动一段时间后，可查看辊子的端部，看一看绒毛的倒伏方向。在整个滚动过程中，最好一直顺着这个方向滚动。

滚涂遍数不易太多，否则会导致翻砂现象。施工应按分格缝或工作段进行，不得任意留槎。

(6) 喷防水剂

滚涂施工结束 24h 后，应喷洒憎水剂一遍。滚涂饰面效果如图 12-2 所示。

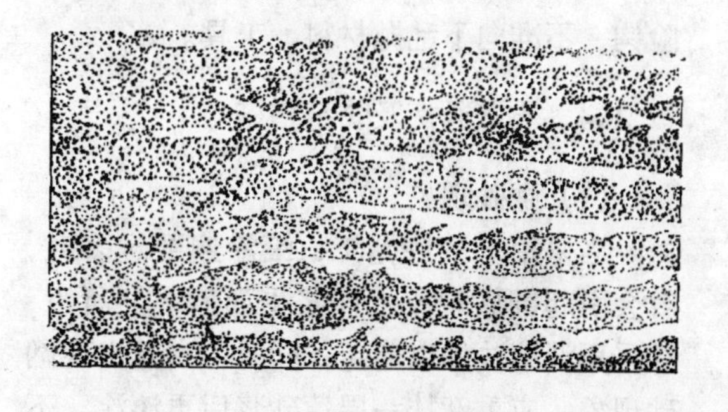

图 12-2　滚涂饰面

12.1.3　施工注意事项及安全施工要求

(1) 施工注意事项

1) 顶棚与内墙已施工完毕，门、窗、玻璃已全部安装完成，才能进行滚涂施工。

2）基层缺陷已修补，其表面平整度及垂直度应满足要求。

3）滚涂时，门窗部位应采取遮挡措施，防止污染。

（2）施工要求

1）严禁赤脚或穿高跟鞋、拖鞋进入施工现场；高处作业不准穿硬底和带钉易滑的鞋。

2）夏季施工不得穿背心；冬季，外架子需要经常扫雪，并检查是否有沉陷。

3）层高在3.6m以下的脚手架，可由施工者自行搭设。当采用脚手凳时，间距应小于2m。不准搭探头板，严禁支搭在暖气片，水暖管上。当采用木制高凳时，高凳一头要顶在墙上，以免脚手架摇晃。操作前应检查架子和高凳是否牢固。在架子上操作时，人数不易集中，堆放的材料要散开，存放砂浆的槽子、小桶摆放稳。刮尺（木杠）不要竖放在脚手架上，应平稳地横在脚手架平面上。

4）搅拌砂浆或操作时，应避免灰浆溅入眼内造成工伤。

5）用石灰浆时，应将手脸抹上凡士林或护肤膏，并戴上防护镜和口罩，以免灼伤皮肤。在室外喷浆时，操作人员应站在上风向。

6）高空作业必须系好安全带，扣好保险钩，不准向下乱抛材料、工具。

12.1.4 质量通病及防范措施

（1）翻砂现象

当采用干滚法施工，滚涂遍数过多时，就会引起翻砂现象，即浆少而砂多。所以，常采用湿滚法加以避免；同时，一旦出现翻砂现象，应重新抹一层薄砂浆后再滚涂，不得事后修补。

（2）“花脸现象”

当砂浆过干，直接向滚面上洒水时，就会产生“花脸”，即颜色不一致。防治措施是应在灰桶内加水将灰浆拌和，再滚涂；当发现桶内灰浆沉淀时，要拌匀后再用。

（3）花纹紊乱

这是由于施工时滚子无规律滚动造成的。防治措施是使滚子直上直下且轻缓平稳地滚动。

12.1.5 成品、半成品保（养）护

（1）高温季节，外墙抹灰应防止曝晒，以免抹灰层脱水过快。在凝结过程中，面层遇雨水应遮盖，并应将脚手板移到脚手架外立杆处侧立斜靠，防止溅水污染墙面。

（2）天沟落水管应及时配合外墙抹灰，以免雨水漫流，污染墙面。

（3）拆除和转运脚手架时，应轻拆轻放，不得乱丢乱扔；运送料具，不得碰撞抹灰面和门窗。

（4）通道和进出口处的抹灰面做好后，应采取围护措施，并不得在室内楼地面上拌和砂浆。

（5）抹灰完成以后，禁止用手乱摸墙面，用脚踢墙面，以免留下手印、脚印。

12.1.6 操作练习

练习1　涂料的配制

（1）施工准备

1）材料准备

水泥、砂子、107胶、甲基硅醇钠水溶液。

2）工具准备

筛子、铲子、小桶、砂浆稠度仪、小台秤。

（2）实训要求

1）质量要求

配出的涂料应保证拉出的毛不流不坠。

2）课时要求

1课时。

（3）操作过程

按水泥∶砂子＝1∶3的体积配合比将其干拌均匀，再按水泥∶水∶107胶＝1∶0.45∶0.1（质量比）的比例，向107胶中加水搅匀。

将107胶水溶液与砂子水泥进行拌和，边加边拌，拌成糊状，稠度约为100～120mm。

练习2　墙面滚涂

（1）施工准备

1）材料准备

练习1　配好的涂料。

2）工具准备

灰桶、木抹子、木杠、盘状容器或铁网、靠尺、铁皮、胶布、滚筒、搅拌机。

（2）施工平面布置图

施工平面布置图如图12-1所示。

（3）练习要求

1）数量要求

每个工位4人，每2人一组，每人需完成3.15m^2的墙面滚涂。

2）质量要求与评分标准

滚涂面层的各项测定考核项目见表12-1。

3）课时要求

3课时

（4）操作过程

1）处理基层后，用1∶3水泥砂浆打底，表面搓平。

2）弹线分格，并用胶布作分格条。

3）作灰饼与冲筋。

4）抹底、中层砂浆。

5）滚涂。

6）喷有机硅憎水剂罩面（应在施工完24h后再喷）。

（5）现场善后处理

1）剩余浆料、清洗工具的污水不得乱泼乱倒，避免弄脏刚完成的墙面以及污染环境。

2）地面上的灰浆应刮除干净，完成的墙面应小心保护，不要用手去摸，以免损坏面层。

墙面弹涂、滚涂评分标准　　**表12-1**

序号	测定项目	分项内容	满分	评分标准	检测点					得分
					1	2	3	4	5	
1	颜色	均匀程度	15	参照样板，全部不符无分，局部不符，按2分递减扣分。						
2	花纹或色点	同上	25	同上						
3	涂层	无漏涂	15	每处漏涂扣3分						
4	面层	无接痕透底	10 5	每处接痕扣2分； 直到扣完10分为止。 每处透底2.5分，严重者序号2项无分。						
5	涂料	无流坠	5	每处流坠扣2.5分，严重者同上。						
6	工具	使用方法	10	错误无分，局部错误酌情扣分。						
7	工艺	符合操作规范	5	同上						

姓名＿＿＿＿日期＿＿＿＿总分＿＿＿＿学号＿＿＿＿指导教师签名＿＿＿＿班级＿＿＿＿

12.2 弹涂

12.2.1 施工准备

(1) 现场准备

施工现场平面布置图见图 12-1 所示。

(2) 材料准备

白水泥、107 胶、颜料、聚乙烯缩丁醛溶液。

(3) 主要机具准备

灰桶、木杠、盘状容器或铁网、靠尺、铁皮刮子、长木柄毛刷、手动弹涂器、搅拌机、台秤、砂浆稠度仪等。

12.2.2 施工工序及操作方法

(1) 基层找平或刮腻子找平

1) 根据基层干湿，酌情洒水湿润，抹 1:3 水泥砂浆找平。

2) 当基体是平整的混凝土时，可刮腻子修整找平。当涂刷带色涂料时，腻子中应掺入适量的同种颜料。腻子干透磨光后，即可刷底色浆。

(2) 调配色浆

1) 水泥色浆的调配

用 107 胶水溶液与水泥搅拌均匀，在搅拌过程中，逐渐加入颜料，并对照样板，直到适宜为止。颜料可事先用温水调成糊状。用弹力器弹涂的色浆应用窗纱过滤。调制不同颜色的水泥砂浆，其稠度一致（以弹涂后能形成点状为宜）。

水泥色浆适用于混凝土或水泥砂浆基层上。

2) 聚乙烯醇缩丁醛溶液调配

聚乙烯醇缩丁醛是一种粉末，用酒精溶解，其质量配合比为1:(15～17)。配制时，将缩丁醛逐渐投入酒精中，调配一次不宜太多，满足当天用量即可。

3) 颜料可用氧化铁红、氧化铁黑、氧化铁黄等。

(3) 操作方法

1) 调配色浆。

2) 根据基层干湿酌情洒水湿润，抹 1:3 水泥砂浆找平。

3) 当基体是平整的混凝土时，可刮腻子修整找平，如涂刷带色涂料时，腻子中应掺入适量的同种颜料。常用腻子配合比(质量比)为乳胶:滑石粉:2%羧甲基纤维素溶液=1:5:3.5。腻子干透磨光后，即可刷底色浆。

4) 刷底色浆

底色浆采用喷涂毛刷。采用喷涂时，色浆应用窗纱过滤后使用，并对不需喷涂部位进行遮挡。喷刷底色浆时，要求基体表面干湿适度，以免基体过干使弹点浆脱水过快，强度降低或发酥；或者基体过湿，影响色浆吸附而造成色泽不均或色浆流坠。

5) 弹线分格、粘贴分格条

待底色浆干至六～七成后，即可弹线分格、粘贴分格条。具体的操作方法见“滚涂”。

6) 弹色点

待底层色充分干燥后，即可进行弹涂。施工前，应先检查色浆的稠度并进行试弹。弹涂器中色浆不易过多。弹涂器距离墙面一般为 400mm 左右，随着浆料的减少，其距离也相应改变。弹出的色点若出现流坠或拉丝现象，则应立即停止操作，调整色浆浓度。

弹单色，可以一人操作，弹双色，应由两人配合操作，即每人操作一种颜色的色浆，进行流水作业。所弹色点应近似圆形为宜，直径为 2～4mm，疏密均匀。

弹涂时要求弹两道色点。弹第一道色点时，其疏密要求约为弹点总数的 60%～80%，并应分成 2～3 次弹完。每次弹色点应待上一层色点达到适当强度后再弹，并应避免一次弹点过多过密，形成重叠的异形特大色点或造成流淌。弹第二道色点时，应补足第一道色点，其数量为色点总数的 20%～40%。最后，使全部色点疏密均匀，符合要求。

7) 喷刷罩面层

待色点干燥后，取下分格条，并用水泥浆勾缝，在面层上喷或刷聚乙烯醇缩丁醛溶液罩面。喷射时，宜用电动喷枪或喷雾器，顺序移动，使喷层均匀；不要漏喷。顺序喷射方法如图 12-3 所示。

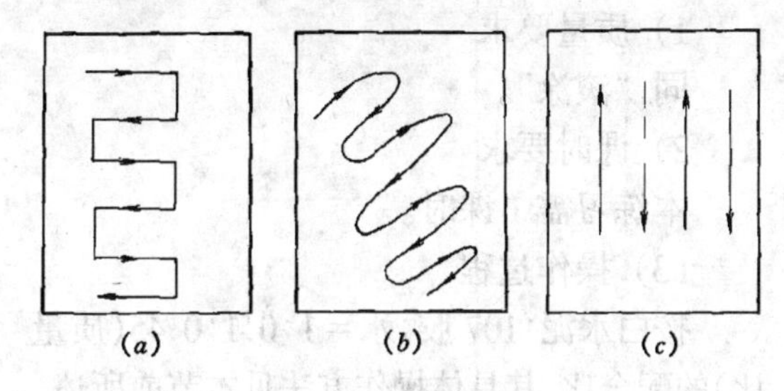

图 12-3 喷射顺序

罩面层也可以用甲基硅树脂（加入一倍工业酒精稀释即可），或甲基硅醇钠溶液。

最后，所用工具应用酒精冲洗干净。

12.2.3 施工注意事项及安全施工要求

（1）施工注意事项

1）弹涂前，基层缺陷必须修补，其表面平整度和垂直度必须符合要求。

2）施工环境温度应在 5℃以上，否则应采取保温措施。

3）弹涂施工应在楼地面等大量施工用水的分项工程完成之后进行，以免墙面渗水造成已弹色浆翻白发花。

（2）安全施工要求

同滚涂的安全施工要求。

12.2.4 质量通病及防范措施

（1）色点不均匀、不清晰

这是由于弹力器筒内盛料过多或稠度不一致或弹力器与墙面距离忽远忽近而造成的。防止的办法是：筒内浆料要适量，稠度变化要加水或加干料，弹力器与墙面距离应控制在 400mm 左右。

（2）“拉丝”或“流坠”现象

“拉丝”是由于加入的胶液过多而引起的，应加水稀释。“流坠”是由于浆料过稀所致，应加适量水泥，以增加稠度。一旦出现上述现象，应再弹色点予以遮盖。

（3）异形色点

弹涂产生的异形色点，一般有长条形、尖形等。长条形色点呈细长条形状，浆点偏平，不突起（如图 12-4）所示；尖形点凸出墙面，或色点重叠成尖状，容易折断掉尖，影响质感（如图 12-5 所示）。

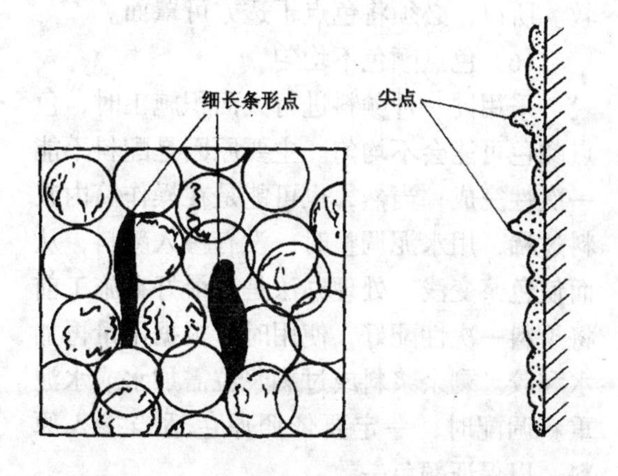

图 12-4 细长条形点　　图 12-5 尖点

产生长条形色点的主要原因是操作时弹力器距墙面较远，色点弹出后成弧线形，色浆挂在墙面上形成长条。解决办法是随时控制弹力器与墙面的距离在 400mm 左右。

产生尖点的主要原因是 107 胶掺入量过少，操作时色浆发涩，或色浆过稠；加水调解时，没有加适当胶液，影响配合比的准确性。解决措施是调整色浆稠度时，在加入水泥及水的同时，应按比例加入 107 胶，并要均匀搅拌以后，才能使用。

（4）色点起粉掉色

常温施工时，两日内色点没有强度，如用手摸，则会起粉、掉色。主要原因有二，其一是弹涂基层过干，色点水分被基层充分吸收，色点不能硬化；二是水泥色浆内颜料掺入量过多，影响水泥强度。处理办法是，基层干燥时，则应喷水充分湿润；严格控制颜料掺入量，当采用普通硅酸盐水泥时，氧化铁掺量不得超过水泥质量的 10%；采用白水泥时，颜料掺量不得超过水泥质量的5%。

(5) 罩面局部返白

弹涂工艺最后一道工序，是用缩丁醛或甲基硅树脂喷涂于表面，做饰面保护，有时施工后会出现局部返白现象。其主要原因是色点没有全部干透就急于罩面，从而将湿色封闭。处理的办法是将反白处用罩面材料做第二次喷涂，将第一次罩面层溶开，加以补救。所以，必须将色点干透方可罩面。

(6) 色点颜色不均匀

采用同一种颜料进行大面积施工时，色点颜色可能会不均匀。主要原因是配料不能一次性完成；当然，也可能是在操作筒内浆料过稀，用水泥调整时，没有掺入颜料，从而使色浆变浅。处理办法是，最好在施工前将干料一次性配好，使用时，根据用量再加水和胶。剩余浆料或过剩浆粒需加水或水泥重新调配时，一定要依照原色适当掺入原料，以保证颜色一致。

(7) 基层不平，接槎不顺

基层如果凹凸不平、接搓不顺将会直接反映在弹涂表面上。其原因是色点涂层很薄，无法遮盖基层的凹凸面。解决办法是，在弹涂施工前，需打底的基层，一定要找平，接槎要顺，从而保证饰面美观。

12.2.5 成品、半成品保（养）护

(1) 弹涂操作前，应遮盖分界线。操作时如果沾污了其他饰面，应及时擦净。

(2) 防止水泥浆、涂料和油质液体污染弹涂饰面。

(3) 禁止用手摸、用脚踢墙面，以免留下印迹。

(4) 其余的可参见“滚涂”相关内容。

12.2.6 操作训练

练习1 涂料的配制

(1) 施工准备

1) 材料准备

白水泥、107胶、颜料、聚乙烯醇缩丁醛溶液。

2) 工具准备

同“滚涂”。

(2) 实训要求

1) 质量要求

同“滚涂”。

2) 课时要求

本练习需1课时。

(3) 操作过程

按白水泥:107胶:水=1:0.1:0.45(质量比)的配合比,其具体操作方法见本节前所述。

聚乙烯醇缩丁醛和颜料的配制见本节前所述。

练习2 墙面弹涂

(1) 施工准备

1) 材料准备

练习1配好的涂料及聚乙烯醇缩丁醛。

2) 工具准备

木柄长毛刷、手动弹涂器；其余同“滚涂”，但不要滚筒。

(2) 施工平面布置图

同“滚涂”。

(3) 实训要求

同“滚涂”。

(4) 操作过程

1) 基层处理：详见本节前所述。

2) 刷底色浆：要注意基层的干湿情况，不能过干或过湿。

3) 弹线分格、贴分格条，同“滚涂”。

4) 弹色点：本道工序是关键，具体操作见本节前所述。

5) 罩面：喷射聚乙烯醇缩丁醛溶液之前，别忘了将分格条取下。喷射要求均匀。

(5) 评分标准

见表12-1

(6) 现场善后处理

1) 施工完毕，所有用具必须冲洗干净。

2) 其余同“滚涂”。

第13章 装饰抹灰施工

装饰抹灰造价低、装饰效果明显，适用于建筑物内外墙、顶棚、柱等装饰，是建筑物广泛运用的一种装饰方法。

13.1 拉毛

13.1.1 施工准备

施工准备包括现场准备、材料准备、机具准备等。

（1）现场准备

现场准备包括材料、机具准备，要求水、电通，现场整洁无障阻物，有实施拉毛施工的墙体。现场施工平面布置如图12-1所示。

（2）材料准备

1）水泥：采用425#普通硅酸盐水泥。

2）颜料：宜选用耐碱、耐酸的矿物颜料，并与水泥干拌均匀过筛后装袋备用。

3）砂：粗中砂。

4）石灰膏：石灰膏必须提前熟化1个月，细腻洁白，不得含有未熟化颗粒。

（3）工具准备

除常用抹灰工具外，还需硬鬃毛刷子、白麻圆形刷子及木分格条。

13.1.2 操作方法

1）基层清理：清扫墙面上浮灰污垢，检查孔洞口尺寸，打凿补平墙面，浇水湿润墙面。

2）抹底层灰：一般采用水泥石灰混合砂浆，厚度为7～9mm，砂浆稠度为80～110mm，表面要求搓毛。

3）做灰饼、冲筋。

4）抹中层灰：待底层七～八成干时，用混合砂浆抹中层灰，要求表面搓毛，使之平整而粗糙。

5）粘贴分格条：根据设计要求在中层面上弹出分格线，然后用素水泥浆粘贴分格条。若当天抹面层的分格条，两侧八字形斜角可抹成45°；若当天不抹面的“隔夜条”，两侧八字形斜角可抹成60°，如图13-1所示。

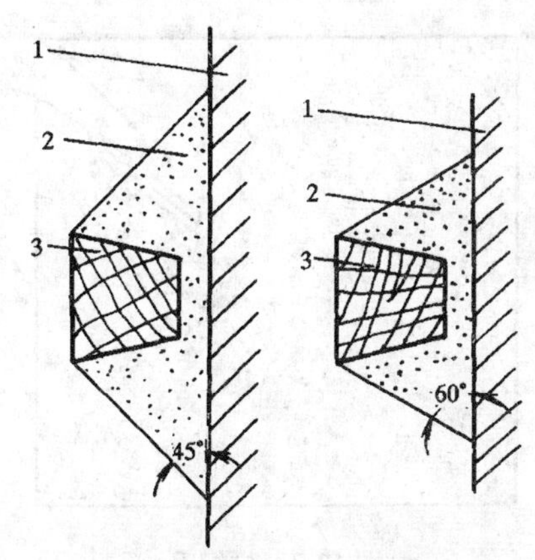

图13-1 分格条

1—基层；2—水泥浆；3—分格条

6）抹面层灰、拉毛：拉毛面层，应在中层砂浆硬结后进行。

根据中层砂浆的干湿程度，浇水湿润墙面，刮水泥浆两遍（水灰比为0.37～0.4）紧接着抹拉毛灰。

拉毛操作时，应由两人配合进行。一人在前抹面层灰，另一人在后进行面层拉毛。

拉粗毛头时，应使铁刷子轻触面层灰用力拉回，要求用力均匀、快慢一致，且拉出凸峰状，形成峰尖，使毛头显露均匀，如有个别不均匀者,则可补拉1～2次。如图13-2。

图13-2 拉粗毛

拉中等毛头时，可用硬毛鬃刷把砂浆向墙面一点一带拉出毛疙瘩。

拉细毛头时，可用白麻缠成的圆刷子，粘着灰浆拉成花纹、各种图案，如图13-3。

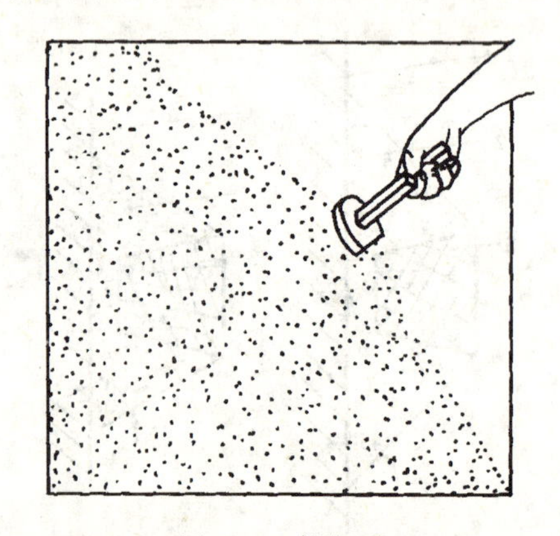

图13-3 拉细毛

7）起条勾缝：起条子时一般以分格条的端头开始，用抹子轻轻敲动，条子即自动弹出。如起条较难时，可在条子端头钉一小钉，轻轻地将其向外拉。“隔夜条”不宜当时起条，应在罩面层达到一定强度之后再起。条子取出后应把它清理干净，收存待用。对于玻璃分格条，应及时用棉纱将沾在上面的砂浆擦干净。

取出条子后，应及时用纯水泥浆勾缝，修整分格缝，使之平整清晰。对于掉棱和缺角者，应用纯水泥浆补上，使其缝宽和深浅均匀一致。

8）养护：养护时间根据气温确定。如果气温不高，则可用喷雾器向墙面喷洒少量水即可。如果气温高，太阳照射强烈，还应采取遮阳措施，以缓解水分的蒸发。否则墙面容易开裂。

13.1.3 施工注意事项及安全文明施工要求

（1）施工注意事项

1）外墙预留孔洞和排水管等应处理完毕，门窗框已经安装就位，门窗口和墙体间的缝隙已用砂浆堵塞密实。

2）墙面基层清理干净，缺陷补齐。

3）拉毛应在中层砂浆硬结后才能进行，过早易掉灰，过迟粘结力不够。

（2）安全文明施工要求

1）应配备必要的防护工具，如口罩、手套等。

2）如眼内溅上石灰膏浆时，应先用大量清水冲洗，立即送医院治疗。

3）高处作业，必须有保护措施。使用高凳施工时，要符合要求；操作者要集中注意力，以防坠落。

13.1.4 质量通病与防治

（1）毛面露底

由于用力过猛、提拉过快造成的。解决措施是：拉毛头时要注意“轻触慢拉”，用力均匀，快慢一致。

（2）毛面接槎现象严重

由于拉毛头时不连续，中途停顿的原因造成。解决的办法是：在一个平面内应一气呵成，不要中途停顿。

（3）开裂现象

一般是由于浆料配合不恰当而造成的。解决的方法是：应在原浆料中加入适量砂子和细纸筋，即可避免开裂。

13.1.5 成品、半成品保（养）护

（1）养护期间，应派专人看管；禁止用

手摸碰和弄脏墙面。

(2) 施工中禁止物体碰撞墙面，以免损坏毛头。

(3) 不能向墙面用盆洒水，以免损坏强度还未达到要求的毛头。

(4) 防止水泥砂浆和油质液体污染墙面。

13.1.6 操作练习

练习1 墙面拉毛

(1) 施工准备

材料准备：水泥、砂、水、石灰。

工具准备：硬鬃毛刷，白麻缠成的圆形刷子，其他常用抹灰工具。

(2) 施工平面布置图

如图12-1所示。

(3) 练习要求

数量要求：$3m^2$/人。

评分标准见表13-1。

课时要求：4课时。

(4) 练习程序

基层清理、做灰饼、冲筋、抹底灰、抹中层灰、贴分格条、抹面层灰、拉毛、起条、勾缝、养护。

(5) 实训现场善后处理

1) 用不完的浆料应收归料池或料桶，不能随处泼洒。

2) 工具必须清洗干净。

3) 完成的饰面,应注意不要被碰损、弄脏。

拉毛墙面评分标准 **表13-1**

序号	测定项目	分项内容	满分	评分标准	检测点					得分
					1	2	3	4	5	
1	颜　色	均匀程度	20	参照样板，全部不符，无分；局部不符，酌情扣分						
2	毛　头	同上	30	显露均匀一致，满分						
3	面　层	防止透底	20	每处透底扣5分，扣完为止						
4	表　面	防止接痕	15	每处接痕扣5分，扣完为止						
5	工　具	使用方法	10	错误无分；局部错，酌情扣分						
6	工　艺	符合操作规范	5	同上						

姓名＿＿＿＿ 班级＿＿＿＿ 总分＿＿＿＿ 学号＿＿＿＿ 指导教师＿＿＿＿ 日期＿＿＿＿

13.2 干粘石

(1) 施工准备

1) 现场准备：同拉毛。

2) 材料准备：水泥、小八厘石渣等。

3) 灰浆配制

配合比：水泥∶石灰膏∶砂∶107胶＝1∶0.5∶2∶(0.05~0.15)。严寒地区可掺入羧甲基纤维素溶液，其配合比为水泥∶纤维素溶液＝1∶0.47。灰浆的稠度应不大于80mm。

4) 工具准备

除一般抹灰工具外，还要木拍板，400mm×350mm×60mm底部钉有16目筛网的木框盛料盘，如图13-4、图13-5所示。

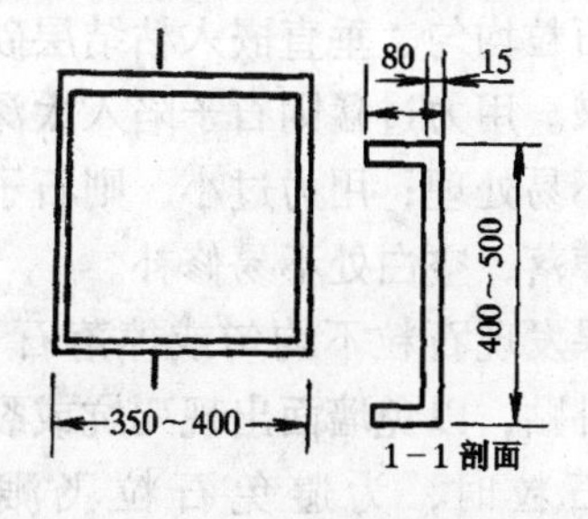

图13-4 盛料托盘

(2) 操作方法

1) 基层清理。

同“拉毛”。

2) 做灰饼、冲筋。

3) 抹中层灰。

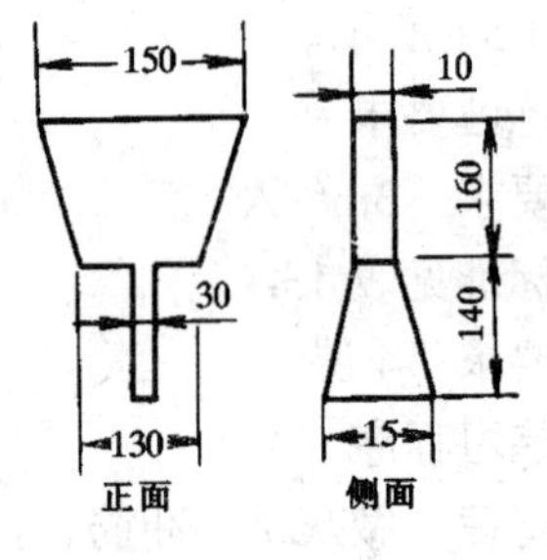

图 13-5　木拍板

4）贴分格条。

5）抹面层灰：适当洒水湿润墙面，接着抹水泥浆一遍，随即抹粘结层砂浆，厚度为 4～6mm，比分格条低 2～4mm，要求抹平且不显抹纹。视分格大小，一次抹一块或数块，避免分格块中留槎。如果抹不平，可用木直尺刮平，使灰浆厚薄均匀一致，且无脱壳、下坠、波浪现象。

6）撒石子：撒石子时要掌握好面层粘结砂浆的干湿程度，过干石子粘不上；过湿，水泥灰浆会流淌。

施工时，应以 3～4 人为一组，两人抹粘结砂浆，两人跟着撒石子。先上部、左右边角，后撒下部。

撒石子时，一手拿木框盛料盘，一手用木拍板铲起石子轻微晃动一下，使石子在木拍板上均匀分布，尖端向上，然后让木拍板平行墙面反手往墙面上甩，用力要平稳有力，使石粒均匀、垂直嵌入粘结层砂浆中而不滑下来。用力过猛则石子陷入太深，形成凹洼，不易处理；用力过小，则石子不能粘贴上而掉落，空白处不易修补。

如果发现石粒不均匀或掉落石子过多，应进行补贴，以免墙面出现死坑或裂纹。

甩石粒时，为避免石粒飞溅，应用 1000mm×500mm×1000mm 的木框下钉 16 目筛网的接料盘，放在操作面下方，紧靠墙边，边甩边接散落的石粒。

7）修整拍平：在粘贴砂浆表面均匀地粘上一层石粒后，用抹子或油印橡胶滚子轻压赶平，使石粒嵌入砂浆中的深度不小于粒径的 1/2 为宜。拍压后石粒表面应平整坚实。拍平时不宜反复拍打、滚压，以免出现泛水出浆，待灰浆稍干 10～15min 后，即作第二次拍平，用力可比第一次强些，但仍以轻拍和不挤出灰浆为宜。拍打的铁板作用面（铁板印）应相互搭接 20～30mm，以防出现铁板印迹。石子应突出灰浆 0.5～1mm。第二次拍打应基本成活。如有不符合质量要求的地方（如下坠，石子不均匀，外露尖角太多，面层不平等），应作第三次拍打，以使表面平整，色泽均匀，线条清晰，但时间不应超过 45min，完工后可取出分格条，随即用素水泥浆修补平直。

8）养护：干粘石成活 24h 后，应喷洒水养护。

9）几个特殊部位的处理

阴阳角：阳角应与大面积的干粘石一起操作，先以一面有坡角的木条粘贴于未撒石子的一面，吊直，施工完一面后，再立木直条，使其略低于已做干粘石面，吊直后施工另一面干粘石，成活后，以木直条压紧作一些必要的修整。阴角做法与大面积相同，但应注意使灰浆刮平，刮直，压平石子，以免两面相交时出现阴角不直和相互污染。阴阳角石子稀少，操作时应注意把石子撒密并分布均匀。

顶棚：顶棚也可做成干粘石，石子通过撒板向上抛，均匀后应作必要修整。

（3）施工注意事项及安全文明施工要求。

1）施工注意事项：外墙干粘石施工应在室内墙、地抹灰完成后进行，否则内部渗水浸湿外墙会影响质量。

2）安全施工要求

a. 外装修工程是高空作业，脚手板要铺满，铺稳，不得滑动。两板搭头不得小于 150mm，不稳固的地方应绑牢，严禁有空头板。

b. 三步架以上，必须设置护身栏杆和挡脚板。

c. 操作前，应先检查脚手架是否牢固，

操作时，三人不得站在同一脚手板上。

d. 操作时必须戴安全帽。

e. 六级以上大风时，应停止施工。

(4) 常见质量通病及其防治

1) 空鼓裂缝

主要原因：一是底层砂浆与基层粘结不牢；二是面层与底灰粘结不牢。

防治措施：做好基层处理，抹面层灰之前，用107胶水（107胶:水=1:4）满刷一遍，严格控制好各层的砂浆配合比及抹灰厚度。

2) 接槎明显

主要原因：面层抹灰和甩石子操作衔接不及时，使石子粘结不良；接槎处灰浆软硬不一，抹灰不平。

防治措施：做好工序搭接，抹面层后要"紧跟"甩石，如面层灰较干时，可淋少量水及时甩石拍平、压实。

3) 表面浑浊

主要原因：石子没有过筛或没有洗净，石子表面残留有浮灰。

防治措施：施工前必须将石子过筛，冲洗晾干后再使用。

(5) 成品、半成品保护

1) 在灰浆未达到强度之前，应防止脚手架和工具等撞击、触动，以免使石子脱落。

2) 干粘石做完以后，应立即安装水落管。以免雨水冲坏饰面。

(6) 操作练习

练习1　墙面干粘石

1) 施工准备

材料准备：水泥，大理石子，粒径4～6mm，石灰膏，砂，107胶。

工具准备：盛料托盘、木拍板、分格条（木质或玻璃条）及常用抹灰工具。

2) 施工平面布置如图12-1所示

3) 实训要求

数量要求：同滚涂。

评分标准：见表13-2。

课时要求：4课时。

4) 练习过程

a. 配制灰浆

底中层灰用1:3水泥砂浆，面层用水泥:石灰膏:砂:107胶=1:0.5:2:(0.05～0.15)（质量比）的水泥砂浆。

b. 处理基层，打底灰。

c. 做灰饼、冲筋。

d. 抹中层灰，贴分格条。

e. 抹面层灰。

f. 撒石子。

g. 修整、拍平。

h. 养护。

5) 实训现场善后处理：同拉毛。

干粘石墙面　　表13-2

序号	测定项目	分项内容	满分	评分标准	检测点					得分
					1	2	3	4	5	
1	面层	无空鼓裂缝	15	每处扣分3分，扣完为止						
2	表面	无接痕	10	每处扣分2分，扣完为止						
3	石子	均匀程度	20	参照样板全部不符无分；局部不符，酎情扣分						
4	颜色	是否鲜亮	15	颜色浑浊，每处扣3分；扣完为止						
5	棱角部位	是否有黑边	15	黑边每处扣3分，扣完为止						
6	阴角部位	是否顺直	10	不顺直，每处扣2分，扣完为止						
7	工具	使用方法	10	错误无分，局部错，酌情扣分						
8	工艺	符合操作规范	5	同上						

姓名________班级________总分________学号________指导教师________日期________

13.3 水刷石

13.3.1 施工准备

（1）现场准备

施工平面布置图如图 12-1 所示。

（2）材料准备

1）325# 普通水泥，425# 白水泥。

2）颜料，应选耐碱、耐光的矿物颜料，并与水泥一次干拌均匀、过筛装袋备用。

3)骨料,可用中、小八厘石,玻璃,粒砂。

4）配合比，水刷石面层石子浆的配合比为 1∶1.25 或 1∶1.5。稠度应为 5～7cm。

（3）工具准备

铁抹子、直尺、八字靠尺、鬃刷、喷雾器、分格条。

13.3.2 操作方法

（1）基层处理

用滚涂。

（2）抹底子灰

用 1∶3 水泥砂浆抹底层灰 6～8mm 厚。

（3）做灰饼、冲筋。

同前基本功训练部分。

（4）抹中层灰

用 1∶3 水泥砂浆抹中层灰,厚度为 6～8mm。

（5）弹线分格，粘贴分格条

同前基本功训练。

（6）抹面层石子浆

根据气候情况酌情将中层浇水湿润,抹一遍素水泥浆做为结合层,随即抹面层石子浆。

抹石子浆应从每一分格块的下边抹起,抹完一个分格块后,用直尺检查其平整度,不平处应及时填补,并应把露出的石子尖楞轻轻拍平。当水平高度相同的各分格石子浆颜色不同时,应先抹深色石子浆,后抹浅色石子浆,预防串色。待石子浆面层水分稍干,墙面无水光时进行修整,用铁抹子满溜一遍,将小孔压实挤严,靠近分格条边缘的石粒应略高 1～2mm。然后用软毛刷蘸水刷去表面灰浆,并用抹子轻轻拍打石粒。并再次刷一遍,反复进行,直至表面石子拍平压实。

在抹阳角时，一般先抹的一侧不宜用八字靠尺，将石子浆抹过转角之后，再抹另一侧。在抹另一侧时，需用八字靠尺将角靠直、找齐。这样可以避免两侧都用八字靠尺，而在阳角处出现明显的接槎印。

（7）洗刷面层

待面层石子浆开始凝固后，用手指按后无指印时，再用刷子蘸水试刷不掉石粒后即可，洗刷应由上而下进行，用刷子蘸水洗刷石子浆表面，将石子表面和缝隙处的水泥浆刷洗出来，反复进行，使石子均匀显露出粒径的 $\frac{1}{4}$ 左右时，用清水冲净表面浮浆即可。如洗刷时间较迟，表面水泥浆已初凝时，可用 5% 稀盐酸溶液洗刷，再用清水冲净。

当使用喷雾器洗刷时，喷嘴离墙面距离以 150～200mm 为佳，且喷嘴宜略微向下倾斜，从上往下喷洗。喷出的雾状水应随浑浊水下流而向下移动，速度不宜过快，以免残留的混水浆使墙面呈花斑。速度也不能过慢，以免冲洗过度使石粒脱落。喷刷上段时，未喷刷的下部墙面最好用水泥纸袋浸湿后贴盖，待上段喷刷好后，再把湿纸下移。当洗刷面积较大时，要安装“接水槽”，使喷刷的水泥浆有组织地流走，不致冲毁下部墙面的石子浆。冲洗阴角时，应从外向内冲洗，以免楞角上的石子被冲洗掉。

（8）起条勾缝

洗刷完成后，取出分格条，并对损坏的棱角和底面的孔眼及不平处，及时用水泥石子浆修补，24h 后进行养护。

13.3.3 施工注意事项及安全施工要求

（1）施工注意事项

同拉毛部分。

(2) 安全施工要求

在使用稀草酸或盐酸时，要戴好防护眼镜及塑料手套。其余同拉毛。

13.3.4 常见质量通病及防治措施

(1) 阳角处有黑边

主要原因：操作方法不正确；表面干湿掌握不适当；喷洗不干净。

防治措施：抹阳角时应按“先抹后贴”的方法进行；洗刷时，应掌握好洗刷时间；用喷头淋水时应骑墙角由上而下顺序进行。

(2) 面层石粒不均匀、混浊不清晰

主要原因：石子使用前，清洗不够；分格条粘贴方法不当。

防治措施：所用原材料必须符合质量要求；分格条粘贴前应在水中浸泡充分，防止操作中膨胀，起条时带来不便。

13.3.5 成品、半成品保（养）护

同前拉毛。有污染时，可用草酸溶液清洗，并用清水冲洗干净。

13.3.6 操作练习（墙面水刷石）

(1) 练习准备

1）材料准备

普通水泥(425#)、小八厘石子、砂、水。

2）工具准备

鬃刷、喷雾器及常用抹灰工具。

(2) 施工平面布置图

参见图 12-1 所示

(3) 练习过程

1）配制砂浆：底中层灰用 1:3 的水泥砂浆，面层石子浆，水泥:小八厘为 1:1.5。

2）基层处理、抹底灰。

3）做灰饼、冲筋。

4）抹中层灰。

5）弹线、分格。

6）刷结合层。

7）抹面层石子浆。

8）洗刷面层。

9）起条勾缝。

10）养护。

(4) 评分标准

见表 13-3。

(5) 练习现场善后处理

由于用水喷刷墙面，所用水量较多，流下来的水泥浆也多，因此，要用接水槽接水，不要满地流淌，其余同滚涂。

水刷石墙面评分标准 表 13-3

序号	测定项目	分项内容	满分	评分标准	检测点 1	2	3	4	5	得分
1	面　层	无空鼓裂缝	15	每处扣 5 分，扣完为止						
2	表　面	无接痕	10	每处扣 5 分，扣完为止						
3		色泽一致	10	基本一致满分						
4	石　粒	清晰均匀	10	范围内符合每处扣 2 分						
		紧密平整	10	同上						
		无掉粒	10	同上						
5	阴角部位	黑边或尖棱	10	每处扣 2 分，扣完为止						
		平直	10	每处扣 5 分，扣完为止						
6	工　具	使用方法	10	错误无分						
7、	工艺	符合操作规范	5	同上						

姓名______ 班级______ 日期______ 学号______ 指导教师______ 得分______

13.4 水磨石

13.4.1 施工准备

(1) 现场准备

水磨石施工属于湿作业,施工现场必须有良好的排水设施。施工前,水、电通,现场符合操作要求,现场平面布置如图 13-6 所示。

(2) 材料准备

1) 水泥:425$^{\#}$普通水泥,525$^{\#}$白水泥。

2) 砂子:应用粒径为 0.35～0.15mm 的中砂。

3) 石子:4～8mm 可磨性石子。

4) 颜料:同水刷石。

5) 草酸:用清水稀释草酸,其浓度为 5%～10%。在草酸溶液里加入 1%～2%的氧化铝;能使水磨石地面呈现一层光泽膜。

6) 上光蜡:上光蜡的配合比为 1:4:0.6:0.1=川蜡:煤油:松香水:鱼油。配制时先将川蜡与煤油放入容器内加温至 130℃(冒白烟),搅拌均匀后冷却备用,使用时再加入松香水、鱼油,搅拌均匀。也可以采用成品地板蜡。

7) 分格嵌条:常常用的有铜条、铝条,玻璃条等三种。铜嵌条规格为宽×厚=10×(1～1.2) mm,铝嵌条规格为宽×厚=10×(1～2) mm,玻璃条的规格为宽×厚=10×3mm。

8) 22 号铅丝。

(3) 机具准备

除常用抹灰工具外,还应增加电动磨石机。

13.4.2 操作方法

(1) 基层处理

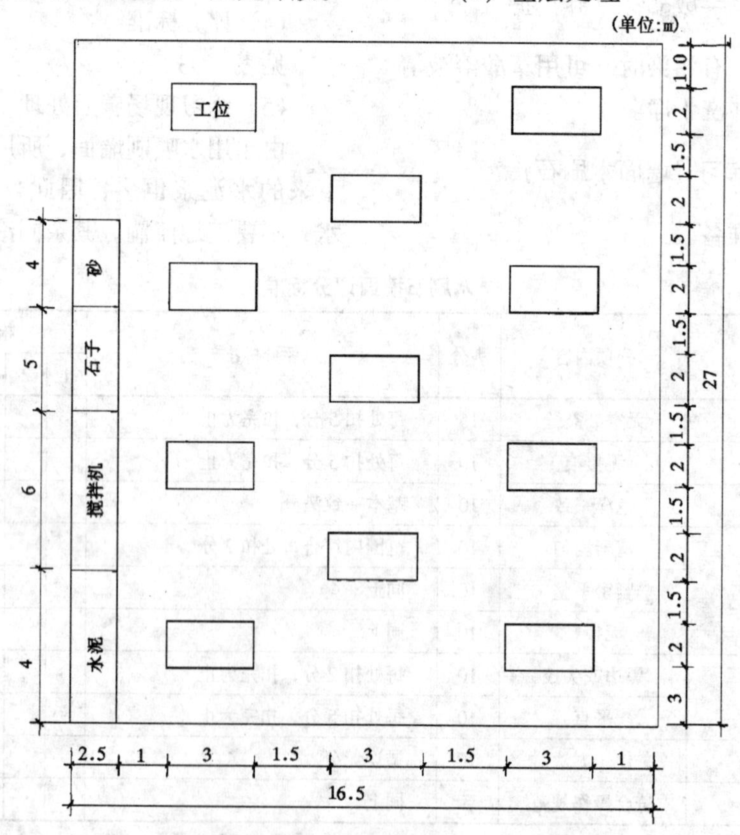

图 13-6 水磨石练习现场施工平面布置图

基层表面的落地灰砂、油污等应清除干净，垫层如有松散处应清除刷净，并作补强处理。

(2) 抹底层灰

同水刷石。

(3) 做灰饼、冲筋

根据墙面水平线（标高控制线），在地面四周拉线，用与底层刮糙相同的水泥砂浆做灰饼，并用干硬性水泥砂浆冲筋。

有地漏的房间，应按排水方向找出0.15%～1%坡度的泛水。

(4) 抹中层灰

待底层灰干至七～八成以后，用水泥砂浆抹中层灰，厚度为7～8mm为宜。

(5) 弹线嵌条

在中层灰验收合格后即可在其表面按设计要求弹出分格线。

铜嵌条与铝嵌条在镶嵌前应调直，并按每米打四个小孔穿上22号铅线。

嵌条时，应先用靠尺板与分格线对齐，压好靠尺用水泥浆在镶条另一侧根部粘贴，抹成八字形灰埂，水泥浆涂抹高度应比嵌条低3mm，俗称“粘七露三”，然后拿去靠尺，再在未抹灰一侧抹上对称的灰浆固定，如图13-7所示。铝条应涂刷清漆以防水泥腐蚀。

嵌条要求上下一致，镶嵌牢固，接头严密，拉5m通线检查，其偏差不超过1mm。镶条12h后，浇水养护2～3d，要严加保护，防止破坏。

(6) 抹面层石子浆

抹石子浆前，刮一遍素水泥浆作为结合层。

面层石子浆配合比常用水泥:石子=1:1.5～2.0（体积比），厚度为10～12mm，高于分格嵌条1～2mm，配合比可根据石子大小调整，水泥石子稠度以60mm为宜。水泥石子浆抹面时，应先抹嵌条边，然后用铁抹子将石子浆向中间推抹、压实并高出镶条1～2mm，完毕后应在表面均匀撒一层石子用铁抹子拍实，压平，再用滚筒横竖滚实，边压边补石子，待表面泛浆后，再用铁抹子抹平。最后用刷子蘸水将泥浆刷去，露出表面石子即可，24h后浇水养护，养护时间为2～7d。

在同一面层上采用几种颜色图案时。应先做深色，后做浅色，待前一种石子浆凝固后，再抹后一种石子浆。

(7) 水磨面层

开磨前，应先试磨，以表面石子不松动方可开磨。开磨时间与温度的关系见表13-4。

现制水磨石面层开磨参考时间　　表13-4

施工环境平均温度（℃）	开磨时间（天）	
	人工磨	机械磨
20～30	1～2	2～3
10～20	1.5～2.5	3～4
5～10	2～3	5～6

磨第一遍，用粒度为60～80号粗砂轮磨，边磨边洒水，同时随时清扫石子浆。要

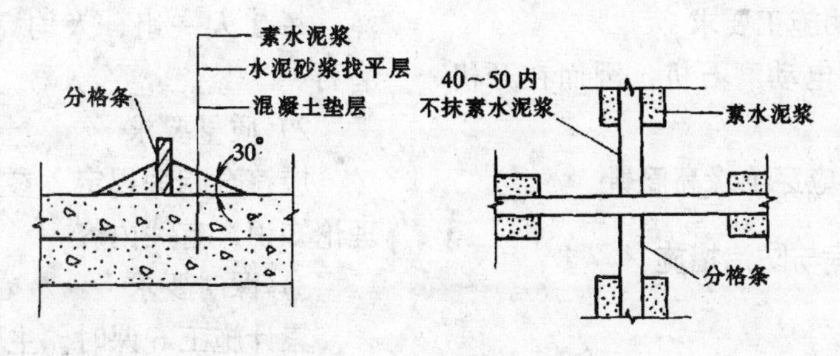

图13-7　镶嵌分格条示意

求磨匀磨平，分格条全部外露，用水冲洗干净。待稍干后，刮一道与面层颜色相同的水泥浆，用以填补砂眼，掉落石子部位要求补齐。补浆后，在常温下养护2～3d。

磨第二遍，用粒度为120～180号砂轮磨，要求表面光滑。磨完后，再补刮一次浆，养护2～3d。

磨第三遍，用粒度为180～240细砂轮磨，要求表面光滑。要求高的水磨石，应用400号泡沫砂轮研磨。

磨完后，用清水冲洗干净、擦干，然后用草酸溶液刮洗，并用油石磨研，直至石子完全显露，表面光滑，再用清水洗净、擦干。

（8）打蜡

地面经酸洗晾干表面发白后，将蜡包在薄布内，均匀地薄薄涂一层，然后用钉有细帆布或麻布的木块代替磨石，装在磨石机上研磨。

打蜡研磨，分两遍成活，使水磨石地面光滑洁亮。对于边角处，应采用人工涂蜡。

13.4.3 施工注意事项及安全操作要求

（1）施工注意事项

1）在基层处理时，如发现垫层松散，必须作补强处理。

2）嵌条必须牢固，接头严密。

3）正式磨面层前，必须先试磨，以检查石子是否松动。

4）磨面层中，不能干磨，应边磨边洒水。

（2）安全文明施工要求

1）由于采用电动磨石机，因而在开机前检查是否安全。

2）操作人员应穿绝缘高筒靴。

13.4.4 质量通病与防治措施

（1）空鼓

水磨石地面分格块内容易产生四角空鼓的缺陷，主要是清扫不干净，扫浆不匀造成。因此，在开工前应清扫干净，四角和嵌条边上先上浆，扫匀拍实，发现空鼓应补好。

（2）磨纹、砂眼

为了防止磨纹、砂眼缺陷，应严格按照工艺规程操作，即磨三遍，最后一遍用细砂轮或泡沫磨轮出亮，擦两次浆，不得少擦，打两遍蜡，做到表面平整、光滑。

（3）分格条歪斜，部分没有露出。

为了防止这种质量毛病，应严格按设计弹线，铜条事先调直，用“粘七露三”八字角的方法粘贴分格条。石子浆罩面要高出分格条1～2mm，磨均磨透。

13.4.5 成品、半成品保（养）护

（1）施工完毕后，应铺锯末面养护。

（2）防止重物将面层损坏。

13.4.6 操作训练地面水磨石

（1）施工准备

1）材料准备：425号普通硅酸盐水泥、中砂、4～8mm石子、草酸、地板蜡、玻璃条。

2）工具准备

手提式电动磨石机，直尺，楔形塞尺及其它常用抹灰工具。

（2）施工平面布置图

如图13-6所示。

（3）实训要求

1）数量要求

每2人一组，人均完成3m^{2}的地面水磨石。

2）质量要求

应符合相关规定。参见《建筑装饰基本理论知识》有关内容。

3）课时要求

累计施工6课时。主要考虑了水磨石施工不是连续作业，在施工过程中有较长的养

护时间。

（4）操作过程

1）配制浆料

底、中层灰的配制同水刷石施工。

2）基层处理，打底灰。

3）做灰饼、冲筋。

4）抹中层灰。

5）弹线嵌玻璃条。

6）抹面层石子浆。

7）水磨面层。

8）打蜡：采用成品地板蜡。

（5）评分标准

见表 13-5。

（6）实训现场善后处理

水磨石地面施工时，将有大量水泥浆产生，因而要有临时水沟或管道，有组织地排放，不能直接排放到下水道，否则会堵塞下水道。一般应先将泥水浆沉淀后再排放。

地面现制水磨石质量测评标准 **表 13-5**

序号	测定项目	分项内容	满分	评分标准	检测点					得分
					1	2	3	4	5	
1	分格块四角	无空鼓	20	每处扣 5 分，扣完为止						
2	表　面	无磨纹	10	过多扣完，其余酌减						
		无砂眼	20	同上						
		平整	15	严重不平，扣完，其余酌减						
		光亮	10	无光亮扣完，其余酌减						
3	分格条	位置准确全部露出	10	符合要求，满分、局部不符合、酌情减分						
4	工　具	使用方法正确	10	错误无分，其余同上						
5	工　艺	符合操作要求	5	同上						

姓名________班级________成绩________学号________指导教师________日期________

第14章　陶瓷面砖镶贴施工工艺

陶瓷面砖饰面是把陶瓷面砖镶贴到基层上的一种装饰方法。常用的有釉面砖（内墙面砖）、外墙面砖、地面砖和陶瓷锦砖等。

14.1　饰面砖镶贴施工

14.1.1　施工准备

（1）现场作业条件准备

1）门窗框安装好并校正，外墙立面排水管已安装，并已临时安排一节向外倾斜的排水管以防雨水冲坏镶贴面砖。

2）试贴面砖小样板，确定面砖缝隙宽度。

3）灰饼、冲筋、底层刮糙完成。

4）水暖管道经检查合格。

（2）材料准备

饰面砖、水泥、砂。

（3）施工机具准备

瓷砖切割机、割刀、水平尺、墨斗、靠尺板、小木锤、尼龙线等。

14.1.2　施工工序与操作方法

（1）施工工序

施工准备→基层清理→抹找平层→画皮数杆→弹线→做标志块→面砖铺贴→起分格条→勾缝→养护。

（2）操作方法

1）基层清理

镶贴饰面的基体表面，将浮灰和残留砂浆清理干净，凹凸过大要补平凿平，光滑面或基层表面应凿毛，然后浇水湿润。

2）抹找平层

用1:3水泥砂浆抹约7mm厚底子灰并打磨毛面，稍收水后，再用1:3水泥砂浆或混合砂浆抹中层砂浆，厚约12mm，刮平，并用木抹子搓出麻面。

3）划出皮数杆

根据设计要求，按墙面积大小，面砖加缝隙的实际尺寸，先放足大样，从上到下进行，划出面砖的皮数杆来，一般要求砖的水平缝要与窗台在同一直线上。

4）弹线、分格

根据皮数杆的皮数，在墙面上从上到下弹若干条水平线，控制水平的皮数，按整块面砖尺寸分竖直方向的长度，并按尺寸弹出竖直方向的控制线。一般要求横缝与窗台水平，阳角、窗台口都是整砖，如整块分格，应采用调整砖缝大小的方法。

5）选砖、预排

根据设计要求，挑选规格一致，平整方正、颜色均匀的外墙面砖。选砖可采用自制套板，即根据面砖的规格做一个“凵”型木框，将面砖塞入开口处，检查后将相同规格的分类堆放备用。

饰面砖镶贴排砖方式较多，常用的有矩形长边水平排列竖直排列、密缝排列（缝宽1~3mm)、疏缝排列（缝宽大于4mm)、密缝疏缝水平、竖直相互排列。如图14-1所示。

从图14-1可以看出，应用疏、密缝及水平、竖直排列，既可灵活调整墙面砖模数，又能增加外墙装饰立面效果。但应注意在一个立面上，除某些凹凸之线条可分行排列外，一般只能采用一种排列方式，以保持

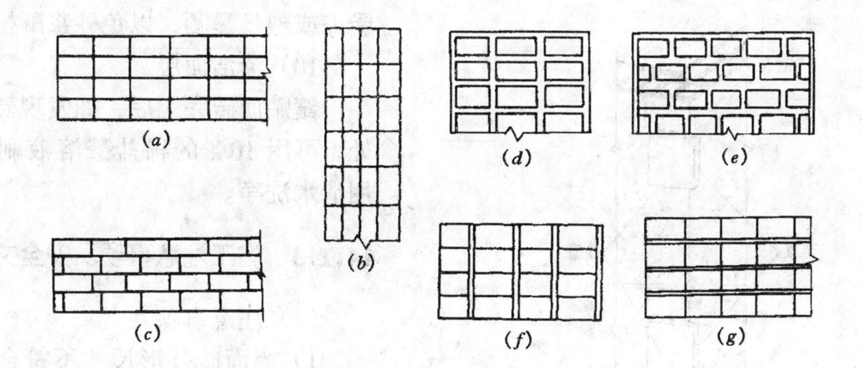

图 14-1 外墙矩形面砖排缝示意图

(a) 长边水平密缝；(b) 长边竖直密缝；(c) 密缝错缝；(d) 水平、竖直疏缝；(e) 疏缝错缝；(f) 水平密缝、竖直疏缝；(g) 水平疏缝、竖直密缝

外墙面砖的整齐一致。

在有脸盆镜箱墙面，应从脸盆下水管中心向两边排砖，肥皂盒可按预定尺寸和砖数排砖，如图 14-2 所示。

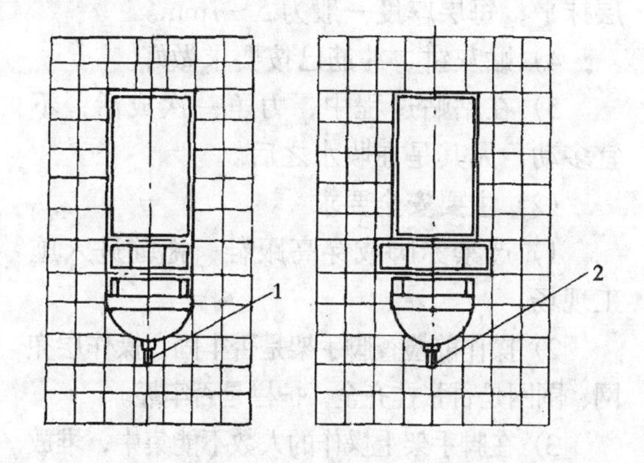

图 14-2 洗脸盆、镜箱和皂盒部位瓷砖排列

1—肥皂盒所占位置为单数釉面砖时，应以下水口中心为釉面砖中心；2—肥皂盒所占位置为双数釉面砖时，应以下水口中心为砖缝中心

在排砖中对突出墙面的窗台，腰线、滴水槽等部位排砖须做出一定的坡度，一般 $i=3\%$；台面砖盖立面砖，底面砖应贴成滴水鹰嘴，如图 14-3 所示。

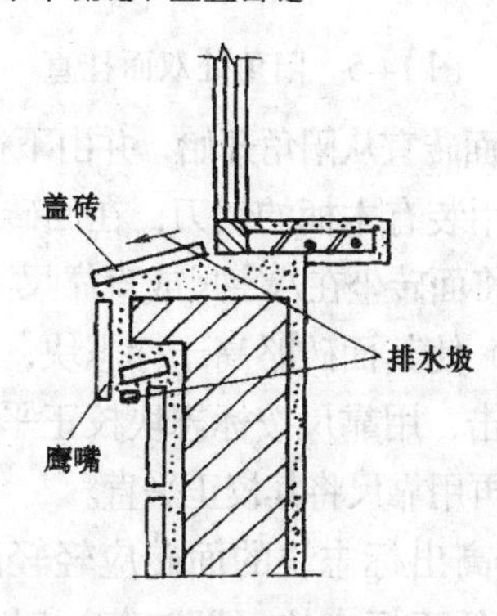

图 14-3 外窗台线角面砖镶贴示意图

预排中应遵循，凡阳角部位都应是整砖，且阳角处正立面整砖盖住侧立面整砖。对大面积墙面砖的镶贴，除不规则部位外，其它都不裁砖；除柱面镶贴外，其余阳角不得对角粘贴如图 14-4 所示。

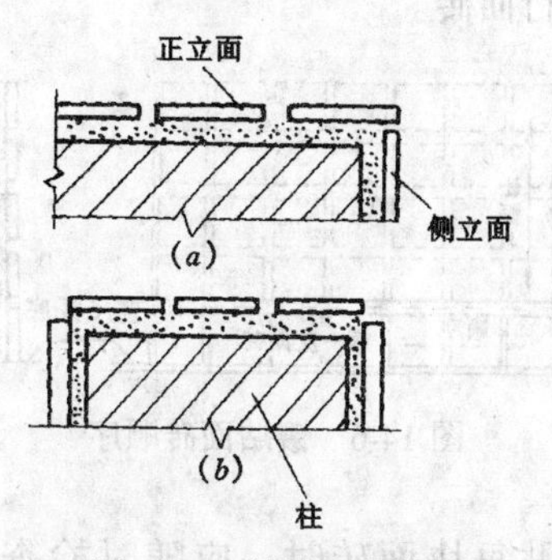

图 14-4 外墙阳角镶贴排砖示意图

(a) 阳角盖砖关系；(b) 柱面对角粘贴关系

6) 做标志块

在镶贴面砖时，应先贴若干个标志块。砖上下用托线板吊直，作为粘结厚度依据。标志块竖、横向间距均为 1.5m，标志块用拉线或靠尺校正平整度。

靠阳角的侧面也要挂直，称为双面挂直，如图 14-5 所示。

7) 面砖铺贴

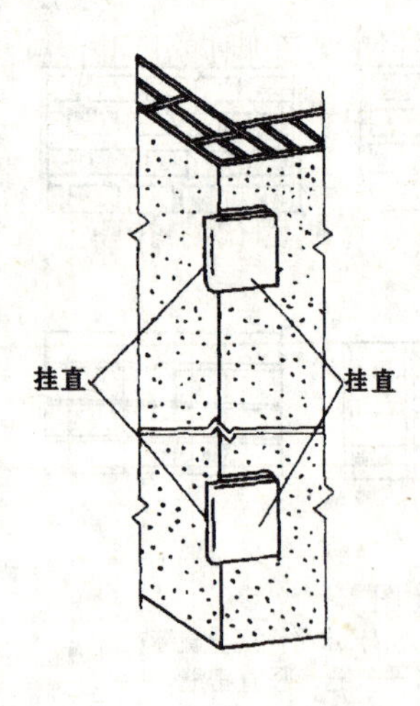

图 14-5　阳角处双面挂直

镶贴面砖宜从阳角开始，并由下往上进行。镶贴时，用装有木柄的铲刀，在面砖的背面刮满刀灰，将面砖坐在八字尺或直靠尺上，（如图 14-6 所示）使其面砖略高于标志块，然后用木柄轻轻敲击，用靠尺按标志块校正平直。一行贴完后，再用靠尺将其校正平直。

对于高出标志块的面砖应轻轻敲击使其平整，若低于标志块（即欠灰）时应取下面砖，重新抹满灰浆再镶贴。依照上述方法镶贴第二行面砖。

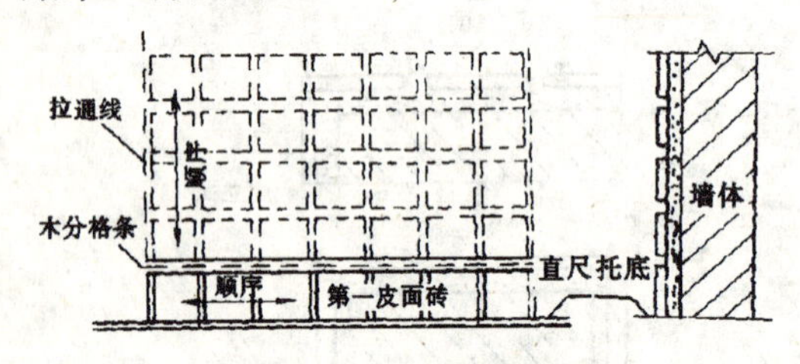

图 14-6　镶贴面砖顺序

镶贴每块面砖时，应随时检查面砖质量，调整缝隙，当贴到最上一行时，要求上口成一直线。

8）嵌缝

在贴完一个墙面或全部墙面完工并检查合格后，用与面砖同色的彩色水泥砂浆嵌缝，并仔细擦拭干净。

9）养护

面砖镶贴后应注意养护，防止砂浆早期受冻或烈日曝晒，以免砂浆酥松。

10）清洁面层

镶贴面砖完工后，如发现砖面污染严重处，可用 10% 的稀盐酸溶液刷洗，洗后再用清水洗净。

14.1.3　施工注意事项及安全文明施工

（1）注意事项

1）当面砖外形尺寸不符合规格时，不宜采用大面积无缝粘贴，宜采用留缝粘贴。

2）一般来说，规格较大的面砖宜采用砂浆粘贴；有的虽小但外形较差或厚度不均时，也可采用砂浆粘贴。外形整齐、厚度均匀的小规格面砖，宜采用纯水泥浆粘贴。

3）当基层偏差较大时，必须按规定分层抹平，每层厚度一般为 5～7mm。

4）贴灰饼、冲筋已按要求做好。

5）在粘贴过程中，力争一次成活，不宜多动，尤其是在收水之后。

（2）主要安全要求

1）严禁赤脚或穿高跟鞋、拖鞋进入施工现场。

2）操作前检查脚手架是否牢固，操作层兜网、围网是否张挂齐全，护栏是否牢靠。

3）在脚手架上操作的人数不能集中，堆放的材料应散开，存放砂浆的灰槽要放稳。

4）移动式照明灯必须使用安全电压，机电设备由专人操作。

5）作业人员必须戴安全帽。

（3）文明施工

1）操作过程中的落地灰，边施工边清理。

2）施工中的碎面砖应集中收起来运走，不允许从上往下丢。

14.1.4　常见质量通病及防治措施

（1）空鼓、脱落

1）产生的原因

基体处理不当，砂浆配合比不准，瓷砖浸泡时间不够，砂浆厚薄不均匀，嵌缝不密实，瓷砖有隐伤等。

2）防治措施

认真清理基体表面浮灰，油渍等；严格控制砂浆的配合比；面砖应浸透晾干；控制砂浆粘结厚度。

（2）接缝不平直、墙面不平整。

1）产生的原因

施工前对面砖挑选不严；分格、弹线、预排没按规矩操作。

2）防治措施

施工前认真挑选面砖，分类堆放；镶贴前分格、弹线、找好规矩；镶贴时按预排程序进行粘贴并及时拔正缝隙。

（3）裂缝、变色或表面污染

1）产生的原因

面砖质量不合格，含水率超标，有隐伤，施工前浸泡不透等。

2）防治措施

选用材料密实、含水率小的瓷砖；操作前瓷砖应浸泡 2h 后晾干；不要用力敲击面砖，防止产生隐伤。

14.1.5 成品保护

（1）墙的阳角和门口，应有木护板，以免碰坏面砖。

（2）禁止在面砖墙面上和附近墙面打洞，以免震脱面砖。

（3）拆架子时注意不得碰撞面砖。

14.1.6 操作练习

练习镶贴外墙面砖

（1）材料准备

水泥、砂子、石灰膏、面砖（150×150×5）130 块等。

（2）工具准备

托线板、线锤、靠尺、分格条、小铲刀、墨斗、卷尺、切割机等。

（3）作业布置图

如图 14-7 所示

（4）实训要求

1）数量：2.5m^2。

2）定额时间：4h。

3）质量要求和评定标准见表 14-1。

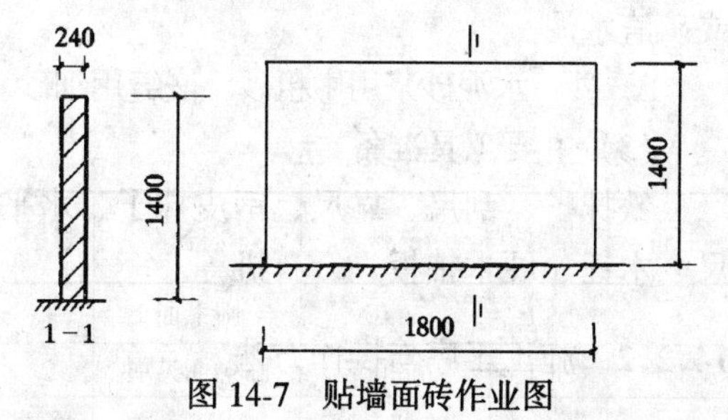

图 14-7 贴墙面砖作业图

饰面砖质量要求及评分标准 表 14-1

序号	测定项目	分项内容	满分	评定标准	检测点 1	2	3	4	5	得分
1	表　面	平整	10	允许偏差 2mm						
2	表　面	整洁	20	污染每块扣 2 分，缝隙不洁每条扣 1 分						
3	立　面	垂直	10	允许偏差 2mm						
4	横竖缝	通直	20	大于 2mm 每超 1mm 扣 2 分						
5	粘　结	牢固	10	起壳每块扣 2 分						
6	缝　隙	密实	10	缝隙不密实每处扣 2 分						
7	工　艺	符合操作规范	10	错误无分，部分错递减扣分						
8	安全文明施工	无安全事故、善后清理现场	4	重大事故本项目不合格，一般事故扣 4 分，事故苗子扣 2 分，善后清理现场未做无分，清理不完全扣 2 分						
9	工效	定额时间	6	开始时间：　　结束时间：						

姓名＿＿＿＿学号＿＿＿＿日期＿＿＿＿教师签字＿＿＿＿总分＿＿＿＿班级＿＿＿＿

(5) 施工现场善后处理

1) 每天施工完毕后应对现场进行清理，清除杂物，没用完的原材料应放回库房保管。

2) 使用完的工具、机具应清洗干净。

14.2 地面砖铺贴施工

14.2.1 施工准备

(1) 现场准备

1) 安装好门框，并用木板或铁皮保护。

2) 墙面弹好+50mm水平基准线。

3) 如需拼花时绘制大样图，按图分类选配面砖。

(2) 材料准备

1) 地面砖在使用前应进行挑选。

2) 水泥：325#白水泥，425#普通水泥或矿渣水泥。

3) 砂：水泥砂浆用中粗砂，嵌缝用细砂。

(3) 主要工具准备

铁抹子、刮尺、靠尺、钢皮抹子、水平尺、木锤、硬木拍板、云石机等。

14.2.2 施工工序与操作方法

(1) 施工工序

基层清理→铺结合层砂浆→弹线→铺砖→压平→嵌缝→养护。

(2) 操作方法

1) 基层清理

基层表面的砂浆、油污和垃圾清理干净，并用水冲洗、晾干。

2) 弹线

根据墙面水平基准线，在四周墙面上弹出楼地面面层标高线和水泥砂浆结合层厚度控制线（厚度一般为10～25mm）。如有坡度要求的地面，应弹出坡度线。

在地面上弹出房间纵横方向的中心十字线，与走廊直接相通的门口处，要与走道地面拉通线，分块布置要以十字线对称。如室内地面与走廊地面颜色不同时，分界线应放在门框裁口线处。

设有伸缩缝的地面（含分仓缝），在原基层、结合层伸缩缝的位置上弹出双线，其缝宽应符合设计要求。

如需铺贴楼梯时，应在墙面上弹好标准斜线，并弹出踏步高度和宽度的控制线。

3) 饰面砖浸水：同墙面饰面砖。

4) 铺贴

按标高线先铺贴四周的砖，作为空位砖带，如周边过长，不便拉线，应先铺其中一部分，完成后，再铺其它部分。

根据砖带拉线，摊铺干硬性水泥砂浆（稠度为2.5～3.5cm），摊铺长度应在2m以上，宽度要超出平板宽度20～30mm，虚铺的砂浆应比标高线高出3～5mm，然后用木杠刮平、拍实。

铺砖时，应根据标准线，将砖块踞线平稳铺下，用橡皮锤（或木锤）垫木块轻击，使砂浆振实，根据锤击的空声，检查砂浆的密实度。

(3) 对于电动机具，必须安装“漏电保护装置”。

(4) 切割机在每次使用前应进行检查机体状态，防护罩应坚实，以防发生意外事故。

14.2.3 常见质量通病及防治措施

(1) 空鼓、起拱

1) 产生原因

结合层施工时，素水泥浆漏刷；结合层砂浆太稀；面砖未浸泡；外地面受温度变化胀缩起拱。

2) 防治措施

铺结合层水泥砂浆时，基层上素水泥砂浆应刷匀，不得漏刷，应随刷随铺摊结合层；结合层砂浆必须采用干硬性砂浆；铺砖前，面砖应用清水浸泡2～3h，取出晾干；

铺贴面积较大时必须设置分仓缝断开。

（2）砖面污染

1）产生原因

砖面受水泥浆污染；未及时擦除砖面水泥浆。

2）防治措施

无釉面砖有较强吸浆性，严禁在铺好的面砖上直接拌合水泥浆；铺贴中挤出的水泥浆应及时用棉砂擦干净。

14.2.4 成品保护

（1）地面施工过程中，水泥砂浆不得污染已完工的地面或其他装饰，凡遭水泥砂浆污染的部位，应立即用擦布擦干净。

（2）陶瓷地面砖施工中不得有金属硬物冲撞。

（3）新铺设的地面，在保护期内不得堆物、上人行走。

14.2.5 操作练习

练习铺贴地面砖。

（1）施工准备

1）材料准备：水泥、砂、地面砖。

2）工具准备：小铲刀、水平尺、木锤、拍板、墨斗、切割机等。

（2）实训要求

1）数量：$2m^2$/人。

2）定额时间：4h。

3）质量要求及评分标准见表14-2。

（3）施工现场善后处理

1）地面砖铺好后，应检查其表面平整度，若超标，应取出重新铺贴。

2）对于铺贴好的面砖若受到油污、垃圾等污染，应立即清理干净。

3）整个面砖铺完后，应注意养护，现场整洁干净。

地面砖质量要求及评分标准 **表14-2**

序号	测定项目	分项内容	满分	评定标准	检测点					得分
					1	2	3	4	5	
1	表面	平整	10	允许偏差3mm						
2	缝隙	平直、一致	20	大于3mm每超1mm扣2分						
3	嵌缝深浅	一致	10	深浅不一每条扣2分，毛糙每处扣1分						
4	相邻接缝	无高低	20	大于1mm每块扣1分						
5	粘结	牢固	10	起壳每块扣2分						
6	工艺	符合操作规范	10	错误无分，部分错递减扣分						
7	安全文明施工	安全生产、善后现场清理	4	重大事故本次实习不合格，一般事故扣4分，事故苗子扣2分，善后现场清理未做无分，清理不完全扣2分						
8	工效	定额时间	6	开始时间： 结束时间：						

姓名________ 学号________ 日期________ 教师签字________ 总分________ 班级________

14.3 陶瓷锦砖镶贴

14.3.1 施工准备

（1）现场准备

1）墙面已弹好+50cm水平基准线。

2）立好门框，门框已做好保护措施。

3）墙面抹灰完。

4）地面管线已铺设，沟槽洞口已处理。

（2）材料准备

1）陶瓷锦砖：一般采用30.5cm×30.5cm规格。

2）水泥：425#普通硅酸盐水泥。

3）砂：干净的中砂。

(3) 施工工具准备

除常用抹灰工具外，还应有底尺（300～500）×4×（1～1.5）cm、小木方、翻板、硬木拍板、刷子、灰匙、胡桃钳、拨缝刀（如图 14-8 所示）。

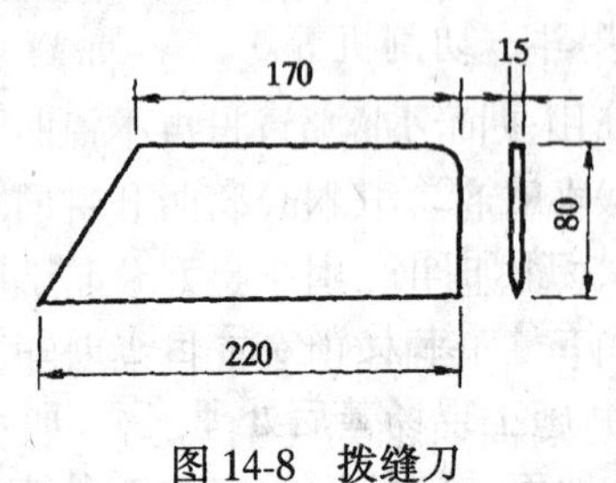

图 14-8　拨缝刀

14.3.2 施工工序与操作方法

(1) 施工工序

基层清理→抹底层灰→弹水平和垂直线→铺贴→揭纸→调整→擦缝

(2) 操作方法

1）基层清理

有油污的基层应用碱水刷洗，再用清水冲洗干净，其余同地面砖铺贴。

2）抹底灰："同地面砖铺贴"。

3）弹线分格

根据镶贴部位的具体尺寸和形状，纸版规格综合考虑。一般情况，竖向线宜从中间往两边分；横线应从墙面的高度及线角的情况考虑，最好应使两分格线之间能够保持整版的尺寸，如果墙角的线角较多，应先弹好大面积的分格线，然后再考虑线角部位的镶贴，墙面弹线示意图如图 14-9 所示。

地面铺贴常有两种形式：一种是接缝与墙面成 45°角，称为对角定位法；另一种是按缝与墙面平行，称为直角定位法。

弹线时以房间中心点为中心，弹出两条相互垂直的定位线如图 14-10 所示，在空位线上按陶瓷锦砖的尺寸进行分格，如整个房间可排偶数块瓷砖，则中心线就是陶瓷锦砖的对接缝。若是排奇数块，则中心线应在陶瓷锦砖的中心位置上。另外应注意，若房间内外的铺地材料不同，其交接线应设在门框裁口处。

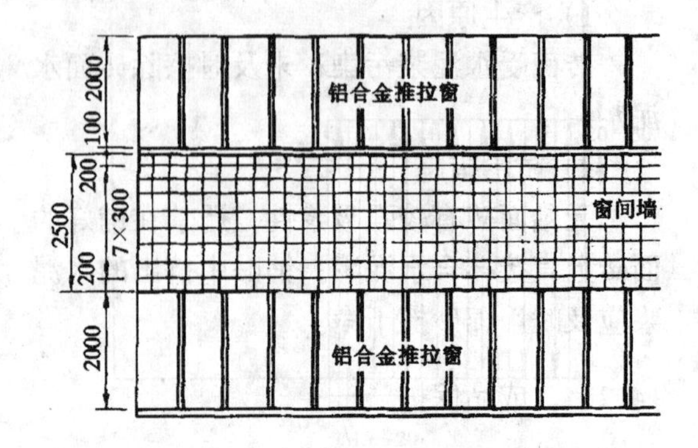

图 14-9　马赛克墙面弹线示意图
（镶贴时，先贴 7×300 这段，然后再贴窗台线，最后贴窗台水平部位）

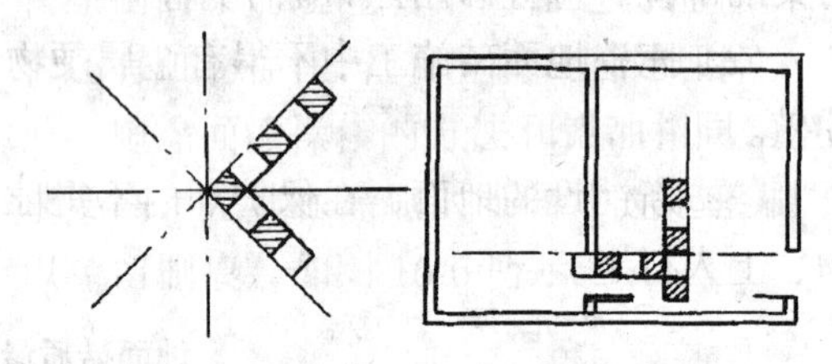

图 14-10　弹线、定位

按设计要求，对镶贴陶瓷锦砖的墙面进行丈量，使其竖向和横向的总尺寸镶贴时不出现半块锦砖为妥，否则应予调整。若横向尺寸不能满足时，应在外墙角或窗樘口处适当加厚或减薄底灰厚度；竖向尺寸不能满足时，应在每层分格缝处或沿口处加厚或减薄底灰厚度如图 14-11 所示。

做贴面小样板，在正式镶贴前应另选一片墙面进行试贴，确定分格线宽度，嵌缝色彩等，便于选定。

4）铺贴

铺贴时，一般以两人协同操作。一人洒

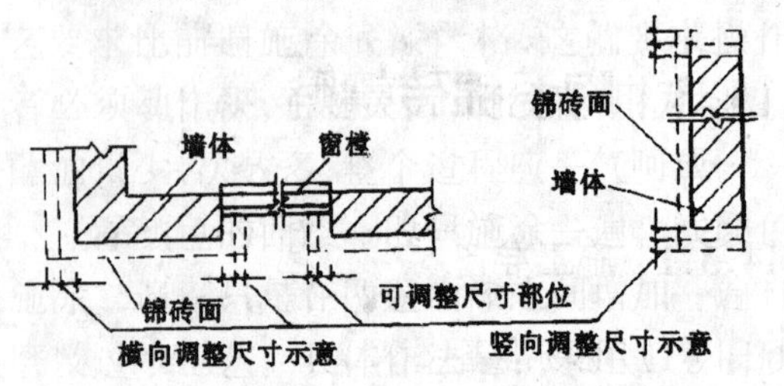

图 14-11　镶贴面尺寸调整

水湿润基层面抹水泥素浆，再抹结合层，并用靠尺刮平，同时另一人将陶瓷锦砖铺放在木垫板上如图 14-12 所示。

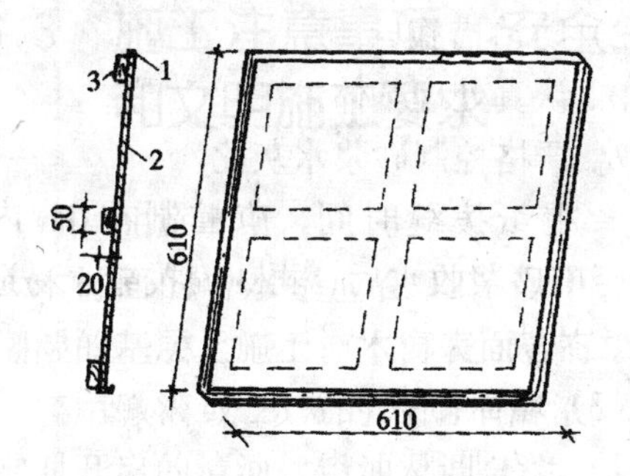

图 14-12　木垫板

1—四边包 0.5mm 厚铁皮；2—三合板面层；3—木垫板底盘架

在放置陶瓷锦砖时，纸面向下，锦砖背面朝上，用水刷一遍，再刮白水泥浆，如果设计上对缝格的颜色有特殊的要求，也可用普通水泥或其它彩色水泥。刮浆前应先检查纸版，如有脱落的小块，用水泥浆修补好。水泥浆的水灰比不宜过大，控制在 0.35 左右。刮浆时，一边刮浆一边用铁抹子往下挤压，使缝格内挤满水泥浆。清理四边余灰，将刮灰的纸板交给镶贴操作者，双手执在陶瓷锦砖的上方，使下口与所垫的直尺齐平，其顺序是从下往上贴，缝子要对齐，并且要注意每一张之间的距离，以保持整个墙面的缝格一致。

在陶瓷锦砖贴于表面后，一手拿垫板，放在已贴好的砖面上，另一手用小木锤敲击垫板将所有的贴面敲击一遍，使其粘贴密实。

另一种操作方法是：在湿润的饰面上抹 1:3（体积比）的水泥砂浆或混合砂浆，分层抹平；另一人将陶瓷锦砖铺在木垫板上，底面朝上，缝里灌干砂灰，用软毛刷刷净底面，再用刷子稍刷一点水，抹上薄薄一层水泥素浆，如图 14-13 所示。

陶瓷锦砖镶贴完成后($2\sim3m^2$)，待砂浆初凝前(约 20～30min)便刷湿纸板，一定要刷得均匀，不要漏刷。约等 15～20min，让纸

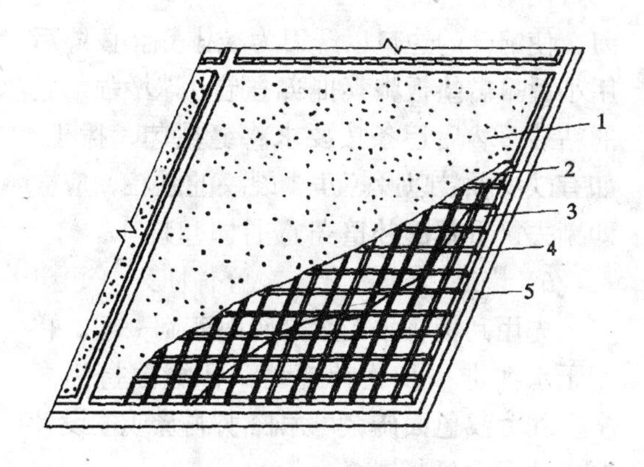

图 14-13　缝中灌干砂灰做法

1—砂浆；2—细砂；3—陶瓷锦砖底面；4—陶瓷锦砖护面纸；5—木垫板

板的胶质充水解松涨，先试揭感到轻便无粘结时，再一起去揭。揭纸时宜从上往下撕，所用力的方向应尽量与墙面平行。如图 14-14 所示。如果力的作用方向与贴面垂直，容易将小块拉掉如图 14-15 所示。揭纸一定要在水泥初凝前进行完毕。

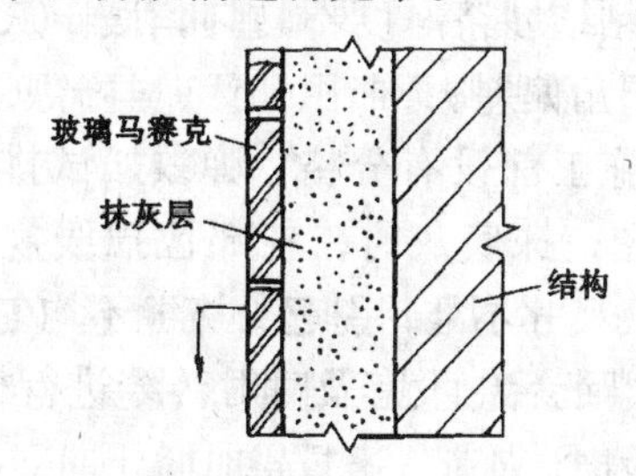

图 14-14　正确的揭纸方法

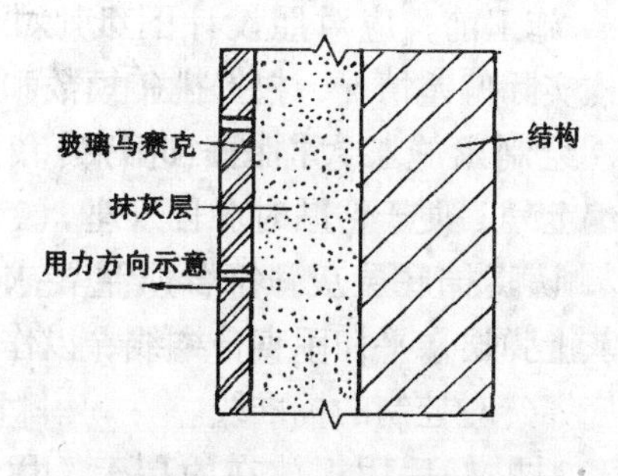

图 14-15　不正确的揭纸方法

5）调整

揭纸后检查缝隙的大小，不符合要求的必须拨正。拨正方法是：一手拿拨刀，一手拿铁抹子，将开刀放于缝间，用抹子轻敲开

刀，使锦砖的边口以开刀为准排齐。拨缝后用小锤敲击垫板将其拍实一遍，以增强与它的粘结，然后逐条按要求将缝拨匀、拨正，如有缺少颗粒以及掉角、裂纹的颗粒，应立即剔去，重新镶补整齐。

6）嵌缝

先用刮板将水泥浆沿砖面满刮一遍，再用干水泥进一步找补擦缝，将缝隙挤满塞实。如为浅色面砖，可用白水泥浆或按设计要求调配颜色浆嵌缝。

14.3.3 施工注意事项及安全文明施工

同“外墙面砖”施工。

14.3.4 质量通病及防治措施

（1）铺贴面不平整，分格不均匀，砖缝不平直。

1）产生原因

a.粘结砂浆厚度不均匀，底子灰不平整，阴阳角偏差。

b.施工前没有分格、弹线、试排和绘制大样图，抹底灰时，各部位拉线规矩不够，造成尺寸不准，引起分格缝不均匀。

c.撕纸后，没有及时对砖缝进行检查，拨缝不及时。

2）防治措施

a.施工前，应对照设计图纸尺寸，核对结构实际偏差情况，根据排砖模数和分格要求，绘制出施工大样图，选好砖裁好规格，编上号，便于粘贴时对号入座。

b.认真抹底层灰，符合质量要求。在底子灰上弹出水平，垂直分格线，以作为粘贴陶瓷锦砖时控制的标准线。

c.粘贴好后用板放在面层上，用小锤均匀拍板，及时拨缝。

（2）空鼓、脱落

1）产生原因

a.基层处理不好，灰尘和油污未处理干净。

b.砂浆配合比不当，材料不合要求。

c.撕纸时间晚，拨缝不及时，勾缝不严。

2）防治措施

a.认真处理基体。

b.严格控制砂浆水灰比。

c.揭纸拨缝时间，应控制在1h内完成，否则砂浆收水后，再纠偏拨缝，易造成空鼓、掉块。

（3）墙面污染

1）产生原因

a.墙面成品保护不好，操作中没有清除砂浆，造成污染。

b.未按要求作流水坡和滴水线（槽）。

2）防治措施

a.陶瓷锦砖在运输和堆放期间应注意保管，不能淋雨受潮。

b.注意成品保护，不得在室内向室外倒污水、垃圾等，拆除脚手架时，要防止碰坏墙面。

c.按要求做好流水坡度和滴水线（槽）。

14.3.5 成品保护

同“外墙面砖”。

14.3.6 操作练习

练习陶瓷锦砖镶贴

（1）施工准备

1）材料准备：水泥、砂、纸筋灰、陶瓷锦砖等。

2）工具准备：常用工具有托灰板、线锤、靠尺、刮尺、拨刀、木拍板、墨斗、卷尺等。

（2）实训要求

1）数量：$2m^2$/人。

2）定额时间：4h。

3）质量要求及评分标准 见表13-3。

（3）施工现场善后处理

1）施工现场杂物清理干净，排除一切不安全因素。

2）不合格的应重新施工，合格产品注意保护。

陶瓷锦砖或玻璃锦砖墙面（地面） **表 14-3**

序号	测定项目	分项内容	满分	评定标准	检测点					得分
					1	2	3	4	5	
1	表面	平整	10	允许偏差 2mm						
2	立面（泛水）	垂直（正确）	20	允许偏差 2mm（泛水不正确扣 5 分　倒泛水无分）						
3	缝隙	一致	20	缝隙不密实每处扣 1 分						
4	接缝	平直	20	大于 2mm 每超 1mm 扣 2 分						
5	粘结	牢固	10	脱落起壳每块扣 1 分						
6	陶瓷锦砖表面	完整、整洁	10	缺粒掉角每处扣 1 分，表面污染每处扣 1 分						
7	工　艺	符合操作规范	10	错误无分，部分错递减扣分						
8	安全文明施工	安全生产、善后现场清理	4	重大事故本项目不合格，一般事故扣 4 分，事故苗子扣 2 分，善后现场清理未做无分，清理不完全扣 2 分						
9	工效	定额时间	6	开始时间：　　结束时间：						

姓名______学号______日期______教师签字______总分______班级______

第15章 大理石挂贴施工

大理石饰面板面积大，块体重，故镶贴操作较饰面砖复杂。由于其色彩花纹丰富多彩，绚丽美观，用其装饰的工程，更显富丽堂皇。其安装法分传统法（绑扎固定灌浆法）和楔固法、钢针式干挂法。

15.1 施工准备

15.1.1 现场准备

(1) 做好选料备料工作,根据设计图纸和镶贴排列的要求,提出大理石加工尺寸和数量,如遇到异形线特殊形状的面板,应绘制加工详图。并按使用部位编好号,加工量要适当增加,主要考虑运输和施工时的损耗。委托加工时应留好样品,以便验货时对照。

(2) 已办好本楼层结构验收,水、电通。

(3) 检查、验收门窗、水暖、电气管道及预埋件安装位置是否符合设计要求。

(4) 检查验收立体结构的平整度和垂直度及强度是否符合设计要求，不符合的应立即返工。

(5) 事先将有缺边掉角,裂纹和局部污染变色的大理石板材挑选出来,完好的进行套方检查,规格尺寸如有偏差,应磨边进行修正。

(6) 用于室外装饰的板材，应挑选具有耐晒、耐风化、耐腐蚀性能的板材。

(7) 安装大理石前，应准备好不锈钢连接件、锚固件及铜线。

15.1.2 材料准备

(1) 大理石板块规格尺寸方正，表面平整光滑，不能有缺棱掉角、表面裂纹和污染变色等缺陷。

(2) 水泥：不宜低于425号普通硅酸盐水泥或矿渣硅酸盐水泥，并应备少量擦缝用白色水泥。

(3) 砂：宜用粗砂，使用时应过5mm筛子，含泥量不得大于3%。

(4) 其他材料：还需备有$\phi6\sim\phi8$骨架钢筋、细铜丝（锚固扎结用）或不锈钢挂件，熟石灰、细碎石、矿物性颜料等。

15.1.3 工具准备

除一般常用工具外，还应备好手提式冲击电钻、电动锯石机、细砂轮、水平尺、橡皮锤、靠尺板、钢丝钳、尼龙线等。

15.2 施工程序与操作方法

15.2.1 施工程序

(1) 绑扎固定灌浆法施工程序

基层清理→弹线、分块→焊$\phi6$钢筋网→大理石饰面板修边打眼→大理石饰面板安装→临时固定→灌浆→清理→嵌缝→抛光。

(2) 楔固法施工程序

石块板钻孔→基体钻斜孔→板材安装与固定→灌浆→清理→嵌缝→抛光。

(3) 钢针式干挂法施工程序

石材钻孔→石材背面贴玻纤布→墙面挂水平、垂直位置线→临时固定底层板材→镶固定件→插入钢针→校正临时固定→最后固定→清理→抛光。

15.2.2 操作方法

(1) 绑扎固定灌浆法

1) 基层清理

清除基层表面浮灰和油污,检查结构预埋件位置,检查基层表面的垂直度,平整度。

2) 弹线、分块

用线锤从上至下吊线，确定板面距基层的距离，要考虑板材的厚度，灌缝宽度和钢筋网所占的尺寸。一般为40～50mm。当这个尺寸确定后，用线锤按确定的尺寸投到地面，此线为第一层板的基准线，然后再按大理石板的总高度和缝隙，进行分块弹线。

3) 焊 $\phi6$ 钢筋网

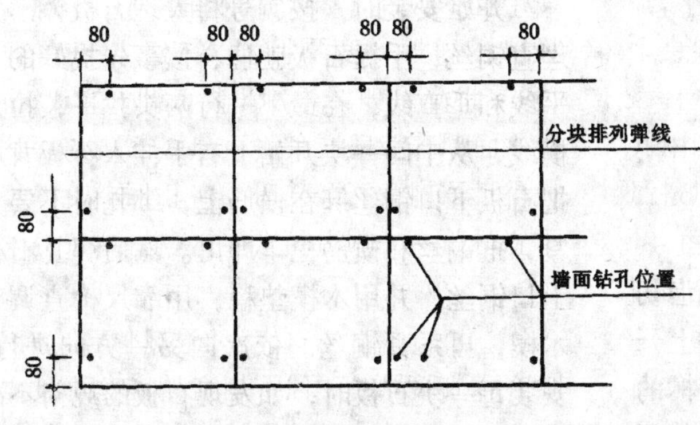

图 15-1 墙柱面上钻锚固孔

板材的铜丝或不锈钢挂件是固定在 $\phi6$ 钢筋网上的,$\phi6$ 钢筋与结构预埋件焊牢。若没有设置预埋件,可以在墙面上钻锚固孔,如图15-1所示。钻孔深度不小于35～40mm,孔径为5～6mm,然后再安置膨胀螺栓,把钢筋焊在膨胀螺栓上。钢筋必须焊牢,不得有松动和弯曲现象。钢筋网竖向钢筋间距不大于500mm。横向钢筋为绑扎铜丝或挂钩所需要,其上下排之间的尺寸由板的高度决定,当板高度超过1.2m时,中间宜增加横向钢筋。

4) 大理石饰面板修边打眼

饰面板安装前，应对饰面板修边打眼。目前有两种方法。

a. 钻孔打眼法

当板宽在500mm以内时，每块板的上、下边的打眼数量均不得少于2个；如超过500mm应不少于3个，打眼的位置应与基层上钢筋网的横向钢筋的位置相适应。一般在板材的断面上由背面算起 $\frac{2}{3}$ 处，用笔画好钻孔位置，然后用手电钻钻孔，使竖孔、横孔相连通，钻孔直径以能满足穿线即可，严禁过大，一般为5mm。如图15-2所示。

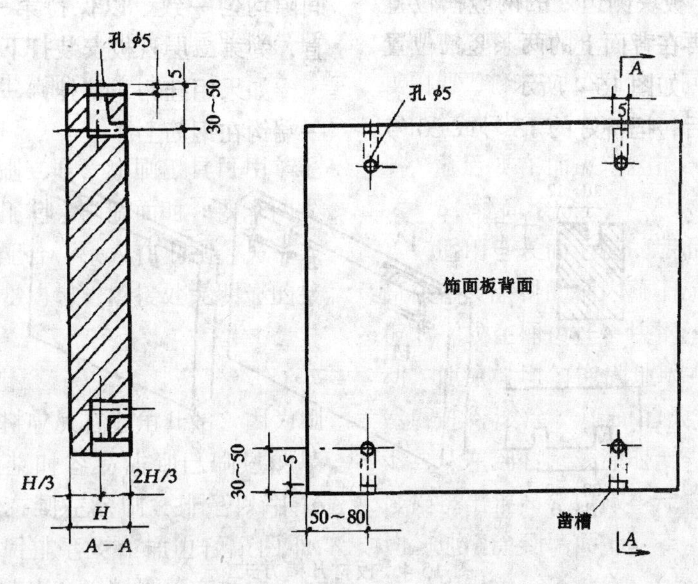

图 15-2 饰面板钻孔及凿槽示意

钻好孔后，将铜丝穿入孔内拧紧，可以用环氧树脂固结，也可用铅皮挤紧铜丝。

若用不锈钢的挂钩同 $\phi6$ 钢筋挂牢时，应在大理石板上下侧面，用 $\phi5$ 的合金钢钻头钻孔。如图 15-3 所示。

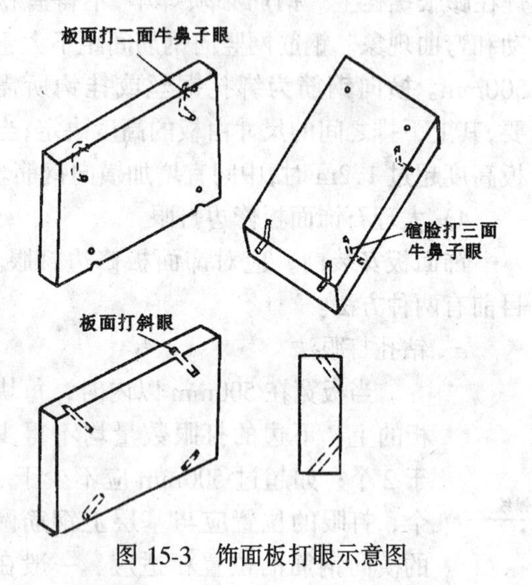

图 15-3 饰面板打眼示意图

b. 开槽法

施工步骤为：用电动手提式石材无齿切割机的圆锯片，在需要绑扎铜丝的部位上开槽。现采用的是四道或三道槽法。四道槽的位置是：板背面的边角处开两条竖槽，其间距为 30～40mm；板块侧边处的两竖槽位置上开一条横槽，再在背面上的两条竖槽位置下部开一条横槽。如图 15-4 所示。

板块开好槽后，把备好的 18 号或 20 号不锈钢丝或铜丝剪成 300mm 长，并弯成 U 形，将 U 形不锈钢丝先套入板背横槽内，U 形的两条边从两条竖槽内道出后，在板块侧边横槽处交叉。然后再通过两条竖槽将不锈钢丝在板块背面扎牢。但要注意不应将不锈钢丝拧得过紧，以防止把铜丝拧断或将大理石的槽口拉裂。

5）大理石饰面板安装

大理石饰面板的安装，应采用板材与基层绑扎或悬挂，然后灌浆固定的方法。如图 15-5 所示。

大理石饰面板的安装顺序是自下而上，为了保证安装的质量，安装第一皮时应用直尺托板和木楔找平。

开始安装时，按编号将大理石板擦净并理直铜丝，手提石板就位，按事先找好的水平线和垂直线，在最下一行两头找平，拉上横线，从中间一块开始，右手伸入石板背后把石板下口铜丝绑在横筋上，绑扎时不要太紧，把铜丝和横筋栓牢即可。然后绑扎石板上口铜丝，并用木楔垫稳，用靠尺检查调整木楔，再系紧铜丝。依次向另一方向进行。安装每一块石板时，如发现石板的规格不准或石板间隙不均匀，应用胶皮加垫，使石板间隙均匀一致。以保持第一层石板上口平直，为第二层石板安装打下基础。

如果用挂钩，将挂钩一端放入孔内，另一端钩在钢筋上。

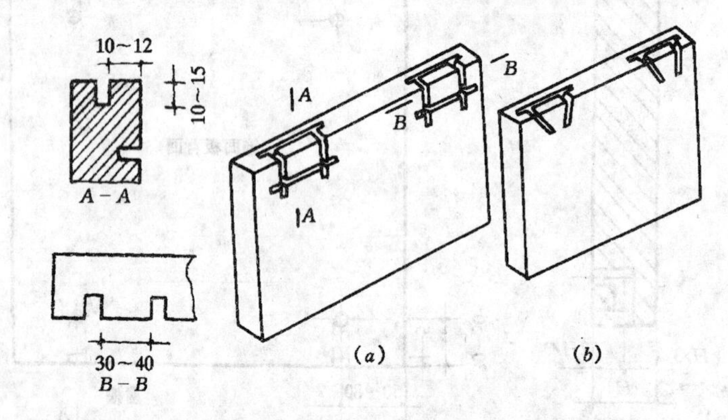

图 15-4 板材开槽方式

(*a*) 四道槽；(*b*) 三道槽

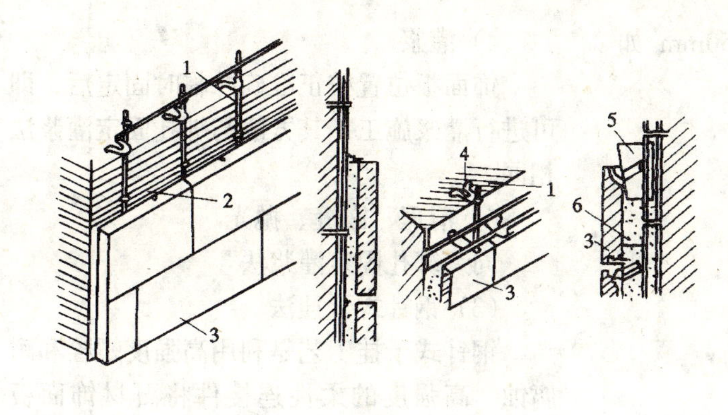

图 15-5 大理石安装固定示意图

1—φ 钢筋；2—铜丝；3—大理石；4—基体；5—木楔；6—砂浆

6）临时固定

为了防止水泥浆灌缝时，安装完毕的石板走动与错位，要采取临时固定措施，临时固定的办法，可视部位的不同，灵活采用。

墙面安装大理石饰面板临时固定采用较多的方法是用外贴石膏,将熟石膏加水拌成糊状,在调整完毕的板面,沿拼缝外贴 2～3 块,也可沿拼缝贴一条,使该层石板连成整体。上口的木楔、也要贴上石膏防止松动和错位。

临时固定后，用靠尺检查安装面板的垂直度和平整度，发现问题，及时校正，待石膏坚固后即可灌浆。

7）灌浆

临时固定后，用污水泥砂浆（稠度在 100～150mm）进行灌浆。浇灌高度约为 150mm，不得超过石板高度的 1/3。然后用铁棒轻轻捣固，不要猛捣猛灌，发现错位应立即拆除，重新安装。

第一次灌入 150mm，稍停 1～2h，待砂浆初凝无水溢出后，再检查板是否有移动，然后进行第二层灌浆，高度为 100mm 左右，即石板的 1/2 高处。第三层灌浆至低于石板上口 50mm 处为止。

8）清理

一层石板灌浆完毕，砂浆初凝后方可清理上口余浆，并用棉纱擦干净。隔天再清理石板上口木楔、石膏及杂物。清理干净后，依照上述步骤安装上一层石板，重复操作，依次镶贴安装完毕。

9）嵌缝

全部安装完毕,清除所有的石膏及余浆残迹,然后用同大理石板颜色相同的色浆嵌缝,边嵌边擦干净,使缝隙密实,颜色一致。

10）抛光

磨光的大理石板，表面在工厂已进行抛光打蜡。但由于施工过程中的污染，表面已失去部分光泽。所以，安装完毕后要进行擦拭与抛光，使其表面更富光泽。

(2) 楔固安装法

传统挂贴法是把固定板块的铜丝绑在预埋钢筋上，而楔固法是将固定板块的钢丝直接楔紧在墙体或柱体上。其工序如下：

1）大理石板钻孔

将大理石饰面板直立固定于木架上，用手电钻在距两端 1/4 处居板厚中心钻孔，孔径 6mm，深 35～40mm，板宽小于 500mm 打直孔 2 个，板宽在 500～800mm 之间打直孔 3 个，板宽大于 800mm 打直孔 4 个。然后将板旋转 90°固定于木架上，在板两边分别各打直孔 1 个，孔位距板下端 100mm 处，孔径 6mm,孔深35～40mm,上下直孔都用合金錾子在石板背面方向剔槽，槽深 7mm，以使安装 U 形钢条。如图 15-6 所示。

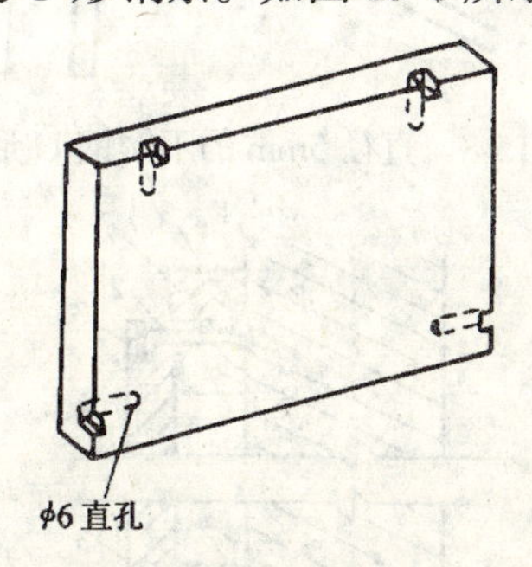

图 15-6 楔固法中石板钻孔要求

2）板材钻孔后,按基体放线分块位置临时就位。并在对应于板材上下直孔的基体位置上,用冲击钻钻出与板材孔数相等的斜孔，斜孔成45°角，孔径6mm，孔深40～50mm。如图15-7所示。

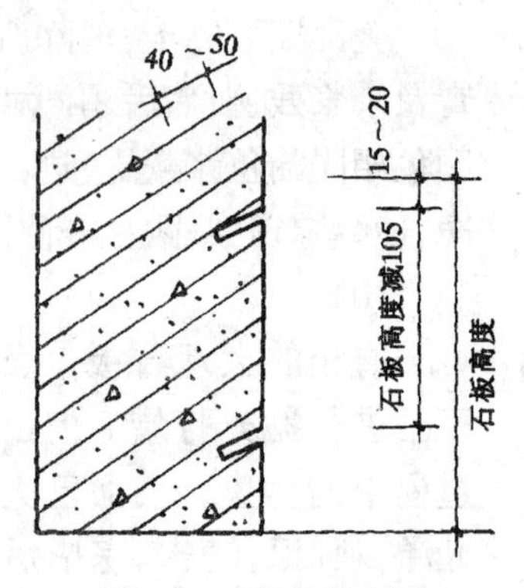

图15-7 基体钻斜孔

3）板材安装与固定

基体钻孔层，将大理石板安装就位。根据板材与基体相距的孔距，用钢丝钳现制直径5mm的不锈钢U形钉，如图15-8所示。其钉一端钩进大理石直孔内，并用硬木小楔楔紧，另一端钩进基体斜孔内，并拉小线或用靠尺及水平尺校正板上下口，以及板面垂直度和平整度，并视其与相邻板材结合是否严密，随即将基体斜孔内的不锈钢U形钉用硬木楔成水泥钉楔紧，接着用大头木楔紧胀于板材与基体之间，以紧固U形钉，做法见图15-9所示。

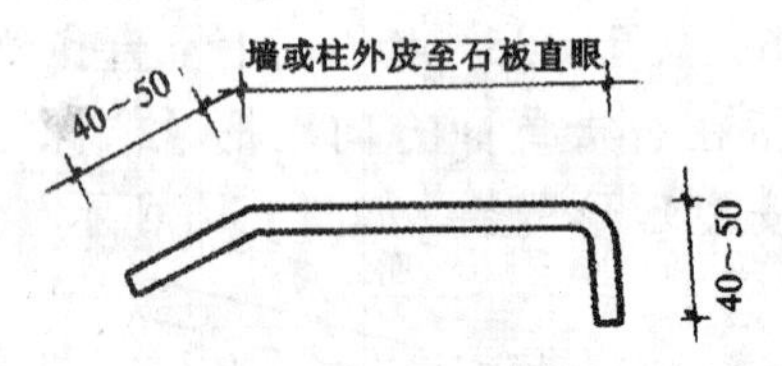

图15-8 直径5mm的不锈钢U形钉

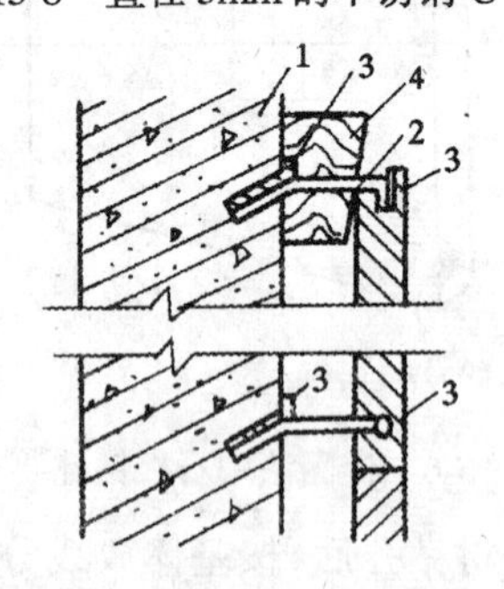

图15-9 楔固法安装石板

1—基体；2—U形钉；3—硬木小楔；4—大木楔

4）灌浆

饰面板位置校正准确并临时固定后，即可进行灌浆施工，其方法与绑扎固定灌浆法相同。

5）清理、嵌缝、抛光

同“绑扎固定灌浆法”。

（3）钢针式干挂法

钢针式干挂工艺是利用高强度螺栓和耐腐蚀、高强度的柔性连接件将石材饰面板挂在建筑物结构的外表面，石材与结构表面之间留出40～50mm的空腔，如图15-10所示。

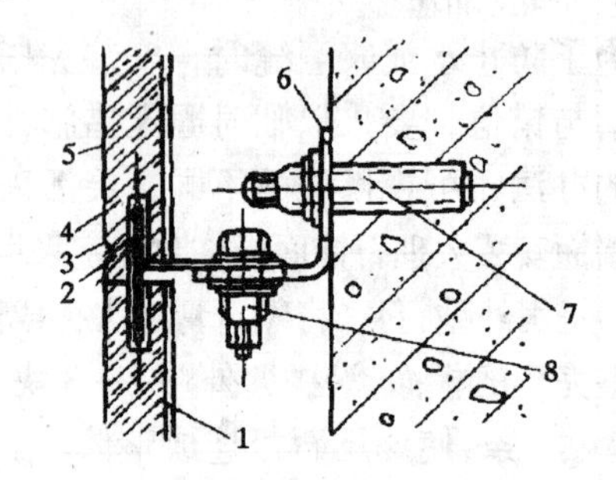

图15-10 干挂安装示意图

1—玻纤布增强层；2—嵌缝；3—钢针；4—长孔（充填环氧树脂胶粘剂）；5—石衬薄板；6—L型不锈钢固定件；7—膨胀螺栓；8—紧固螺栓

此工艺多用于30mm以下的钢筋混凝土结构，不适宜用于砖墙和加气混凝土墙。由于连接件具有上下、左右、前后三维空间的可调性，增强了石材安装的灵活性，易于使饰面平整。这种安装工艺在安装板材不需灌浆。其工序如下：

1）板材钻孔

根据设计尺寸，进行石材钻孔，孔径4mm，孔深20mm。

2）贴玻纤布

石板背面刷胶粘剂，贴玻璃纤维网格布。

3）挂水平、垂直线

在墙面上挂水平、垂直位置线，以控制石材的平整度和垂直度。

4）底层板临时固定

支底层石材托架，放置底层石材，调节

好后临时固定。

5）镶固定件

用冲击电钻在结构上钻孔，插入膨胀螺栓，镶L型不锈钢固定件。

6）插入钢针

用胶粘剂灌入下层板材上部孔眼，插入$\phi 4$，长8mm的不锈钢连接钢针，将胶粘剂灌入上层板材下孔内，再把上层板材对准钢针插入。

7）校正并临时固定

校正好板材位置以及垂直度、平整度，然后临时固定。

8）最后固定

当校正好后，拧紧紧固螺栓作最后固定。

9）清理

清理板材饰面，贴防污胶条，嵌缝。

10）抛光

同“绑扎固定灌浆法”。

15.3 施工注意事项及安全文明施工

(1) 镶贴前应检查基层平整情况，如凹凸过大应事先处理。

(2) 镶贴前应事先找好水平线和垂直线及分格线。

(3) 在镶贴时，应注意板面的垂直度、平整度及纵横缝平直。

(4) 大理石饰面板安装时决不能用钢连接件及22号铁丝，因其易污染大理石面层。

(5) 安装完后，应注意第一次灌浆的高度不应超过板高的1/3。

(6) 饰面板安装应按图纸要求，钻孔后用铜丝等与基本固定，不得浮放。

(7) 饰面板钻孔时，一定要设临时支撑的固定架，防止电钻钻头折断伤人。

(8) 加工各种石板不得面对面进行，必要时须安设挡板隔离，以免石片飞出伤人。

15.4 质量通病与防治措施

(1) 接缝不平、板面纹理不顺、色泽不匀

1）产生原因

基层处理不好，施工操作没有按要点进行，材质没有严格挑选，分层灌浆过高。

2）防治措施

a. 施工前对原材料要进行严格挑选，并进行套方检查，规格尺寸若有偏差，应进行磨边修正。

b. 施工前一定要检查基层是否符合要求，偏差大的一定要事先剔凿和修补。

c. 根据墙面弹线找规矩进行大理石试拼，对好颜色，调整花纹，使板之间上下左右纹理通顺，颜色协调。试拼后逐块编号，然后对号安装。

d. 施工时应按大理石饰面操作要点进行。

(2) 开裂

1）产生原因

a. 大理石挂贴墙面时，水平缝隙较小，墙体受压变形，大理石饰面受到垂直方向的压力。

b. 大理石安装不严密，侵蚀气体和湿空气透入板缝，使钢筋网和挂钩等连接件遭到锈蚀，产生膨胀给大理石板一向外的推力。

2）防治措施

a. 承重墙上挂贴大理石时，应在结构沉降稳定后进行，在顶部和底部，安装大理石板块时，应留一定缝隙，以防墙体被压缩时，使大理石饰面直接承受压力而被压开裂。

b. 安装大理石接缝处，嵌缝要严密，灌浆要饱满，块材不得有裂缝，缺棱掉角等缺陷，以防止侵蚀气体和湿空气侵入，锈蚀钢筋网片，引起板面开裂。

(3) 饰面腐蚀、空鼓脱落

1) 产生原因

大理石主要成分是碳酸钙和氧化钙，如遇空气中的二氧化硫和水就能生成硫酸，而硫酸与大理石中的碳酸钙发生反应，在大理石表面生成石膏。石膏易溶于水，且硬度低，使磨光的大理石表面逐渐失去光泽、产生麻点、开裂和剥落现象。

2) 防治措施

a. 大理石不宜作为室外墙面饰面，特别是不宜在工业区附近的建筑物上使用。

b. 室外大理石墙面压顶部位，要认真处理，保证基层不渗水。操作时横竖接缝必须严密，灌浆饱满。挂贴时，每块大理石板与基层钢筋网拉结应不少于4点。

c. 将空鼓脱落大理石拆下，重新安装。

(4) 饰面破损、污染

1) 产生原因

主要是板材在运输、保管中不妥当，操作中不及时清洗砂浆等脏物造成污染，安装好后，没有认真做好成品保护。

2) 防治措施

a. 在搬运过程中，要避免正面边角先着地或一角先着地，以防正面棱角受损。

b. 大理石受到污染后不易擦洗。在运输保管中，不宜用草绳、草帘等捆绑，大理石灌缝时，防止接缝处漏浆造成污染。还要防止酸碱类化学药品、有色液体等直接接触大理石表面。

c. 对大理石缺棱掉角进行修补

缺棱掉角处宜用环氧树脂胶修补。环氧树脂胶的配合比为：6101号环氧树脂胶∶苯二甲酸二丁脂∶乙二胺∶白水泥∶颜料＝100∶20∶10∶100∶适量颜料。调成与大理石相同的颜色，修补待环氧树脂胶凝固硬化后，用细油石磨光磨平。

掉角撕裂的大理石板，先将粘结面清洗干净，干燥后，在两个粘结面上均匀涂上0.5mm厚环氧树脂胶粘贴后，养护3d。胶粘剂配好后宜在1h内用完。或采用502胶粘剂，在粘结面上滴上502胶后，稍加压力粘合，在15℃下，养护24h即可。

15.5 成品、半成品保护

大理石饰面板不宜采用易褪色材料包捆，以防在运输和存放时污染石板。大理石板是脆性材料，棱角极易碰坏，在包装和运输时要保护棱角和光面，放置时要光面相对，衬以软纸，直立码放。

对于刚安装好的阳角，要用木护板遮盖。墙面应贴纸或塑料薄膜保护，以防污染。

拆架子或搬动高凳时，注意不要碰撞饰面表面，以免破损。

15.6 操作练习

练习 大理石挂贴墙面（绑扎固定灌浆法）

(1) 施工准备

1) 材料准备

大理石板材、水泥、砂、熟石膏、细碎石、矿物性颜料、铜丝等。

2) 工具准备

手提式冲击电钻、电动锯石机、水平尺、橡皮锤、靠尺板、钢丝钳等。

(2) 学生作业平面布置图

操作练习平面布置图如图15-11所示，每堵墙上拟定4人（双面）进行操作。

(3) 实训要求

1) 数量：1～1.5m^2。

2) 定额时间：4h。

3) 质量要求：达到评分表里测定项目的各分项内容要求。

(4) 操作方法

1) 挑选大理石，进行试拼，检查板材颜色、尺寸、边棱整齐方正，进行预排。

2) 按照要求在基体表面绑扎好钢筋网，

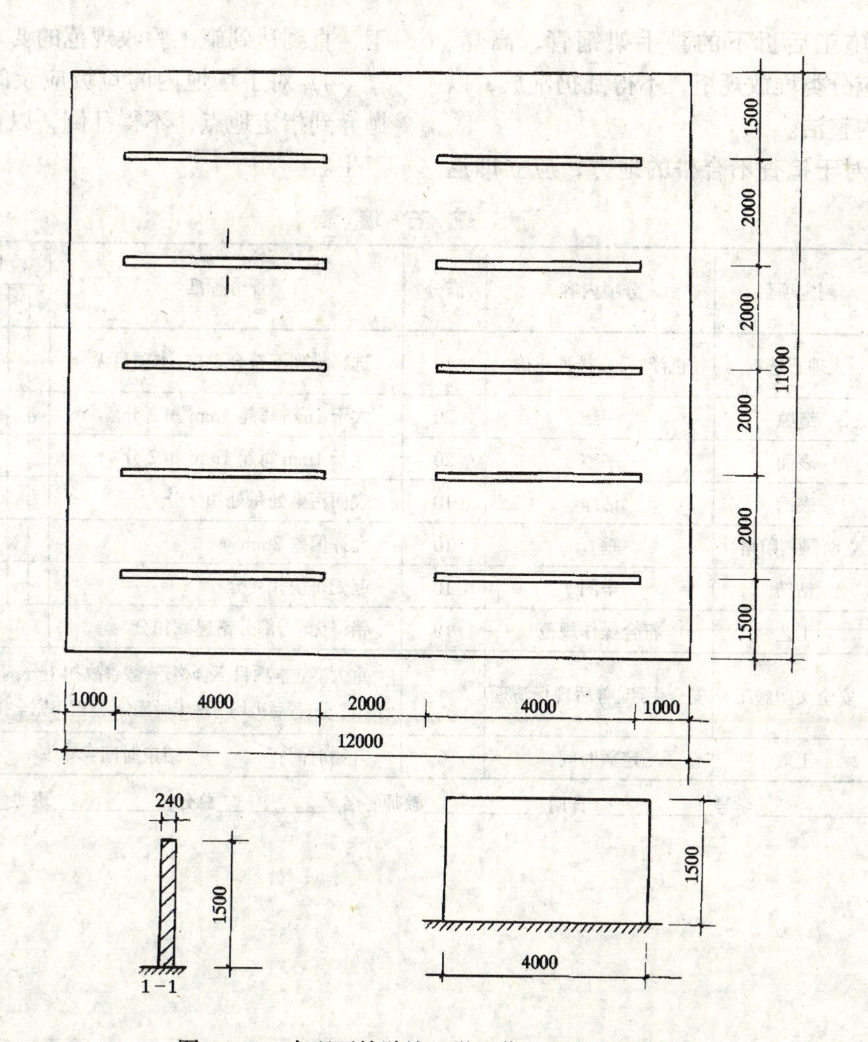

图 15-11　大理石挂贴施工学生作业平面布置图

与结构预埋件绑扎牢固。

3）板材按要求钻孔，并穿上铜丝。

4）检查基体的平整度，如有凹凸较大的地方，应事先处理好。

5）按事先找好的水平和垂直控制线进行预排，然后在最下一行两端找平，拉上横线，从阳角或分好的中间一块开始挂贴。并用铜丝把大理石块材与钢筋骨料绑扎牢固，随时用托线板靠直靠平。为调整缝隙宽度，可在接缝中垫入木楔。

6）饰面板安装后用石膏将底面及两侧缝隙堵严，上、下口用石膏临时固定。较大板块固定时可加支撑。

7）一般安装完毕经检查合格后，用1:1.5～2.5水泥砂浆分层灌注，第一次灌150mm，但不得超过板材高度的$\frac{1}{3}$，初凝后灌第二层至板中，初凝后灌第三层至板块上口下50～100mm处。最后一层砂浆初凝后，清理擦净板块上口余浆及剔出上口用于临时固定的石膏，然后按同样方法依次由下向上安装上层板材。

（5）考核内容及评分标准

见表15-1。

（6）施工现场善后处理

1）下班前应对现场的落地灰进行清理，一般是边施工边清理，落地灰能用就立即收起来用。

2）施工后拆下的脚手架钢管、高凳、跳板等应分类堆放规矩，不得乱扔乱放，以保持场内整洁。

3）对于检查不合格的地方，应立即返工，直到达到施工验收规范的要求。

4）对于场地内的垃圾应及时清除，并抛弃到指定地点，不得乱倒，以免影响环境卫生。

大 理 石 墙 面 **表 15-1**

序号	测定项目	分项内容	满分	评分标准	检测点					得分
					1	2	3	4	5	
1	大理石选料	色泽一致、排列正确	10	选料排列不符合要求，本项目无分						
2	缝隙	一致	20	大于1mm每超1mm扣2分						
3	表面	平整	20	大于1mm每超1mm扣2分						
4	表面	洁净	10	表面污染处每处扣2分						
5	立面（阴、阳角）	垂直	10	允许偏差2mm						
6	粘结	牢固	10	起壳每块扣4分						
7	工艺	符合操作规范	10	错误无分，部分错递减扣分						
8	安全文明施工	安全生产、善后现场清理	4	重大事故本项目不合格，一般事故扣1分，事故苗子扣3分，善后现场清理未做无分，清理不完全扣2分						
9	工效	定额时间	6	开始时间： 结束时间：						

姓名________ 学号________ 日期________ 教师签名________ 总分________ 班级________

第16章 油 漆 施 工

各种材料表面通过油漆涂料的涂饰形成了一层涂料保护层,起到了装饰美化和保护作用。油漆涂料的品种很多,一般是根据涂饰的对象,场所和功能要求来确定涂料的品种。涂料的施涂工艺一般分为二大类,即:不透明涂饰(混色漆)工艺和透明涂饰(清色漆)工艺。

所谓的不透明涂饰工艺就是经过涂料涂饰不能显示出原有材质的本来面貌,而是通过色漆、色浆、贴纸和仿制天然材质纹理等工艺来达到装饰目的。这种工艺就称为不透明涂饰工艺。通常抹灰面、金属面、针叶树木材面等都采用不透明涂饰工艺。

透明涂饰工艺是通过清色漆涂饰后,仍然展现出原有天然纹理,并且更加清晰、丰润,透明涂饰对木材的材质和花纹要求较高,一般采用水曲柳、柞木,柚木等木纹较秀丽的阔叶树材。清色漆有:酚醛清漆、聚氨酯清漆、硝基木器清漆、氯偏乳液等。

木门窗油漆是一项很重要的装饰工程,尤其是外露的门窗,经受着日晒雨露以及有害物质的侵蚀,更需要通过施涂油漆涂料来隔绝外界。木门窗的油漆通常是采用手工涂刷,一般操作顺序是先上后下、先左后右、先外后里(外开式)、先里后外(内开式)。下面着重介绍木门窗铅油、调合漆的施涂工艺。

施工项目为有腰连三扇木门窗油漆:面积为高1.5m×宽1.2m=1.8m^2。

16.1 施工准备

材料准备:调合漆、熟桐油、石膏粉等,详见备料单(表16-1)。

备 料 单 表16-1

序号	名称	型号	数量	备注
1	紫红色油性调合漆	Y-03-1	1kg	
2	紫红铅油	Y-02-1	2kg	
3	熟桐油	Y-00-1	1.5kg	
4	松香水	200$^{\#}$溶剂油	1kg	
5	催干剂	C-3	稍许	
6	石膏粉		2.5kg	

工具准备:漆刷、铲刀、油漆桶等,详见工具单(表16-2)。

工 具 单 表16-2

序号	名称	规格	数量	备注
1	油漆刷	50mm	1把	
2	挥灰油漆刷	50mm	1把	
3	铲刀	25~76mm	一套	
4	牛角翘	大号、小号	各一把	
5	木砂纸	1½$^{\#}$	4张	
6	油漆桶	小号	1只	
7	腻子板	200×250mm 800×800mm	各一块	
8	合梯	5档	1只	
9	抹布	350×350mm	1块	

16.2 施工工序与操作方法

(1)施工工序

基层处理→施涂清油→打磨、嵌批腻子→打磨、复补腻子→打磨、施涂铅油→打磨、施涂调和漆(浅色二遍,深色一遍)。

(2) 操作方法

1) 基层处理

木材面的基层处理方法详见本教材第3章“基层面处理”。对于新的木门窗，首先要用铲刀将粘在木门窗表面的砂浆、胶液等脏物清除掉，然后用1½号木砂纸打磨门窗的表面。基层处理后应用掸灰刷将门窗掸干净。

2) 施涂清油

按熟桐油:松香水=1:3的比例配制成清油，用油漆刷将木门窗刷一遍，要求刷足，做到不遗漏，不流坠。

木门窗施涂一般采用50mm和63mm两种规格的油漆刷，新油漆刷在施涂前应将刷毛轻轻拍打几下，并将未粘牢的刷毛捻去。接着将油漆刷的毛端在1号砂纸上来回磨刷几下，使端毛柔软以减少涂刷时的刷纹。涂刷时手势应正确，视线始终不离开油漆刷。蘸油时蘸油量的多少要视涂饰面的大小、涂料的厚薄（稀稠)、油漆刷毛头的长短三种情况面定。蘸油时，刷毛浸入漆中的部分应为刷毛长的1/2～1/3之间。蘸油后漆刷应在容器的内壁轻轻地来回滗两下，使蘸起的漆液均匀地渗透在刷毛内，然后开始按自上而下、自左而右、由外到里、先难后易的顺序，先刷左边的腰窗，将玻璃框及上下冒头和侧面先施涂好，然后再刷腰窗的平面处及窗的边框。在门窗框和狭长的物件上施涂时，要用油漆刷的侧面上油，上满油后再用油漆刷的平面（大面）刷匀并理直。在涂刷外部时如果没有脚手架或其它安全可靠供站立的平台，而只能站在窗台上时，要注意安全。由于三开窗左边的窗扇是反手，操作时左手要抓住窗挡，将漆桶用一吊钩悬挂在窗的横档上或放在内窗台上，先漆左面的一扇再漆右边的一扇，最后再漆中间一扇。做完外面再退入室内，这样的顺序较为合理，而且周转的空间也大，并且可以避免油漆沾在自己的身上。

3) 打磨及嵌批腻子

腻子的嵌批要等清油完全干燥后，用1½号木砂纸打磨并掸净灰尘，然后进行嵌批腻子。外露木门窗嵌批所采用的腻子是纯油石膏腻子，其配合比详见“腻子的调配”。用于门窗嵌批的腻子要求调得硬一些，因为门窗大都是用软材(松木、杉木)等制成，材质较松软，易于吸水，与气候关系较密切，而且干裂时缝隙也较大，所以嵌补腻子时对上下冒头、拼缝处一定要嵌牢嵌密实。对于硬材类的门窗，要先将大的缺陷用硬的腻子嵌补，再进行满批腻子，这是因为此类板材的表面棕眼往往较深，一定要满批腻子，否则影响表面的平整与光洁。腻子嵌批时要比物面略高一些以免干后收缩，如图16-1。

满批腻子可用牛角翘或簿钢皮批板进行操作，满批时常采用往返刮涂法（指较稀薄的腻子)。如一平放的饰面，先将腻子浇洒在饰面的上方边缘成一条直线，然后将批板握成与饰面约成30°～60°之间的角，同时批板还要握得斜转些与边缘约为80°左右的角度，按照这样的手势将已敷上的腻子向前满批。满批时，要注意批板的前端要少碰腻子，力用在后端，沿直线从右往左一批到头，然后利用手腕的转动将批板原来的末端改为前端重叠四分之一面积再从左到右，这样来回往复直至最后板下面的边缘，此时应用腻子托板接住刮出的多余腻子，如图16-2。

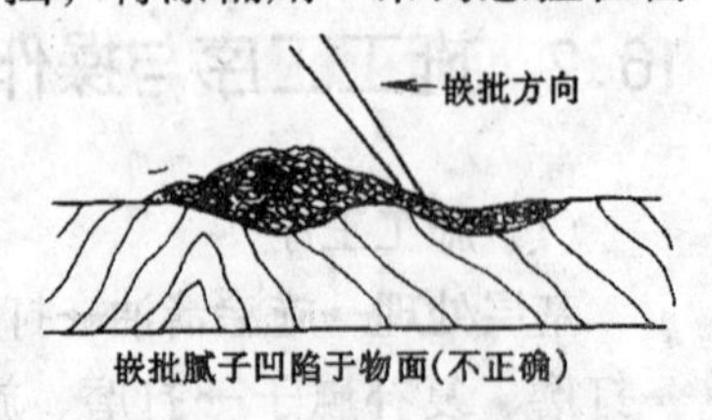

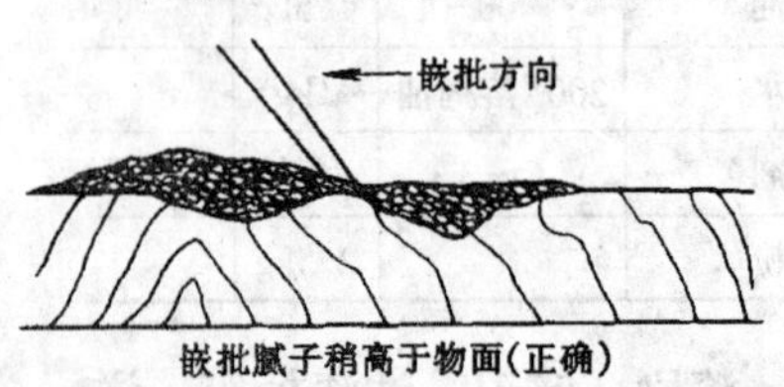

图16-1 嵌批腻子的要求

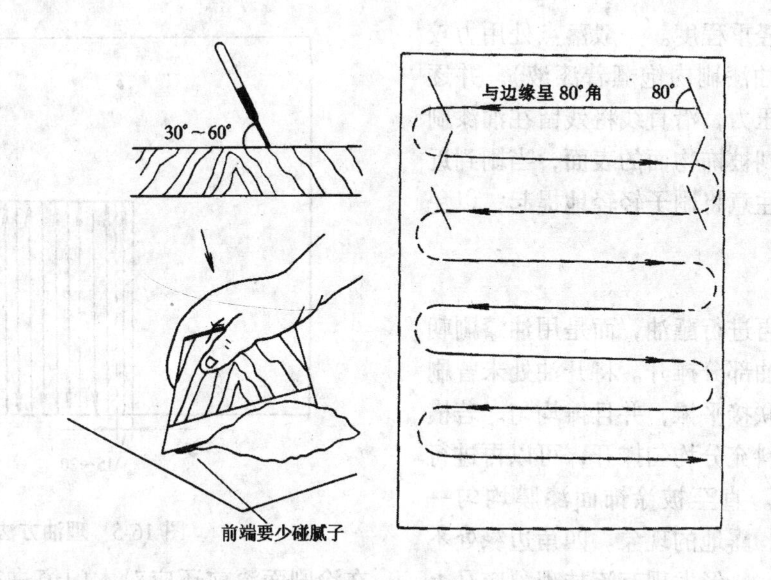

图 16-2　批嵌腻子的角度和路线

4）打磨及复补腻子

腻子干透后必须用 1 号木砂纸或使用过的 1½ 号旧砂纸打磨木门窗的各个表面，以磨掉残余的腻子及磨平木面上的毛糙处。打磨平面时，砂纸要紧压在磨面上，可在砂纸内衬一块合适的方木或泡沫块，这样打磨容易使劲，可以磨出理想的平整面。为了避免砂纸将手磨破，可将砂纸折叠一下。打磨完后用掸灰刷将打磨下的脏物及灰尘掸干净。同时应检查是否有遗留下的孔眼和因腻子干燥后凹陷的部分，并用较硬质的腻子进行复补。

5）打磨及施涂铅油

待复补腻子干燥后，用 1 号砂纸打磨复补处，并用掸灰刷掸净灰尘。铅油施涂方法与施涂清油相同，可使用同一把油漆刷，由于铅油中的油分只占总重量的 15%～25%，掺入的溶剂又较多，挥发较快，所以铅油的流平性能差。在大面积的门板施涂中应采用"蘸油→开油→横油→理油"的施涂操作方法。

a．蘸油

油漆刷蘸油后，应在容器的内壁上两面各滗一下，立即提起并依靠手腕的转动配合身躯的运动移到被涂饰物的表面上，这样可保证蘸油既多又不易使漆液滴落在其它物面上。

b．开油

用油漆刷垂直方向涂刷，开油的刷距长短和总宽度，是根据基层面的吸油量大小而灵活掌握的，对吸油量大的木材面，开油的刷距要小，甚至没有间距（满刷），对于吸油量不大，开油的间距可适量放宽些，一般控制在 30～50mm 之间，长短通常控制在 350～400mm 之间，开油的总宽度一般开 4～5 漆刷。开油的方法如图 16-3。

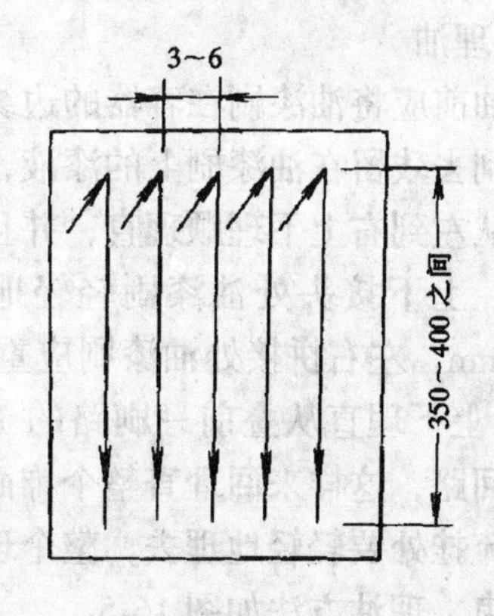

图 16-3　开油方法

开油的方向应该根据木纹方向而定，必须顺木纹开油。蘸油和开油是一连贯的动作，要求速度快、刷纹直，并根据漆液的稠度控制用力的轻重程度。一般落点处用力较轻（因为此时油漆刷内饱蘸着漆液），并逐渐增加手腕的压力，沿直线将残留在油漆刷内的漆液挤压到被饰物面的表面，当刷到近物面端部时应注意将刷子轻轻地提起，以免产生流挂。

c. 横油

开油后不再进行蘸油，而是用油漆刷朝水平方向将开油部分摊开。将开油处未曾刷到的刷距部分联接平摊，并且摊均匀。若横油还不能使涂料充分均匀摊开，可以再进行斜油处理一次。直至被涂饰面漆膜均匀一致，没有刷痕、露地的现象。四角边缘处不得有流挂现象，一经发现有流挂现象应马上把油漆刷滗干，理掉流挂处。横油斜油的方法如图 16-4。

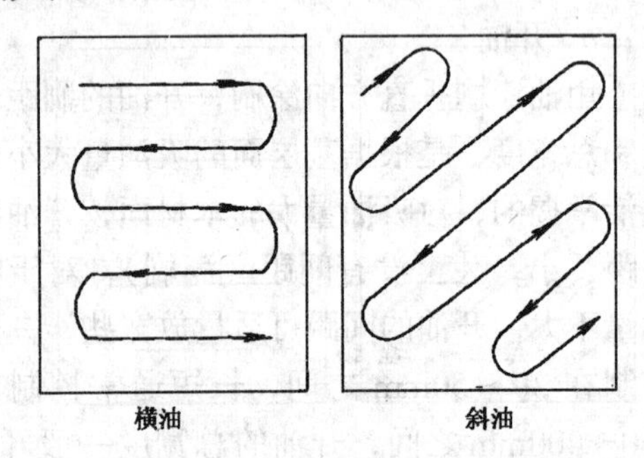

图 16-4　横油、斜油方法

d. 理油

理油前应将油漆刷在容器的边缘两面刮几下，刮去残留在油漆刷上的漆液，然后用油漆刷从左到右上下理顺理直，并且处理好接头处，上下接头处油漆刷轻轻地漂上去 20～30mm，左右拼接处油漆刷应重叠 15～20mm。上下理直从叠前一刷路的 1/4 算完成一个回路，这样来回理直整个饰面，最后将楞角流挂处要轻轻地理去，整个理油过程就此结束。理油方法如图 16-5。

e. 打磨及施涂面漆

涂刷铅油后涂膜的表面并不平整，还会产生气泡、厚度不均匀等现象，用 1 号砂纸打磨平整并清理干净。打磨的要求同前所述。

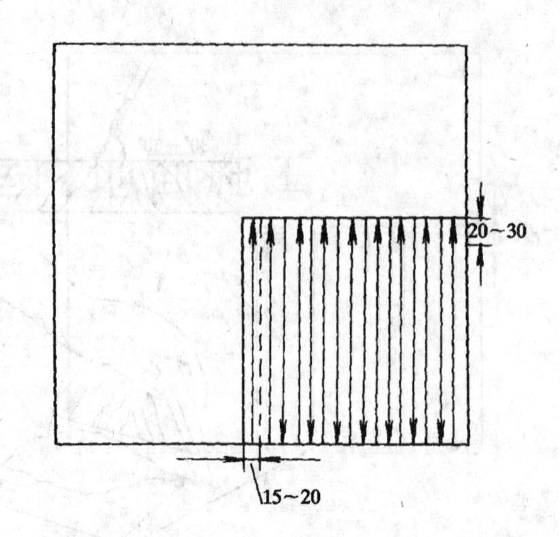

图 16-5　理油方法

在涂刷面漆前还应对木门窗进行检查，看是否还有赃物存在，若有应该及时处理掉。

施涂面漆操作的方法和铅油相同，但要求要高，尤其在涂刷时不得中途起落刷子，以免留刷痕，如图 16-6 所示。

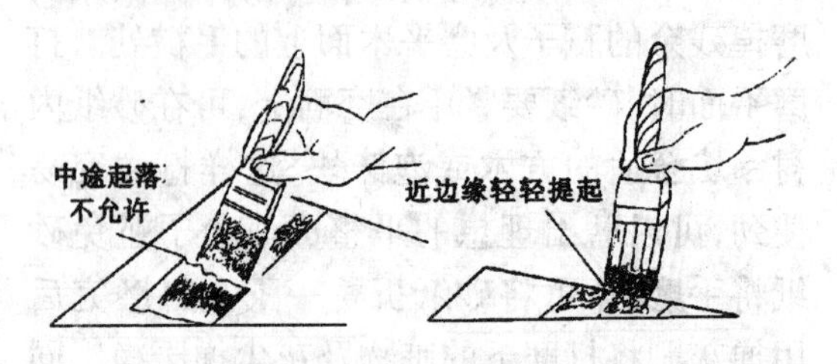

图 16-6　油漆刷中途起落留下刷痕

涂刷完毕要打开窗扇挂好风钩，门扇也要敞开支牢，这样即有利于涂膜干燥，又可防止窗扇或门扇与框边涂料相粘。

待涂刷全部结束后，要避免饰面受烈日照射和直接吹风，否则会因涂层表面成膜过快引起皱皮、起泡或粘上灰尘，影响质量。

面漆作为最后一道操作工序，其操作工艺要求比前遍施涂底漆严格，这就要求操作者必须动作快，手腕灵活，刷纹直，用力均匀，蘸油量少，次数多，整个过程应一气呵成。

深颜色的面漆一般只施涂一遍，浅颜色施涂二遍，只是在两遍面漆之间增加一遍打磨及过水工艺。具体作法是：采用 1 号旧砂纸或 0 号砂纸打磨表面，清理干净后用湿润的毛巾将表面擦揩干净（即过水），待其干燥后施涂第二遍面漆。

16.3 施工注意事项、安全生产和文明施工要求

（1）注意事项

木材面的含水率应在12%以下，不能在潮湿的基层上施工；木窗表面若有松脂存在，应用碱液或25%的丙酮水溶液清洗干净；对开启的清油、铅油及调合漆，在使用中应充分搅拌，尤其是面漆，以免造成涂饰面的颜色深浅不一的现象；涂料若有结皮的现象，应用80目筛子过滤后方可使用，并根据涂料的粘度决定是否加相配套的稀释剂；清油一定要涂刷到各部位，涂刷时，宜薄不宜厚，以免在嵌批腻子时打滑及降低附着能力；人站在窗台上油漆时，应有安全措施，不得踩在木窗上，以免造成损伤；涂刷门框、窗框或贴脸等边缘时，要垂直整齐，门窗上的小五金、玻璃等处不得沾污上涂料，并做好落手清工作。

（2）安全生产和文明施工的要求

1）窗子刷油漆如人站在窗外操作时，要系上安全带。

2）擦油漆用的溶剂纱头必须妥善放置在加盖的铁桶内，不可以随处乱仍。

3）油漆施工场所必须置备消防器材。

4）漆刷不干净，不许到处乱涂刮，应指定场所涂刮，保持周围环境卫生。

16.4 质量通病与防治措施

（1）透底

主要原因：

1）面漆太薄或刷毛较硬。

2）底漆的颜色比面漆深。

3）打磨时，边沿棱角及钉眼等处打磨露白。

防治方法：

1）选用合适的油漆刷。面漆的涂膜应保持适量厚度。

2）在配底漆时其色泽宜比面漆浅一些。

3）打磨时注意棱角处不要磨穿，若磨穿了应及时补色。

（2）流坠

主要原因：

1）涂刷底漆时，涂刷太厚或因涂料较稠。

2）有时也会因刷毛过长而柔软，施涂不开。

3）边沿棱角处常会出现流坠，其主要原因是施涂时不注意，将涂料刷到已施涂好的相邻面上去。

防治方法：

1）将涂料调到合适的施工稠度。

2）正确地选用油漆刷。

3）操作时眼睛要看着油漆刷，边沿棱角出现流挂应及时用油漆刷理掉。

（3）皱皮

主要原因：

1）涂料涂刷过厚和不均匀。

2）涂料涂刷完毕就直接受到太阳的曝晒，或催干剂加得过多，造成干燥太快。

3）两种或两种以上品种涂料掺和，造成干燥速度不一。

防治方法：

1）涂刷时蘸油量要求一致。

2）催干剂的掺量不应超过2%。涂料涂刷完毕后应尽量避免太阳直接曝晒。

3）涂料掺和使用时，必须是配套品种的材料。

（4）不亮

主要原因：

1）稀释剂掺量过多。

2）涂料中混入煤油或柴油。

3）气候潮湿、气温低。

4）上遍涂料未干透就施涂面漆。

防治方法：

1）在涂刷面漆时，要尽量少加稀释剂或不加。

2）涂料中不可混入煤油或柴油。

3）涂刷面漆时气温应控制在+5℃以上，避免在潮湿气候下施工。

4）上遍漆的涂膜未干透，不得涂刷面漆。

（5）分色裹楞

主要原因：

1）分色线处的腻子未嵌好。

2）未仔细涂刷或余漆未除清。

3）上遍涂膜未干透就涂刷面漆。

防治方法：

1）在嵌批纯油石膏腻子时，应将分色线处的缺陷嵌批整齐。

2）在阴阳角处操作时一定要仔细，分色线应顺直。

3）上遍涂膜一定要干透后才能涂刷面漆。

（6）有刷纹

主要原因：

1）涂料的流平性差，干燥过快。

2）刷毛太硬或施涂方法不当。

防治方法：

1）选用流平性能好的涂料和挥发性慢的溶剂。

2）油漆刷要选用得当，刷毛不可过短。

（7）小五金及玻璃不清洁

主要原因：施涂不当。

防治方法：操作者要仔细涂刷，特别是线角处要刷齐整，一旦涂料污染了小五金，应及时揩擦干净。

16.5 成品与半成品的保护

（1）刷油漆时要把门窗关闭，断绝空气流通，使涂刷油漆时，油漆干燥放慢，容易操作，刷完油漆后开启门窗通风。每道油漆须经过24小时后，才能进行下次刷漆。

（2）油漆涂刷后，应防止水淋，尘土沾污和热空气侵袭。

（3）油漆窗子时，人不能站在窗栏上，防止踩坏腻子和油漆。

（4）各类门窗在完成每一道油漆后都要把窗开启，挂好风钩。

（5）门窗上的小五金零件不需油漆，沾着油漆时要揩擦干净。

16.6 操作练习

（1）课题：木窗铅油、调和漆的施涂

（2）练习目的：使学员从理性认识转化为感性认识，从而熟练掌握木门窗铅油、调和漆的施涂技能。

（3）练习内容：在新做木窗上涂刷铅油、调和漆约1.5m^2。

（4）分组分工:2～3人一组,24课时完成。

（5）练习要求：

1）清理木基层。用虫胶清漆在木节及有松脂处作封底处理，然后用砂纸将整个木窗打磨光滑，掸清灰尘。

2）用自配的头道清油按操作顺序统刷一遍。

3）嵌批油性石膏腻子，干后用砂纸打磨平整。

4）刷底油（铅油），干后复嵌腻子，砂纸打磨。

5）修补铅油。

6）刷调合漆，在刷调和漆之前必须将场地打扫干净，然后再刷面漆。

（6）产品质量验收和评分标准

产品质量验收：

1）油漆工程应待表面结成牢固的漆膜后，方可进行验收。

检验数量：室外，按施涂面积抽查10%；室内，按有代表性的自然间（过道按

10延长米、礼堂、厂房等大间可按两轴线为1间）抽查10%，但不得少于3间。

2）油漆工程验收时，应检查所用的材料品种、颜色是否符合设计和选定的样品要求。

评分标准

见表16-3。

（7）现场善后整理

木门窗油漆完毕后，固定好风钩和木楔，干燥24h后，将门窗玻璃上的油漆玷污用刀片铲干净；现场滴下的漆液必须用溶剂揩擦干净；用剩下的油漆应及时入库妥善处理；油漆刷要保养好以备下次再用；油漆小桶必须用溶剂擦洗干净。

木门窗油漆评分标准 **表16-3**

序号	考核项目	考核时间	考核要求	标准得分	实际得分	评分标准
1	基层处理		污物、松脂清除干净，毛刺等剔除，楞角打磨圆滑，落手清	20		有一处未清除扣1分，不磨扣5分，磨得不好扣3分，不做落手清扣4分，做得不清扣2分
2	刷清油		做到不遗漏	5		漏刷一处扣1分
3	嵌批腻子		先嵌洞缝，上下冒头榫头嵌密实，满批和顺，无野腻子	15		上下冒头不密实扣2分，漏嵌一处扣2分，野腻子多扣4分，嵌批基本和顺得10分
4	磨砂纸		平整、光洁、和顺、掸清灰尘	10		基本合格得6分，仍有野面腻子扣6分
5	刷铅油		不漏、不挂、不皱、不过棱、不露底	8		有一项扣1分
6	复嵌打磨		复嵌无遗漏及凹处，不磨穿	8		在凹处或漏嵌扣2分
7	刷填光油		同5	8		同5
8	刷调合漆		不漏、不挂、不皱、不过棱、不起泡	26		有一项扣3分，平面遗漏或起皮有一处扣5分玻璃、地坪、小五金、窗台口不清爽，有一处扣2分
合计				100		

班级______学号______姓名______年____月____日______教师签名______总分______

第 17 章 水性涂料施工

水性涂料是一种以水为溶剂（或介质），其主要成膜物质能溶于水（或分散于水中）的一种涂料。水性涂料所采用的原料是无毒、不助燃、不污染空气、取用较方便。水性涂料具有干燥速度快、有一定的透气性、成膜后不还原。具有不同程度的耐水、耐候、耐擦洗等性能，操作简便，适用于室内外的墙面的涂饰。

施工项目为在内墙面上涂刷 803 内墙涂料。

17.1 施工准备

材料准备：803 内墙涂料、107 胶水等，详见备料单（表 17-1）。

备 料 单 表 17-1

序号	名称	规格	数量	备注
1	803 涂料		20kg	
2	107 胶水		3kg	
3	白胶		1.5kg	
4	化学浆糊		4kg	干
5	石膏粉		5kg	
6	老粉		25kg	
7	木砂纸	1½号	6 张	

工具准备：排笔、钢皮批刀等，详见工具单（表 17-2）。

工 具 单 表 17-2

序号	名称	规格（mm）	数量	备注
1	排笔或绒毛滚筒	16 管或 200 滚筒	6 把（个）	
2	钢皮批刀	110×150	6 把	
3	铲刀	63	6 把	
4	腻子板	20×30	6 块	
5	合梯	5 档	3 个	

续表

序号	名称	规格（mm）	数量	备注
6	脚手板	50×200×400	1 块	
7	掸灰漆刷	50	2 把	
8	刷浆桶	200×250	6 只	
9	腻子桶	250×300	1 只	
10	搅拌器		1 个	
11	铜箩筛	80 目	1 只	
12	抹布	250×500	2 块	

17.2 施工工序与操作方法

（1）施工工序

基层处理→刷清胶→嵌补洞、缝→打磨→满批腻子二遍→复补腻子→打磨、涂刷涂料 2 遍（或滚涂 2 遍）。

（2）操作方法

1）基层处理

用铲刀、铁砂布铲除或磨掉表层残留的灰砂、浮灰、污迹等。由于基层处理的好坏直接关系到涂料的附着力、平整度和施工质量，因此，一定要认真做好此项工作。

2）刷清胶

按 107 胶水∶清水＝1∶3 的比例配制成清胶，用排笔或绒毛滚筒通刷墙面一遍，洞缝刷足，做到不遗漏、不流坠。

3）嵌补洞缝

清胶干燥后，调拌硬一些的胶老粉腻

子，并适量加些石膏粉，用铲刀嵌补抹灰面上较大的缺陷，如大气孔、麻面、裂缝、凹洞，要求填平嵌实。

4）打磨

嵌补腻子干燥后，墙表面往往有局部凸起和残存的腻子，可采用1½号或1号砂纸打磨平整，然后将粉尘清除干净。

5）满批腻子

嵌批腻子一般用钢皮刮板和橡皮刮板，头遍腻子可用橡皮刮板，第二遍可用钢皮刮板批刮。批刮时，刮板与墙面的角度约成40度左右。并往返来回批刮，遇基层低凹处时刮板要仰起，高处时要边刮边收净。批刮时要用力均匀，不能出现高低的刮板印痕。腻子一次不能批刮太厚，否则不宜干燥且容易开裂，一次批刮厚度一般以不超过1mm为宜。墙面满批腻子一般是满批二遍，必须在头遍干燥后再批第二遍，若墙面平整度差可以多批几遍，但必须注意腻子批得过厚对饰面的牢度有一定的影响，一般情况下宜薄不宜厚。

6）复补腻子

墙面经过满刮腻子后，如局部还存在细小缺陷，应再复补腻子。

7）打磨

待腻子干后可用1号砂纸打磨平整，打磨后应将表面粉尘清除干净。

8）涂刷涂料

涂料一般涂刷二遍，涂刷工具可用羊毛排笔或滚筒。用排笔涂刷墙面时，要求两人或多人同时上下配合，一人在上刷，另一人在下接刷，涂刷要均匀，搭接处无明显的接槎和刷纹。

a. 排笔涂刷法

墙面涂刷涂料应从右上角开始，因为刷浆桶在左手，醮浆时容易沾到已刷过的墙面，所以必须从右到左涂刷。排笔以用16管为宜。蘸涂料后排笔要在桶边轻敲两下，这样一方面可以使多余涂料滴落在桶内，另一方面可把涂料集中在排笔的头部，以免涂料顺排笔滴落在操作者身上和地上造成污染。涂刷时先在上部墙面顶端横刷一排笔的宽度，然后自右向左从墙阴角开始向左直刷，一排刷完，再接刷一排，依次涂刷。当刷完一个片段，移动合梯，再刷第二片断。这时涂刷下部墙的操作者可随后接着涂刷第二片段的下排，如此交叉踏步形地进行，直至完成。涂刷时排笔蘸涂料要均匀，刷时要紧松一致、长度一致、宽度一致。一般情况下，涂刷每排笔的长度是400mm左右，上下排笔相互之间的搭接是40～80mm左右，并要求接头上下通顺，无明显的接槎和刷纹。用排笔涂刷时应利用手腕的力量上下右左较协调地进行涂刷，不能整个手臂跟随手腕上下摆动，甚至整个身体也随之摆动。刷完第一遍涂料待干燥后，检查墙面是否有毛面、沙眼、流坠、接槎，并用旧砂纸轻磨后再涂刷第二遍涂料，完成后按质量标准进行检查。要求涂层涂刷均匀，色泽一致，不得有返碱、咬色、流坠、砂眼，同时要做好落手清。

顶棚涂刷涂料：其操作方法和要求与墙面涂刷涂料方法基本相同。但是，由于刷涂顶棚时，操作者要仰着头手握排笔涂刷，其劳动强度和操作难度都大于墙面。为了减少涂刷中涂料的滴落，要求把排笔两端用火烤或用剪刀修整为小圆角。同时涂刷中还要注意排笔要少蘸、勤蘸涂料，不要蘸到笔杆上，蘸后要在桶边轻轻拍二下。

b. 辊筒滚涂

适用于表面毛糙的墙面。操作时，将辊筒在盛装涂料的桶内蘸上涂料后，先在搓衣板上（或在桶边挂一块钢丝网）来回轻轻滚动，使涂料均匀饱满地吸在辊筒毛绒层内、然后进行滚涂。墙面的滚涂顺序是从上到下，从左到右，滚涂时要先松后紧，将涂料慢慢挤出辊筒，以减少涂料的流滴，使涂料均匀地滚涂到墙面上。

用辊筒滚涂的特点是工效高、涂层均

匀、流坠少等优点，且能适用高粘度涂料。其缺点是滚涂适用于较大面积的工作面，不适用边角面。边角、门窗等工作面，还得靠排笔来刷涂。另外滚涂的质感较毛糙，对于施工要求光洁程度较高的物面必须边滚涂边用排笔来理顺。

17.3 施工注意事项、安全生产和文明施工要求

(1) 施工注意事项

1) 在石膏板（石膏板是以半水石膏和面纸为主要原料，掺加入适量纤维、胶粘剂、促凝剂、缓凝剂，经料浆配制、成型、切割，烘干而成的轻质薄板）、TK板（TK板又称纤维增强水泥平板，是以低碱水泥、中碱玻璃纤维和短石棉为原料，制成的薄型建筑平板）等轻质板面上施涂涂料，首先要在固定的面板螺钉眼上点刷防锈漆和白色铅油，以防螺钉锈蚀，表面出现锈斑污染涂层。另外在面板之间的接缝处理上，应先用石膏油腻子将接缝嵌平，再将涂有乳胶的穿孔纸带或的棉白布斜向撕条（50～60mm宽）贴在接缝处，如图17-1所示，然后满批胶粉腻子，待干燥后打磨、清扫，再涂刷涂料。涂刷涂料方法同前。在石膏板材面刷涂各种水性涂料时，如果该地区的室内相对湿度大于70%时，在施工前对石膏板要进行防湿处理。可先在石膏板纸面上刷一遍光油或氯偏乳液，要求正反两面都刷。光油是由熟桐油加松香水配成，其配合比是熟桐油：松香水=1:3。

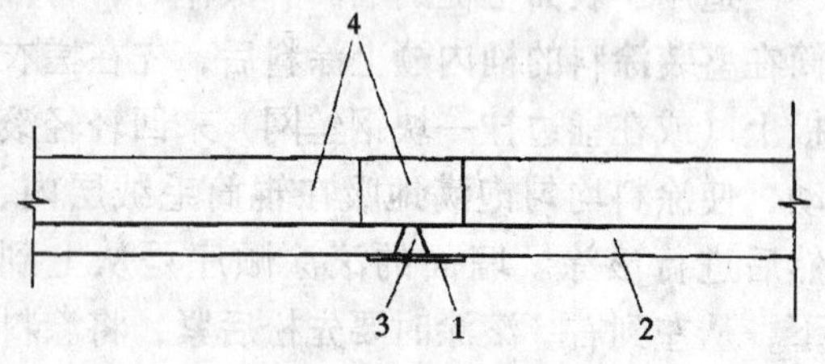

图17-1 接缝处理
1—穿孔胶带纸或布条；2—纸面石膏板；3—拼缝处用石膏油腻子嵌平；4—主龙骨

2) 室内涂料施工，要求抹灰面干燥，墙面含水率要求不超过8%，pH值不超过9的条件下才能涂刷。

3) 803涂料若稠厚，刷不开可适量加一些温水稀释，但不可过量否则影响涂层的牢度。

如刷带色浆，从批腻子时就要加色，加色应比色浆颜色浅，最后一遍尽量达到与要求的颜色相同。

另外，如被烟熏黑的旧墙面在清理后，可用料血或石灰浆，在旧墙面上刷1～2遍。如果是因为渗水造成的泛黄水迹，必须在堵渗后，于泛黄处刷1～2遍白色铅油。

(2) 安全生产和文明施工要求

1) 使用合梯和跳板前要检查是否有不安全因素，合梯之间必须用绳子牵制牢固，梯脚应用橡皮包扎，以防操作时滑移。跳板不可放在合梯的顶端，跳板两端部搭在梯子上不得小于200mm长。

2) 用剩余的腻子能用的放进腻子桶内，不能用的放入垃圾桶中，不可随意到处乱扔。

3) 水性涂料施涂完毕后，必须将地板、玻璃窗、画镜线、踢脚板、门头线、窗台等处的沾污用布揩擦干净，保持施工场所的环境卫生。

17.4 质量通病和防止措施

(1) 表面粗糙、疙瘩、流坠

主要原因：

1) 基层未清理干净。

2) 砂纸打磨未达到要求。

3) 施工现场太脏，污染涂饰面。

4) 材料未过滤干净。

5) 基层太潮湿。

6) 水性涂料内胶质过多，不易干燥。

7) 喷涂时气压过大，喷枪距离太近，

喷枪口的出浆量过大。

防治方法：

1）基层要清理干净。

2）基层凸出的颗粒要磨平、磨掉。

3）施工现场要清理干净后再涂刷涂料，最后一遍涂料要等其它工种完工后再涂刷。

4）涂料要过筛滤掉杂质。

5）基层含水率不超过8%。

6）选用配合比正确的涂料。

7）喷涂时的气压要控制在0.6～0.8MPa范围内，喷枪距离应在400mm左右，调节好喷枪口的出浆量。

（2）掉粉、起皮

主要原因：

1）涂料粘结力差。

2）腻子内胶质含量太少。

3）涂料中任意加水。

防治方法：

1）选用质量合格的涂料，基层必须清理干净。

2）腻子必须按正确比例配制。

3）涂料不可以任意加水稀释。

（3）透底

主要原因：

1）涂料太稀，遮盖力差。

2）喷涂或刷涂的遍数不够。

3）基层面颜色偏深。

防止方法：

1）选用遮盖性好的涂料，涂料中不任意加水。

2）要按规范规定进行操作，遍数要做足，一般为2～3遍。

3）旧墙面原来的涂料如果是深色，应先铲除后再进行施工。

17.5 成品与半成品的保护

（1）水性涂料涂刷后应防止水淋。

（2）水性涂料未干前防止尘土污染。

（3）水性涂料未干前防止冷空气的侵袭。

（4）饰面嵌批腻子必须待腻子干透后磨砂纸、刷浆。

（5）头遍涂料必须完全干燥后，再涂刷第二遍涂料。

17.6 操作练习

（1）课题：室内墙面刷803内墙涂料。

（2）练习目的：通过操作练习，使学员能熟练掌握803内墙涂料的涂刷技能和工具要求。

（3）练习内容：墙面刷水起底，嵌批、打磨、刷浆

（4）分组分工：可以利用教师办公室或学生宿舍等自然间作为实习场所；4～6人一组，每人完成$10m^2$以上，24课时完成。

（5）练习要求

1）清理基层：将旧水性涂料全部起底，注意对基层抹灰面的保护，尽量不要铲破抹灰面层。

2）刷清漆：将107胶水适当稀释后（1:3），用排笔将清理过的墙面通刷一遍。

3）嵌腻子2遍：用稠硬的胶老粉腻子将大洞缝嵌密实、嵌平整。

4）批满腻子两遍：第一遍用橡皮刮板批刮。要求批刮后的墙面平整，不得留有残余腻子。每遍腻子干燥后，用砂纸打磨光滑，掸清灰尘。

5）刷两遍803涂料。注意排笔的正确握法，按操作要领施工。

（6）产品质量验收和评分标准

产品质量验收：

1）检查数量：室外以4m左右高为一检查区，每20m长抽查一处（每次3延长米），但不少于3处；室内，按有代表性的自然间，抽查10%，过道按10延长米，厂房、礼堂等大间按两轴线为1间，但不少于

3间。

2）刷浆工程应待表面干燥后，方可验收。

3）刷浆工程验收时，应检查所用的材料品种，颜色是否符合设计要求。

评分标准：见表17-3。

（7）现场善后整理

刷浆完毕后必须做好落手清，将地板、踢脚板、画镜线、门头线、窗台板等沾污上的水性涂料用湿布揩干净。打开门窗让房间通风。将用剩的涂料腻子归到料间，并将刷浆桶、排笔清洗干净，以备后用。

内墙刷803涂料评分表 **表17-3**

序号	考核项目	考核时间	考核要求	标准得分	实际得分	评分标准
1	基层处理		先刷水，后起底	12		起底基本干净得8分，不干净得4分
			勒缝松动处处理，石灰胀泡，煤屑粗粒、筋条清除	12		有一项处理不净的扣2分
			画镜线、窗台口、踢脚、地坪、墙面落手清	6		有一处扫不清扣3分
2	刷清胶		把1∶3调配107胶水，洞缝处要刷足	5		调配基本正确得3分，洞缝未刷足扣2分
3	嵌批		拌批胶老粉适当，正确掌握软硬度	5		拌得过硬（软）扣3分，有石膏僵块扣2分
			嵌洞缝要密实平整，高低处平	5		不密实扣3分，高低处未平扣2分，漏嵌一处扣1分
			批嵌和顺，无残余腻子	5		有一处扣1分
			复嵌高低处要假平，无瘪潭凹处，平整和顺	5		有一处扣1分
			操作顺序及姿势正确	5		手势基本熟练得3分，僵硬不灵活全扣
4	磨砂皮		手势正确，不磨穿	6		手势不正确扣1分，楞角磨穿扣3分
5	头遍803		基本均匀无遗漏、无起泡起壳、无刷纹、基本手势，50cm左右	10		有起泡起壳扣6分，有刷纹扣5分，遗漏扣6分，基本熟练得6分
6	第二遍803		均匀和顺，不露底，无遗漏，无起泡，无刷纹，50cm左右	15		基本熟练得9分，起泡起壳扣6分，遗漏扣6分，刷纹扣5分，露底全扣
7	落手清			9		有一次不清扣1分
合计				100		

班级______学号______姓名______年____月____日______教师签名______总分______

第18章 裱 糊 施 工

裱糊工艺在我国有着悠久的历史，很早以前我国人民就有裱糊帛缎、纸张等装饰工艺。随着装饰工程的发展，裱糊壁纸、布已成为装饰工程的重要一部分，壁纸、布的品种较多，一般分为三大类型，即：纸基纸面壁纸、天然织物面壁纸、塑料壁纸。

塑料壁纸是目前应用较多的一个品种，它的基层是纸质，面层原料为聚氯乙烯树脂，它有发泡和不发泡两种。发泡型的有高泡、中泡、低泡之分。塑料壁纸具有一定伸缩性和耐裂强度、具有丰富多彩的凹凸花纹，具有立体感和艺术感，具有施工简单易于粘贴，具有表面不吸水，可以用湿布擦洗。适用于各种建筑物的内墙和顶棚等贴面的装饰。

施工项目为贴面塑料壁纸的粘贴。

18.1 施工准备

(1) 材料准备

壁纸：

1) 壁纸材料的选用

由于壁纸的图案、花纹、品种较多，在选用壁纸时，应根据所装饰的房间功能，朝向以及大小等因素综合考虑，选购较适合的壁纸。如空间大的房间，壁纸的图案采用大花型的；书房选用高雅型的；空间小的房间一般采用细密碎花型的壁纸。购买壁纸应一次购齐，购买的数量比实际粘贴面积多2%～3%。

2) 施工性试验

用聚醋酸乙烯乳液与淀粉混合（7∶3）的粘结剂，在特制的硬木板上作粘贴性试验，如图18-1所示，经2、4、24h观察不应有剥落现象。

腻子：

粘贴壁纸的墙面基层，一般采用胶老粉腻子，按化学浆糊∶107∶胶水∶老粉∶石膏粉＝1∶0.5∶2.5∶0.5的比例配制而成。也可以采用胶油老粉腻子，按化学浆糊∶107胶水∶熟桐油∶松香水∶老粉∶石膏粉＝1∶0.5∶0.5∶0.2∶3.5∶1的比例配制而成。

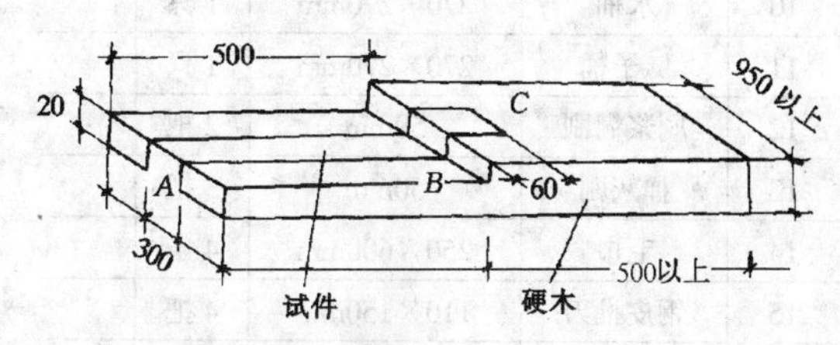

图18-1 施工性试验图

胶粘剂：

粘贴壁纸用的胶粘剂，一般采用自配胶粘剂，按聚醋酸乙烯乳液∶化学浆糊＝5∶15的比例配制而成。

底料（清胶、白色铅油）：

底料一般有二种，一种是采用清胶溶液，按107胶水∶清水＝1∶1.5的比例配制而成。另一种是选用白色铅油，不容易使壁纸透底。材料规格数量详见备料单（表18-1）。

备 料 单 表18-1

序号	名称	规格	数量	备注
1	塑料壁纸	530×10000mm	10卷	不发泡型
2	胶老粉腻子		15kg	
3	胶粘剂		7kg	
4	清胶		2kg	

(2) 工具准备

工作台、钢直尺、活动裁纸刀等详见工具单（表 18-2）。

工　具　单　　　　表 18-2

序号	名称	规格	数量	备注
1	工作台	1800×600mm	1个	
2	钢直尺	1000mm	2把	
3	活动裁纸刀	25×160mm	4把	
4	线锤	小号	2只	
5	剪刀	250mm 左右	2把	
6	塑料刮板	120×200mm	4把	
7	压缝压辊	单支框	2把	
8	绒毛滚筒	150mm	2只	
9	浆糊桶	230×230mm	2只	
10	水桶	270×270mm	1只	
11	腻子桶	270×270mm	1只	
12	刷浆糊刷	50mm	2把	
13	掸灰刷	50mm	3把	
14	毛巾	250×600mm	4条	
15	钢皮批刀	110×150mm	4把	
16	铲刀	50mm，63mm	各一把	
17	合梯	5档	3个	
18	脚手板	250×4000mm	一块	
19	卷尺	2000mm	2把	
20	排笔	16管	1支	
21	地板条	15×40×3000mm	2根	
22	木砂纸	1½号	10张	
23	平水管	10mm×5000mm	1根	
24	粉线袋		一只	

18.2　施工工序与操作方法

(1) 施工工序

基层处理→嵌批腻子→刷清胶或铅油→墙面弹线→裁纸与浸湿→墙面涂刷粘结剂→壁纸的粘贴

(2) 操作方法

1) 基层处理

裱糊壁纸的抹灰面要具有一定的强度和平整度，对阴阳角的要求较高，用 2.5 米的直尺检查阴阳角偏差不得超过 2mm。抹灰面含水率不超过 8%，板材基层含水率不大于 12%。抹灰面如有起壳、空鼓、洞缝等缺陷必须修整，板材基层同样也要进行基层处理，具体各种基层处理方法请详见本教材第三章中的基层面处理一节。对于板材的螺丝和钉子必须低于基层面 1～2mm，并点刷红丹防锈漆和白漆，以防铁锈污染壁纸，造成透底等现象。板材面拼缝处用纯油石膏腻子嵌实嵌平，干燥后打磨平整，在拼缝处用白胶粘贴一层 50mm 左右的棉斜纹布条或穿孔胶带纸以防开裂。

2) 嵌批腻子

a. 嵌腻子

对基层面上比较大的洞、缝等缺陷处要先嵌补腻子，嵌补的材料一般选用胶老粉腻子或胶油老粉腻子，嵌补用的腻子可调得稠硬些，嵌补时要求基本嵌平，若阴阳角不直可以用腻子修直。

b. 满批腻子

待嵌补腻子干透后，打磨平整并掸清灰尘，满批胶老粉腻子或胶油老粉腻子 1～2 遍，满批时遇低处应填补、高处应刮净。要求平整光洁、干燥后用砂纸打磨光滑。

3) 刷清胶或铅油

基层面通过嵌批腻子，腻子层有厚有薄容易造成厚的地方吸水份较快，薄的地方吸水较慢。为了防止因为基层吸水太快，造成裱糊时胶粘剂中的水分被迅速吸掉而失去粘结力或因为气候干燥使胶粘剂干得过快而来不及裱糊，为此，在裱贴前必须先在腻子面层上刷一遍由 107 胶水和清水配制的清胶，或刷一遍白色铅油，一般胶老粉腻子的基层采用刷清胶，而胶油老粉腻子则采用白色铅油作为打底料，可以避免壁纸粘贴后出现透底现象。不论涂刷清胶或铅油都必须全部均匀涂到，不得有漏刷、流坠等缺陷存在。

4) 墙面弹线

裱糊壁纸要求是横平竖直，为了裱糊操作的需要，必须弹出基层面上的水平线和垂直线。

a. 弹水平线及垂直线

弹水平线和垂直线的目的是为了使壁纸粘贴后，花纹图案和线条纵横连贯。为此，在基层底料干燥后，用平水管平出水平面，然后用粉线袋弹出水平线，沿门或窗樘侧边用粉线袋弹出垂直线，也可以先弹出垂直线，然后在垂直线的基础上用90°角尺量出水平点，再弹出水平线。天花板必须弹出水平线和垂直线。如图18-1。

b. 挂锤线

用一根地板条或木线条（15mm×40mm×3000mm左右），斜靠在上墙上，并在木条上端钉上铁钉，将锤线系在铁钉上，铅锤下吊到踢脚板的上口处，如图18-2所示。铅锤静止不动后，沿着锤线用铅笔淡淡地在画镜线下口处点上一点，然后在踢脚板上口也点上一点，再用2500mm左右的木直尺将二点用铅笔轻轻地连接起来，成为第一幅壁纸的基准线，一般第一根锤线由门后墙角处开始。锤线定在距墙角500mm处。在壁炉或窗的位置定第一根锤线应定在壁炉或窗的中央往两边分开贴。在阴角处收尾。

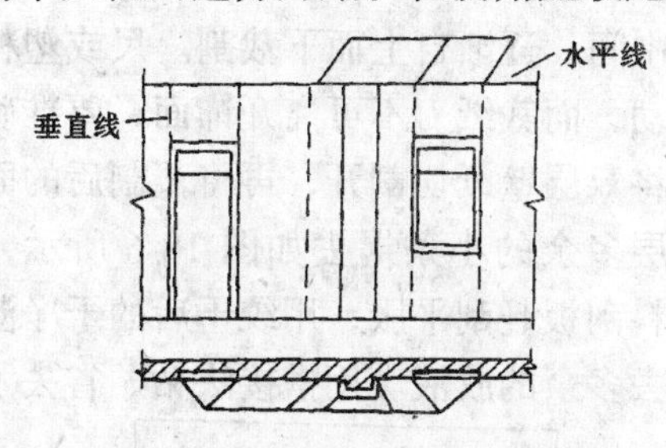

图18-2 弹水平线和垂直线处

5）裁纸与浸湿

a. 裁纸

根据贴面计算出需要几幅壁纸，然后分别在壁纸背面用铅笔编号，每幅壁纸需放长50mm，以备上下收口裁割。如图18-3所示。有规则的花纹图案壁纸比无规则的自然花纹壁纸损耗量大，壁纸上有花纹图案的，应预先考虑完工后的花纹图案，在贴面上的效果以及拼花无误。不要急于裁割。以免造成浪费。

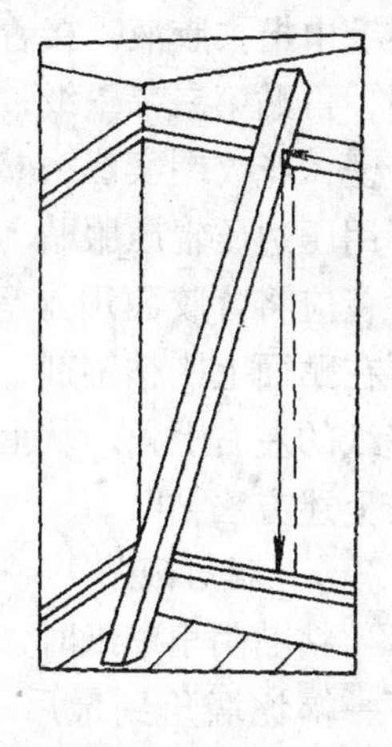

图18-3 挂锤线

b. 浸湿

塑料壁纸遇水后会自由膨胀，一般4～5min后胀足，干燥后则自行收缩，若直接在干壁纸上刷胶立即裱糊于贴面。由于壁纸遇湿后迅速膨胀，贴面上的壁纸会出现大量的气泡和皱折，影响裱糊效果，因此，在裱糊壁纸前，必须将壁纸提前用水浸湿，浸湿的方法，可将裁好的壁纸，正面朝内卷成一卷，放入水斗或浴缸中浸泡4～5min后，拿出壁纸并抖掉水分，也可以用排笔蘸水涂刷在壁纸的反面，湿水后的壁纸应静置15min左右，此时壁纸已充分胀开。

6）墙面涂刷粘结剂

用50mm的油漆刷蘸粘结剂镶画镜线下口、阴角和踢脚板上口，再用150mm的绒毛滚筒蘸粘结剂自上而下均匀地滚涂在贴面上，滚胶的宽度比壁纸门幅的宽度多滚涂2～3mm左右。不论是刷涂或滚涂粘结剂，施涂粘结剂要求厚薄均匀，不可漏涂。

7）壁纸的粘贴

a. 拼接法粘贴

a）墙面粘贴

墙面粘贴壁纸时，一般人站在锤线的右边，将湿过水静置后的壁纸卷握在左手，冒出画镜线约20～25mm左右，沿锤线慢慢展开壁纸，右手拿绞干后的干净湿毛巾，协助左手工作，左手放纸，右手用毛巾将壁纸揩擦平服，壁纸放完后，再用塑料刮板从当中往上、下两头赶刮，若二个人合作粘贴，则一人往上赶刮，另一人往下赶刮，将多余的胶液刮出，裁去上下冒出的壁纸，并用干净湿毛巾揩去胶液。接着刷第二幅贴面的粘结剂，再贴第二幅壁纸，拼接法粘贴要求拼缝严密，花纹图案纵齐横平，若接缝处翘边，可用压边压辊压服贴。若裱糊有背胶的壁纸时，应将背胶面用排笔刷一遍水给予润湿，再在贴面上刷粘结剂，粘贴方法是双手捏住壁纸的左右上角，从上面往下粘贴，然后再按上述方法粘贴。

b）墙角裱贴

粘贴阴角壁纸时，快要接近墙角处，剪下一幅比墙角到最后一幅壁纸间略宽的壁纸，转过阴角约 2～3mm 左右，如图 18-4 所示。因为阴角较难达到完全垂直，然后从转角处量出 500mm 距离，吊一根锤线，沿锤线朝阴角处粘贴，裁去剩余的不成垂直线的壁纸即可，裱糊阳角时，应在裱糊前算准距离，尽量将阳角全包，若阳角面过宽，壁纸幅不能全包，但壁纸包角距离不得小于 150mm，否则，壁纸粘贴牢度和垂直度均不能保证。

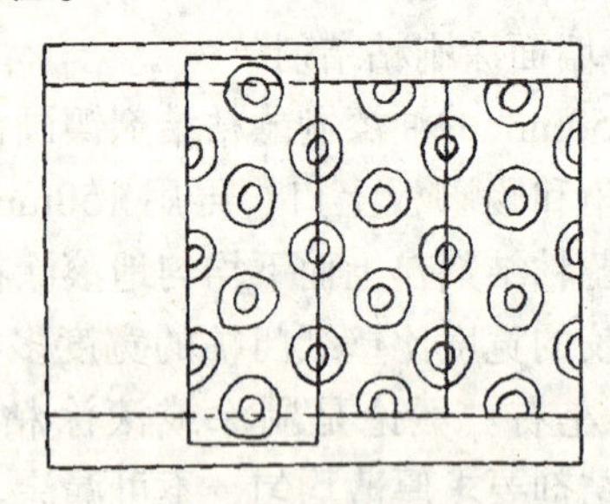

图 18-4　上下口裁割

c）开关、插座及障阻物等处的裱贴

在裱糊时遇到开关或插座等物体时，能卸下的罩壳尽可能拆下，在拆卸的时候必须切断电源，用火柴棒或木条插入螺丝孔眼中。若遇到挂镜框或字画等用处的木楔，可以用小铁钉钉在木楔上，否则，裱糊完毕后很难找到木楔的位置。不能拆下的物体，只好在壁纸上剪个口再裱贴，不拆的开关板和插座板，在裱糊时，将壁纸先裱糊在盖板上，然后在盖板的中心位置，用剪刀在壁纸上剪成叉形，用塑料刮板将盖板四周刮服贴，再用裁纸刀贴住塑料刮板裁去多余部分如图 18-5 所示。

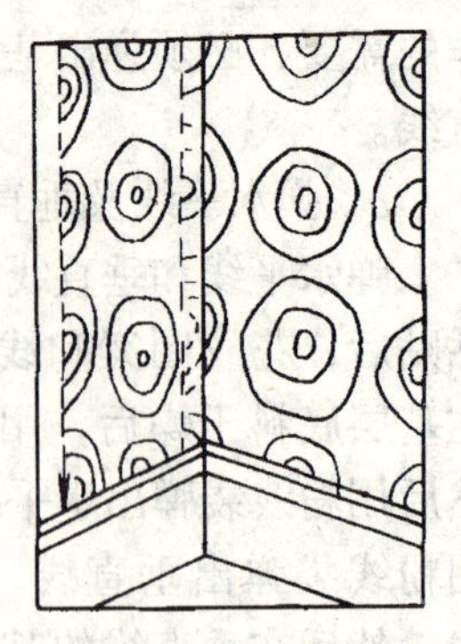

图 18-5　阴角粘贴法

d）天花板裱贴

在裱糊天花板时，一般在天花板的中间作一垂直平分线，然后壁纸沿中心线朝两边粘贴，裱糊天花板之前，先要量准天花板的长度和宽度，合理地算出壁纸的走向，一般是趋向于长方向，但也不排除宽方向，主要以少拼接为原则。粘贴天花板必须搭好脚手架，一般采用二付合梯穿一块脚手板，大面积天花板裱糊应该搭满堂脚手架。天花板粘贴方法基本和墙面粘贴方法相同。

b. 搭接法粘贴

搭接法粘贴就是将第二幅壁纸左边重叠在第一幅壁纸的右边约 20～30mm 之间，然后左手握直尺或塑料刮板作为裁纸刀的靠山，右手紧握裁纸刀，垂直用力在壁纸重叠处的中间，逐渐自上而下裁割。尺或塑料刮板移动，而裁纸刀不可离开饰面，要准确不偏地将双层壁纸切割开，再将裁割后的面层和底层多余的小条揭去如图 18-6 所示，并用塑料刮板赶刮平服，用绞干后的干净湿毛巾擦去多余的胶液。用搭接法粘贴省去了拼

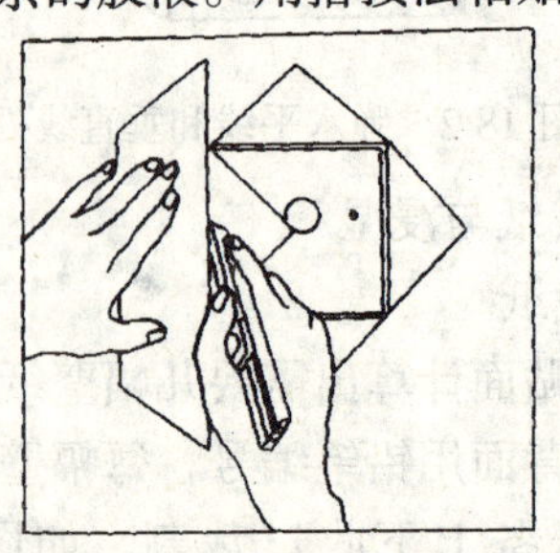

图 18-6　开关位置裁割方法

缝这道烦人的工序，节省了时间，同时拼缝处完全密实吻合。解决了拼缝不严的弊病，但采用此种方法壁纸的耗用量大。

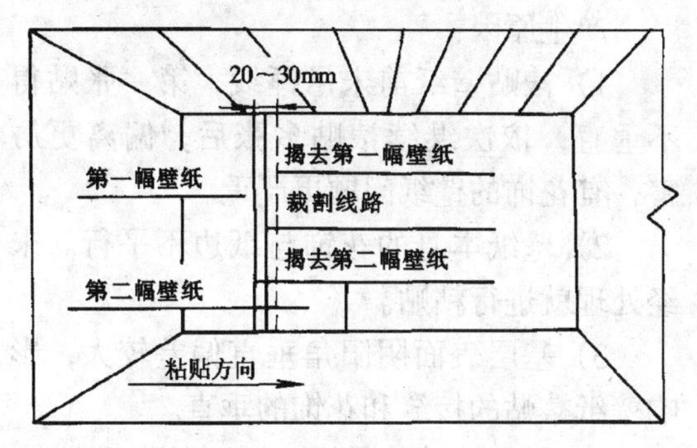

图 18-7　搭接法裱贴裁割方法

18.3　施工注意事项、安全生产和文明施工要求

(1) 施工注意事项

1) 天气特别潮湿的情况下，粘贴完毕，应打开门窗通风，夜晚时应关闭门窗不使潮气侵袭。

2) 粘贴壁纸尽可能选在室内相对湿度低于80%的气候条件下施工，温度不宜相差过大。

3) 裁割多余壁纸时，刀要快，用力要均匀，应该一次裁割完毕，不可重复多次在一切口裁割，造成壁纸切口不光洁等弊病。

4) 壁纸阴角处应留2～3mm，阳角处不允许留拼接缝。

5) 壁纸粘贴后，若发现有气泡、空臌处，可用针或裁纸刀割破放气，并用注射针挤进粘结剂，用干净毛巾揩平服即可。

6) 裱糊用的粘结剂应该放在非金属容器内。

7) 壁纸粘贴施工应放在其它工程结束以后再进行。避免损坏和污染。

(2) 安全生产和文明施工要求

1) 粘贴操作时所站的梯凳应牢固，浆糊桶不用时应放置在适当的位置以免碰翻。

2) 使用活动裁纸刀时必须注意安全，使用完毕后应将刀片退回刀架中，以防伤人。

3) 裱糊完毕后，必须将裁割下的碎剩壁纸清扫干净。

4) 画镜线、贴脚板、窗台板、门头线、地板、开关板等处沾污上的胶液必须揩擦干净。

18.4　质量通病及防治

(1) 翘边

产生原因：

1) 基层有灰尘、油污等，过分干燥或过分潮湿等因素，造成壁纸与基层粘结不牢，产生壁纸卷翘情况。

2) 胶粘剂粘性不够，造成纸边翘起，特别是阴角处，第二张壁纸粘贴在第一张壁纸的塑料面上，更易出现翘起现象。

防治措施：

1) 基层表面的灰尘、油污等必须清除干净，基层面含水率不超过10%，对吸湿力过大现象，一般是未刷底胶而造成，必须严格遵守操作程序。

2) 根据不同的壁纸，选用不同的粘结剂，属于粘结剂胶量少的，应换用粘性大的胶液，若壁纸翘边已干结，可用热毛巾将其敷软，再刷胶粘贴。对于阴角搭缝处翘起，先将底层壁纸粘贴牢固，再用粘性大的胶液粘贴面层壁纸。

(2) 空鼓

产生原因：

1) 裱贴壁纸时，赶压不得当，往返挤压胶液次数过多，使胶液干结失去粘结作用；或赶压力量太小，多余的胶液未能挤出，存留在壁纸内部，长期不能干结，形成胶囊状；或未将壁纸内部空气赶出而形成气泡。

2）基层或壁纸底面，涂刷胶液厚薄不匀或漏刷。

防治措施：

1）严格按照裱贴工艺操作，必须用塑料刮板按顺序从当中往两头刮，将气泡和多余的胶液赶出。由于胶液干结产生气泡，可用医用注射针将胶液打入鼓包内，再用毛巾揩平服。壁纸内部含有胶液过多时，可使用医用注射针穿透壁纸层，将胶液吸收后再压平服。

2）基层面涂刷胶液厚薄必须均匀不可以漏刷。

（3）搭缝

产生原因：未将两张壁纸连接缝推压分开，造成重叠。

防治措施：有搭缝弊病时，一般可用钢尺压紧在搭缝处，用刀沿尺边裁割搭接的壁纸，处理平整，再将面层壁纸粘贴好。

（4）花饰不对称

产生原因：

1）裱贴壁纸前没有区分无花饰和有花饰壁纸的特点，盲目裁割壁纸。

2）在同一张壁纸上印有正花与反花，裱贴时未仔细区别，造成相邻壁纸花饰一顺向。

3）对于要裱贴壁纸的房间未进行事先周密观察合计，造成门窗口的两边、室内对称的柱子、两面对称的墙，所裱贴的壁纸花饰不对称。

防治措施：

1）壁纸裁割前对于有花饰的壁纸经认真区别后，将上口的花饰全部统一成一种形状，按照实际尺寸留有余量统一裁纸。

2）在同一张壁纸上印有正花与反花，要仔细分辨，最好进行搭缝法进行裱贴，以避免由于花饰略有差别而误贴。

3）对准备裱贴壁纸的房间应观察有无对称部位，若有对称部位，认真设计排列壁纸花饰应先裱贴对称部位。如房间只有中间一个窗户，裱贴前在窗口取中心线，向两边分贴壁纸，这样壁纸花饰就能对称。

（5）裱贴不垂直

产生原因：

1）裱贴壁纸前未吊锤线，第一张贴得不垂直，依次继续裱贴多张后，偏离更厉害，有花饰的壁纸问题更严重。

2）壁纸本身的花饰与纸边不平行。未经处理就进行粘贴。

3）基层表面阴阳角垂直偏差较大，影响壁纸裱贴的接缝和花饰的垂直。

4）搭缝裱贴的花饰壁纸，对花不准确，重叠裁割后，花饰与纸边不平行。

防治措施：

1）壁纸裱贴前，应先在贴面吊一条锤线，用铅笔划一直线，裱贴的第一张壁纸纸边必须紧靠此线边缘，检查垂直无偏差后方可裱贴第二张壁纸。裱贴壁纸的每一贴面，都必须吊锤线，防止贴斜。最好裱贴 2～3 张壁纸后，就用线锤在接缝处检查垂直度，及时纠正偏差。

2）采用接缝法粘贴花饰壁纸时，应先检查壁纸的花饰与纸边是否平行，如不平行，应将斜移的多余纸边裁割平整后，再裱贴。

3）裱贴壁纸的基层裱贴前应先作检查，阴阳角必须垂直、平整、无凹凸。对不符合要求的，必须修整后才能施工。

4）采用搭缝法裱贴第二张壁纸时，对一般无花饰的壁纸，拼缝处只须重叠 20～30mm；对有花饰的壁纸，可将两张壁纸的纸边相同花饰重叠，对花准确后，在拼缝处用钢直尺将重叠处压实，由上而下一刀裁割到底，将切断的余纸揭掉，然后将拼缝括平压实。

（6）离缝或亏纸

产生原因：

1）裁割壁纸未按照量好的尺寸，裁割尺寸偏短，裱贴后不是上亏纸就是下亏纸。

2）裱贴第二张壁纸与第一张拼缝隙时未连接准确就压实，或因赶压底层胶液推力过大而使壁纸伸张，在干燥过程中产生回缩，造成离缝或亏纸。

防治措施：

1）裁割壁纸落刀前应复核贴面的实际尺寸。壁纸裁割一般以上口为准，上、下口可比实际尺寸略长20～25mm，花饰壁纸应将上口的花饰全部统一成一种形状，壁纸裱贴后，在画镜线下口和踢脚线上口用直尺或塑料刮板压住壁纸。裁割掉多余的壁纸。

2）裱贴每一张壁纸都必须与前一张靠紧，在赶压胶液时，应上下赶压胶液，不准斜向或横向来回赶压胶液。对于离缝或亏纸轻微的壁纸饰面，可用同壁纸颜色相同的乳胶漆点描在缝隙内，漆膜干燥后可以掩盖。对于较严重的部位，可用相同的壁纸补贴或撕掉重贴。

(7) 死折

产生原因：

1）壁纸材质不良或壁纸较薄。

2）操作技术不佳。

防治措施：

1）选用材质优良的壁纸，不使用劣质品。对优质壁纸也需进行检查，厚薄不匀的要剪掉。

2）裱贴壁纸时，应用手将壁纸舒平后，才能用刮板赶压，用力要匀。若壁纸未舒展平整，不得使用刮板推压，特别是壁纸已出现皱折，必须将壁纸轻轻揭起，用手慢慢推平，待无皱折时再赶压平整。发现有死折，如壁纸尚未完全干燥，可把壁纸揭起来重新裱贴。

(8) 起光（质感不强）

产生原因：

1）壁纸表面有胶迹未揩擦干净，胶膜反光。

2）带花饰或较厚的壁纸，裱贴时用刮板赶压力量过大，将花饰或厚塑料层压偏，致使壁纸表面光滑反光。

防治措施：

1）用毛巾揩掉壁纸表面上多余的胶迹，再用绞干的湿毛巾将壁纸揩干净。

2）贴壁纸时，刮板挤压壁纸内部的胶液和空气，压力不应超过壁纸弹性极限。胶迹起光的壁纸表面，可用温水毛巾在胶迹处稍加覆盖，待胶膜柔软时，轻轻将胶膜揭起或揩擦掉。属于刮胶用力过大，造成反光面积较大的壁纸饰面，应将原壁纸撕去，重新裱贴新的壁纸。

18.5 成品与半成品的保护

(1) 注意成品保护。在交叉流水作业中，人为的损坏、污染，施工期间与完工后的空气湿度变化等因素，都会严重影响壁纸饰面的质量。故完工后，应做好成品保护工作，封闭通行或设保护覆盖物。

(2) 避免在日光曝晒或在有害气体环境中施工，使壁纸褪色。

(3) 严防硬物经常在墙面上发生摩擦，以免墙纸损坏。

(4) 贮存、运输时产品应该横向放置，搬运或贮存时应特别注意平放，不应垂直放置，切勿损伤两侧纸边。

(5) 粘贴好的壁纸要让其自然干燥，在干燥季节施工不要敞开门、窗以及开空调器，防止因干燥过快引起壁纸收缩不匀，以及搭缝处出现细裂缝。

18.6 操作练习

(1) 课题：室内墙面、天花板塑料壁纸粘贴。

(2) 练习目的：使学生能熟练掌握壁纸在墙面和天花板上的粘贴技能。

(3) 练习内容：结合校园建设，在教师办公室或学生宿舍等处抹灰面上用自配的粘结剂裱糊塑料（无泡）壁纸。

(4) 分组分工：4～6人一组，每人裱贴墙面3幅，顶棚2幅，24课时完成。

(5) 练习要求

1) 按基层处理要求将墙面清理干净，大的缺陷处用水石膏嵌补，满批胶老粉腻子，干后磨平。

2) 用冲淡的107胶水统刷一遍经过处理的墙面，如墙面是水泥砂浆面层（或较大面积的水泥修补面），为确保防水封底效果，可用801胶水代替107胶水。

3) 在合适位置弹出一根垂直线，并弹出墙面上下两端的水平界线。

4) 根据塑料壁纸的厚薄，用107胶、化学浆糊和白胶自行配制胶粘剂。

5) 按照墙面实际张贴高度，适当考虑余量，裁划壁纸，浸水湿润。

6) 用滚筒或刷子在墙面上涂刷胶粘剂，按操作要领，以合理的顺序粘贴壁纸。

注意随时将壁纸上的沾污揩擦干净，在每粘贴3～4幅壁纸后修整清理并用线锤在接缝处检查垂直度。

(6) 产品质量验收和评分标准

产品质量验收：

1) 裱糊工程完工并干燥后，方可验收。检查数量，按有代表性的自然间（过道按10延长米，礼堂、厂房等大间可按两轴线为1间）抽查10%，但不得少于3间。

2) 验收时，应检查材料品种、颜色、图案是否符合设计要求。

3) 裱糊工程的质量应符合下列规定：

a. 壁纸、墙布必须粘贴牢固，表面色泽一致，不得有气泡、空鼓、裂缝、翘边、皱折和斑污，斜视时无胶痕。

b. 表面平整，无波纹起伏。壁纸、墙布与画镜线、贴脸板和踢脚板紧接，不得有缝隙。

c. 各幅拼接横平竖直，拼接处花纹、图案吻合，不离缝，不搭接，距墙面1.5m处正视，不显拼缝。

d. 阴阳转角垂直，棱角分明，阴角处搭接顺光，阳角处无接缝。

e. 壁纸、墙布边缘平直整齐，不得有纸毛、飞刺。

f. 不得有漏贴、补贴和脱层等缺陷。

评分标准：见表18-3。

(7) 现场善后整理

壁纸粘贴完毕后，必须将地板、画镜线、踢脚板、门窗等处的胶迹揩干净，将多余的大块壁纸卷好，以备今后修补用；将工具清洗干净，做好善后落手清工作。

粘贴墙纸评分表 **表18-3**

序号	考核项目	考核时间	考核要求	标准得分	实际得分	评分标准
1	基层处理		新墙面污物清除，松动处处理，大缺损修补，凸出物铲除	15		有一处未处理扣2分
			旧水性涂料墙面刷水起底，铲除干净，扫清浮灰			基本干净得10分，起底面干净扣10分，不清除浮灰扣3分
			旧油漆墙面起壳处铲刮干净，洗清油污			起壳、翘皮、松动有一处不处理扣3分，油污不洗全扣
			画镜线、窗台口、门樘、踢脚，地坪等处落手清	5		有一处不清扣1分

续表

序号	考核项目	考核时间	考核要求	标准得分	实际得分	评分标准
2	嵌批		拌腻子软硬适当	3		过硬过软扣2分,拌有硬块扣1分,
			嵌洞缝密实,高低处嵌平	3		嵌不密实扣1分;漏嵌扣1分
			批嵌和顺,无野腻子	3		有野腻子一处扣2分,严重的扣3分
			复嵌要平整和顺,无瘪潭	3		有一处不和顺扣1分
			操作手势及顺序正确	3		基本熟练得2分,僵硬扣2分
3	磨砂纸		选砂纸适当,姿势正确,全磨不能磨穿,落手清	8		有一项错误或不做落手清扣2分(选$1\frac{1}{2}$号砂纸为正确)
4	刷清胶		先直后横再理直,刷距500mm左右,不漏、不挂、不皱	4		按顺序操作得2分,漏、挂、皱有一项扣1分
5	吊垂线		量准墙纸宽度,吊直垂线	8		误差2mm以内得7分,3mm以内得5分,3mm以外全扣
6	涂刷胶合剂		姿势正确、刷足、不挂、不遗漏	5		有一项错误扣1分,遗漏较多扣3分
7	粘贴		先上后下,对准垂线,抹揩平整服贴,每幅横齐竖直,揩清胶迹,防止倒花,叠、离缝、皱折、毛边、气泡、并花	30		基本正确得20分,有一处病态扣2分
8	划裁		划裁正确,裁准无抽丝,落手清画镜线、门樘、踢脚、地坪落手清	10		基本正确得7分,抽丝扣2分,有一处不清扣1分
	合计			100		

班级________学号________姓名________年______月______日__________教师签名________总分________

第 19 章　厚玻璃装饰施工

19.1　厚大玻璃门施工

厚玻璃装饰门，是指采用 12mm 以上厚度的玻璃板直接作门扇的无门扇框的玻璃门，如图 19-1 所示。此类玻璃装饰门一般都由活动扇和固定玻璃部分合而成，其门框部分通常以不锈钢、黄铜或铝合金饰面。

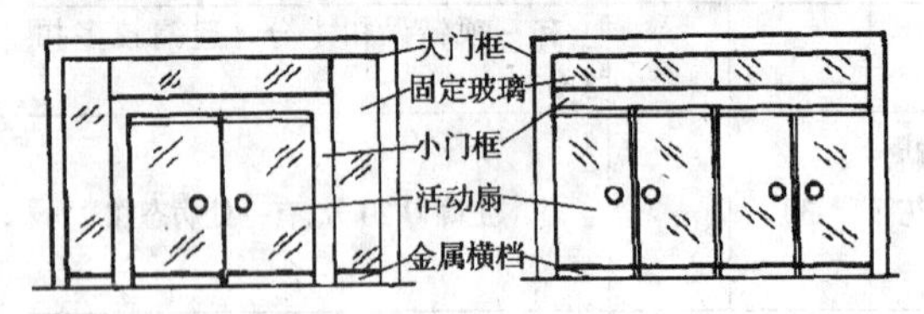

图 19-1　厚玻璃装饰门形式

19.2　施工准备

（1）材料准备

厚玻璃、金属框料、方木、玻璃胶、地弹簧和小五金等。

1）厚玻璃：白色普遍平板玻璃或茶色普通平板玻璃，厚度 12mm。玻璃材料应根据设计要求选裁好或做成成品运至安装地点。

2）不锈钢、铜、铝合金等有色金属型材门框、限位槽及板等应根据图纸要求，按图加工并经检验合格后运至安装地点并放好。

3）辅助材料：如方木、玻璃胶、地弹簧、木螺钉、自攻螺钉和门拉手等，应根据图纸要求按规格性能如数备齐运至现场待用。

（2）机具准备

常用的工具有钢卷尺、线锤、方尺、螺丝刀、玻璃吸盘器和木工用的刨锯等。常用的小型机械有手电钻、砂轮机冲击钻和玻璃吸盘机等。

（3）施工条件

检查地面标高、门框顶部结构标高是否符合设计要求，必要时应进行调整。确定大小门框和横挡的位置与标高，决定玻璃安装方法和程序。准备必要的高凳或简易脚手架，确保安装周围环境的整洁。

19.3　厚大玻璃的裁割

（1）厚玻璃安装尺寸的确定

玻璃宽度尺寸应从安装位置的底部、中部和顶部三个部位测量，选择最小尺寸为玻璃板宽度的裁割尺寸；如果上、中、下尺寸完全一致，则按一贯方法其宽度要小于实测尺寸 2～3mm。玻璃高度尺寸按镶入门框后的尺寸再小 3～5mm。

（2）玻璃口的处理

厚玻璃裁割好后，要在周边玻璃口处进行倒角处理，倒角宽为 2mm。四角位的倒角要特别小心，一般应用手握细砂轮块（片），慢慢磨角，防止崩边掉角。由于是无框玻璃门，磨后的玻璃边角手感光滑，目测如玻璃平面，边的两侧角部倒棱要一致（约 1～1.5mm）。

（3）对于特大厚玻璃块，应另行定尺按规格到厂家加工定货。

19.4　玻璃门的安装

（1）厚玻璃门固定部分的安装

1）定位、放线。凡由固定玻璃和活动玻璃门扇组合成的装饰玻璃门，必须统一放线定位。根据设计和施工详图的要求,放出装饰门的定位线,并确定门框位置,准确地测量地面标高和门框顶部标高以及中横挡标高。地面和门框顶部梁定位有问题的要进行调整。

2）安装门框顶部限位槽位槽。如图19-2所示，其限位槽的宽度应大于玻璃厚度2～4mm，槽深在20～30mm之间，以便注胶。安装方法可由所弹中心线引出两条金属装饰板边线，然后按边线进行门框顶部限位槽的安装。槽口内的木垫板是调整槽深的，通过垫板的增多或减少调整。

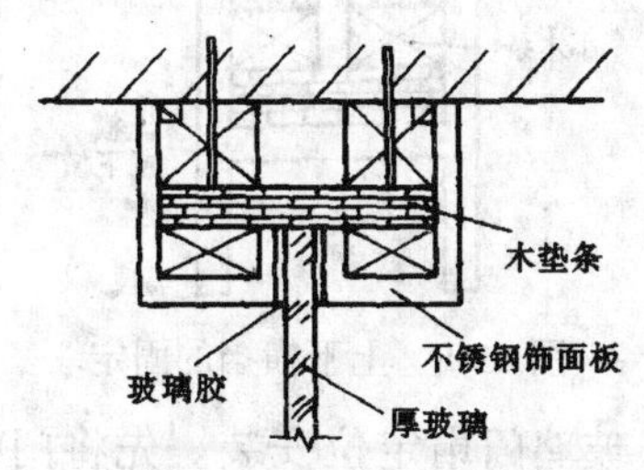

图 19-2　门框顶部限位槽做法

3）安装金属饰面的木底托。安装方法可在原预埋木砖上钉方木，或通过膨胀螺栓钉方木，把方木固定在地面上，然后再用万能胶将金属饰面板粘在方木上如图19-3所示。铝合金方管，可用铝角固定在框柱上，或用木螺钉固定在埋入地面中的木砖上。

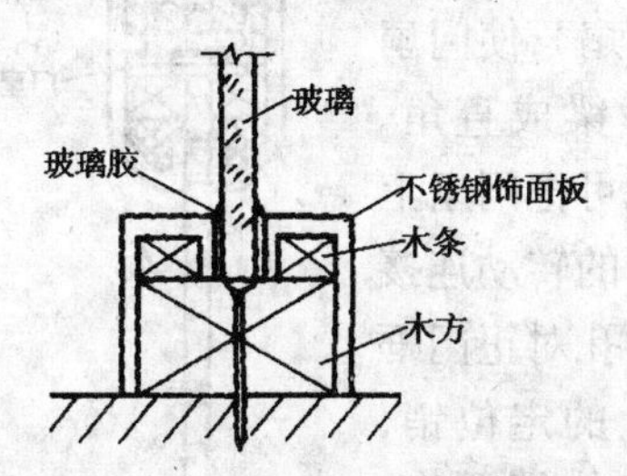

图 19-3　不锈钢饰面的木底托做法

4）安装竖向门框。按所弹中心线钉立门框方木，然后用胶合板确定门框柱的外形尺寸和固定的位置（注意应减除装饰面尺寸）。最后外包金属装饰面，包时要把饰面对头接缝放置在安装玻璃的两侧中间位置。接缝位置必须准确并保证垂直。

5）玻璃安装。用玻璃吸盘器（或玻璃吸盘机）把厚玻璃吸紧吸住，然后2～3人手握吸盘把厚玻璃板抬起并竖立起来移至安装地点准备就位。就位方法：应先把玻璃上部插入门框顶部的限位槽内，然后把玻璃的下部放到底托上对正中心线，并对好两侧门框的安装位置，使厚玻璃两侧边部正好封住门框柱的金属饰面对缝口，要求做到内外都看不见饰面接缝口。如图19-4所示。

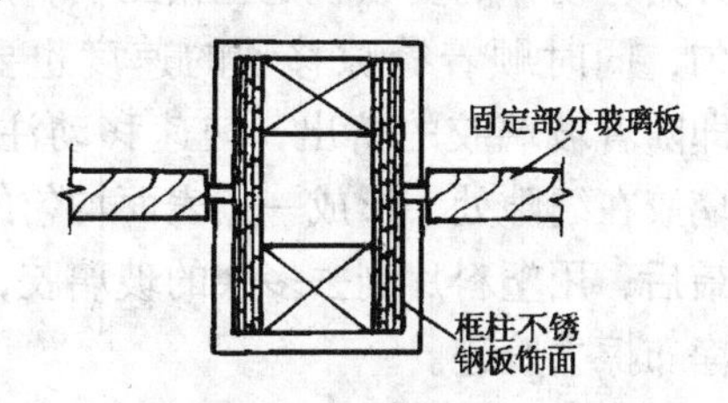

图 19-4　固定玻璃扇与框柱的配合

6）玻璃固定。在底托方木上的内外钉两根扁方木条把厚玻璃夹在中间，但距厚玻璃板需留出4mm左右的空隙，然后在扁方木条上涂刷万能胶将饰面金属板粘卡在方木和两根扁方木条上，如图19-3和图19-5所示。

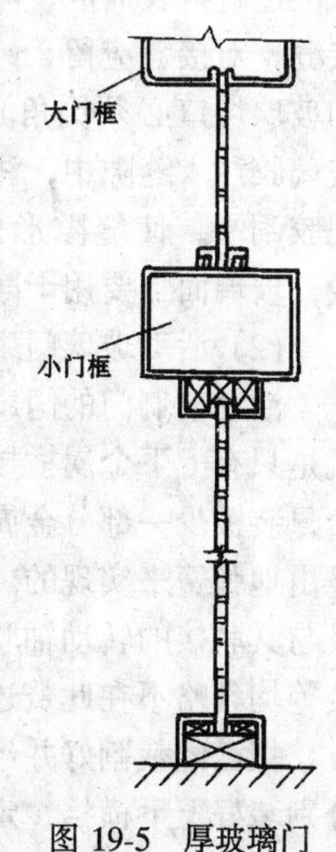

图 19-5　厚玻璃门安装结构示意图

7）注玻璃胶封口。在顶部限位槽两侧空隙内和底托玻璃槽口的两侧以及厚玻璃与门框柱的对缝处注入玻璃胶。

a. 首先将一支玻璃胶开封后装入玻璃胶注射枪内，用玻璃胶枪的后压杆端头板，顶住玻璃胶罐的底部。然后，一只手托住玻璃胶注射枪身，一只手握着注胶压柄，不断松压循环地操作压柄，拉压压柄，使玻璃胶从注口处少量挤出。然后，把玻璃胶的注口对准需封口的缝隙端，如图19-6所示。

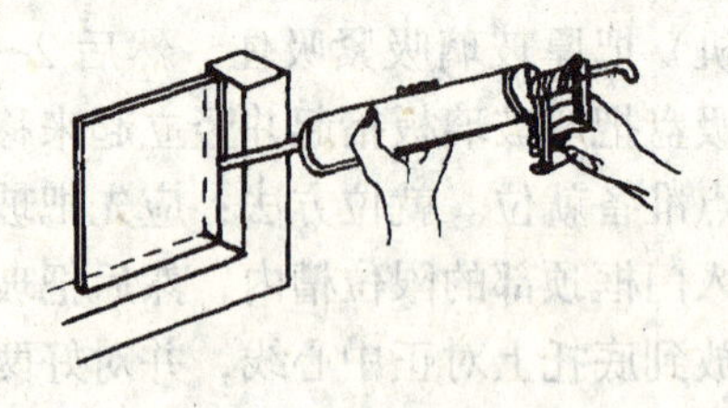

图 19-6　注玻璃胶封口

b. 注玻璃胶的封口操作，应从缝隙的端头开始，动作的要领就是握紧压柄，用力要均匀，同时顺着缝隙移动的速度也要均匀，即随着玻璃胶的挤出，匀速移动注口，使玻璃胶在缝隙处，形成一条表面均匀的直线。最后，用塑料片刮去多余的玻璃胶，并用干净布擦去胶迹。

8）玻璃之间对接。固定部分的厚玻璃板，由于宽度尺寸过大，必须用两块或两块以上进行拼装而成，两块对齐拼接必然形成接缝，对接缝应留 2～3mm 的距离（对接缝的玻璃切口必须倒角）。玻璃固定后，要用玻璃胶注入缝隙中，注满后同样要用塑料片把胶刮平，使缝隙形成一条洁净的均匀直线，玻璃面上要用干净布擦净胶迹。

（2）活动玻璃门扇玻璃安装

活动玻璃门的门扇多为无框玻璃门，也就是只有上下金属横挡，或在角部为安装轴套只装极少一部分金属件。活动门扇的开闭是由地弹簧来实现的。关于地弹簧的安装以及与其联接的转动轴联接和固定转动销的安装等均省略不在此赘述。

把已经裁割好并经倒角的厚玻璃上下边分别装好上下横挡，定好门扇的高度（高度包括上下横挡在内），如果门扇高度不够，可用上下横挡内玻璃边口处，填垫薄木夹板条进行调整，如果门扇高度超过安装尺寸，则需请专业玻璃工裁去厚玻璃门扇的多余部分，因此门扇的玻璃高度宁可短点也不宜过高。见图 19-7 所示。

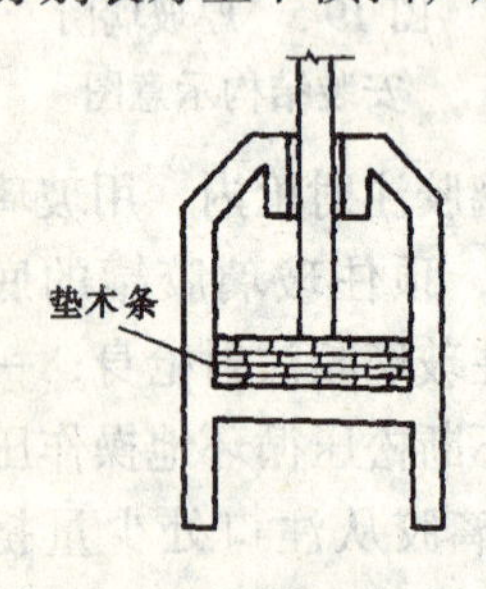

图 19-7　厚玻璃门扇高度不够时的处理方法

高度确定后应立即把玻璃与上下横挡进行固定。其方法是在厚玻璃与上下金属横挡内的两侧空隙处同时插入小木条，并轻轻敲入其中，然后在小木条、厚玻璃与金属横挡空隙之间注入玻璃胶，最后把玻璃与金属横挡的空隙缝口用玻璃胶封严，见图 19-8 所示。

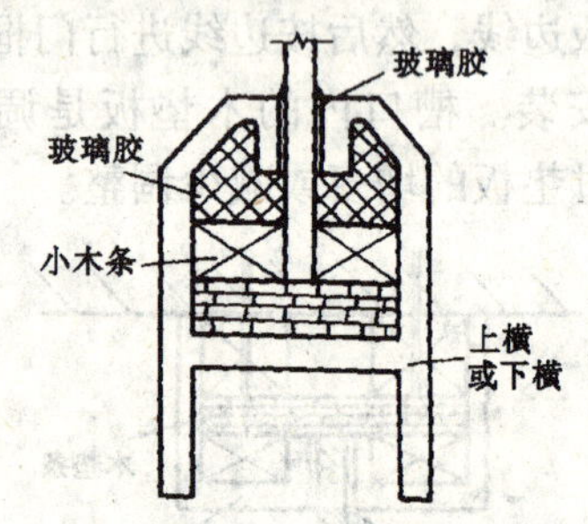

图 19-8　上下横挡的固定

1）玻璃门扇定位安装。先将门框横梁上的定位销用本身的调节螺钉调出横梁平面 1～2mm。然后将玻璃门扇竖起来，把门扇下横挡内的转动销连接件的孔位，对准地弹簧的转动销轴，并转动门扇将孔位套入销轴上。然后以销轴为轴心将门扇转动 90°（注意转动时要扶正门扇），使门扇与门横梁成直角。这时就可把门扇上横挡中的转动连接件上的孔对正门框横梁上的定位销，并把定位销调出，插入门扇上横挡转动销连接件上的孔内 15mm 左右，门扇即可启闭使用。其安装结构见图 19-9 所示。

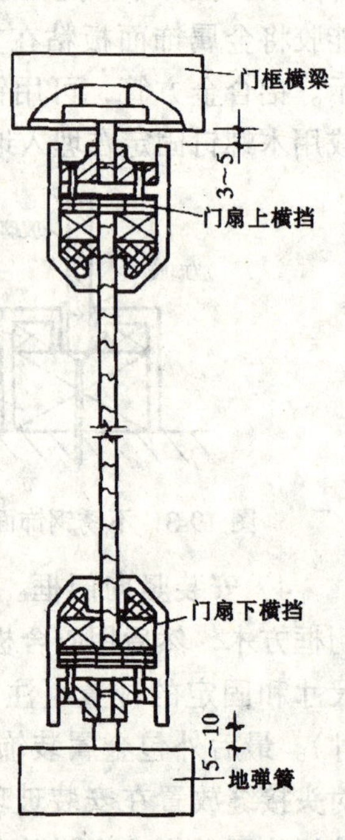

图 19-9　门扇定位安装方法

2）安装玻璃门拉手。裁割玻璃

门扇和对边口进行倒角处理时，应同时打好安装门把手的孔洞。安装拉手的连接部位在插入玻璃门拉手孔时不能很紧，应略有松动。如果过松，可在插入部位裹上软质胶带。安装前，在拉手插入玻璃部分涂少许玻璃胶。拉手组装时，其根部与玻璃贴靠紧密后再上紧固定螺钉，以保证拉手没有丝毫松动现象。如图 19-10 所示。

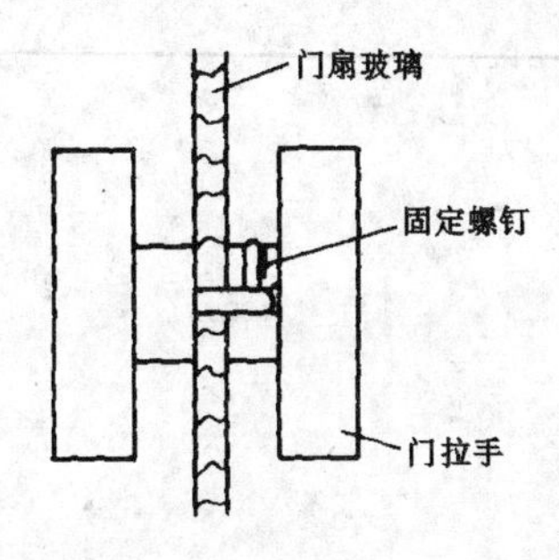

图 19-10　安装玻璃门拉手

19.5　成品保护与安全生产

（1）成品保护

厚玻璃门安装后，应采取保护措施或专人看管，严防损坏。

（2）安全生产

1）搬运厚玻璃时应戴手套，防止伤人伤身。

2）裁割玻璃时，应在指定地点进行，随时清理废料。

3）安装厚玻璃门时，不得穿短裤、凉鞋或高跟鞋。

4）使用方凳、靠椅时，下脚应绑麻布或垫胶皮，并加拉绳，以防滑溜出现人身事故。

19.6　操作练习

（1）操作项目

1）厚玻璃的裁割。

2）厚玻璃的对接。

3）地弹簧的安装。

4）安装尺寸的测量。

5）厚玻璃的倒角。

6）固定厚玻璃的安装。

7）厚玻璃活动门扇的安装及拉手安装。

（2）考核内容及评分标准　见表 19-1。

项目：厚玻璃门安装　　　　考核项目评分表　　　　表 19-1

序号	测定项目	满分	评 分 标 准	得分
1	尺寸测量	10	按最小尺寸测量准确	
2	厚玻璃的倒角	10	无损坏和崩边、崩角	
3	固定玻璃安装	15	注入玻璃胶成一条直线	
4	厚玻璃对接	10	对接缝 2～3mm，玻璃胶注入缝隙后两面刮平无胶液	
5	地弹簧座安装	10	位置准确、牢固	
6	厚玻璃门安装	20	两扇门宽度应留缝隙 5m，门扇距上横档距横梁 3～5mm，下横档距地弹簧 5～10mm	
7	工艺符合操作规范	10	错误无分，局部错误扣分	
8	厚玻璃门表面	5	洁净	
9	安全生产落手清	6	重大事故本项目不合格，一般事故，事故苗子扣分，落手清未做无分，做而不清扣分	
10	定额时间	4	开始时间：　　　结束时间：	

姓名________学号________日期________教师签名________总分________

小　结

厚玻璃装饰门的固定部分施工工序为：

定位、放线→安装门框顶部限位槽→安装金属饰面的木底托→安装竖向门框→安装玻璃→固定玻璃→注玻璃胶封口→玻璃间的对接

厚玻璃装饰门活动部分的施工工序为：

地弹簧及联结件安装→门扇定位安装→安装玻璃门拉手。

复习思考题

1. 厚玻璃裁割其宽度、高度的尺寸应比实际尺寸各小多少？
2. 厚玻璃倒角的宽度是多少？
3. 限位槽倒角的宽度应大于玻璃厚度多少？其深为多少？
4. 注玻璃胶的操作要领是什么？

第20章 玻璃镜面安装施工

装饰玻璃镜多是采用高质量白色或茶色平板玻璃为基材，在表面经镀银工艺并涂布漆膜而制成的，具有抗盐雾、抗温热及成像清晰等性能。

20.1 施工准备

（1）材料准备

1）镜面材料按图纸尺寸与数量选配普通平镜、深浅不同的茶色镜、带有凹凸线脚或花饰的单块特制镜等。小尺寸镜面厚度3mm，大尺寸镜面厚5mm以上。

2）衬底材料：木墙筋、胶合板、沥青、油毡。

3）固定材料：螺钉、铁钉、玻璃胶、环氧树脂胶、盖条（木材或金属型材如铝合金型材等）、橡皮垫圈。

（2）工具准备

玻璃刀、玻璃钻、玻璃吸盆、水平尺、托板尺、玻璃胶筒以及钉拧工具如锤子、螺丝刀等。

20.2 安装施工

20.2.1 顶面玻璃镜安装

（1）施工前准备

1）基层处理

基层面是木夹板基面，基面要平整，无鼓肚现象。

2）放大样

按镜面规格放出大样。

（2）顶面玻璃镜安装

顶面玻璃镜安装一般有三种方法，嵌压式固定安装、玻璃钉固定安装、粘结加玻璃钉双重固定安装和托压固定。

1）嵌压式固定安装

嵌压式安装常用的压条为木压条、铝合金压条，不锈钢压条。嵌压方式见图20-1。

施工工序：

a．弹线：顶面嵌压式固定前，需要根据吊顶龙骨架的布置弹线，压条应固定在吊顶龙骨上。

b．裁割玻璃：根据分格、弹线尺寸，按规格裁割玻璃。

c．安装玻璃：顶面玻璃安装注意平起、规格大的玻璃应多人平举，防止钮碎玻璃。

d．固定玻璃：可用木压条或金属压条固定。

木压条在固定时，最好用20～35mm的射钉枪来固定，避免用普通圆钉，以防止在钉压条时震破玻璃镜。

铝压条和不锈钢压条可用木螺钉固定在其凹部。如采用无钉工艺，可先用木衬条卡住玻璃镜，再用万能胶将不锈钢压条粘卡在木衬条上，然后在不锈钢压条与玻璃镜之间

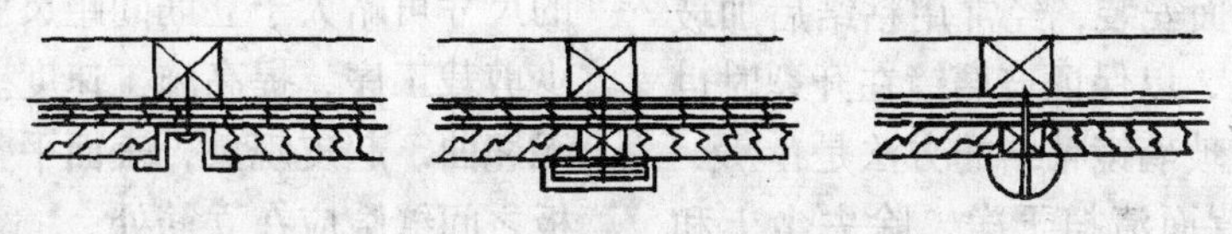

图20-1 嵌压式固定镜面玻璃的几种形式

的角位处封玻璃胶，见图 20-2。

2）玻璃钉固定安装

a. 玻璃钉需要固定在木骨架上，安装前应按木骨架的间隔尺寸在玻璃上打孔，孔径小于玻璃钉端头直径 3mm。每块玻璃板上需钻出 4 个孔，孔位均匀布置，并不应太靠镜面的边缘，以防开裂。

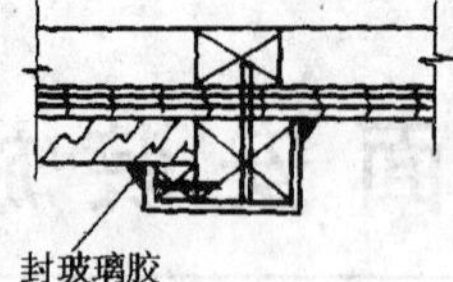

图 20-2 嵌压式无钉工艺

b. 根据玻璃镜面的尺寸和木骨架的尺寸，在顶面基面板上弹线，确定镜面的排列方式。玻璃镜应尽量按每块尺寸相同来排列。

c. 玻璃镜安装应逐块进行。镜面就位后，先用直径 2mm 的钻头，通过玻璃镜上的孔位，在吊顶骨架上钻孔，然后再拧入玻璃钉。拧入玻璃钉后应对角拧紧，以玻璃不晃动为准，最后在玻璃钉上拧入装饰帽。见图 20-3。

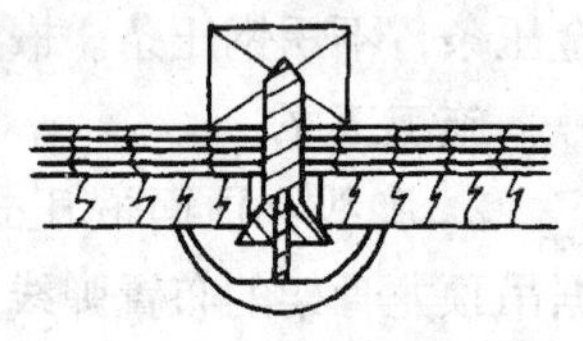
图 20-3 玻璃钉固定安装

d. 玻璃镜在垂直面上的衔接安装 玻璃镜在两个面垂直相交时的安装方法有：角线托边和线条收边等几种，见图 20-4。

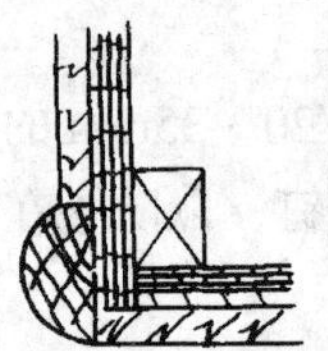
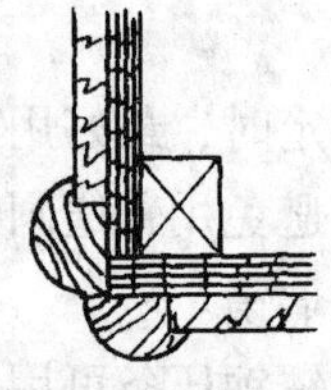
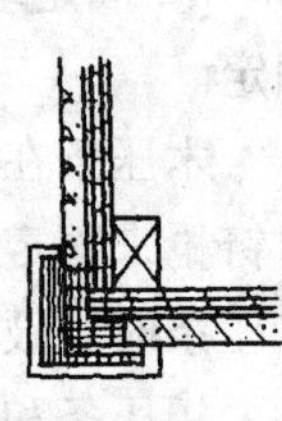
图 20-4 玻璃镜在垂直面的衔接方式

3）粘结加玻璃钉双重固定安装

在一些重要场所，或玻璃镜面积大于 $1m^2$ 的顶面、墙面安装，经常用粘结后加玻璃钉的固定方法，以保证玻璃镜在开裂时也不致下落伤人。玻璃镜粘结的方法是：

a. 将镜的背面清扫干净，除去尘土和沙粒。

b. 在镜的背面涂刷一层白乳胶，用一张薄的牛皮纸粘贴在镜背面，并用塑料片刮平整。

c. 分别在镜背面的牛皮纸上和顶面木夹板面涂刷万能胶，当胶面不粘手时，把玻璃镜按弹线位置粘贴到顶面木夹板上。

d. 用手抹压玻璃镜，使其与顶面粘合紧密，并注意边角处的粘贴情况。

然后用玻璃钉将镜面再固定四个点，固定方法如前述。

注意：粘贴玻璃镜时，不能直接将万能胶涂在镜面背后，以防止对镜面涂层的腐蚀损伤。

20.2.2 墙、柱面镶贴镜面玻璃安装

（1）基层处理

在砌筑墙体时，要在墙体中埋入木砖，横向与镜面宽度相等，竖向与镜面高度相等，大面积镜面安装还应在横竖向每隔 500mm 埋木砖。墙面要进行抹灰，在抹灰面上烫热沥青或贴油毡，也可将油毡夹于木衬板和玻璃之间，这些做法的主要目的，是防止潮气使木衬板变形，防止潮气使水银脱落，镜面失去光泽。

（2）立筋

墙筋为 40mm×40mm 或 50mm×50mm 的小木方，以铁钉钉于木砖上。安装小块镜面多为双向立筋，安装大片镜面可以单向立筋，横竖墙筋的位置与木砖一致。要求立筋横平竖直，以便于衬板和镜面的固定，因此，立筋时也要挂水平垂直线，安装前要检查防潮层是否做好，立筋钉好后要用长靠尺检查平整度。

（3）铺钉衬板

衬板为 15mm 厚木板或 5mm 厚胶合板，用小铁钉与墙筋钉接，钉头冲入板内。衬板的尺寸可略大于立筋间距尺寸，这样可以减少剪裁工序，提高施工速度。要求衬板表面无翘曲、起皮现象，表面平整、清洁，板与板之间缝隙应在立筋处。

（4）镜面安装

1）镜面的裁割：安装一定尺寸的镜面时，要在大片镜面上切下一部分，裁割镜面要在台案上或平整地面上进行，上面铺胶合板或线毯。首先将大片镜面放置于台案或地面上，按设计要求量好尺寸，以靠尺板做依托，用玻璃刀一次从头划到尾，将镜面裁割线处移至台案边缘，一端用靠尺板按住，以手持另一端，迅速向下扳。进行裁割和搬运镜面时，操作者应戴手套。

2）镜面钻孔：以螺钉固定的镜面要钻孔，钻孔的位置一般在镜面的边角处。首先将镜面放在台案或地面上，按钻孔位置量好尺寸，用塑料笔标好钻孔点，或用玻璃钻钻一小孔，然后在拟钻孔部位浇水，在电钻上安装合适的钻头，钻头直径应大于螺钉直径。双手持玻璃钻垂直于玻璃面，开动开关，且稍用力按下并轻轻摇动钻头，直至钻透为止。钻孔时要不断往镜面上浇水，快要钻透时减轻用力。

3）镜面的几种固定方法

a. 螺钉固定：可用 $\phi3\sim5$ 平头或圆头螺钉，透过玻璃上的钻孔钉在墙筋上，对玻璃起固定作用，见图 20-5。

（*a*）安装一般从下向上，由左至右进行，有衬板时，可在衬板上按每块镜面的位置弹线，按弹线安装。（*b*）将已钻好孔的玻璃拿起，放于拟安装部位，在孔中穿入螺钉、套上橡皮垫圈，用螺丝刀将螺钉逐个拧入木筋，注意不要拧得太紧。

（*c*）全部镜面固定后，用长靠尺靠平，对稍高出其他镜面的部位再拧紧，以全部调平为准。

（*d*）将镜面之间的缝隙用玻璃胶嵌缝，用打胶筒将玻璃胶压入缝中，要求密实、饱满、均匀、不污染镜面。

（*e*）最后用软布擦净镜面，见图 20-6。

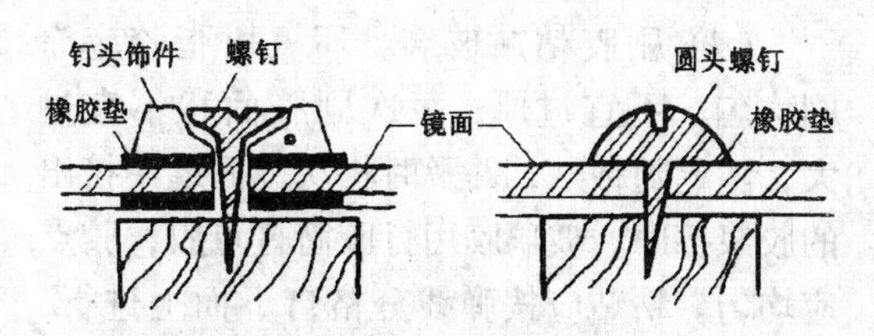

图 20-5　螺钉固定镜面节点

b. 嵌钉固定：嵌钉固定是用嵌钉钉于墙筋上，将镜面玻璃的四个角压紧的固定方法。

（*a*）在平整的木衬板上先铺一层油毡，油毡两端用木压条临时固定，以保证油毡平整、紧贴于木衬板上。

（*b*）在油毡表面按镜面玻璃分块弹线。

（*c*）安装时从下向上进行，安装第一排时，嵌钉应临时固定，装好第二排后再拧紧。其它同螺钉固定方法。

c. 粘贴固定：粘贴固定是将镜面玻璃用环氧树脂、玻璃胶粘贴于木衬板上的固定方法。

（*a*）首先检查木衬板的平整度和固定牢靠程度，因为粘贴固定时，镜面的重量是通过木衬板传递的，木衬板不牢靠将导致整个镜面固定不牢。

（*b*）对木衬板表面进行清理，清除表面污物和浮灰，以增强粘结牢靠程度。

（*c*）在木衬板上按镜面玻璃分块尺寸弹线。

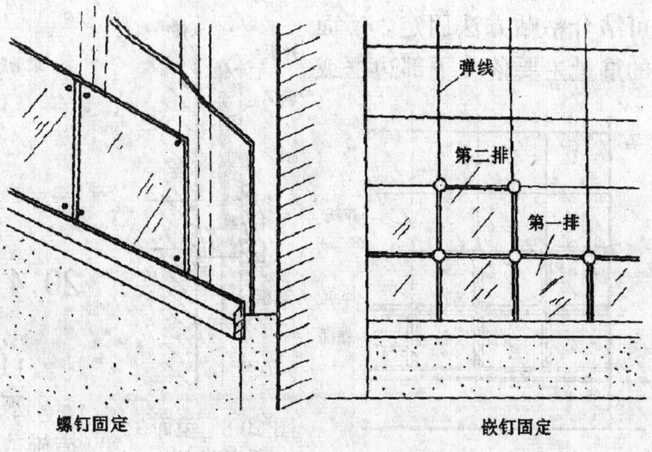

图 20-6　镜面固定示意图

（d）刷胶粘贴玻璃。环氧树脂胶应涂刷均匀，不宜过厚，每次刷胶面积不宜过大，随刷随粘贴，并及时将从镜面缝中挤出的胶浆擦净。玻璃胶用打胶筒打点胶，胶点应均匀。粘贴应按弹线分格自下而上进行，应待底下的镜面粘结达一定强度后，再进行上一层粘贴。

以上三种方法固定的镜面，还可在周边加框，起封闭端头和装饰作用。

d. 托压固定：托压固定主要靠压条和边框将镜面托压在墙上。压条和边框有木材和金属型材，如有专门用于镜面安装的铝合金型材。

（a）铺油毡和弹线方法同上。

（b）压条固定也是从下向上进行，用压条压住两镜面间接缝处，先用竖向压条固定最下层镜面，安放上一层镜面后再固定横向压条。

（c）压条为木材时，一般宽 30mm，长同镜面，表面可做出装饰线，在嵌条上每 200mm 内钉一颗钉子，钉头应冲入压条中 0.5～1mm，用腻子找平后刷漆。因钉子要从镜面玻璃缝中钉入，因此，两镜面之间要考虑设 10mm 左右缝宽，弹线分格时就应注意这个问题见图 20-7。

（d）表面清理方法同前。

大面积单块镜面多以托压做法为主，也可结合粘贴方法固定。镜面的重量主要落在下部边框或砌体上，其他边框起防止镜面外倾和装饰作用，见图 20-8。

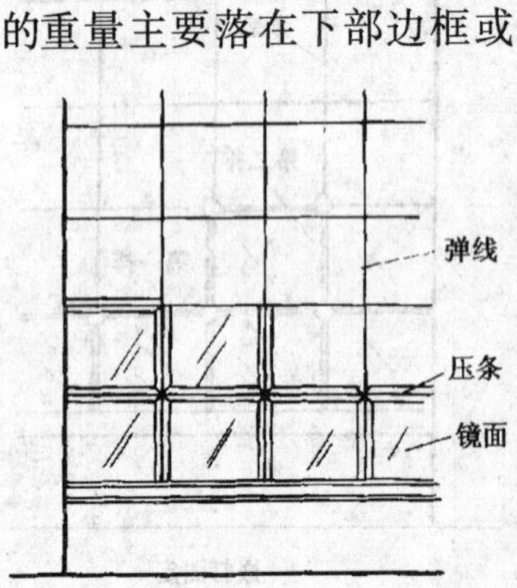

图 20-7 镜面固定示意图

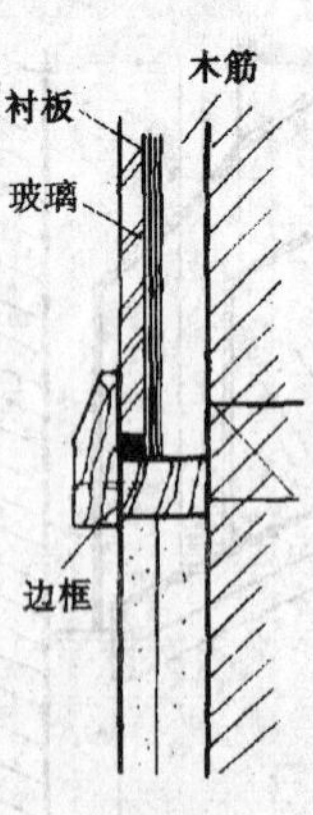

图 20-8 镜面固定节点示意图

20.3 施工注意事项

（1）一定要按设计图纸施工，选用的材料规格、品种、颜色应符合设计要求，不得随意改动。

（2）在同一墙面上安装同样玻璃时，最好选用同一批产品，以防镜面颜色深浅不一。

（3）冬季施工时，从寒冷的室外运入采暖房间的镜面玻璃，应待其缓暖后再行切割，以防脆裂。

（4）镜面玻璃应存放在干燥通风的室内，每箱都应立放，不可平放和斜放。

（5）安装后的镜面应达到平整、清洁，接缝顺直、严密，不得有翘起、松动、裂纹、掉角。

（6）玻璃镜在墙柱面转角处的衔接方法有线条压边，磨边对角和用玻璃胶收边等。用线条压边方法时，应在粘贴玻璃镜的面上，留出一条线条的安装位置，以便固定线条；用玻璃胶收边，可将玻璃胶注在线条的角位，也可注在两块镜面的对角口处。常见的角位收边方式见图 20-9 所示。

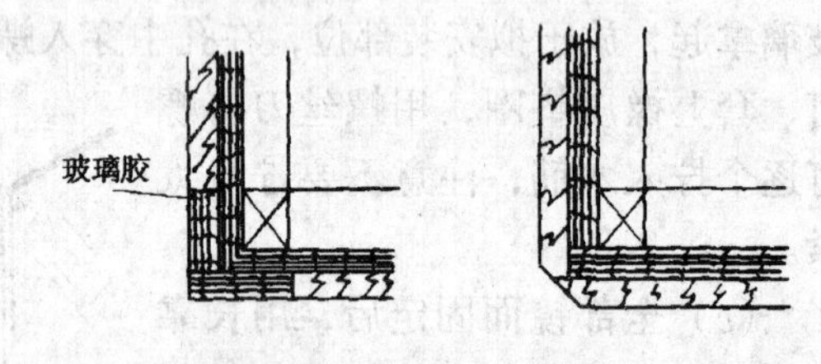

图 20-9 角位收边方式

20.4 成品保护与安全生产

（1）成品保护

玻璃镜安装后应采取围栏、遮盖等保护措施或设专人看管，严防损坏。

（2）安全生产

1）搬运玻璃时应戴好手套，特别小心，防止伤人伤身。

2）裁割玻璃时，应在指定地点进行，随时清理边角废料等集中堆放。

3）安装玻璃镜时，垂直下方禁止通行。

4）在安装玻璃镜未牢固之前，不得中途停工，以防掉落。

5）安装玻璃镜不能在垂直方向上下两层同时作业，以免玻璃或工具脱手坠落伤人。

6）安装顶面玻璃镜时，垂直下方禁止通行。

7）使用高凳、靠梯时，下脚应绑麻布或垫胶皮，并加拉绳，以防滑溜。

20.5 操作练习

（1）操作项目

1）玻璃的裁割。

2）木筋的制作与装订。

3）墙面的弹线。

4）玻璃镜的安装。

（2）考核内容及评分标准　见表 20-1。

考核项目评定表　　**表 20-1**

项目：装饰玻璃镜安装

序号	测定项目	满分	评分标准	得分
1	玻璃裁割	10	尺寸正确	
2	木筋的制做	10	符合设计要求	
3	木筋的安装固定	10	表面平整牢固	
4	墙面的弹线	10	准确	
5	钉衬板	5	尺寸裁割正确，安装合理、牢固	
6	玻璃镜的安装	20	牢固、表面洁净	
7	压条	15	线条顺直，线型清秀，割角连接，紧密吻合	
8	工艺符合操作规范	10	错误无分，局部错误扣分	
9	安全生产落手清	6	重大事故本项目不合格，一般事故无分，落手清未做无分，做而不清扣分	
10	定额时间	4	开始时间： 结束时间：	

姓名＿＿＿学号＿＿＿日期＿＿＿教师签名＿＿＿总分＿＿＿

小　结

玻璃镜面安装因不同的安装工艺采用不同的工序，嵌压式固定安装的安装工序为：弹线→裁割玻璃→安装玻璃→固定玻璃。玻璃钉固定安装工序为：玻璃上打孔→顶面基面板弹线→安装玻璃。粘结加玻璃钉双重固定安装工序为：镜面背面除尘→镜面背面涂白乳胶、并覆牛皮纸→在牛皮纸上涂万能胶→安装玻璃。

玻璃墙、柱面安装玻璃前应做好施工准备：基层处理、立筋、铺钉衬板。然后按下列施工工序进行：

镜面裁割→镜面钻孔→镜面固定。

镜面不同的固定方式，固定的方法也不同。

复习思考题

1. 嵌压式固定安装，玻璃钉固定安装、粘结加玻璃钉双重固定安装的施工工序各怎样？
2. 为什么万能胶不能直接涂在镜面背面？
3. 冬季施工，为什么不能对刚从室外搬入室内的玻璃进行裁割？

第21章 玻璃屏风施工

玻璃屏风一般的单层玻璃板，安装在框架上。常用的框架为木制架和不锈钢柱架，玻璃板与基架相配有二种方式，一种是档位法，另一种是粘结法，安装架立方法又分为三类：即固定式、独立式和联立式。

21.1 固定式玻璃屏风施工

(1) 固定式屏风构造

图21-1是固定玻璃式屏风构造示意图。

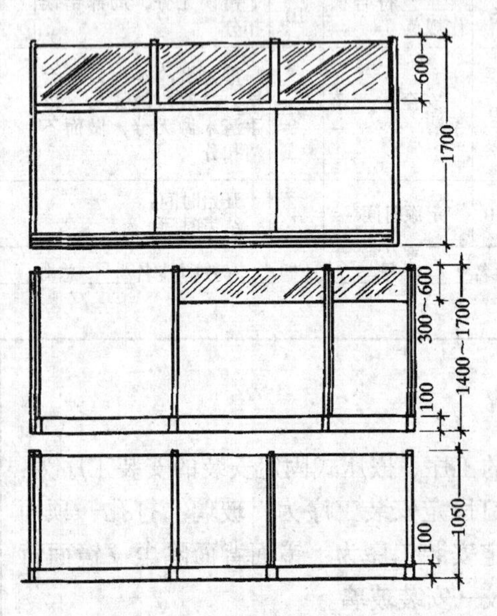

图21-1 固定式屏风示意

(2) 材料准备

木基架或金属方框架1具、固定靠条(木、铝合金、铜或不锈钢均可)若干、4.8mm自攻螺丝若干、玻璃胶或橡胶垫若干。

(3) 安装工具

各种型号的裁玻璃刀、卷尺、直尺、手提式电钻、电割刀等。

(4) 安装工序

检查玻璃及框的方正与尺寸→定玻璃位置线→安装、固定玻璃。

(5) 玻璃板与木框安装步骤

安装前做好下列检查：一是玻璃角是否方正，尺寸是否与设计图纸要求相同；二是木框角是否方正，尺寸是否与设计图纸要求相同，四角是否在一个平面上。

检查一切正常后，按下列步骤安装：

1) 在木框内测定出玻璃安装的位置线，并固定好玻璃板靠线条，如图21-2。

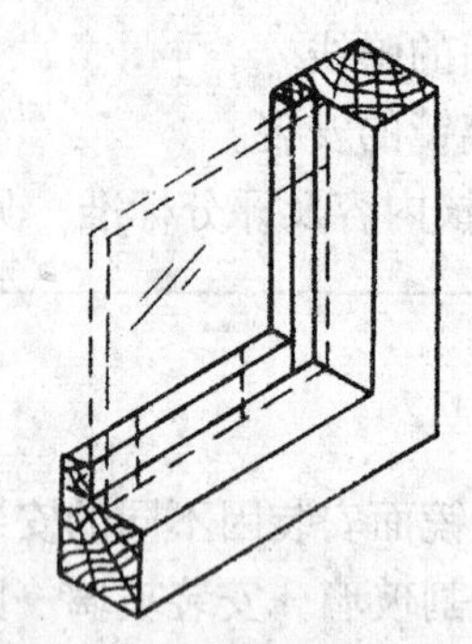

图21-2 木框内玻璃安装方式

2) 把玻璃放入木框内，注意玻璃放入木框后，在木框的上部和侧边应留有3mm左右的缝隙，该缝隙是为玻璃热胀冷缩用的。对大面积玻璃板来说，留缝尤为重要，否则在受热变化时将会开裂。

3) 把玻璃放入木框内，其两侧距木框的缝隙应相等，并在缝隙中注入玻璃胶，然后钉上固定压条，固定压条用钉枪钉。木压条安装形式有多种，如图21-3所示。

4) 大块玻璃安装

大块玻璃板安装时，可以由2人或4人用

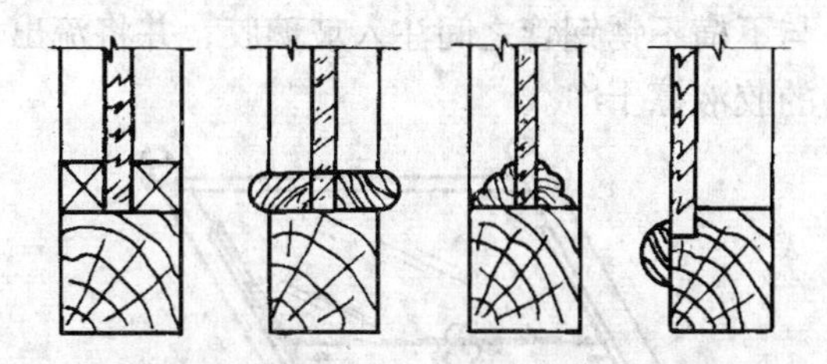
图 21-3 木压条固定玻璃板的几种形式

手提吸盘在玻璃的两面吸住,用步运送到安装部位,然后 1 人在外 1 人在内用吸盘将中空玻璃提起,稳妥地将中空玻璃镶入木框内。

（6）玻璃板与金属方框安装

1）检查玻璃角方正、尺寸时同时检查金属方框角方正、尺寸与平面情况。

2）按小于框架 3～5mm 的尺寸裁割玻璃。

3）安装玻璃靠位线条，靠位线条可以是金属角线或是金属槽线。用自攻螺丝钉固定靠位线条。

4）在框架下部的玻璃放置面上，涂一层厚 2mm 的玻璃胶（图 21-4）。将玻璃放置在玻璃胶上，玻璃安装后，玻璃板的底边就压在玻璃胶层上。或者放置一层橡胶垫，玻璃安装后，底边压在橡胶垫上。

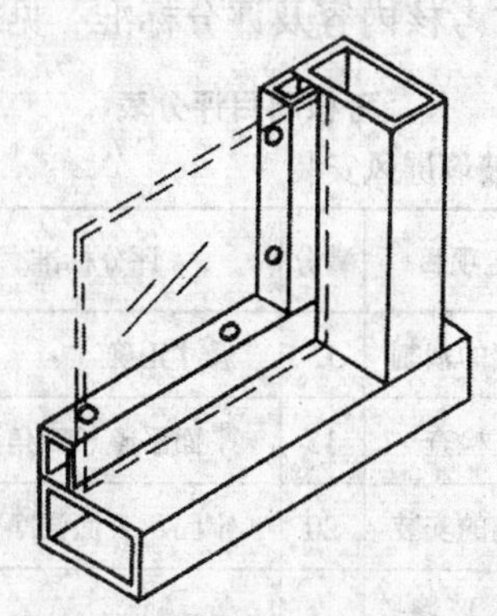
图 21-4 玻璃靠位线条及底边涂玻璃胶

5）玻璃板与金属框两侧的缝隙相等，并在缝隙中注入玻璃胶，然后安装封边压条。如果封边压条是金属槽条，而且为了表面美观不得直接用自攻螺钉固定时，可采用先在金属框上固定木条，然后在木条上涂万能胶，把不锈钢槽条或铝合金槽条卡在木条上，以达到装饰的目的。玻璃安装方式见图 21-5 所示。

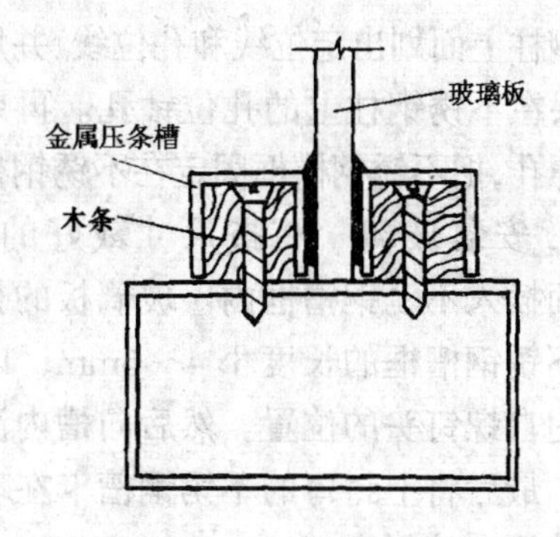

图 21-5 金属框架上的玻璃安装

（7）玻璃板与不锈钢圆柱框安装

目前玻璃板与不锈钢圆柱框的安装形式一种是玻璃板四周是不锈钢槽，其两边为圆柱。另一种是玻璃板两侧是不锈钢槽与柱，上下是不锈钢管。且玻璃底边由不锈钢管托住，见图 21-6。

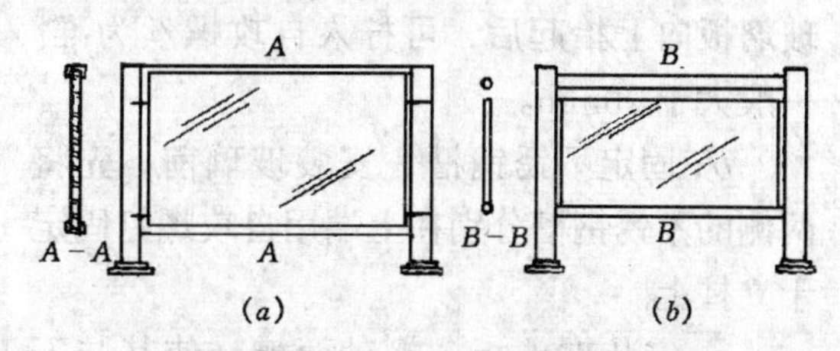

图 21-6 玻璃板与不锈钢圆柱的安装形式

1）玻璃板四周不锈钢槽固定的操作要点：

a. 不锈钢槽对角口的做法：先在内径宽度略大于玻璃厚度的不锈钢槽上划线，并在角位处开出对角口，对角口用专用剪刀剪出，并用什锦锉修边，使对角口合缝严密，见图 21-7。

b. 固定不锈钢槽框　在对好角位的不

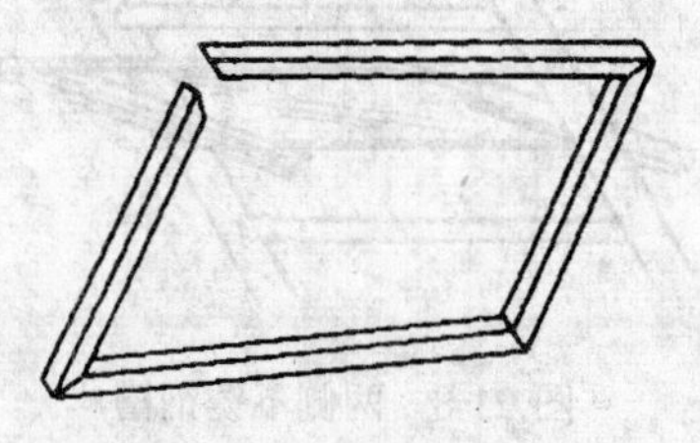
图 21-7 不锈钢槽对角口做法

锈钢槽框两侧，相隔200～300mm的间距钻孔。钻头要小于所用自攻螺钉0.8mm。在不锈钢柱上面划出定位线和孔位线，并用同一钻孔头在不锈钢柱上的孔位钻孔。再用平头自攻螺孔，把不锈钢槽框固定在不锈钢柱上。

c. 安装玻璃　将按尺寸裁好的玻璃，从上面插入不锈钢槽框内。玻璃板的长度尺寸比不锈钢槽框的长度小4～6mm，以便让出槽内自螺钉头的位置。然后向槽内注入玻璃胶，最后将上封口的不锈钢槽卡在玻璃边上，并用玻璃固定。

2）两侧不锈钢槽固定玻璃板的操作要点：

a. 制作不锈钢槽并确定固定位置。首先按玻璃的高度锯出二截不锈钢槽，并在每个不锈钢槽内打两个孔，并按此洞孔的位置在不锈钢柱上打孔。上端孔的位置可在距端头30～50mm处，而下端孔的位置，就要以玻璃板向上抬起后，可拧入自攻螺丝为准。一般大于20mm。

b. 固定不锈钢槽　安装玻璃前，先将两侧的不锈钢槽分别在上端用自攻螺钉固定于立柱上。

c. 安装玻璃板　摆动两槽，使其与不锈钢槽错位，并同时将玻璃板斜位插入两槽内。见图21-8。然后转动玻璃板，使之与不锈钢柱同线，再用手向上托起玻璃板，使玻璃一直顶至上部的不锈钢横管。将不锈钢槽内下部的孔位与不锈钢立柱下部的孔对准后，用自攻螺钉穿入拧紧。见图21-9。最后放下玻璃板。

d. 在玻璃板与不锈钢槽之间，玻璃板

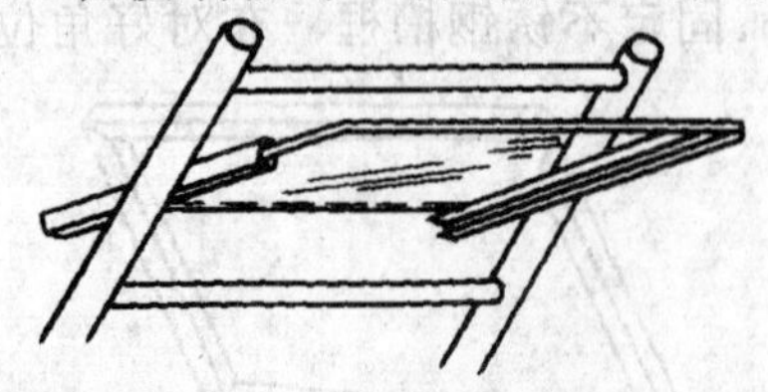

图21-8　两侧不锈钢槽玻璃安装方法

与下横不锈钢管之间注入玻璃胶，并将流出的胶液擦干净。

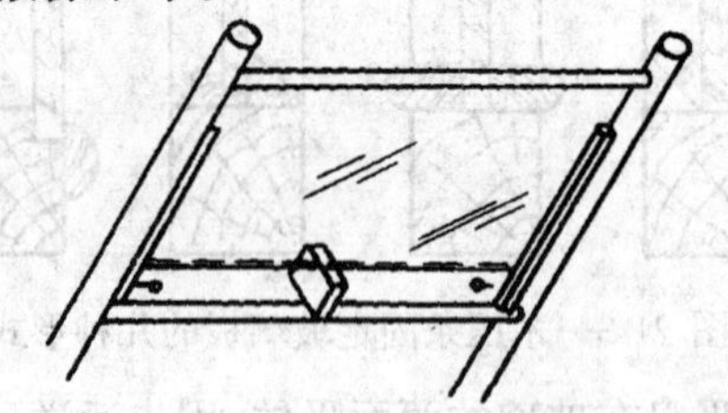

图21-9　不锈钢槽下部孔位安装方法

21.2　成品保护与安全生产

玻璃屏风安装完后应采取围栏、遮盖等保护措施或设专人看管，严防损坏。

21.3　操作练习

（1）操作项目

1）玻璃的裁割。

2）方正检查。

3）玻璃安装。

（2）考核内容及评分标准　见表21-1。

考核项目评分表　　表21-1

项目：玻璃屏风安装

序号	测定项目	满分	评分标准	得分
1	玻璃的裁割	15	尺寸正确	
2	方正检查	15	平面平整、四角为90°	
3	玻璃的安装	20	牢固、表面洁净	
4	注入玻璃胶的质量	15	手势正确、涂胶均匀	
5	工艺符合操作规范	20	错误无分，局部错误扣分	
6	安全生产落手清	10	重大事故不合格，一般事故无分，落手清未做无分，做而不清扣分	
7	定额时间	5	开始时间： 结束时间：	

姓名____学号____日期____教师签名____总分____

小　　结

玻璃屏风施工主要是玻璃的安装。安装时应先检查玻璃的尺寸，角的方正情况，还要检查框的尺寸、框角的方正以及平整度。玻璃不能与框一样大小，按小于框架 3～5mm 的尺寸裁割。

复习思考题

1. 玻璃板与金属方框的安装工艺如何？
2. 玻璃板与不锈钢圆柱框的安装工艺如何？

第22章　U型轻钢龙骨吊顶施工

轻钢龙骨吊顶按材料断面形状可分为U型、T型、C型和L型。图22-1是U型轻钢龙骨吊顶安装示意图。

22.1　施工准备

（1）材料准备

1）型材及配件：根据设计要求选用U型轻钢龙骨主体和配件。

2）固结材料：固结在基体用的水泥钉、射钉和金属胀锚螺栓，固结轻钢龙骨的自攻螺钉。

（2）工具准备

常用工具有：划线笔、墨斗、角尺、卷尺、水平尺、三角尺及铁锤等；常用机具有手电钻、电锤、砂轮机、自攻螺钉钻和射钉枪；还有专用机具：电动剪、小型无齿锯、电动螺丝刀。

22.2　施工工序及操作方法

（1）基层处理

在安装吊顶前应检查楼板有没有蜂窝麻面，裂缝及强度不够的地方。若有问题，应

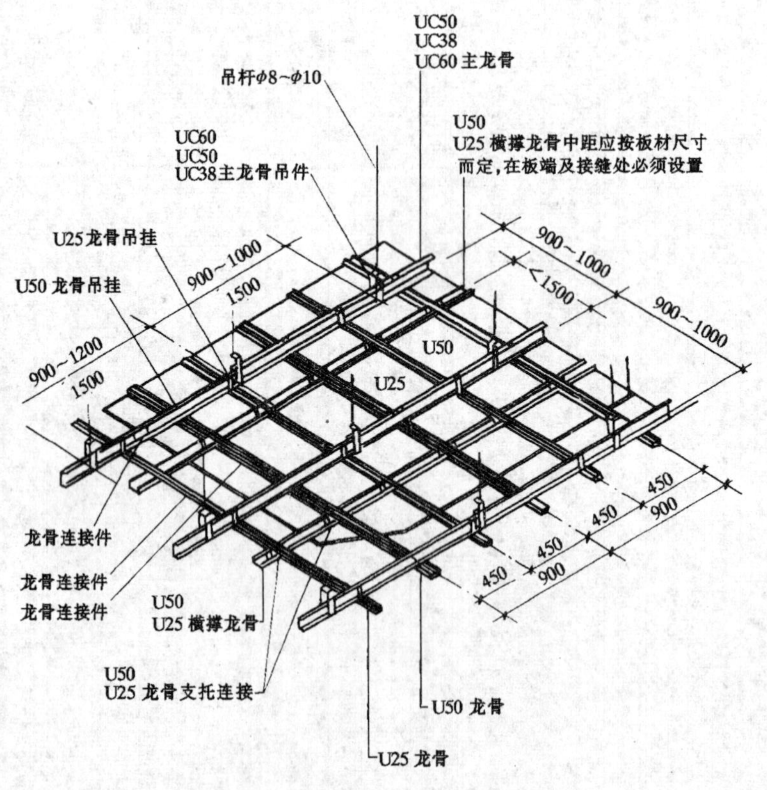

图22-1　U型轻钢龙骨吊顶安装示意图

及时处理，否则对吊顶施工有影响。

(2) 弹线定位

主要是弹好吊顶标高线，龙骨布置线和吊杆悬挂点。标高线一般弹到墙面或柱面，龙骨及吊杆的位置则弹到楼板上。同时也要把大中型灯位线弹出。

1）标高线做法

a. 定出地面的地平基准线。原地平无饰面要求，基准线为原地平线。如原地平需贴石材、瓷砖等饰面要求，则需要根据饰面层的厚度来定地平基准线。即原地面加上饰面粘贴层。将定出的地平基准线画在墙面上。

b. 从地平基准线为起点，在墙面上量出天花吊顶的高度，在该点画出高度线。

c. 用一条塑料透明软管灌满水后，将软管的一端水平面对准墙面上的高度线，再将软管的另一端头水平面，在同侧墙找出另一点，当软管内水平面静止时，画下该点的水平面位置，再将这两点连线，即得高度水平线（图 22-2）。用同样方法在其它墙面上做出高度水平线。操作时注意，一个房间的基准高度线只用一个，各个墙面的高度线测点共用。另外，注意不要使注水塑料软管拧曲，要保证管内的水柱活动自如。此法又称水柱法。

2）吊点位置的确定

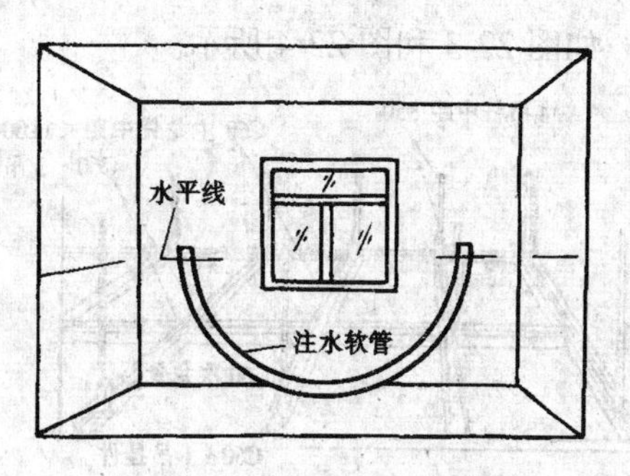

图 22-2　水平标高线的做法

a. 平顶吊顶的吊点，一般每平方米布置 1 个。要求吊点在天花板上均分布置。

b. 有迭级造型的天花吊顶应在迭级交界处布置吊点，两吊点间距 0.8～1.2m。

c. 较大的灯具也应该安排吊点来吊挂。

(3) 吊件的加工与固定

1）吊件的加工：吊件的制作应根据上人或不上人吊顶来加工。上人吊件通常采用与龙骨配套的标准配件。如不用标准配件可用 L30×30 的角钢来加工。加工时先在一条角钢的两边中心线上，对应打出一排 $\phi10.5$ 的孔，孔距 55mm 左右，再将角钢分段切割下来。不上人的吊顶的吊件，可用小角钢或万能角钢做吊件。吊点应在楼板下均匀分布，上人与不上人吊顶吊点的间距，根据主龙骨的选用系列的不同，按设计要求布

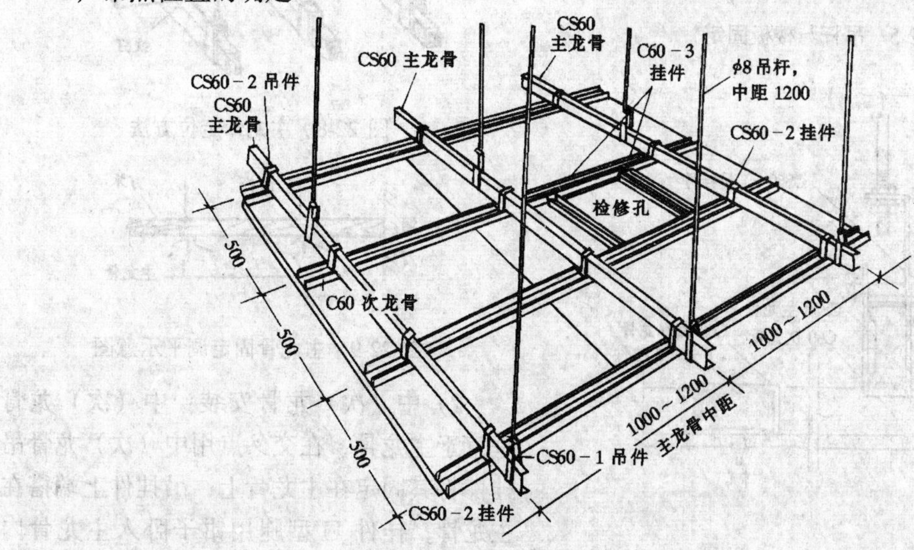

图 22-3　上人吊顶龙骨安装示意图

置。如图 22-3 和图 22-4 所示。

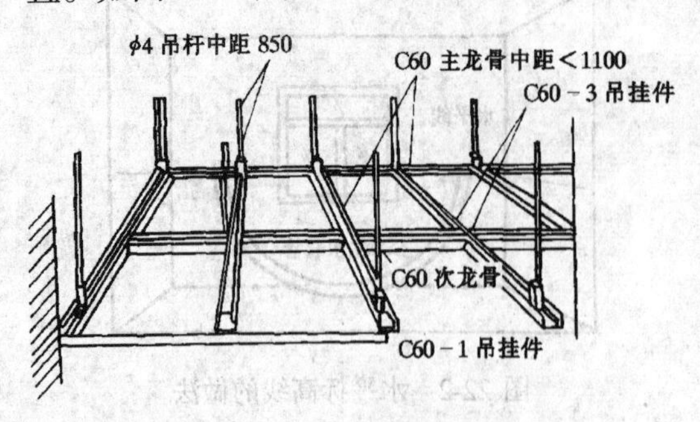

图 22-4　不上人吊顶龙骨安装示意图

2）吊件的固定：在房屋的装修中往往采用用冲击钻打胀管螺栓，然后将胀管螺栓同吊杆焊接，或用射钉枪固定射钉，如果选用不带孔的射钉，将吊杆穿过尾部的孔即可。如果选用带孔的射钉，宜先将一个小角钢固定在楼板上，另一条边钻孔，将吊杆穿过角钢的孔即可固定，如图 22-5 所示。

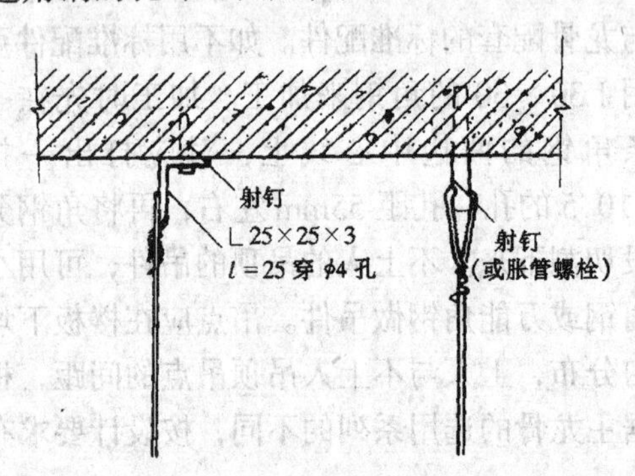

图 22-5　吊杆与楼板固定

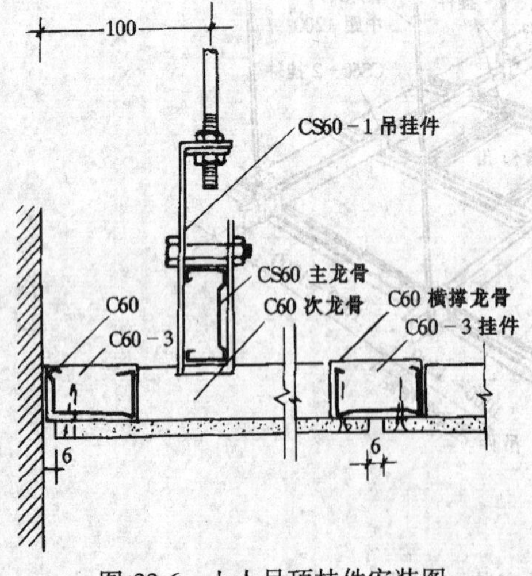

图 22-6　上人吊顶挂件安装图

吊杆与龙骨的连接可以用焊接方法，也有的用吊挂件连接，如图 22-6 所示。上人的吊顶的悬挂，既要挂住龙骨，同时也要阻止龙骨摆动，所以还要用一吊环将龙骨箍住。

(4) 龙骨安装

1）主龙骨安装：用吊挂件将主龙骨连接在吊杆上，拧紧螺丝卡牢（图 22-7），然后以一个房间为单位，将主龙骨调整平直。调整方法可用 60mm×60mm 方木按主龙骨间距钉圆钉，再将长方木条横放在主龙骨上，并用铁钉卡住各主龙骨，使其按规定间隔定位，临时固定。方木两端要顶到墙上或梁边，再按十字和对角拉线，拧动吊杆螺栓，升降调平（图 22-8）。调平时，一般可按照 3/1000 起拱标准调平（图 22-9）。

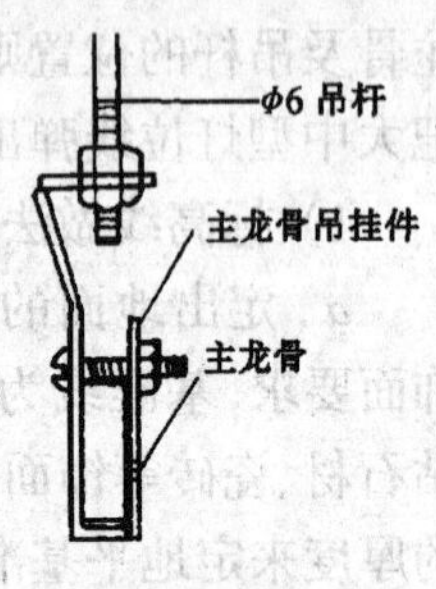

图 22-7　主龙骨连接图

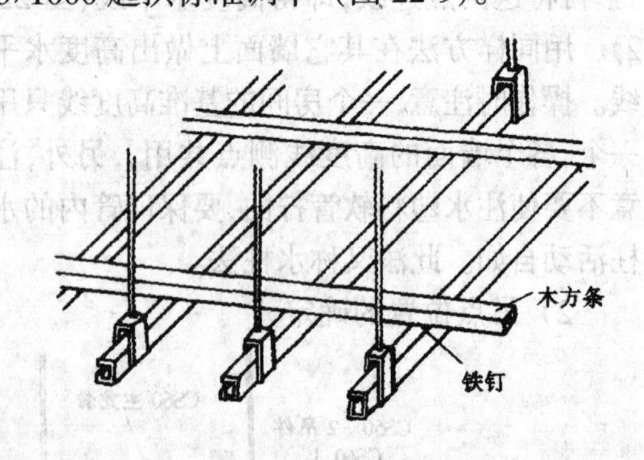

图 22-8　主龙骨定位方法

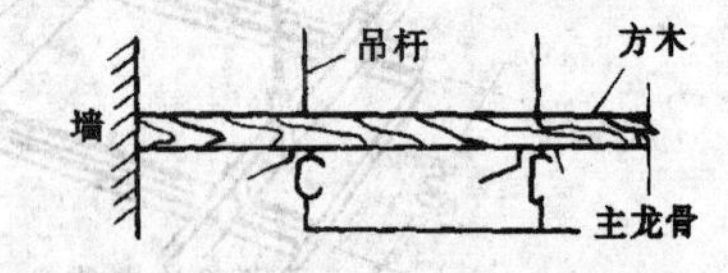

图 22-9　主龙骨固定调平示意图

2）中（次）龙骨安装：中（次）龙骨垂直于主龙骨，在交叉点用中（次）龙骨吊挂件将其固定在主龙骨上，吊挂件上端搭在主龙骨，挂件 U 型腿用钳子卧入主龙骨内（见图 22-10）。中（次）龙骨的间距因饰面

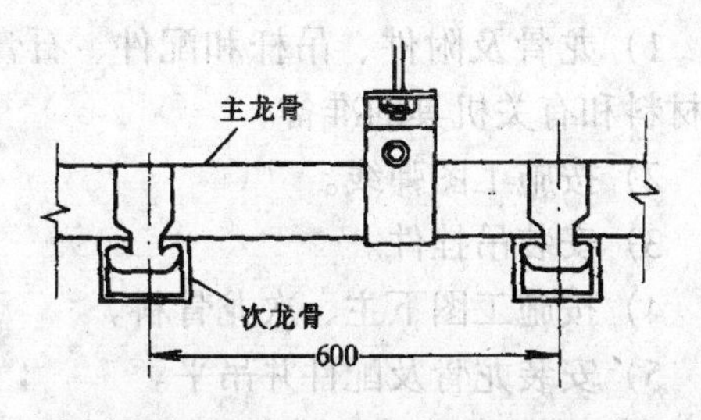

图 22-10 中（次）龙骨安装

板是密缝还是离缝安装而异。中（次）龙骨中距应计算准确并要翻样而定。中龙骨的安装程序，一般是按照预先弹好的位置，从一端依次安装到另一端。如果有高低层次，则先装高跨部分后装低跨部分。

3）横撑龙骨安装：横撑龙骨应用中龙骨截取。安装时截取的中（次）龙骨的端头插入挂插件，扣在纵向龙骨上，并用钳子将挂搭弯入纵向龙骨内，组装好后，纵向龙骨和横撑龙骨底面（即饰面板背面）要求平齐。横撑龙骨间距应视实际使用的饰面板的规格尺寸而定。

灯具处理：一般轻型灯具可固定在中（次）龙骨或附加的横撑龙骨上。重型的应按设计要求决定，而不得与轻钢龙骨连接。

（5）面板安装。

22.3 施工中应注意的问题

（1）吊杆的间距不宜过大，主龙骨间距不大于 1.2m。沿吊顶四周要布置吊杆螺栓，边螺栓间距墙面大于 5cm。次龙骨悬挑不得大于 15cm。

（2）主、次（中）龙骨尺寸要准确、表面要平整、接缝要平。

（3）注意龙骨与龙骨架的强度与刚度。龙骨的接头处，吊挂处都是受力的集中点，施工应注意加固。如在龙骨上直接悬吊设备，而龙骨的刚度不够就会产生局部变形。所以尽量避免在龙骨上悬吊设备。必须悬吊时，则要在龙骨上增加吊点。

（4）注意吊点分布均匀，在一些龙骨架的接口处和重载部位，应当增加吊点。

（5）所有连接件、吊挂件一定要固定牢固，龙骨不能松动，既要有上劲又要有下劲，上下都不能松动。

（6）铝合金龙骨吊顶上设备主要有灯盘和灯槽、空调出风口、消防烟雾报警器和喷淋头等。安装时，注意与吊顶结构关系的处理。

22.4 成品保护及安全技术

金属吊顶安装完毕后不得随意剔凿，如果需要安装设备，应用电动开孔设备进行开孔；石膏板类装饰板不得受水淋，并注意防潮，不允许在石膏板类装饰附近进行电气焊，板面严禁撞击，防止损伤；安装灯具和通风罩等，不得污染和损坏吊顶；吊顶安装完后，后继工作作业时应采取保护措施以防污染。

脚手架搭设后，应进行检查，符合要求后方可上人操作；高空作业时应防止物品坠落伤人；在吊顶内作业时，应搭设马道，非上人吊顶严禁上人；现场操作用的梯子应注意防滑；现场设备及照明用电，应严格按规定操作；使用电动工具要按说明书要求进行使用；现场注意防火，防毒，施工中应遵守操作规程。

22.5 质量通病及防治措施

（1）吊顶局部下沉

1）产生原因

a. 吊点与建筑基体固定不牢；

b. 吊杆连接不牢而产生松脱；

c. 吊杆的强度不够、产生拉伸变形。

2）防治措施

a. 吊点分布均匀，在一些龙骨架的接口部位和重载部位，应增加吊点。

b. 吊点与基层固定要牢，不能产生松动现象。如膨胀螺栓应有足够的埋入深度；不能有虚焊脱落。

c. 吊杆选用应有足够的强度，上人的

吊顶吊杆应用 $\phi6 \sim \phi8$ 的圆钢；不上人的吊顶吊筋也不小于 $\phi4$ 的铁丝。

(2) 外露龙骨线路不直、不平

1) 产生原因

a. 安装时不注意放线，不按线路走。

b. 安装时没及时调平，产生局部塌陷。

2) 防治措施

a. 安装时应提前放线，在组装时，应按控制线走。

b. 设置龙骨调平装置，边安装边调平。

c. 安装时，应对龙骨刚度进行选择，保证龙骨有足够的刚度，防止变形下陷。

(3) 接缝明显

1) 产生现象

a. 在接缝处接口露白槎，宏观看上去很明显。

b. 接缝不平，在接缝处产生错台。

2) 防治措施

a. 下料应根据放样尺寸，不能随意估计下料、尺寸准确。

b. 切口部位应控制好角度，再用锉刀将其修平，将毛边及不妥处修整好。

22.6 操作练习

(1) 操作项目

1) 龙骨及附件、吊杆和配件、石膏板等材料和有关机具的准备。

2) 按施工图弹线。

3) 安装吊挂件。

4) 按施工图下主、次龙骨料。

5) 安装龙骨及配件并吊平。

(2) 考核内容及评分标准 见表 22-1。

考核评分标准 **表 22-1**

项目：U 型轻钢龙骨吊顶

序号	考核项目	满分	评分标准	得分
1	材料机具认知	15	认识材料机具准备	
2	弹线	15	按图纸施工，误差不得大于 0.5%	
3	吊挂、安装	15	安装牢固	
4	主、次龙骨下料	15	下料长度误差不得大于 0.5%，且锯口垂直	
5	龙骨安装与调平	20		
6	操作规程与机具使用	10	违反规程扣分，机具使用不规范扣分	
7	安全生产、落手清	6	一般事故扣分，落手清未做无分	
8	定额时间	4	开始： 结束：	

姓名____学号____日期____教师签名____总分____

小 结

轻龙骨吊顶施工为基层处理→弹线定位→吊件的加工与固定→主龙骨安装→中（次）龙骨安装→横撑龙骨安装。

轻钢龙骨施工中常产生的问题有吊顶局部下沉，外露龙骨线路不直、不牢、接缝明显等，在施工中应加以注意。

复习思考题

1. 如何保证标高线的水平？
2. 上人、与不上人吊顶的安装有什么差异？
3. U 型轻钢龙骨吊顶在施工中要注意什么问题？
4. 产生吊顶局部下沉的原因与防治措施。

第 23 章 轻钢龙骨单层纸面石膏板隔墙的施工

轻钢龙骨纸面石膏板隔墙属于作业墙体，图 23-1 是单层石膏板隔墙安装示意图。

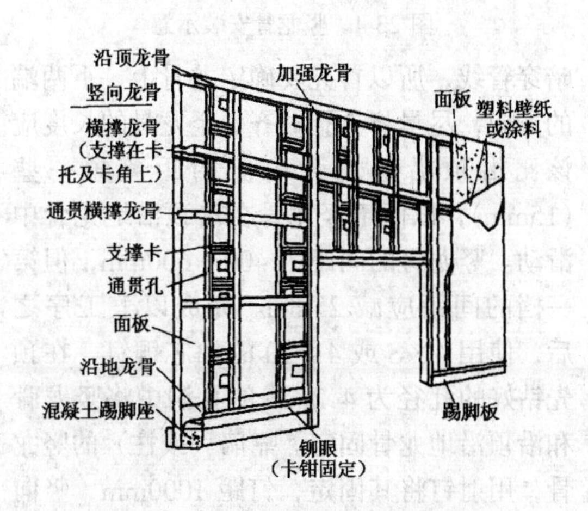

图 23-1 单层石膏板隔墙安装示意

23.1 施工准备

（1）轻钢龙骨石膏板隔墙的基本材料规格与估算

轻钢龙骨石膏板隔墙的基本材料　　表 23-1

材　　料	需用量（每平方米墙体）	
	单排龙骨两侧单层石膏板	单排龙骨两侧双层石膏板
纸面石膏板(m)	2	4
竖龙骨(m)	1.8	1.8
沿边龙骨(m)	0.8	0.8
自攻螺钉 M4×25(个)	30	
自攻螺钉 M4×35(个)		30
射钉或膨胀螺钉(个)	2	2
穿孔纸带(m)	2.6	2.6
密封膏(cm)	160	160
密封条(泡沫塑料条 m)	2.6	2.6
嵌缝石膏腻子(kg)	0.8	
抽芯铆钉(个)	3	3

（2）施工机具

卷尺、方尺、线锤、电动自攻钻、电动龙骨剪、手动龙骨切断机、多用刀、电动冲击钻、电动螺丝刀、射钉枪、拉铆枪、滚锯、板锯、针锉、针锯、平刨、边角刨、曲线锯、圆孔锯、嵌缝枪、踢脚板、丁字撬棍、快装钳、橡胶锤和水平靠尺等。

23.2 施工工序

放线→钢龙骨安设→安装第一层石膏板→设置墙内设施→安装另一面石膏板→阴阳角处理→门框安装→嵌缝→饰面、清理交工

（1）放线

放置隔墙位置线，并将平面线引至顶板及侧墙，要求线要放得正确，平面线、顶板线侧墙立线要保持在同一平面内。

（2）钢龙骨架设

1）架设前的处理

a. 钢龙骨在架设前要经过调直、除锈、切割等工序。首先要将钢龙骨放在木制的长凳处，用木锤敲打平直，然后用钢丝刷除锈，并立即涂红丹防锈漆一道，最后按所需长度用砂轮或气割切割。

b. 在铺设沿顶沿地龙骨之前，首先要将柱、梁与龙骨的接触部位处理平整。

c. 楼面部分若有水泥踢脚线，应用冲击钻钻孔，并打入木垫。

d. 沿顶沿地龙骨和墙两端及与柱接触的两根竖龙骨，根据设计要求，有的需要在

龙骨背面粘贴两根氯丁橡胶作为防水、隔音的一道密封条。

e. 轻质隔墙是通过墙体四周的钢龙骨边框与主体结构固定的。施工中，先固定沿顶、地钢龙骨，再固定沿墙或沿柱钢龙骨。

2）沿顶、沿地龙骨的安装（图 23-2）。

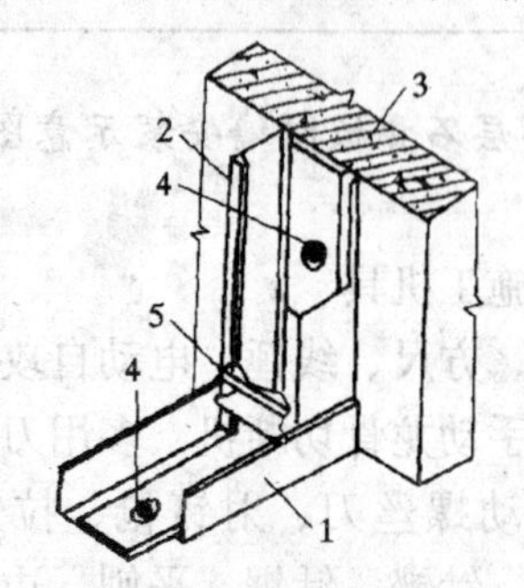

图 23-2　沿地、沿墙龙骨与墙地固定

1—沿地龙骨；2—竖向龙骨；3—墙或柱；4—射钉及垫圈；5—支撑卡

不同的楼面材料采用不同的固定方法，一般的混凝土构件可采用 M5×35 的射钉用射钉枪将龙骨与构件连接，射钉枪的弹头，分黑、红、黄头三种，根据不同水泥标号选择使用（根据需要，也可在射钉部位加一块 30mm×30mm、厚度为 2mm 的钢板，以避免射钉击穿龙骨）；其次也可采用膨胀螺栓或预埋木砖后用螺丝连接。见图 23-3。

3）竖龙骨安装（图 23-4）。

竖龙骨上设有方孔，是为了适应于墙内

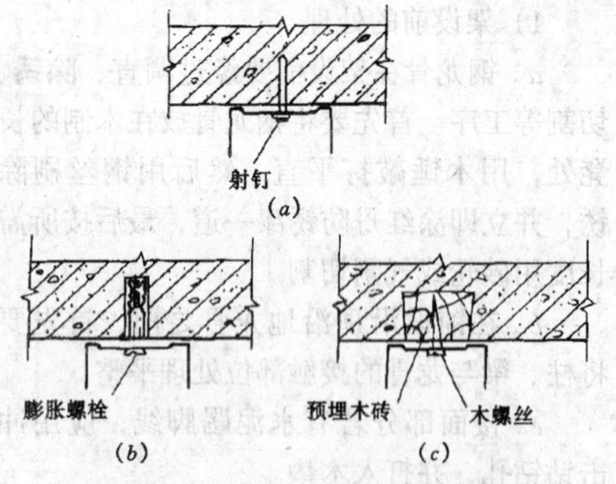

图 23-3　固定沿顶沿地龙骨的不同方法

（*a*）射钉固定；（*b*）膨胀螺栓固定；（*c*）预埋木砖，木螺丝固定

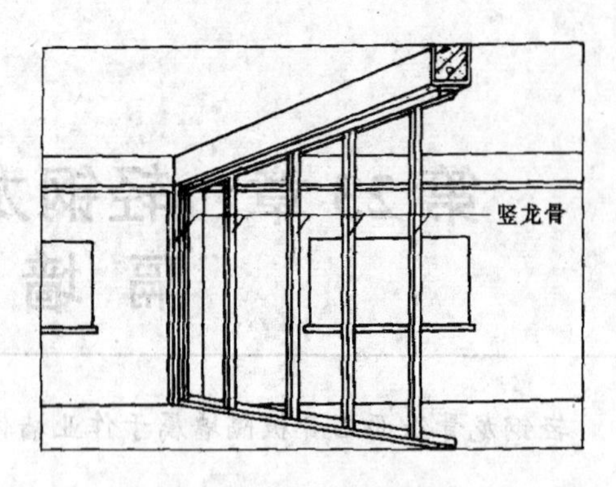

图 23-4　竖龙骨安装示意

暗穿管线，所以首先要确定龙骨上、下两端的方向，尽量将方孔对齐。竖龙骨的长度应该比沿顶沿地龙骨内侧的距离短一些（15mm），以便于竖龙骨在沿顶沿地龙骨中滑动。竖龙骨的间距为 400～600mm，但第一档的间距应减 25mm。完成以上工序之后，使用 4×8 或 4×10 的抽芯铆钉，在预先钻好的孔径为 4.2mm 的孔洞中将竖龙骨和沿顶沿地龙骨固定。靠墙（或柱）的竖龙骨，用射钉将其固定，钉距 1000mm。竖向龙骨与沿地龙骨的固定方法见图 23-5。

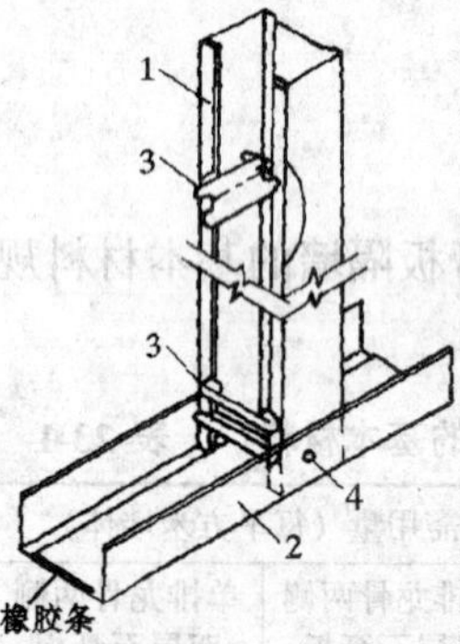

（3）安装第一层纸面石膏板

图 23-5　竖向龙骨与沿地龙骨固定

1—竖向龙骨；2—沿地龙骨；3—支撑卡；4—铆眼

石膏板的上、下端与楼板应留 6～8mm 的间隙，用建筑嵌缝膏填缝作为第二道密封，将管装的建筑嵌缝膏装入嵌缝枪内，把建筑嵌缝膏挤入预留的间隙内即可。使用高强自攻螺丝钻用 $\phi4\times25$ 的自攻螺丝把石膏板与龙骨紧密连接。螺钉的间距为：板边部分为 200mm，中间部分为 300mm（图 23-6）。安装好第一层石膏板后用嵌缝石膏粉按照粉水比为 1∶0.6 调成石膏腻子处理板与板之间的接缝，以及将钉眼部位补平。

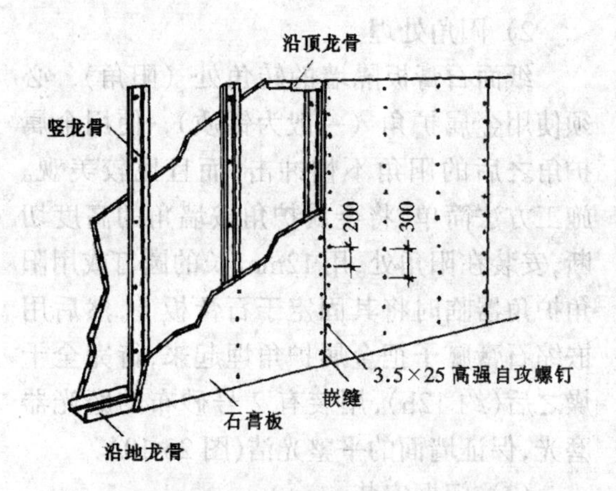

图 23-6　单层石膏板隔墙安装示意

无论是单层石膏板还是再镶固第二层石膏板，只要属于耐火等级的墙体（防火墙），均应注意石膏板的铺设方向，应该进行纵向铺设，即纸面包封边与竖龙骨平行，但只将平接边固定到龙骨上，注意平接边落在竖龙骨翼板中央，不能将石膏板固定到沿顶沿地龙骨上。一般无防火要求的石膏板墙，石膏板既可纵向铺设，也可横向铺设。

（4）固定接线盒、穿线管

安装好第一层石膏板之后，将墙体内需要设置的接线盒、穿线管固定在龙骨上。穿线穿管可以通过龙骨的方孔（图 23-7）。接线盒的安装可在墙面开洞，但每一墙面每两根竖龙骨间最多可开两个接线盒洞，洞口距竖龙骨距离为 15cm；两个接线盒洞口须上

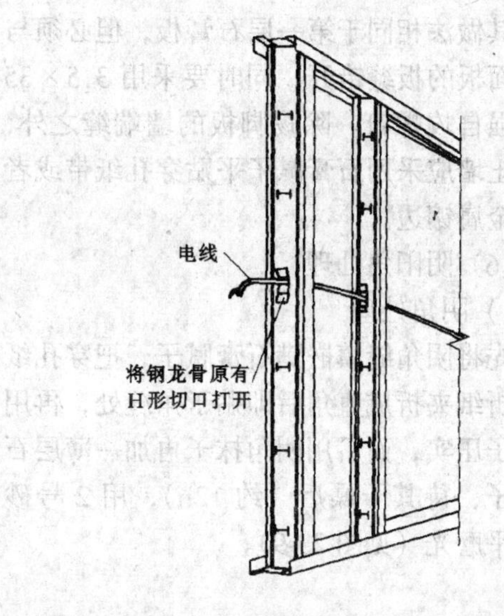

图 23-7　隔墙内穿线示意

下错开，其垂直边的水平距离不得小于 30cm。接线盒与墙板的连接见图 23-8（*a*）。如果是分户墙，为满足隔音要求，须选用隔声盒套。如果墙内安装配电箱，可在两根竖龙骨间横装辅助龙骨，龙骨之间可用抽芯铆钉连接固定，不许采用电气焊。墙内配电箱安装构造见图 23-8（*b*）。

第一层石膏板的板缝处理只要求用石膏腻子填缝即可，不必采用做穿孔纸带的做法。钉眼也不必补腻子。

（5）安装另一面纸面石膏板（卫生间要采用防水纸面石膏板）

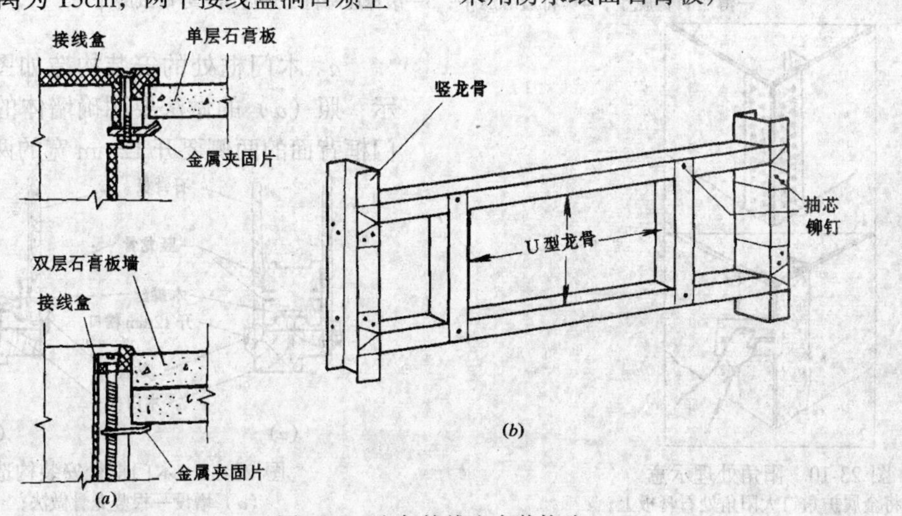

图 23-8　电气接线盒安装构造

其做法相同于第一层石膏板，但必须与第一面板的板缝错开，同时要采用 3.5×35 的高强自攻螺钉。除踢脚板的墙端缝之外，混凝土墙应采用石膏腻子平贴穿孔纸带或者采用金属镶边。

（6）阴阳角处理

1）阴角处理

先将阴角缝填嵌满石膏腻子，把穿孔纸带用折纸夹折成直角后即贴于角缝处，再用滚抹子压实，而后用阴角抹子再加一薄层石膏腻子，待其干燥后（约 12h），用 2 号砂纸磨平磨光（见图 23-9）。

2）阳角处理

纸面石膏板隔墙的转角处（阳角），必须使用金属护角（一般为铝质），使用金属护角之后的阳角不怕冲击，而且比较美观。施工方法简单，将金属护角按墙角的高度切断，安装在阳角处，用 12mm 长的圆钉或用阳角护角器临时将其固定于石膏板上，然后用嵌缩石膏腻子把金属护角埋起来，待完全干燥之后（约 12h），用装有 2 号砂布的磨光器磨光，保证墙面的平整光洁（图 23-10）。

（7）门框安装

1）木门框安装顺序：

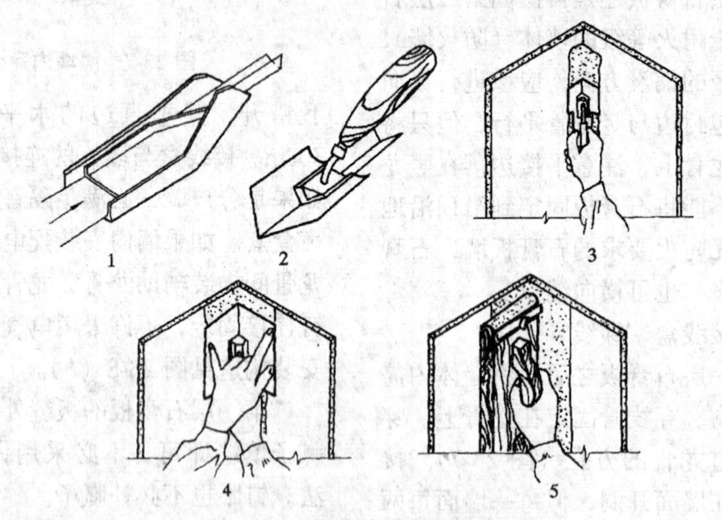

图 23-9　阴角嵌缝做法示意

1—穿孔纸带通过纸带折角夹折成直角；2—镶贴穿孔纸带阴角贴带器；3—加抹一薄层石膏腻子；4—将边缘压平；5—滚抹压平待干燥后用 2 号砂纸磨光

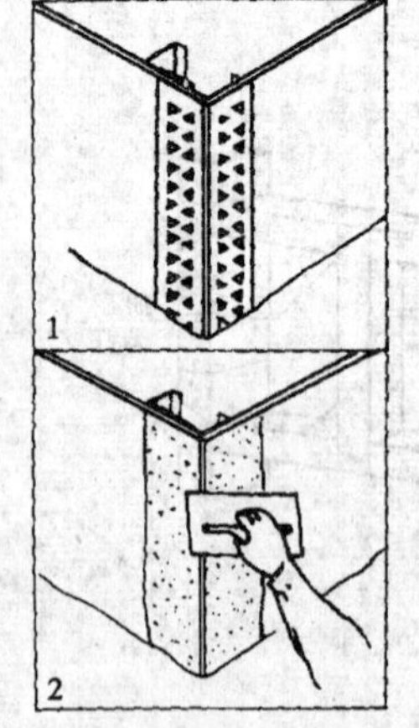

图 23-10　阳角处理示意

1—将金属护角钉大阳角处石膏板上；
2—将金属护角埋入腻子中，干燥后磨光

a. 木门框处的安装构造如图 23-11 所示，照（*a*）的做法要明确墙体的厚度，木门框背面的两侧要开 12mm 宽的两个槽，使

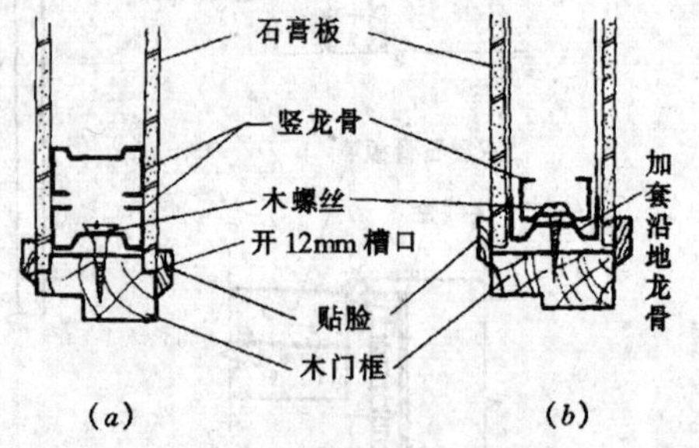

图 23-11　木门框处安装构造

（*a*）增设一根竖龙骨做法；
（*b*）加套沿地龙骨做法

得安装好后的石膏板与木框保持平整。墙体的厚度与门框的宽度相等。

b. 沿顶沿地龙骨安装完毕后,就将木门框定位找正。将竖龙骨与木门框用自攻螺钉固定,竖龙骨的上、下两端与沿顶沿地龙骨用抽芯铆钉固定,木门框的横梁与横向龙骨(沿地龙骨)用自攻螺钉固定(图 23-12)。

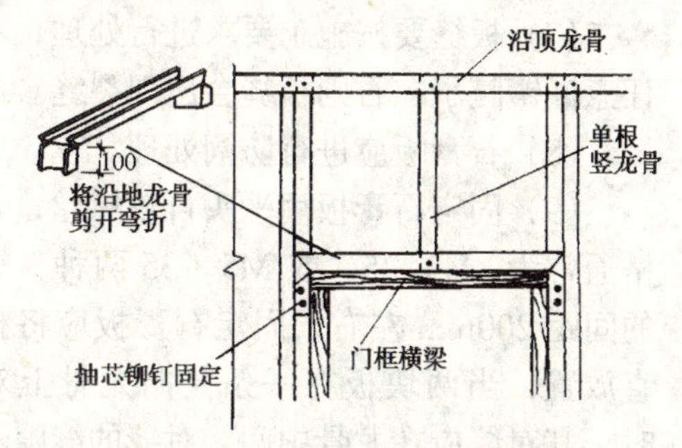

图 23-12 木门框与轻钢龙骨固定示意

c. 门框横梁的上部增加一根竖龙骨。

d. 在完成上述工序之后,门框的两侧再各增加一根竖龙骨。或采用加套沿地龙骨的做法。

e. 在石膏板安装好以后,门框与石膏板接触部位加一条门贴脸(见图 23-11)。

2)钢门框的安装

a. 钢门框的安装首先要确定隔墙墙体的厚度,钢门窗的开口尺寸要与之相适应。

b. 由于钢门框是组合式的,所以必须将门洞预留。

c. 钢门框预留门洞的做法与木门框的门洞相同,但预留门洞的尺寸应注意略小于钢门框 5mm,以便于安装钢门框。

(8)嵌缝

纸面石膏板隔墙的嵌缝操作分两类,一是楔形边接缝嵌缝,二是平接缝嵌缝。

1)楔形边接缝嵌缝(图 23-13(*a*)):

a. 用小刮刀将嵌缝腻子(石膏粉:水为 1:0.6,重量比)均匀饱满地嵌入板缝,并在接缝处刮上宽约 60mm、厚约 1mm 的腻子。随即把穿孔纸带贴上,用宽为 60mm 的腻子刮刀,顺着穿孔纸带方向压刮,将穿孔纸带内的石膏腻子挤出纸带之外,目的是使最后经表面磨光的接缝表面不露出穿孔纸带。

b. 用宽为 150mm 的刮刀将石膏腻子填满楔形边部分。

c. 用宽为 300mm 的刮刀,再补一遍石膏腻子,宽度约 300mm,其厚度不超过石膏板面 2mm。

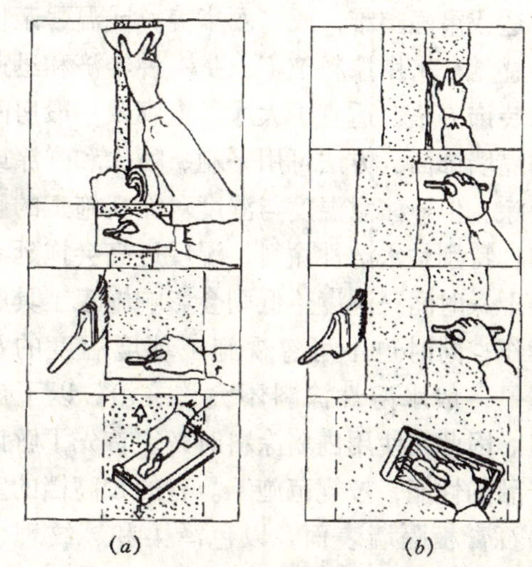

图 23-13 纸面石膏板墙面嵌缝处理
(*a*)楔形边接缝嵌缝;(*b*)平接缝嵌缝

d. 待腻子完全干燥后,用手动或电动打磨器,使用 2 号砂布将嵌缝石膏腻子磨平。

2)平接缝嵌缝(图 23-13(*b*))

a. 用刨将石膏板隔墙的平缝边缘刨成坡口,用刨刀将嵌缝石膏腻子均匀饱满地嵌入板缝,并在接缝处刮上宽约 60mm、厚约 1mm 的石膏腻子,随即贴上穿孔纸带,用宽为 60mm 的刮刀,顺着穿孔纸带方向将纸带内的腻子挤出穿孔纸带。

b. 用宽为 150mm 的刮刀,在穿孔纸带上面刮涂一薄层石膏腻子。

c. 用 300mm 宽的刮刀再补刮一道腻子,其厚度不超过石膏板面 2mm,用抹刀将边缘拉薄。

d. 待腻子完全干燥后,用手动或电动打磨器及 2 号砂布或砂纸打磨。嵌完的接缝

处必须平滑，中部略微凸起向两边倾斜。

(9) 饰面

纸面石膏板隔墙的常见装饰方法是裱糊墙纸，或裱糊织物，或粘贴木纹片，或进行涂料施工。根据装饰档次及隔墙使用功能的区别，在客厅、卧室、会议室等处所多采用墙纸和织物，如各类质感和色泽的墙纸及麻质与丝质的装饰织物，使室内空间具有安逸舒适或肃静幽雅，或富丽华美，或温馨亲切的感觉。采用涂料施工，是一种经济和迅速的装饰方法，适宜于大厅、走廊及一般房间的隔墙饰面，方法可用平刷、喷涂和弹涂或滚涂。但应注意温度与湿度对涂料施工的影响，特别是水溶性涂料，湿度过高会拖延涂料干燥时间；湿度达低则会影响施工工具的操作；同时也不可忽视施工环境温度的掌握，一般水溶性涂料不允许在0℃以下施工。因此在使用内墙涂料时必须首先了解该产品的性能，按规范施工。有的较高档的室内石膏板隔墙表面，以色泽柔和、纹理优美、触感温暖的超薄木片贴面作为装饰，造成或亲切宜人，或清逸隽永，或高雅华贵的室内环境气氛。另外，瓷砖陶板也是轻钢龙骨纸面石膏板隔墙表面常用的装饰材料，不仅广泛应用于厨房及卫生间，也经常见于各类建筑的公共房间。

23.3 施工注意事项

(1) 在沿地、沿顶龙骨与地、顶接触处，先要铺设橡胶条或沥青泡膜塑料条，再按规定间距用射灯（或电钻打眼固定膨胀螺栓），将沿地、顶龙骨固定于地面与顶面。

(2) 射钉按中距0.6～1.0m的间距布置，水平方向不大于0.8m，垂直方向不大于1.0m。

(3) 将预先截好长度的竖向龙骨，推向横向沿顶、沿地龙骨内，翼缘朝向拟安装的板材方向。

(4) 竖向龙骨上下方向不能颠倒，现场切割时，只能从上端切割。

(5) 竖向龙骨接长，应在龙骨的接缝处，用拉铆钉或自攻螺钉固定。

(6) 安装石膏板时，把板材贴在龙骨上一起打眼，再拧自攻螺丝。正反两面石膏板在安装时板缝要错开。

(7) 板缝要按施工要求进行处理，不能任意嵌镶腻子，否则板缝会出现裂缝。

(8) 石膏板应进行防潮处理。

(9) 固定石膏板用平头自攻螺丝，其规格通常为M4×25、或M5×35两种，螺钉的间距200mm左右，固定石膏板应将板竖直放置，当两块板在一条竖向龙骨上对缝时，其对缝应在龙骨中间，对缝的缝隙不得大于5mm。

(10) 板材应尽量整张使用，不够整张位置时可以切割。

(11) 相邻石膏板一定要坡口相拼，必须注意坡口在表面（即正面）向外。

(12) 安装石膏板时，先将石膏板就位，拧螺丝要注意垂直板面，要比板面低一些，但不能把纸面穿破，板与顶板、板与侧墙均要留4～6mm的缝隙。

23.4 施工安全及成品保护

(1) 安装龙骨前，应先检查脚手架（或高凳）是否符合安全要求，经查合格方可上架子操作。

(2) 使用电动工具时，应按机具的操作规程进行操作，不得违章作业。

(3) 搬运和安装石膏板时，必须注意安全，防止砸伤人员。

(4) 使用射钉枪安装龙骨时，一是要设专人保管，未经培训人员不得操作。

(5) 轻钢龙骨和石膏板等材料要分类码方整齐，随用随取，不得乱堆乱放，避免石膏板掉角和龙骨的变形或扭角。

(6) 施工中剩余的边角下料，应随时清理干净，做到活完料净。

(7) 收工时，应该将所有机具和工具放回原处，并要妥善不管，防止丢失。

(8) 整个房间（或楼层）的隔壁全部安装完毕，应将所有剩余的材料及辅料，全部清除干净，并将所使用的机具和工具也转移至另外场地，将该项工程及时交验给管理人员，并做好适当的保护。

23.5 质量通病及防治措施

(1) 板缝有痕迹

产生原因：由于没有处理好石膏板端倒角，板端呈直角，当贴穿孔纸带后，由于纸带厚度，出现明显痕迹。

防治措施：生产倒角板是处理好板面接缝的基本条件，倒角规格如图 23-14 所示。

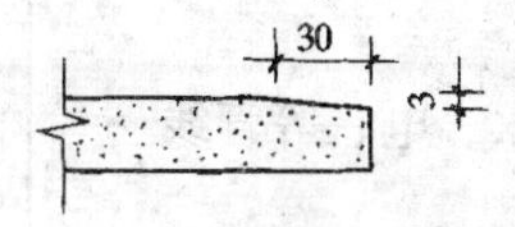

图 23-14 倒角规格

(2) 板缝开裂

竣工 5~6 个月以后，纸面石膏板接缝陆续出现开裂，开始是不很明显的发丝裂缝，随着时间的延续，裂缝有的可达 1~2mm。

产生原因：板缝节点构造不合理，板胀缩变形，刚度不足，嵌缝材料选择不当，施工操作及工序安排不合理等，都会引起板缝开裂。

防治措施：

a. 首先应选择合理的节点构造。图 23-15 中节点上部的做法是：清除缝内杂物，嵌缝腻子填至图中所示位置，待腻子初凝（大约 30~40min）后，再刮一层较稀的腻子（厚 1mm），随即贴穿孔纸带，纸带贴好后放置一段时间，待水分蒸发后，在纸带上再刮一层腻子，将纸带压住，同时把接缝板面找平。图 23-15 中节点下部的做法是：在对头缝中勾嵌缝腻子，有特制工具把主缝勾成明缝，安装时应将多余的粘结剂及时刮净，保持明缝顺直清晰。

b. 为了防止施工水分引起石膏变形裂缝，墙面应尽量采用贴墙纸或刷 106 彩色涂料的做法。

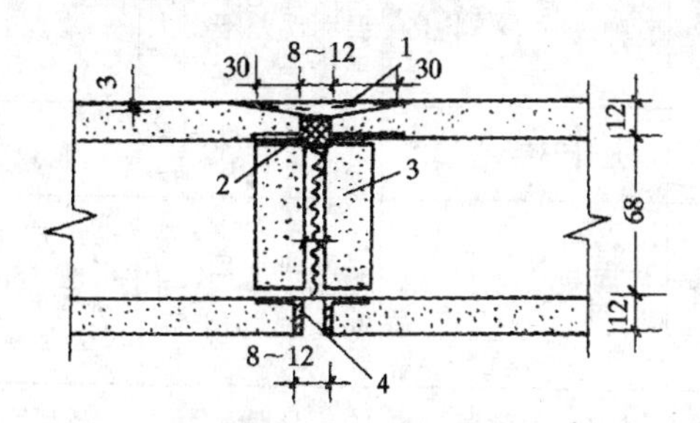

图 23-15 板缝节点

1—穿孔纸带；2—嵌缝腻子；
3—107 胶水泥砂浆；4—明缝做法

(3) 石膏板与龙骨连接不牢

产生原因：

a. 由于自攻螺丝长度没能满足石膏板厚度的要求。

b. 施工时没有按操作程序施工。

防治措施：

a. 不同层的石膏板，应用不同的自攻螺丝。

M4×25　用于单层石膏板，

M5×35　用于双层石膏板。

b. 严格按照操作程序施工。

23.6 操作练习

(1) 操作项目

1) 按给定的施工图弹线。

2) 按给定的施工图下料：沿地龙骨、沿顶龙骨若干根。

3) 固定龙骨。

4) 按图固定石膏板。

5) 龙骨及配件的认识。

(2) 考核内容及评分标准　见表 23-2。

安装轻钢龙骨纸面石膏板隔墙质量上最大的问题是板缝开裂，因此在安装施工时更加加以重视。

项目：轻钢龙骨石膏板隔墙　　　　考核评分标准　　　　表 23-2

序号	测定项目	得分	评分标准	备　注	序号	测定项目	得分	评分标准	备　注
1	龙骨及配件认识	10	认知材料名称及规格准确		5	固定石膏板	20	表面平整<3mm，立面垂直<3mm，接缝高低<0.5mm	用直尺和楔形塞尺检查
2	弹线	15	按施工图检测误测误差不得大于0.5%		6	机具使用	10	违反规扣分	
3	龙骨下料	15	下料长度误差不得大于0.5%		7	安全生产落手清	6	重大事故本项目不合格，一般事故扣分，落手清未做无分	
4	固定龙骨，组成框架	20	立面垂直，允许不得大于3mm，表面平整	用2m托线板检查，用2m直尺及塞尺检查	8	定额时间	4	开始： 结束：	

姓名＿＿＿＿＿　学号＿＿＿＿＿　日期＿＿＿＿＿　教师签名＿＿＿＿＿　总分＿＿＿＿＿

小　　结

轻钢龙骨单层纸面石膏板隔墙施工工艺。

放线→钢龙骨架设→安装第一层纸面石膏板→在墙内安装好水、电、等管线→安装另一层纸面石膏板→阴、阳角处理→门框安装→嵌缝→饰面。

安装轻钢龙骨纸面石膏板隔墙质量上最大的问题是板缝开裂，因此在安装施工时更加加以重视。

复习思考题

1. 轻钢龙骨单层纸面石膏板隔断施工的重要施工程序有那些？
2. 轻钢龙骨安装质量要求的重要部位有那些？各部位的质量要求如何？
3. 纸面石膏板安装质量要求的重要部位有那些？各部位的质量要求如何？
4. 石膏板缝为什么会开裂？如何排除？
5. 石膏板与龙骨连接不牢的原因是什么？如何排除？

第 24 章　铝合金门窗施工

铝合金门窗的施工按种类分有半开窗、推拉窗、推拉门与地面铝合金门等，按材料规格分有 38 系列、46 系列、79 系列和 90 系列等，这里只练习 90 系列的双扇推拉窗。

24.1　90 系列铝合金

90 系列铝合金窗带上亮的双扇推拉窗示意图与轴侧示意图分别见图 24-1 和图 24-2。

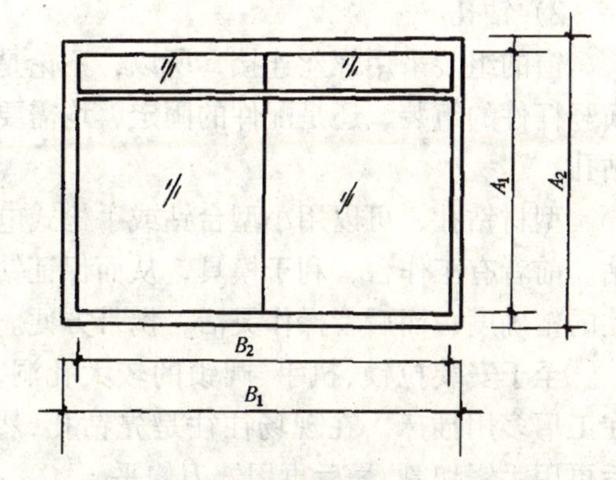

图 24-1　带上亮铝合金窗示意图
A_1—窗洞高；A_2—窗框高；
B_1—窗洞宽；B_2—窗框宽

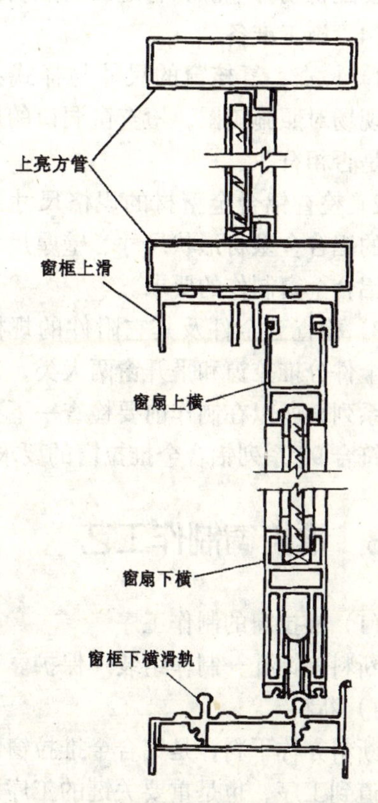

图 24-2　90 系列 TC 铝合金推拉窗轴侧示意图

24.2　准备工作

(1) 推拉窗的重要组成材料准备

窗框部分有：方管上滑道、下滑道和两侧的边封所组成，这几种均为铝合金型材。

窗扇部分有：上横、下横、边框和带钩边框四种，均为铝合金型材。以及密封边的两种毛条。

推拉窗五金件主要有：装于窗扇下横之中的导轨滚轮，装于窗扇边框的窗扇钩锁。

窗框及窗扇的连接件有：厚 2mm 的铝角型材，以及 M4×15 的自攻螺钉。

窗扇与玻璃的固定材料有塔形橡胶封条和玻璃胶两种。

玻璃按设计要求选用 5mm 平板玻璃。

材料准备中要注意选料，要选择同一生产厂家生产的同一种型号，而且要注意型材是否有变形。

(2) 施工工具准备

常用工具为铝合金切割机、手电钻、$\phi 8$ 圆锉刀、$R20$ 半圆锉刀、十字螺丝刀、划针、铁脚圆规、钢尺、铁角尺、小型台钻等。

(3) 施工场地准备

现场制作铝合金门窗必须有较宽畅的制作场地,不仅能存放材料及成品门窗,而且能使铝合金材料在裁割,安装时有较大的周转余地,以免损伤型材。现场还应设置专门的操作工作台,并在工作台平面上放置不少于3mm厚的胶皮垫,以防拉伤铝合金型材。操作间要配备动力电源和有足够的照明设施。

(4) 施工准备

1) 检查、复核窗的尺寸与样式:根据施工现场对照施工图,检查窗洞口的尺寸与设计是否相符。

2) 检查铝合金型材的规格尺寸:检查进场的铝合金型材形状尺寸、壁厚尺寸是否符合铝合金窗制作的要求。

3) 检查五金件及其它附件的规格:铝窗五金件分推拉窗和平开窗两大类,每类有几个系列,所以在制作前要检查一下五金件是否符合90系列铝合金推拉窗的要求。

24.3 推拉窗制作工艺

(1) 推拉窗的制作工序

断料→钻孔→制作组装→保护。

1) 断料

断料亦称下料,是铝合金推拉窗制作的第一道到工序,也是重要关键的工序。断料主要使用切割设备,切割的精确度应保证,否则组装的方正将受到影响。所以断料尺寸必须准确,其误差值应控制在2mm范围内。

断料时,切割机的刀口位置应划在线以外,并留出划线痕迹。

a. 上亮部分的断料

窗的上亮通常是用25.4×90mm的扁方管做成“口”字形。“口”字形的上下二条扁方管长度为窗框的宽度,“口”字形两边的竖扁方管长度,为上亮高度减去两个扁方管的厚度。

b. 窗框的断料

窗框的断料是切割两条边封铝型材和上、下滑道铝型材各一条,两条边封的长度等于全窗高减去上亮部分的高度。上、下滑道的长度等于于窗框宽度减去两个边封铝型材的厚度。

c. 窗扇的开料

因为窗扇在装配后既要在上、下滑道内滑动,又要进入边封的槽内,通过挂钩把窗扇销住。窗扇销定时,两窗扇的带钩边框与钩边刚好相碰,但又要能封口。所以窗扇开料要十分小心,使窗扇与窗框配合恰当。

窗扇的边框和带钩边框为同一长度,其长度为窗框边封的长度再减45~50mm。

窗扇的上、下横为同一长度,其长度为窗框宽度的一半再加5~8mm。

2) 钻孔

窗的组装采用螺丝连接,所以,不论是横竖杆件的组装、还是配件的固定,均需要钻孔。

型材钻孔,可以用小型台钻或手枪式电钻。前者有工作台,利于模具,从而保证钻孔的精确度;而后者操作灵活,携带方便。

至于安装拉锁、执手、圆锁的较大孔洞,在工厂多用插床。在现场往往是先钻孔,然后再用手锯切割,最后再用锉刀修平。

钻孔的位置要准确,不可在型材表面反复更改钻孔。因为孔一旦形成,难于修复。所以钻孔前要先在工作台上划好线。

3) 制作组装

a. 上亮制作

上亮部分的扁方管型材经加工后,连接组装成矩形框架。其连接方法通常采用铝角码和自攻螺丝进行连接或用铝角码与抽芯铝合金铆钉铆接。其中铆钉铆接衔接牢固、简单方便。铝角码宜采用厚度大于2mm的直角铝角条,角码的长度应等于扁方管内腔宽,否则对连接质量不利,长时间使用后,易发生接口松动现象。两条扁方管用角码固定连接时,应先用一小段同规格的扁方管作模子,长度宜在10mm左右。先在被连接的方管上要衔接的部位用模子定好位，将角码置入模子内并用手握紧，再用手电钻将两者一同钻眼，最后用自攻螺丝或抽芯铆钉固定。按此方法将四角顺次连接到一起。注意：采用自攻螺丝连接用手电钻钻眼时，钻头的直径应稍小于自攻螺丝的直径，以保证连接的牢固性。一般情况下，角码的每肢采用2个自攻螺丝或铝铆钉就可以了，但不能只采用一个自攻螺丝或一个铝铆钉。方管安装前的钻孔方法见图 24-3，扁方管的连接见图 24-4。

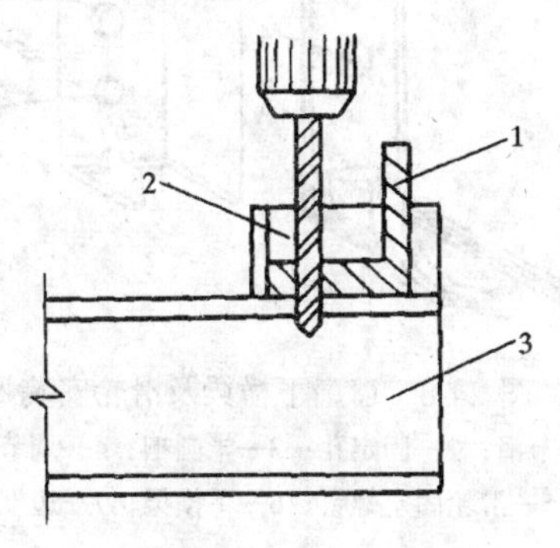

图 24-3　钻孔方法

1—铝角码；2—方管模子；3—扁方管

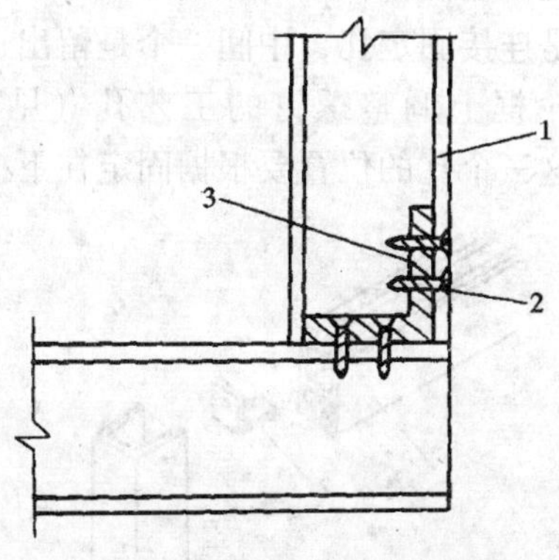

图 24-4　上亮方管的连接

1—方管；2—自攻螺丝；3—铝角码

上亮框架组装完后，再用角形铝条作固定玻璃的压条。铝条安装时先画线，定出一侧铝条的位置，画线的方法是：在方管的一侧向内量出(铝方管的宽度—玻璃宽度)÷2 的长度，在此位置画线，然后将铝条内侧对准画线的位置，固定到方管上，铝条可用自攻螺丝或铆钉固定也可以用胶粘到方管上，采用胶粘剂粘结时，要用丙酮等有机溶剂对粘结面进行清洁处理。外侧铝条固定后，量出玻璃的厚度，安装内侧铝条。内侧铝条应临时固定到方管上，等装上玻璃后再紧固。

b. 推拉窗制作

推拉门窗框架的组装方法如下：首先测量出在上滑道上面两条紧固槽孔距侧边的距离和距顶面的高低位置尺寸，然后根据此尺寸在窗框边封上部衔接处画线打孔。钻孔后，用专用的碰口胶垫，放在边封的槽口内，再用自攻螺丝，穿过边封上打出的孔和碰口胶垫上的孔，旋进上滑道的固紧槽孔内。在旋紧进螺丝的同时，要注意上滑道与边封对齐，各槽对正，最后再上紧螺钉，并在边封内装好密封毛条。按同样方法连接门窗框下滑部分与边封。上滑部分与边封的组装见图 24-5，下滑部分与边封的组装见图 24-6。

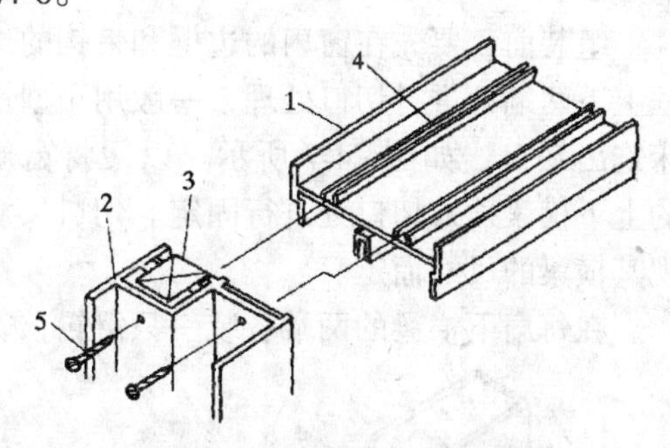

图 24-5　门窗框上滑部分组装

1—上滑道；2—边封；3—碰口胶垫；
4—固紧槽；5—自攻螺丝

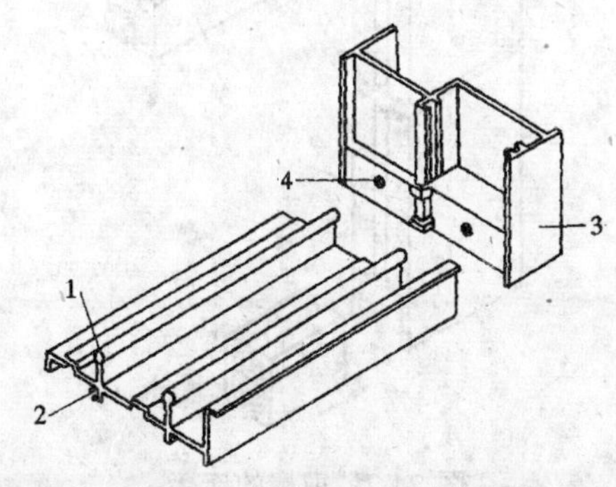

图 24-6　门窗框下滑部分组装

1—下滑道的滑轨；2—固紧槽；
3—边封；4—安装孔

门窗框组装时，不要将下滑道的位置装反，下滑道的滑轨面要与上滑道相对应才能使窗扇在滑道内推拉自如。

门窗框组装完后，要在其上设置连接件(用于连接门窗框与主体结构)。连接件通常用镀锌或不锈钢板制成。连接件的厚度宜在1.5mm以上，长度150mm左右，宽度宜在20mm以上。连接件通常做成π字形，其一端通过抽芯铝铆钉与门窗框连在一起，不宜用自攻螺丝进行连接，防止松动。连接件在框架四周的间距应保持在500mm左右，间距不应过大。注意：铝合金门窗框组装完成后，不要忘记在封边及轨道的根部钻直径2mm的小孔，用以排除门窗框内的积水。

c.门窗扇的制作

由于门窗扇的种类和规格较多，这里不一一介绍，仅以推拉窗为例介绍门窗扇的组装方法。

组装前，要先在窗扇的边框和带钩的边框上下两端处进行切口处理，一般用小型铣床铣出缺口，如图24-7所示。以便将窗扇的上下横梁插入切口处进行固定。切口尺寸视其横梁的尺寸而定。

在每扇下横梁的两端各装一只滑轮，安装时，把滑轮放进下横梁一端的底槽内，使滑轮框上有调节螺钉的一侧向外，该面与下横梁端头边平齐，在下横梁底槽板上画线并打出两个孔（孔的直径应根据螺钉的直径而定)，然后用滑轮固定螺钉，将滑轮固定在下横梁内，见图24-8所示。

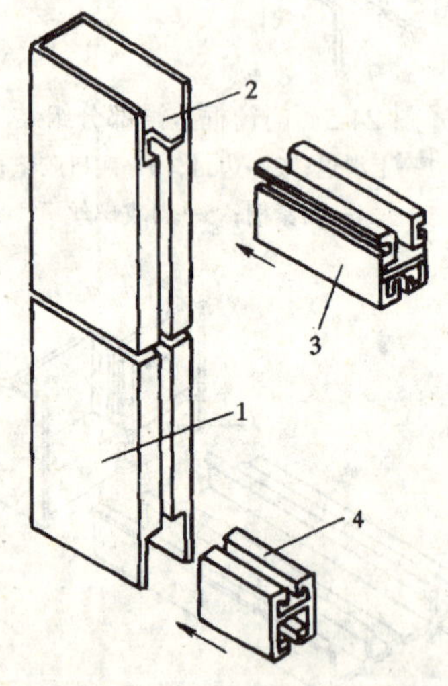

图24-7　窗扇的连接
1—窗扇边框；2—切口；
3—上横梁；4—下横梁

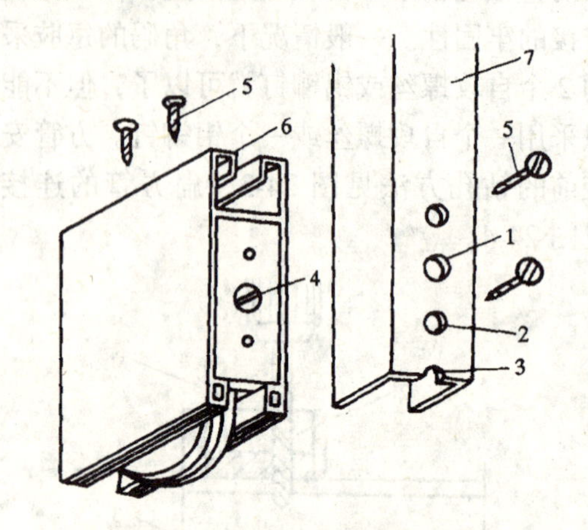

图24-8　窗扇下横梁及滑轮安装
1—调节滑；2—固定孔；3—半圆槽；4—调节螺钉；
5—滑轮固定螺钉；6—下横梁；7—边框

窗扇边框、带钩边框与下横梁衔接端画线打孔与连接：在边框上钻三个孔，上、下两个是连接固定孔，中间一个是留出进行调节滑轮框上调整螺钉的工艺孔（见图24-9)。这三个孔的位置要根据固定在下横梁内

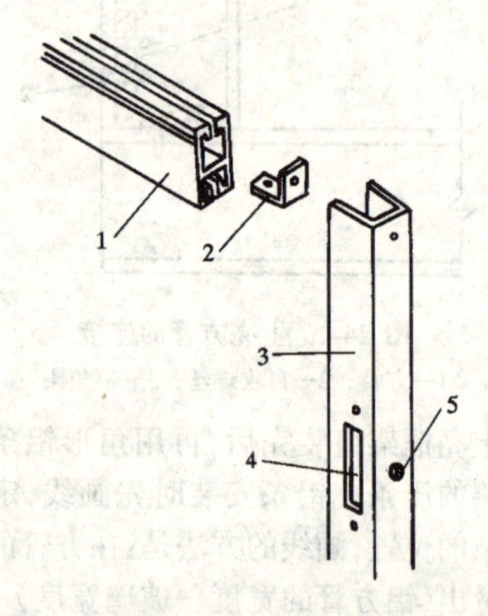

图24-9　窗框上横梁的安装
1—上横梁；2—角码；3—窗扇边框；
4—窗锁孔；5—锁钩插入口

的滑轮框上孔位置来画线，然后打孔，并要求固定后边框下端与下横梁底边平齐，边框下端固定孔的直径一般为4.5mm，并要用直径为6～8mm的钻头画窝，以便安装固定螺钉后尽量不露螺钉头。钻孔后，再用圆锉刀在边框和带钩边框固定孔位置下边的中线处，锉处一个直径为8mm的半圆凹槽，此半圆凹槽是为了防止边框与窗框下滑道上的滑轨相碰撞。旋动滑轮上的螺钉，能改变滑轮从下横槽中外伸的高低尺寸，而且能改变下横梁内两个滑轮之间的距离。

上横梁与窗扇边框之间的连接与上亮方管间的连接方法相同，也是用铝角码通过铝铆钉进行连接。

安装窗钩锁与窗扇边框开锁口：安装窗钩锁前，先要在窗扇的边框上开锁口，开口的一面是面向室内的一面。而且窗扇有左右之分，应特别注意，不要开错，否则此扇窗就不能用了。开窗钩锁锁口的尺寸，应根椐所用锁的尺寸而定。其做法是先画线，然后用小型铣床铣出开口；也可用电钻打眼，再把多余部分用平挫修平，使用锉刀时，注意不要损伤型材表面。然后在边框侧面再挖一个锁钩插入孔，孔的位置正对锁内钩之处，最后把锁身放入长形孔内，见图24-9所示。通过侧边的锁钩插入孔，检查锁内钩是否正对圆插入孔的中心线上。内钩向上提起后，钩尖是否在园插入孔的中心位置上。如果完全正对后，用手按紧锁身，再用手电钻，通过钩锁上、下两个固定螺钉孔，在窗扇边框的另一面上打孔，以使用窗锁固定螺杆贯穿边框厚度来固定窗锁钩。

铝合金门窗常用的另一种锁是环形旋转锁，也是由锁钩和锁身组成，锁身和锁钩分别用自攻螺丝固定到内、外窗扇的外边框上，锁定时，扭动锁身的旋转部分使其进入锁钩的凹槽内即可。安装比较简单。

安装密封毛条：窗扇上的密封毛条有两种，一种是长毛条，一种是短毛条。长毛条装于上横顶边的槽内，以及下横底边的槽内。而短毛条是装于带钩边框的构部槽内。两种毛条安装位置如图24-10所示。

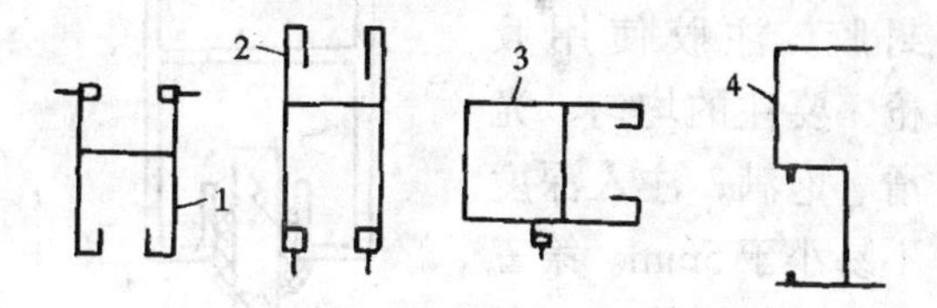

图24-10 密封毛条安装位置
1—上横；2—下横；3—带钩边框；4—窗框边封

两种毛条安装时，可用中性万能胶进行局部粘贴，以防止出现松散脱落现象。粘贴时，要对粘贴面进行清洁处理。

安装玻璃：在安装玻璃时，先从窗扇的一侧将玻璃装入窗扇内侧，然后将边框连接并紧固好，见图24-11所示。

图24-11 安装窗扇玻璃

当玻璃单块尺寸较小时，可以用双手夹住就位。如果玻璃尺寸较大，为便于操作，往往用玻璃吸盘。玻璃应该摆在凹槽的中间。内、外两侧的间隙应不少于2mm。玻璃的下部不能直接坐落在铝合金框上，而应用3mm左右厚度的橡胶垫块将玻璃垫起。玻璃就位以后，应及时用胶条固定。型材镶嵌玻璃的凹槽内，通常有三种处理方法：第一种方法是用橡胶条挤紧，然后在胶条上面注入硅酮系列密封胶。第二种方法是用

10mm左右长的橡胶块，将玻璃挤住，然后再注入硅酮系列密封胶。注胶使用胶枪，要注的均匀、光滑、饱满，注入深度不易小于5mm。第三种方法是用橡胶压条封密、挤紧，表面不再注胶。压条接头要采用45°角对接，并用中性粘结剂粘结。

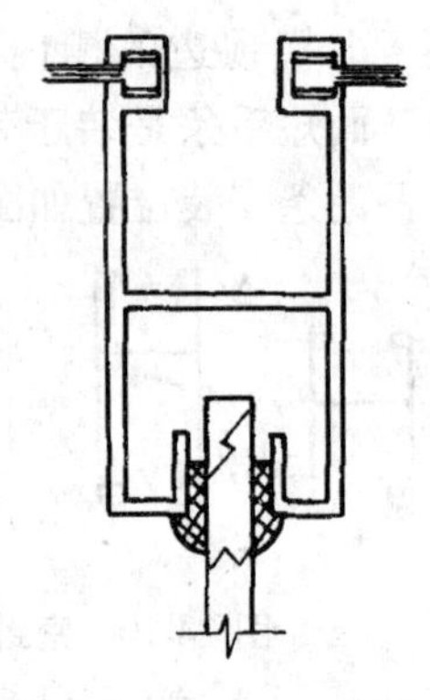

图 24-12 玻璃与窗扇槽的密封

图24-12。玻璃安装好后，推拉窗的组装工作就完成了。

24.4 推拉窗安装

(1) 推拉窗的安装工序

弹安装线→窗框就位固定→填缝→安装窗扇

1) 弹安装线

根椐图纸和土建提供的洞口中心线和水平标高，在窗户洞口的墙体上弹出窗框安装的位置线。同一层楼标高误差以不超过5mm为宜，各洞口中心线从顶层到底层偏差以不超过±5mm为宜。每个洞口窗框的竖向位置线应垂直（双扇推拉窗一般只弹出两侧的竖向位置线即可，多扇推拉窗，应将竖向位置线的端部连到一起，即为其横向位置线）。竖向位置线可以弹窗框的内侧线，也可以弹外侧线，窗框在墙体上的具体位置应按设计而定。在弹线时，同一楼层的水平标高线不应撤掉，在安装窗框时要使用。

2) 窗框就位固定

安装窗框前，要检查其平整度，如有变形，应及时修整。同时利用同一楼层的水平标高线，每隔500mm做一块水平垫块，以防止窗框搁置变形。垫块的宽度不应小于10mm。窗框的尺寸应比洞口的尺寸小，窗框与结构间的间隙，应视不同饰面材料而定。如果内外墙均是抹灰，因抹灰层的厚度一般都是20mm左右，故而窗框的实际大小外缘尺寸每一侧便要小于20mm左右，如果饰面层是大理石、花岗石一类的板材，其镶贴构造厚度一般是在50mm左右，所以窗框的外缘尺寸比洞口尺寸每一侧小50mm左右。总之，饰面层在与窗框垂直相交处，其交接处应该是饰面层与窗框的边缘正好吻合，而不可让饰面层盖住窗框。窗框就位时，将其下端放到水平垫片上，按照弹线的位置，先将窗框临时用木楔固定，木楔应垫在边横框受力部位，以防框子被挤压变形。待检查立面垂直、左右间隙、对角线、上下位置等方面符合要求之后，再将窗框上的连接件固定到主体结构上。

需要注意的是：窗框连接件采用射钉、膨胀螺栓的紧固时，其紧固件离墙（梁、柱）边缘不得小于50mm，且应错开墙体缝隙，以防紧固失效。

组合窗框应先按设计要求进行预拼装，然后按先安装通长拼樘料，后安装分段拼樘料，最后安装基本窗框的顺序进行。窗框的横向与竖向组合应采用套插。搭接应形成曲面组合，搭接量一般不少于10mm，以避免因窗冷热缩胀和建筑物变形而引起的门窗之间裂缝。缝隙应用密封胶条或密封膏密封，

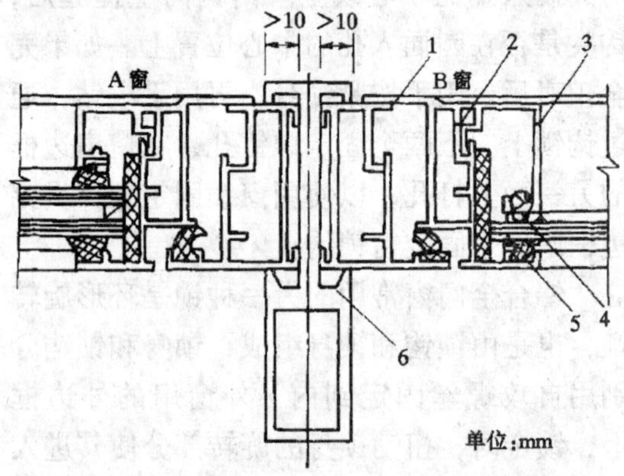

图 24-13 铝合金门窗组合方法示意图
1—外框；2—内扇；3—压条；4—橡胶条；5—玻璃；6—组合杆件

组合方法见图 24-13 所示。组合窗框拼樘料如需要加强时，其加固型材应经防锈处理。连接部位应采用不锈钢或镀锌螺钉，见图 24-14 所示。

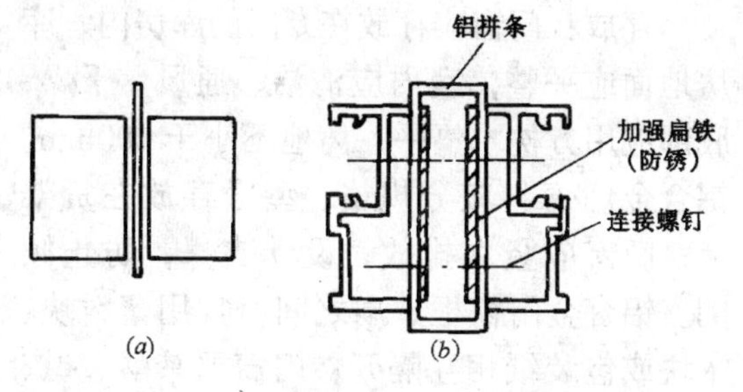

图 24-14 组合铝门窗拼樘料加强示意图

（a）组合简图；（b）组合门窗拼樘料加强

窗框定位后，不得随意撕掉保护胶带或包扎布，以免进行其他施工时造成铝合金表面损伤。在填嵌缝隙需要撕掉时，切不可用刀等硬物刮撕以免划伤铝合金表面。同时还要防止出现对窗框有划、撞、砸等破坏现象。

3）填缝

窗框与墙体间的缝隙，要按设计要求使用软质保温材料进行填嵌，如设计无要求时，则必须选用诸如泡沫型塑料条、泡沫聚氨脂条、矿棉条或玻璃棉毡条等保温材料分层填塞均匀密实，并在外表面留出 5～8mm 深的槽口，再用密封膏填嵌密封，且表面平整。

4）安装窗扇

窗扇的安装，应在土建施工基本完成的情况下进行。因为施工中多工种作业，为保护型材免受损伤，应合理安排工程进度。窗扇安装前要对窗框的平整度、垂直度进行复查，误差大的应及时进行修整。

窗扇安装时，用螺丝刀拧旋边框侧面的滑轮调节螺钉，使滑轮向下横梁槽内回缩，这样就可以托起窗扇，使其顶部插入窗框的上滑槽内，下部滑轮卡在下滑槽的滑轮轨道上，然后再拧旋滑轮调节螺钉，使滑轮从下横梁外伸，其外伸量通常以下横梁内的长毛密封条刚好能与窗框下滑面相接触为准，这样，既能有较好的防尘效果，又能使窗扇在滑轮上移动轻快。

窗钩锁的挂钩安装与窗框的边封凹槽内，挂钩的安装尺寸位置要与窗扇挂钩锁洞的位置相对应，挂钩的钩平面一般可位于锁洞孔中心线处。根据这个对应位置，在窗框边封凹槽内画线打孔即可。铝合金门窗安装节点示意图见图 24-15 所示。

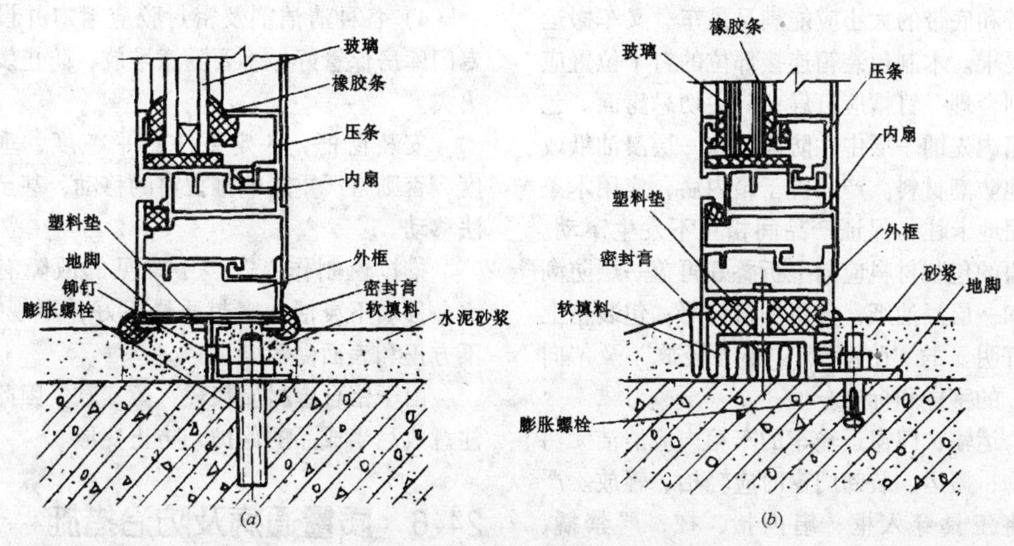

图 24-15 铝合金门窗安装节点示意图

（a）连接件不外凸；（b）连接件外凸

铝合金平开窗、平开门和推拉门的框、扇安制与铝合金推拉窗的安制大同小异，安制时要注意细部不同节点（滑道、锁扣、执手、风撑、活页、门铰、地弹簧等）的差异，安排好施工顺序，同时注意，滑道平直、开启方便、闭合严密，平开门窗上下转动部分共轴等质量问题。

24.5 成品保护与施工安全

(1) 成品保护

铝合金门窗的制作与安装有一个时间差，制作好的门窗还要经过运输或推运到安装现场，因此成品的保护非常重要，分包装、运输和存放三个环节。

包装：如果是车间加工而在远途施工，门窗包装时应注意以下事项：应采用对门窗无腐蚀作用的材料进行包装；门窗宜采用复合包装法，即门窗框、扇装饰面及安装时暴露面粘贴胶带保护，每个侧面互相之间至少应有两处用塑料膜、包装纸、麻带卷或瓦楞纸隔开，然后用草绳或其他金属材料捆扎结实，每个侧面捆扎不得少于两处；包装箱应具有足够强度，整体性好。长方形包装箱加强带和底带的大小应能满足吊车、叉车搬运的要求。木制包装箱连接部位的钉子位置应排列合理，钉帽应打扁；钉尖切忌露面。包装箱内先铺一层中性防潮纸和一层浸油纸或其他防潮材料。产品置于箱内后，应用木条牢固地卡住，保证产品间相互不发生窜动。四边的包装材料应向上折叠好再盖一层防潮纸和一层浸油纸，方可加盖钉严；包装箱上应有明显的“防潮”、“小心轻放”及“向上”的字样和标志。

运输：门窗运输车的车箱内应清洁无污染物；搬运、装卸门窗时应轻抬、轻放。严禁将工具穿入框、扇内抬、扛；严禁撬、甩、丢、摔等动作。采用机械吊装门窗时，应采用非金属绳索绑扎，并选择平稳牢靠的着力点，严禁构件局部或点受力；不用包装箱运输门窗（料）时，各包装件之间应加轻质衬垫，并用木板与车体隔开，绑扎固定牢靠，严禁松动运输。

存放：门窗应存放在专门的库房内，库房地面应平整，室内应清洁、通风、干燥，底部应用方枕木垫平，离地不小于100mm。铝合金门窗料应分规格、型号存放在货架上；门窗应竖立排放，设立支撑，防止倾倒。铝合金门窗框、扇之间，宜用塑料块、木块或包装纸相互隔开；门窗严禁酸、碱、盐类物质接触；库房存放的门窗，应标明型号、规格、数量、排列整齐，取用方便。

(2) 施工安全

1) 使用电动工具时，应严格遵守安全操作规程，不得违章作业。电动工具使用前，应检查其开关安全保护措施是否齐全有效，经检查合格后，方可接通电源启动机具。

2) 使用铝合金型材切割机切割型材时，防止铝屑飞溅伤人。

3) 施工现场安装铝合金的门窗时，因往往是多项工种交叉作业，所以要带好安全帽防止坠物伤人。

4) 各种清洁剂及密封胶应封口并设置专门库房保管好，不要随意堆放，防止发生火灾。

安装窗框，一定要注意平整度、垂直度，否则将严重影响推拉窗的移动，甚至无法移动。

推拉窗制作、安装中常见的故障有渗水，移动不灵活，密封质量不好，不规矩，不方正和表面受污染。

由于铝合金材质较轻、薄、软，因此要注意成品半成品的保护，防止变形。

24.6 质量通病及防治措施

(1) 渗水

产生原因：

a. 密封不好，构造处理不妥。

b. 外窗台泛水坡度反坡，边框与饰面交接处勾缝不密实。

c. 窗框四周与结构间有间隙，此处渗水对内墙影响也较大。

防治措施：

a. 横竖框的相交部位，应注上防水密封胶。一般多用硅酮密封胶。注胶时，框的表面务必清理干净。否则会影响胶的密封。有些外露的螺丝头，也应在其上面注一层硅酮密封胶。

b. 外窗台泛水坡度反坡，应由土建单位处理。若交接处不密实，一般由安装单位在此部位注一层防水胶。

c. 安窗框时，注意窗框与结构间的间隙应密实处理。

d. 将框内积水尽快排除出去。采用的办法是在封边及轨道的根部钻直径 2mm 的小孔，一旦积水，可通过小孔排向室外。

(2) 开启不灵活

产生原因：

a. 推拉窗轨道变形，弯弯曲曲，凹凸不平。轨道内有许多建筑垃圾，如灰渣等杂物也会影响轮子前进。

b. 平开窗窗铰松动，滑槽变形，滑块脱落等造成开启不灵活。

c. 外窗台超高而影响开启。

防治措施：

a. 窗框、窗扇及轨道变形，一般应进行更换。对于框内杂物，应及早清理干净。

b. 窗铰、滑槽变形，滑块脱落，大部分可以修复，个别的可以更换。

c. 窗台超高，应由土建单位修平。

(3) 密封质量不好

产生原因：

a. 没有按设计要求选择密封材料。

b. 施工中橡胶丢失，应及时补上，用橡胶条密缝的窗扇中，转角部位没注上胶。

防治措施：

a. 按设计要求，选择密缝材料。施工中丢失的封条材料应及时补上。

b. 用橡胶条封缝的窗扇，应在转角部位注上胶，使其粘结。窗外侧的封缝材料宜使用整体的硅酮密封胶。

(4) 不规矩、不方正

产生原因：

a. 长期存放因受压或碰撞引起变形，安装时未及时修正。

b. 铝门、窗框安装时未作认真锤吊和卡方，就急于固定。

c. 填缝时未进行平整、垂直度的复查，砂浆未达到强度时就拔除固定木楔，引起铝框震动。

防治措施：

a. 铝门、窗框、扇进场时应垂直放置整齐，底层垫实垫平，防止变形。

b. 安框时，应检查框是否规矩、方正，在安装洞口认真吊锤线，用水平尺靠直靠平，待框的两条对角线长度相等，表面垂直后，再小心地用木楔子将四周固定。

(5) 表面受污染

铝合金表面颜色不一致，脏污痕迹无法清除。

产生原因：

a. 铝门、窗框、扇，未用塑料胶纸包裹保护，至使铝制品表面受腐蚀性液体的侵蚀。

b. 由于未采取防护措施，工人在填缝时，水泥砂浆溅在铝制品表面，又无及时擦净。

防治措施：

a. 铝合金门、窗框安装前，先用塑料胶纸将框的三面（除塞灰一侧外）全部包裹至安装完毕。

b. 塞灰时，不要撕破塑料胶纸，溅上水泥砂浆的部位应及时擦拭干净。

24.7 操作练习

(1) 实际操作项目

1) 窗扇制作：每人制作一扇。

2) 上亮制作：每人制作一樘。

说明：上述两项任选一项即可。

上述两个项目的具体考核方法如下：

a. 按给定制作图确定各种下料尺寸并划线。

b. 按划线锯料。

c. 加工组装。

d. 安装玻璃。

(2) 考核内容及评分标准　见表 24-1。

考核评分标准　表 24-1

项目：铝合金推拉窗制作

序号	测定项目	评分标准	满分	得分	备注
1	材料、辅件和机具的认知	名称及规格准确	10		
2	读图与尺寸确定	读图熟练，尺寸确定无疑	20		
3	下料	下料尺寸准确	20		
4	加工与组装	加工方法准确	20		
5	安装玻璃	安装准确	10		
6	机具的使用与操作规程	操作合理，方法得当	10		
7	安全生产落手清	重大事故本项目不合格，一般事故扣分，落手清未做无分	6		
8	定额时间		4		

姓名____学号____日期____教师签名____得分____

小　结

推拉窗制作工序为：

断料→钻孔→制作组装→保护

推拉窗安装工序为：

弹安装线→窗框就位固定→填缝→安装窗扇

制作铝合金门窗很重要的一环就是制作尺寸的正确性，因此必须在断料前校对图纸、核对施工现场的实际尺寸。在钻孔时要准确定位，准确定位是保证推拉窗平整度，垂直度的关键，所以不可在型材表面反复更改钻孔位置。

安装窗钩锁与窗扇边框开锁口，要注意窗扇有左右之分，不能开错，否则此扇窗就不能用了。

安装窗框，一定要注意平整度、垂直度，否则将严重影响推拉窗的移动，甚至无法移动。

推拉窗制作、安装中常见的故障有渗水，移动不灵活，密封质量不好，不规矩，不方正和表面受污染。

由于铝合金材质较轻，薄、软，因此要注意成品半成品的保护，防止变形。

复习思考题

1. 为什么制作铝合金门窗其工作台面上要放置不少于 3mm 厚的胶皮垫？
2. 断料时为什么要反复校对图纸和施工现场的实际尺寸？
3. 钻孔时要注意什么？
4. 安装窗钩锁与窗扇边框开锁口要注意什么？
5. 窗框连接件采用射钉、膨胀螺栓等紧固件时，其边缘必须离墙多少 mm？
6. 铝合金推拉窗安装质量要求有哪些？
7. 渗水的原因是什么，如何防治？
8. 开启不灵活的原因是什么，如何防治？
9. 不规矩，不方正的原因是什么，如何防治？
10. 为什么必须注意铝合金制品的半成品、成品保护？如何做为成品保护工作？

第25章 不锈钢板圆柱装饰施工

不锈钢板圆柱装饰施工一般有两种方法，一种是粘合法，另一种是焊接法。这里安排的是粘合法不锈钢装饰包柱施工项目。

25.1 现场作业条件

现场作业条件有一根用三合板做基层弧面的正圆柱体，其歪斜度、不圆度、平整度都达到正圆柱体的要求。

25.2 材料准备

厚度小于0.75mm的不锈钢板、KH－50胶。

25.3 工具准备

漆刷、绳子、绒轮抛光机。

25.4 施工工序

不锈钢板滚圆→清理粘结木基层→刷涂胶粘剂→晾置和陈放→压紧→撕去保护薄膜、抛光。

(1) 不锈钢板滚圆

根据圆柱体柱体表面积的尺寸，送专业厂家进行不锈钢板滚圆，一般不宜滚成一个完整的圆柱体，而是根据圆柱体直径的大小，分割成等分的2个半圆片，连接安装成一个完整的柱体。送专业厂家加工的不锈钢板半圆片，往往精度高、质量好，装饰效果佳，当然也可以自己采用三轴式卷板机加工，厚度在0.75mm以下的不锈钢板可以用手工滚圆，但不是板金技术非常熟练的作业人员，想做到在钢板上不留下任何凸凹的痕迹，是不可能的。

(2) 清理粘接表面

被粘物表面处理对粘结质量至关重要。为了得到最好的粘结效果，减少各种不利因素的影响，通常要求粘结面必须清洁、平整光洁、接缝差合、干燥，以保证粘结面浸润性良好、粘结层厚度均匀。

清理粘结表面的方法有用刷子刷，压缩空气吹或用干净的布擦。处理完后的表面不宜存放过久。

(3) 刷涂胶粘剂

KH－50胶使用较方便，不需加压、加热、不耐加固化剂，而且固化速度快，并能在常温下进行。一般在室温下静放10～30min即可粘牢，24～48h可达到强度高峰。刷涂KH－50胶的方法如刷涂油漆，但不宜来回反复刷涂，一般顺一个方向涂刷2～3次即可。

涂刷面必须是两个粘接面，即一个木基层，一个不锈钢板背面。

(4) 晾置和陈放

将KH－50胶胶粘剂涂刷过的两个粘接面，任它们在空气中暴露、静置一段时间，室温下静放10～20min。然后将不锈钢板上下对齐包在木圆柱体外。注意上下必须平口，接缝必须密合。如果木圆柱体直径较大，安装对口的方式有直接卡口式和嵌压式两种。

直接卡口式(图25-1)是在两片不锈钢对口处，安装一个不锈钢卡口槽，该卡口槽用

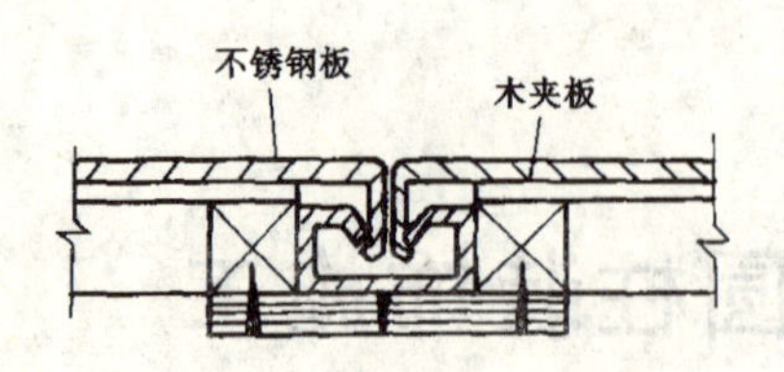

图 25-1 直接卡口式安装

螺钉固定于柱体骨架的凹部。安装柱面不锈钢板时,先在木夹板(三合板)上涂制粘结剂,然后将不锈钢板一端的弯曲部,钩入卡口槽内,再用力推按不锈钢板的另一端,利用不锈钢板本身的弹性,使其卡入另一个卡口槽内,最后,将不锈钢板用手轻轻压向木夹板,使其紧紧贴在基层上。需施加压力的,可选用适当的加压方法。不锈钢板包柱通常采用粘接胶带法施压,胶带的间隔距离应控制在 800~1000mm 间。安装时,一定要注意严禁用铁锤敲打不锈钢板的饰面,否则会造成饰面的凹痕出现,影响装饰效果。

嵌槽压口式安装方法:先把不锈钢板在对口处凹部用螺钉固定,再把一条宽度小于凹槽的木条固定在凹槽之间,两边空出的间隙相等,其间隙宽为 1mm 左右,在木条上涂刷胶粘剂,然后向木条上嵌入不锈钢槽条(涂胶工艺见前面介绍)。安装方式如图 25-2 所示。

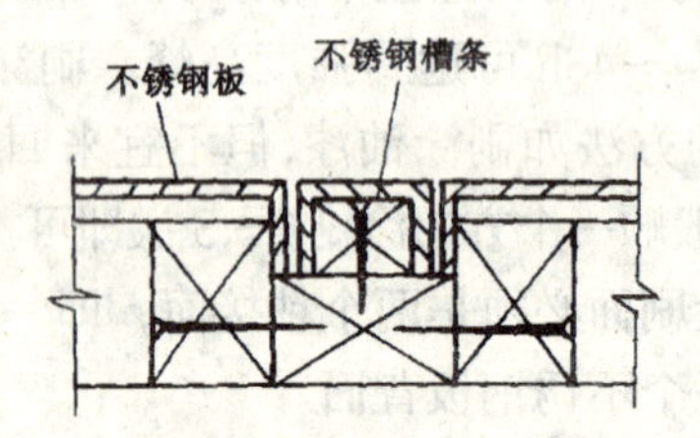

图 25-2 钳槽压口式安装

安装嵌槽压口的关键是木条尺寸要准确,形状符合要求,尺寸准确即可保证木条与不锈钢槽的配合松紧程度,安装时严禁用铁锤敲击,也不允许用橡胶锤大力敲击,避免损伤不锈钢槽面。形状准确可使不锈钢槽嵌入木条后胶结面均匀,粘结牢固,防止槽面的侧歪现象。所以在木条安装前,应先与不锈钢槽条试配,木条的高度一般不大于不锈钢槽的深度 0.5mm。

(5) 压紧

KH-50 胶在固化的同时产生粘结作用,所以在胶粘剂的固化过程中,确保粘结面之间的密合,是保证产生粘结作用的重要条件。这就要求在胶粘剂开始固化之前,必须向粘结面施加压力,至少要施加接触压力。如果在固化过程中,粘结面之间不能保持密合,就必然要在粘结层中产生空隙,影响粘结质量。不锈钢圆柱体加压一般采用捆帮法,即用绳子围绕不锈钢板加以捆帮,待 24~48h 后松开。

(6) 撕去保护薄膜、抛光

为了防止在安装和施工中划伤和污染,不锈钢饰面板均有保护薄膜,待全部安装完毕后,再将保护层去掉,并用绒轮抛光机,将饰面精心地抛光,直至光彩照人为止。

25.5 施工安全与成品保护

(1) 施工安全

1) 一定要使用双重绝缘的电动工具,使用前应检查电源、接线板、电缆和开关等是否符合要求,经检查合格后方可使用;使用时,应将电动工具转一分钟后认定运转正常,再进行正常工作。

2) 施工现场禁止明火作业,尤其在使用万能胶进行饰面粘结时,更应注意烟火;每天剩余的木屑及碎料头,随时清理。

3) 搭设的脚手架必须牢固可靠,不得有松动和探头板现象;如使用高凳时,应符合要求。

4) 施工中必须戴好安全帽。

(2) 成品保护

1) 施工现场的材料堆放应分类按规格码放整齐,不得乱堆乱放。使用后剩余的边角料应及时清理干净,现场绝对不准存有木屑、碎木头及金属下脚料。

2) 每班完工后,应切断电源,并将使

用的电动机具及工具等妥善保管好。

3）不锈钢饰面的保护层在施工中一定要保护好，不得随意撕掉，待工程完毕后，再将保护层撕掉。

4）在安装不锈钢饰面板时，应轻拿轻放，禁止用铁锤敲打，否则会影响装饰效果。

25.6 操作练习

（1）操作项目

1）方柱体按施工图画出图弧线。

2）竖向龙骨下料及定位。

3）横向同心圆龙骨的制作。

（2）考核内容及评分标准　见表25-1。

考核评分标准　　表25-1

项目：不锈钢圆柱施工

序号	考核项目	满分	评定标准	得分
1	清扫粘结表面	10	清洁、干燥	
2	刷涂胶粘剂	15	均匀、顺一个方向涂刷	
3	歪斜度	15	不超过2mm	
4	圆度	15	圆	
5	接缝处	15	直	
6	接缝处胶水	5	无溢出	
7	操作规程与机具使用	10	违反规程扣分	
8	安全生产与落手清	10	一般事故扣分，落手清未做扣分	
9	定额时间	5	开始：　结束：	

姓名____学号____日期____教师签名____得分____

小　结

不锈钢板圆柱装饰施工工序为：

不锈钢板滚圆→清理粘结木基层→刷涂胶粘剂→晾置和陈放→压紧→撕去保护膜、抛光。

安装施工中的常见病是两种不锈钢板合成的接缝不平直与圆柱体圆度不圆，施工中应加以注意。

复习思考题

1. 为什么在不锈钢板圆柱装饰施工之前必须对木基层进行歪斜度、不圆度、平整度进行检查并修整？
2. 为什么在施工前必须对木基面进行清理？
3. 为什么刷涂了胶粘剂后必须晾置和陈放一段时间？
4. 为什么粘合法必须有一个压紧的施工工序？

第 26 章　其他室内地面施工

本章主要介绍块状塑料地板铺贴、活动地板安装和整体涂塑地面施工的操作方法，以及练习等内容。

26.1　块状塑料地板的铺贴

被裁切成正方形、长方形、梯形、三角形等外形的塑料地板称为块状塑料地板。

块状塑料地板大多用胶粘剂粘贴于经处理过的水泥砂浆或混凝土地面上，是室内地面的一种饰面形式。

26.1.1　施工项目

在水泥地面上铺贴块状塑料地板，施工场地详见图 26-1。

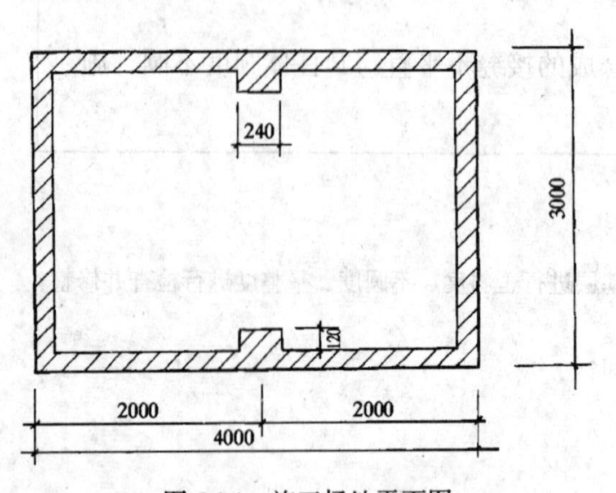

图 26-1　施工场地平面图

26.1.2　材料、工具准备

(1) 材料准备

塑料地板块(300mm×300mm)：$13m^2$。

胶粘剂：7kg。

丙酮、汽油、松香水：各 1kg。

铁砂布（0 号）：10 张。

抹布、棉纱头。

(2) 工具和机具准备

墨斗、梳形刮板、橡胶滚筒（单、双头）、橡胶锤、压边滚筒、划线器、裁切刀、圈尺、钢直尺等，如图 26-2 所示。

26.1.3　施工工序与操作方法

基层处理→弹线分格→裁切试铺→刮胶粘剂→铺贴→清理→保护。

(1) 基层处理

对铺贴基层的基本要求是平整、结实、有足够强度，各阴阳角必须方正，无污垢灰尘和砂粒（砂粒可将地板顶起一个小突点，局部受力而变白），含水率要求不大于 8%。

检查含水率的方法可在地面上压放吸水纸进行观察，也可将一定面积的塑料薄膜平放于基层地面，四周用粘胶胶带密封，不使地面湿气逃逸。24h 后，去掉薄膜，观察薄膜上是否有结露或水泥地面变色现象。据此判断基层的干燥程度。

如有麻面、起砂等缺陷，必须用腻子修补和涂刷乳液一遍。腻子应采用乳胶腻子，见表 26-1。

修补时选用石膏乳液腻子嵌补找平，然后用 0# 铁砂布打毛，再用滑石粉乳液腻子刮 2～3 遍，直至基层平整，无浮灰后，刷 107 胶水泥乳液，以增加胶结层的粘结力。

(2) 弹线分格

操作前基层表面应清扫干净，操作人员应穿干净软底鞋，闲杂人员严禁入内，切勿

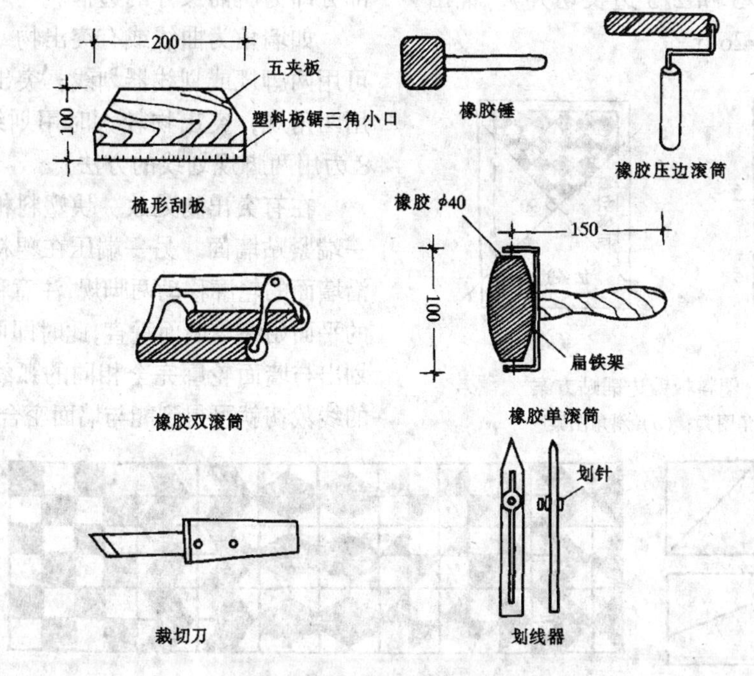

图 26-2　塑料地板铺贴常用工具

乳液及腻子配合比　　表 26-1

名　称	配合比例（质量比）								
	聚醋酸乙烯乳液	107 胶	水泥	水	石膏	滑石粉	土粉	羧甲基纤维素	备注
107 胶水泥乳液		0.5～0.8	1.0	6～8					
石膏乳液腻子	1.0			适量	2.0		2.0		
滑石粉乳液腻子	0.2～0.25			适量		1.0		0.1	

带入尘土，砂粒等杂物。

弹线常以房间中心为中心弹出相互垂直的两条定位线,然后按设计要求弹出造型分格线。

弹线时要考虑板块尺寸和房间的关系，尽量少出现小于 1/2 板宽的窄条，如图 26-3 所示。

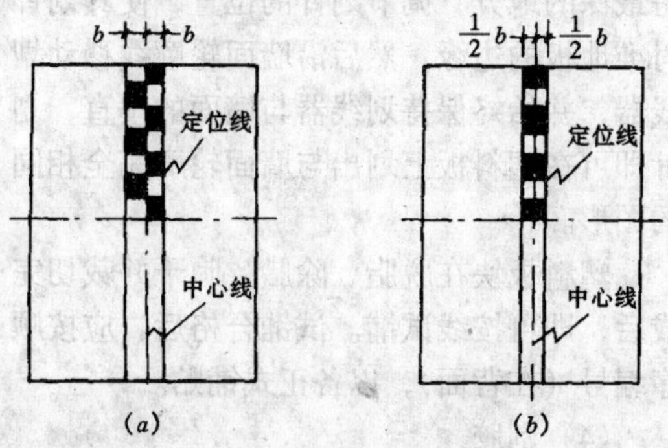

图 26-3　确定定位线方法的示意图
（a）排偶数块时；（b）排奇数块时

相邻房间之间出现交叉或改变图案规格时,分界线均应设在门框的裁口线处,而不是门框边缘,如图 26-4 所示。如须加强镶边,应在距墙边留出 200～300mm,如图 26-5 所示。

如果想追求地面图案的变化，也可将板块裁切成三角形(沿对角线切开)，梯形（沿

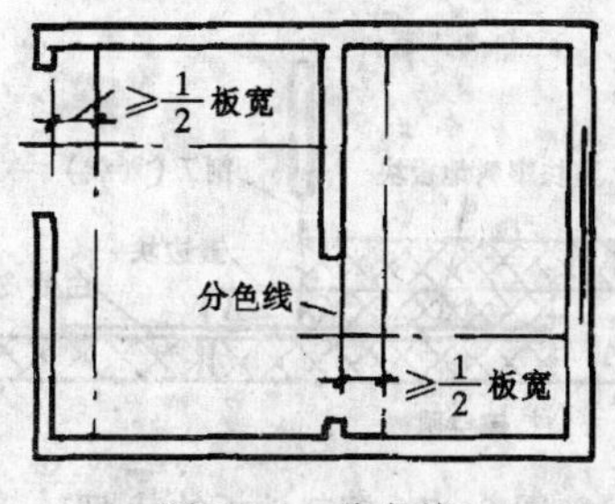

图 26-4　分色线

相对两边长的 1/3 和 2/3 边长切开)，铺出变化图案，见图 26-6。

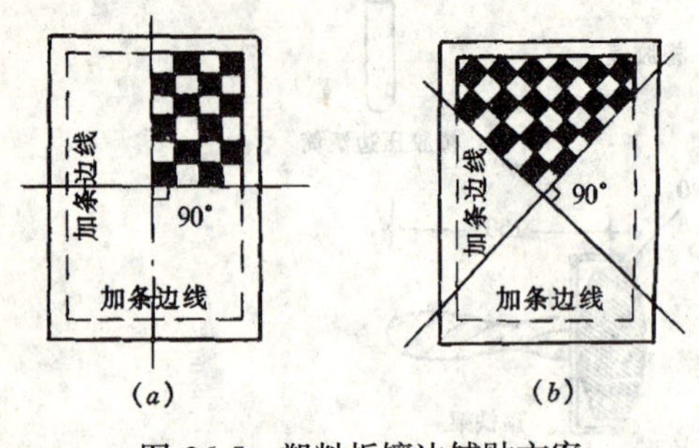

图 26-5 塑料板镶边铺贴方案

(a) 直角图案；(b) 斜角图案

部分即为所需尺寸的边框。

如墙角为曲线或有突出物（如管道等），可用两脚规或划线器划线；突出物不大时可用两角规，突出物较大时用划线器（图 26-8 为用两脚规划线的方法）。

在有突出物处放一块塑料板，两脚规的一端紧贴墙面，另一端压在塑料板上，然后沿墙面的轮廓移动两脚规，注意移动时两脚规的平面始终与墙面垂直，此时即可在塑料板上划出与墙面轮廓完全相同的弧线。沿所划出的线裁切就可得到能与墙面密合的边框。

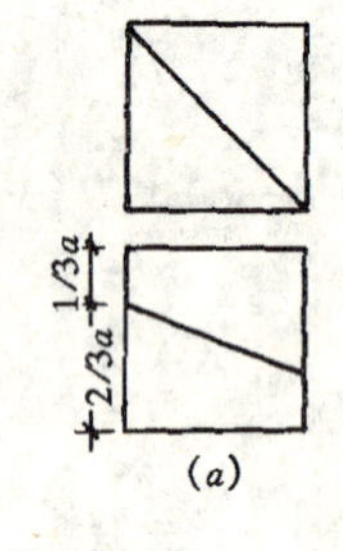

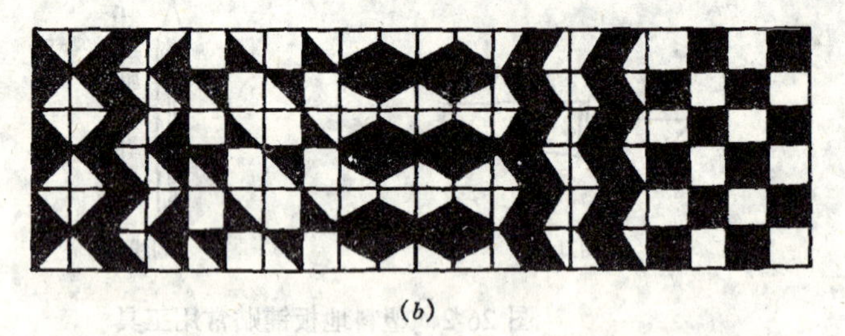

图 26-6 拼板花纹

(a) 板块切成三角形或梯形；(b) 各种拼花

(3) 裁切试铺

塑料板块在试铺前应进行处理，一般将塑料板块放进 75℃左右的热水中浸泡 10～20min，然后取出晾干；再用棉纱蘸溶剂（丙酮:汽油＝1:8 的混合溶液）进行涂刷脱脂除腊，以保证塑料板块在铺贴时表面平整，不变形和粘贴牢固。

塑料板块在试铺前，对于靠墙处非整块的塑料板可按图 26-7 所示方法裁切，其方法是在已摆铺好的塑料板上放一块塑料板，再放第二块塑料板，使其一边与墙紧贴，沿另一边在第一块塑料板上画线，按线裁下的

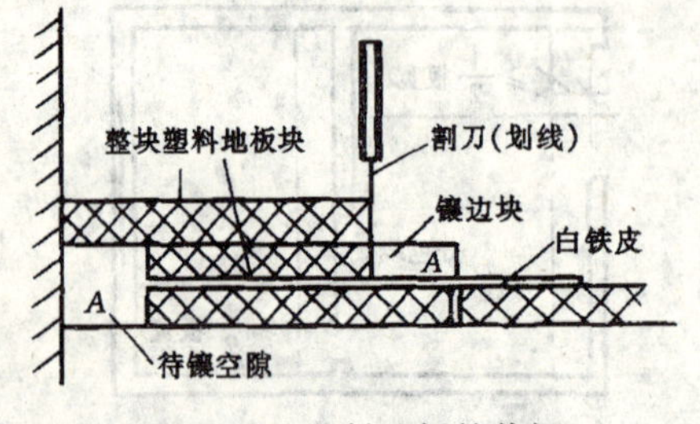

图 26-7 塑料地板的裁切

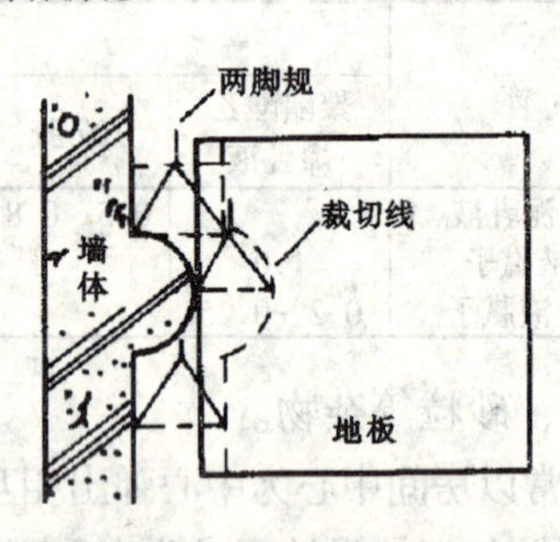

图 26-8 曲线裁切示意图

使用划线器时，将其一端紧贴墙面上凹得最深的地方，调节划针的位置，使其划针对准地板的边缘，然后沿墙面轮廓线移动划线器，并始终保持划线器与墙面的垂直，划针即可在塑料板上划出与墙面轮廓完全相同的图形。

塑料板块在脱脂、除腊、晾干并裁切完成后，即可按线试铺。试铺合格后，应按顺序编号（在背面），以备正式铺贴。

(4) 刮胶

塑料板铺贴刮胶前，应将基层清扫洁

净，并先涂刷一层薄而匀的底子胶。底子胶应根据所使用的非水溶性胶粘剂加汽油和醋酸乙酯调制。方法是按原胶粘剂重量加10%的65#汽油和10%的醋酸乙酯（或乙酸乙酯），经充分搅拌至完全均匀即可。涂刷要均匀一致，越薄越好，且不得漏刷。底子胶干燥后，方可涂胶铺贴。

铺贴时应根据不同的铺贴环境和塑料板块的性质，选用相应的胶粘剂。如象牌PVA胶粘剂，适用于铺贴两层以上的塑料地板；而耐水胶粘剂，则适用于潮湿环境中塑料地板的铺贴，且可用于－15℃的环境中。不同的胶粘剂有不同的施工方法和要求。用溶剂型胶粘剂一般应在涂刷后晾干到溶剂挥发达到不粘手时，再进行铺贴；用乳胶型胶粘剂时，则不需晾干过程，最好将塑料地板的粘贴面打毛（用砂纸），涂胶后即可铺贴；用环氧树脂胶粘剂时，则应按配方准确称量固化剂（常用乙二胺）加入调和，涂刷后即可铺贴；若采用双组分胶粘剂，要按组分配比正确称量，预先配制，并在规定时间内用完。

涂胶时将胶粘剂用锯齿形涂胶刀均匀地涂刮在基层上，厚度2mm，并超过分格弹线10mm。若在塑料地板背面涂胶，最好在距板边缘5～10mm不涂胶，以防粘贴时胶液挤出，弄脏板面；如用乳液型胶粘剂，应在塑料地板背面和地面上同时涂胶；若用溶剂型胶粘剂则只需在地面上均匀涂胶即可，如图26-9所示。

（5）铺贴

铺贴是塑料地板施工操作的关键工序。铺贴时主要控制三个问题：一是塑料板要粘贴牢固（一般每块地板的粘贴面要大于80%），不得有脱胶、空鼓现象；二是缝格顺直，避免错缝发生；三是表面平整、干净不得有高低不平现象及破损污染。

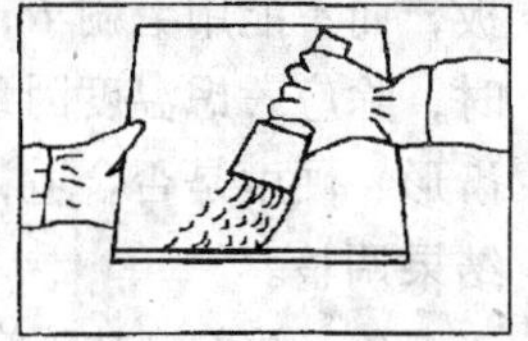

图 26-9　地面涂刮胶、塑料板背面刮胶

铺贴时，以所弹的线为依据，最好从房屋中间定位向四周展开，这样能保持图案对称和尺寸整齐，同时也可减少误差。

铺贴时，切忌整张塑料地板一次贴上，应先将边角对齐，并粘合住一边，再轻轻地用橡胶滚筒将地板逐步地粘贴在地面上，准确就位后，用滚筒或橡胶锤沿着一边向另一边滚压或敲打（也可从中心向四周），以利赶排出空气，提高粘接强度，压实或敲实即可（图26-10）。

如用聚胺脂或环氧树脂胶粘剂时，应加用砂袋或其它重物压住，直至固化为止。

（6）清理

铺贴完毕后，应及时清理塑料地板表面，特别是施工过程中因手触摸留下的胶印。对溶剂型胶粘剂用棉纱蘸少量松节油或200#溶剂汽油擦去从缝中挤出的多余胶水，对水乳型胶粘剂只需用湿布擦去即可。

26.1.4　塑料地板铺贴注意事项

（1）对进场材料要进行检查，确认合格

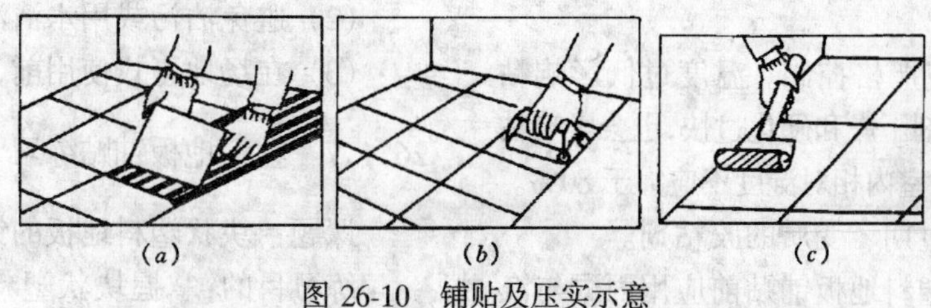

图 26-10　铺贴及压实示意

（*a*）地板一端对齐粘合；（*b*）用橡胶滚筒赶走气泡；（*c*）压实

后方可使用。

(2) 粘胶剂包装要随开随用,不用时应立刻盖紧,防止因暴露在空气中时间过长而失效。

(3) 注意合理使用和随时调整工具。如在刮涂胶粘剂时，应使用钢片刮板或塑料刮板，而不能用毛刷子；刮涂中发现厚薄不匀时，除应考虑温度因素外，还应查看刮板的齿形、硬度是否合适，并应根据经验或试验结果调整。

(4) 溶剂型粘胶剂涂胶后,停留的时间要适当,停留时间过短或过长都会影响粘贴强度。

(5) 新铺贴的地面，不能立即走人，否则地板易移动，而影响粘接质量。

(6) 在块状塑料地板的铺贴过程中，靠近墙边应留有三块左右块状塑料地板暂不贴，留出一人行通道，等中间部分铺贴完毕后，再以房间离门最远处从里向外铺贴，直至人员退出房间，否则操作人员有可能被困在房中，不便退出。

(7) 铺贴时留在塑料地板上的粘胶剂，应随时清理，不得等到全部铺贴完成后再集中清理。

(8) 施工温度应控制在 10～35℃ 范围内。

(9) 有一些粘胶剂有毒性，施工中应加强通风。

26.1.5 塑料地板常见质量通病及防治

(1) 面层空鼓

基层应有足够的强度，不空鼓，无起皮、起砂等缺陷；基层含水率不大于 8%，用刀刻划可出白色痕迹；潮湿地面其基层下应做防水层。

施工温度应严格控制。温度过低影响粘结,过高则胶粘剂干燥和硬化过快,也会影响粘结效果。施工时室内相对湿度不应大于 80%。

严禁使用过期、变质的胶粘剂。

聚氯乙烯塑料地板铺贴前应用丙酮与汽油混合液除蜡；用橡皮锤或滚筒敲打和滚压时，要以中间向四周进行，反复多次，排除气体；刮胶均匀，不要漏刮。

对已经起泡的面层应沿四周切开，认真清理基层，用铲刀铲平，然后予以更换。新补贴的塑料地板在材质、厚薄、色彩等方面应与原来的塑料地板一致。

(2) 塑料地板铺贴后表面呈波浪形

严格控制粘贴基层的表面平整度，用 2m 靠尺检查时，其误差应在 ±2mm 以内。

使用齿形恰当的刮板刮涂胶粘剂，使胶层的厚度均匀。刮涂时应注意基层与塑料板粘贴面上的涂刮方向应成纵横相交，以使面层铺贴时，粘贴面的胶层均匀。不得使用毛刷子涂刷胶粘剂。

呈波浪形的面层应沿四周切开予以更换。

(3) 块与块之间错缝

铺贴前应仔细挑选板材。尺寸偏差较大的应留在裁边、外围镶框等处使用。

在铺贴过程中，隔 5～6 块，在有控制线的位置，跳过 1 块或 2 块，待往前铺贴一段距离后回过头来，将空下的位置，用塑料地板将其补上，这样每隔一段距离就调整一次，免得接缝的误差累计到最后变形明显。补贴时，可将板块轻轻弯起，对好缝后，用力将板压平，拍打密实。

(4) 翘曲

选择不翘曲的产品；卷材打开静置 3～5d 后使用。

26.1.6 塑料地板的成品保护

(1) 塑料地板铺贴完成后,三天内严禁上人走动,要开门窗通风,以加快粘胶剂凝固。

(2) 避免沾污或用水清洗表面。

(3) 在场地正式使用前，应打蜡一次。

26.1.7 塑料地板铺贴练习

课题：块状塑料地板的铺贴施工。

练习目的:掌握块状塑料地板铺贴的程序,掌握工机具的正确使用和保养方法,熟练掌握铺贴施工的技巧，增强独立操作能力。

练习内容：在地面上铺贴块状塑料地板，见图 26-1，铺式为十字形。

分组分工：每 2～4 人一小组，8 课时完成（不包括地面处理）。

练习要求和评分标准：

1）塑料地板与地面粘结必须牢固。

2）地面必须洁净，不得有胶迹、手印等。

3）格缝严密、横平竖直。

4）下料准确、边角整齐、光滑，与墙面交接处必须严密。

块状塑料地板铺贴练习评分标准　见表 26-2。

塑料地板铺贴练习评分标准　表 26-2

序号	评分项目	配分	评分要求	得分
1	表面平整	10	允许偏差 2mm	
2	缝格平直	15	地板块接缝平直偏差允许 1mm	
3	接缝高低	15	地板块与块之间高低差不超过 0.5mm	
4	粘结牢固	15	无空鼓、起泡	
5	表面清洁	10	表面无粘胶剂等污物	
6	工具使用	5	正确使用、保养工具	
7	安全卫生	10	无事故隐患，现场整洁	
8	综合印象	20	操作程序、方法、职业道德	

班级_____姓名____指导教师_____日期_____总得分_____

26.2　活动地板

活动地板也称装配式地板，按其面层材料的不同，可分为普通活动地板和防静电活动地板两大类。

活动地板是由可调支架、框架桁条，规定型号和材质的面板块组合拼装而成。

26.2.1　施工项目

在面积为 18m^2 的室内地面上安装活动地板。

26.2.2　材料、工具准备

（1）材料准备

1）活动支架：70 套。

2）活动地板（600mm × 600mm）：60 块。

3）膨胀螺丝（M6×65）：200 个。

4）沉头镀锌螺丝（M6×35）：300 颗。

5）防尘漆：7kg。

（2）工具准备

水准仪、水平尺、墨斗、卷尺、扳手、螺丝刀、电锤、合金钢钻头、漆刷等。

活动地板的组成形式与构造，见图 26-11。

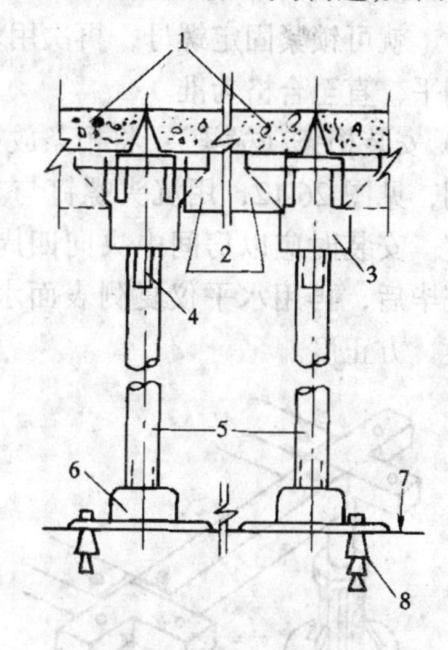

图 26-11　活动地板
1—活动地板块；2—横梁；3—柱帽；4—螺柱；5—支架；6—底座；7—楼地面标高；8—膨胀螺栓

26.2.3　施工工序与操作方法

（1）施工工序

基层处理→弹线→安装支架（支柱）→拉水平线效整→安装桁条（横梁）→管线安装→安装地板→清扫、打蜡。

（2）操作方法

1）基层处理：室内杂物、尘埃清扫干净，刷防尘漆二道。

2）弹线：依据设计要求和面板的实际尺寸，在地面上弹出铺装方格网线，并在墙的四周弹出地板面层的高度线。

3）安装支架（支柱）：在地面弹线方格网的十字交叉处固定支架，固定方法通常在地面打孔埋入膨胀螺栓，用膨胀螺栓将支架座固定在地面上。

4）拉水平线校正高度：按墙面高度线减去活动地板厚度的高度为标准点拉水平线，拉线的位置应和地面弹出的墨线网格相同。调整支座顶面，高度应与要求高度一致，达到完全水平。调整时松开支架顶面活动部分的锁紧螺母或螺钉，就可把支架顶面调高或调低，当支架顶面调至与所拉水平线一致时，就可锁紧固定螺母，再次用水准仪逐点划平，直至合格为准。

5）安装桁条（横梁）：将桁条放在两支架之间，见图 26-12，用沉头螺钉与支座顶面固定。安装时应以房间中央向四周安装。安装完毕后，再用水平仪复测表面水平度、平整度、方正度。

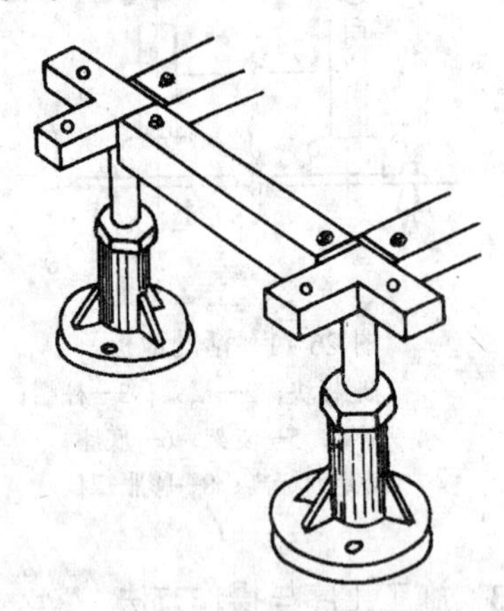

图 26-12　桁条与支座的连接

6）安装管线:将设备所需的各种电路和管线按设计要求全部铺设完毕,并经检查验收合格。

7）安装面层板：在合格的桁条上，按面板的外形尺寸弹线，按线进行安装，并随时调整板块的缝隙，因为地板块或多或少存在着误差，应该将尺寸准确的地板放在室内中间的主要部位，而将尺寸误差较大的放在次要的位置，如放在桌、柜下边，墙边等。

8）清理、打蜡：检查无误后地面清扫干净，进行打蜡，做到平滑、光洁。

26.2.4　施工注意事项

（1）地面基层混凝土或水泥砂浆需达到设计强度，表面平整，无明显凹凸不平。

（2）如需在桁条上铺设缓冲胶条时，应采用乳胶液使之与桁条粘合。

（3）根据房间平面尺寸和设备等情况，应按活动地板模数选择板块的铺设方向。当平面尺寸符合活动地板板块模数，而室内无控制柜设备时，宜由里向外铺设；当平面尺寸不符合活动地板板块模数时，宜由外向里铺设。当室内有控制柜设备且需要预留洞口时，铺设方向和先后顺序应综合考虑选定。

（4）当铺设的活动地板不符合模数时，其不足部分可根据实际尺寸将板面切割后镶补，并配装相应的可调支架和横梁。切割的边应采用清漆或环氧树脂胶加滑石粉按比例调成腻子封边，或用防潮腻子封边，亦可采用铝型材镶嵌。割边处理后方可安装。

（5）在与墙边的接缝处，应根据接缝宽窄分别采用活动地板或木条镶嵌，窄缝隙宜采用泡沫塑料镶嵌。

26.2.5　成品保护

（1）在活动地板上行走或作业施工，不能穿有带钉的鞋子，更不能用锐物、硬物在地板表面划擦或敲击。

（2）活动地板安装完成后在地板上放置重物时,应避免拖拉,重物与地板的接触面积不应该太小,必要时可用垫衬。如重物引起的集中荷载过大时,应在受力点上用支架加强。

（3）活动地板板面局部沾污时，可用汽油、酒精或中性洗涤剂擦洗。在使用过程中，应定期打蜡、去污，保持光洁。

26.2.6 活动地板安装练习

练习目的：

掌握正确的施工程序和操作方法，掌握工、机具的正确使用和保养方法，熟练掌握活动地板的安装技能。

练习内容：

在无明显凹凸不平强度合格的室内地面上安装活动地板，施工场地平面形状见图 26-13。

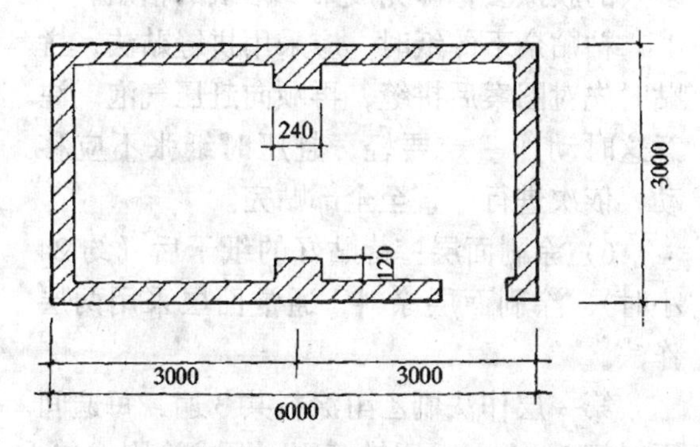

图 26-13 活动地板施工场地

分工分组：

每 4~6 人为一小组，12 课时完成。

活动地板安装评分标准 见表 26-3。

活动地板安装评分标准 表 26-3

序号	评分项目	配分	评分要求	得分
1	地板平整度	15	允许偏差 2mm	
2	地板拼缝平直	15	每条拼缝允许偏差 3mm	
3	地板缝隙宽度	15	每两块地板之间缝隙不大于 0.2mm	
4	地板与墙体缝隙	10	墙体与地板的间隙不大于 3mm	
5	支架安装	15	支架安装牢固	
6	工具使用	5	正确使用、保养工具	
7	安全卫生	10	无事故隐患、现场整洁	
8	综合印象	15	操作程序、方法、职业道德	

班级____姓名____指导教师_____日期_____总得分_____

26.3 装饰纸涂塑地面施工

装饰纸涂塑地面是由基层装饰纸和两层透明涂塑层所组成。

26.3.1 操作准备

（1）材料准备

木纹纸、107 胶水、羧甲基纤维素、乙酊涂料、氨甲涂料、工业酒精、二甲苯。

（2）工具准备

塑料刮板、油漆刷子、油漆滚筒、注射器、橡胶滚筒、裁纸刀、抹布、排笔等。

（3）现场准备

1）室内其他工程项目已全部完工，并经验收合格。

2）水泥基层必须符合表 26-4 的要求，并已涂刷过聚胺酯清漆防潮膜或“确保时”防水涂料。

26.3.2 操作程序与操作方法

（1）操作程序

基层清理→弹线→裁纸→润纸→粘贴→涂刷面层涂料。

（2）操作方法

1）基层清理：基层表面应仔细清扫干净，不得有砂粒、灰尘等杂物。基层如有油污，应用烧碱清洗干净。

2）弹线：以靠近门边的一面墙为起点，一幅装饰木纹纸的宽度为尺寸，从这面墙的两端分别量出各点，弹通线作为粘贴装饰木纹纸的控制线。

3）裁纸：因为所粘贴的纸为木纹纸，所以在裁纸时要考虑拼花的问题。即每幅纸的下料长度应大于房间的实际长度 300mm 以上，例如房间的长度为 4000mm 时，裁纸的长度应大于 4300mm，以利拼花。

以离门最远处墨线量到墙面的宽度距离，做为裁切第一排纸的宽度参考。如测量

装饰纸涂塑地对水泥或混凝土基层的质量要求　　表 26-4

项目	强度(MPa)	表面起砂	表面起皮起灰	空鼓	平整度(mm)	表面光洁度	裂缝	阴、阳角方正	与墙、柱边的直角度	清洁
质量要求	水泥砂浆：15.0 混凝土：20.0	无	无	无	2m 靠尺塞尺检查不大于 2	手摸无粗糙感	无	用方尺检查应合格	合格	无油渍，无灰尘砂粒

发现墨线两端的距离不相等时，应以最大距离为依据，例如：一端为 400mm，另一端为 420mm 时，应从 420mm 作为第一排纸的下料依据。

如果第一排纸的所贴宽度较大，多余部分较少时(即少于 300mm)，也可先粘贴，后裁切。

裁切好的纸应编号备用。

4）润纸：将裁切好的纸，放入水池（槽）中浸泡约 5min 后取出，抖掉多余的水份，静置 10～20min 后使用，也可用排笔在纸背面刷水，但刷水要均匀，不能漏刷。

5）粘贴：用排笔或油漆滚筒，将粘胶剂同时涂刷在纸的背面和地面上，地面上的涂刷宽度应超出墨线 20mm。刷一张纸的面积，贴一张纸，做到随刷随贴。

第一幅纸的外边缘应与墨线完全对齐，纸的多余部分可放在墙边上，如图 26-14 所示。

用塑料刮板，从纸中间向两端（长方向）赶压气泡和多余粘胶剂，不得漏刮。第一幅纸贴好后，即可将靠墙边多余的纸边，

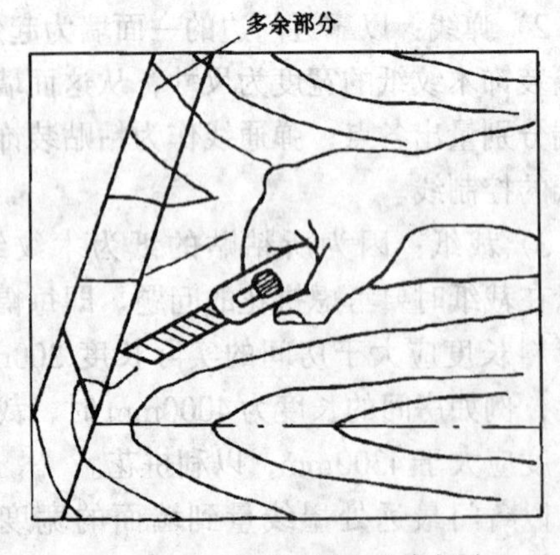

图 26-14　裱贴后割去多余部分

用裁纸刀顺墙裁切，并赶压好裁切后的边口，如图 26-14 所示。最后用抹布把纸面上多余的胶擦去，即完成第一幅纸的粘贴。

粘贴余下的纸时，应采用拼缝贴法，拼贴时先对图案后拼缝，再顺向赶压气泡，注意这时动作一定要轻，赶压时纸张不应移动，依次进行，直至全部贴完。

6）涂刷面层：待贴好的纸干后（约 24 小时），涂刷面层涂料，通常面层采用两层作法。

第一层作法刷乙酊涂料共 3 遍，每遍间隔时间 2h 左右，用排笔刷，要求涂刷均匀，不得漏刷，同时动作要轻，不要刮坏纸面。

第二层作法，待乙酊涂料完全干后用粗毛巾或用过的旧砂纸，进行表面轻轻擦磨一遍，等到表层光滑，并清扫干净，刷氨甲涂料（用漆刷）2～3 遍，每遍间隔 2h 左右，不得漏刷，毛刷不能掉毛。

全部刷完后 24h 后方可上人。

26.3.3　施工注意事项

（1）才粘贴的纸不能上人行走。

（2）粘贴最后一幅纸时要考虑人员的站位，应先涂纸背面的胶水，再紧接涂地面，涂一小段粘贴一小段、赶压一小段，直至操作人员退出场地。

（3）涂刷面层的毛刷不能掉毛，否则将影响美观。

（4）场地正式使用前应打蜡一次。

26.3.4　装饰纸涂塑地面常见质量通病及处理方法

（1）翘曲

1）基层表面的灰尘、油污必须清除干净。若表面不平整，必须用腻子刮平。

2）粘洁剂必须配比正确，不能过稀。

3）将翘边纸翻起，检查原因，用较强的胶粘剂重新补贴，同时应在重新粘贴处加压（砂包），待粘牢平整后，去掉压力。

（2）空鼓

1）严格按工艺要求操作，必须用刮板或胶筒由中间向外刮压，将气泡或多余胶液赶出。

2）涂刷胶液必须厚薄均匀一致，绝对避免漏刷。

3）由于空气造成的空鼓，可用刀在纸上割开小口将空气放出，用注射器将胶液打入鼓包内压实，使粘贴牢固，如鼓包内含有较多胶液，可用注射器针头穿透纸层将它吸出后再压实即可。

（3）接缝不严密

粘贴每一张纸都必须与前一张纸靠紧，争取无缝隙，在赶压气泡、胶液时，由拼缝处横向往外赶压，不准斜向来回赶压或由两侧向中间赶压，应使纸张对好缝后不再移动，如出现位移要及时赶回原位置。

26.3.5 操作练习

课题：装饰纸涂塑地面施工。

练习目的：掌握装饰纸涂塑地面施工程序，熟练掌握施工技巧，增强独立操作能力。

练习内容：在已经基层处理的地面上制作装饰纸涂塑地面。

分组分工：每2～4人一小组，每组制作$12m^2$，16课时完成（不包括地面处理，注意安排工序间隔时间内的其他教学活动）。

装饰纸涂塑地面施工评分标准　见表26-5。

装饰纸、涂塑地面练习评分标准　表26-5

序号	评分项目	配分	评分要求	得分
1	表面平整、光滑	10	目测平整、手摸光滑	
2	粘贴牢固	20	无空鼓、气泡、翘边	
3	拼缝严密	15	拼接处无缝隙	
4	花纹吻合	15	花纹拼接无错缝	
5	表面洁净	10	无胶迹、手印	
6	工具使用	10	正确使用、保养工具	
7	综合印象	20	操作程序、方法、职业道德	

班级____姓名____指导教师____日期____总得分____

第27章　地毯的铺贴

地毯的铺设按其铺设方式不同，可分为两种方式，即固定式和活动式。本章介绍地毯的固定铺设施工。

地毯的固定铺设常见的有两种方法：一种是在房间四周的地面上固定有倒刺板，将地毯背面固定在倒刺板的钩钉上。另一种方式是用胶粘剂把地毯直接粘结在地面上。

施工项目为用固定法铺设地毯（倒刺板固定法），详见结构图27-1所示。

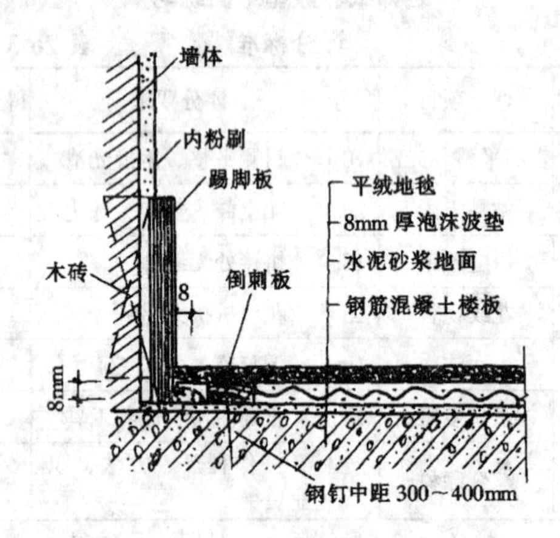

图27-1　地毯固定铺设结构图

27.1　施工准备

（1）材料准备

地毯、垫层、倒刺板、收口条或倒刺收口条、尼龙胀管、木螺丝、金属防滑条、金属压杆。

（2）工具准备

地毯撑子、刮胶抹子、吸尘器、电锤、冲击钻头等。

27.2　施工工序

地毯裁割⟶钉倒刺板⟶铺垫层⟶接缝⟶固定⟶收边⟶整理、清扫。

27.3　操作方法

（1）地毯裁割

首先应量准房间实际尺寸，按房间长度加长20～50mm下料，地毯的经线方向应与房间长向一致，地毯宽度应扣去地毯边缘后计算，根据计算的下料尺寸在地毯背面弹线。

大面积地毯用裁边机裁割，小面积地毯用手握裁刀或手推裁刀裁割。从地毯背部裁割时，吃刀深度掌握在正好割透地毯背部的麻线，而不损伤正面的绒毛；从地毯正面裁割时，可先将地毯折叠，使叠缝两侧绒毛向外分开，露出背部麻线，然后将刀刃插入两道麻线之间，沿麻线进刀裁割。

裁好的地毯应立即编号，与铺贴位置对应，准备拼缝的两块地毯，应在缝边注明方向。

（2）钉倒刺板

沿墙边或栓边钉倒刺板，倒刺板离踢脚8mm，如图27-2。

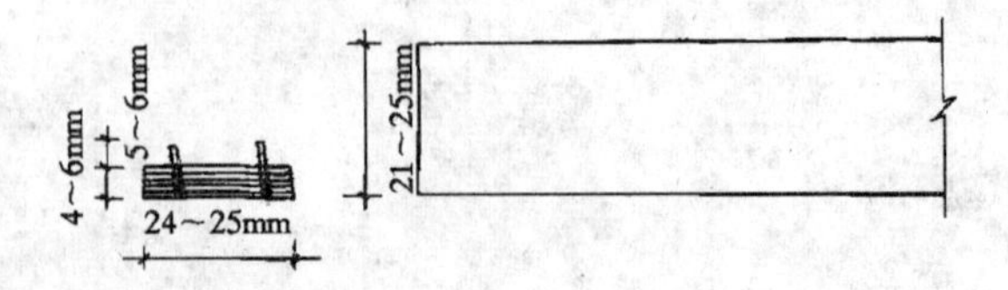

图27-2　倒刺板加工示意图

应先在倒刺板上钻孔，钻孔可用手枪电钻或台钻，钻孔直径5～6mm，孔距300～

400mm，打好底孔后再用直径 9～12mm 的钻头忽孔，以便安装倒刺板的螺丝头沉入倒刺板内，表面与倒刺板面平齐。根据以打好孔的倒刺板孔位，在地面上标出孔位，使用冲击电钻在标出的孔位上，用直径 6mm 的镶合金钢冲击钻头打孔，孔深 40～45mm，放入尼龙胀管。这时就可用 25～32mm 长的木螺丝固定倒刺板。

大面积厅、堂铺地毯，建议沿墙、柱钉双道倒刺板，两条倒刺板之间净距约 20mm。

钉倒刺板时应注意不损坏踢脚板，必要时可用薄钢板保护。

(3) 铺垫层

垫层应按倒刺板之间的净距下料，避免铺设后垫层皱折、覆盖倒刺板或远离倒刺板。

设置垫层拼缝时应考虑到与地毯拼缝至少错开 150mm。

(4) 地毯拼缝

拼缝前要判断好地毯的编织方向，以避免缝两边的地毯绒毛排列方向不一致。为此，在地毯裁下之前，应用箭头在背面注明经线方向。

纯毛地毯多用缝接，即将地毯翻过来，背面对齐接缝，用线缝实后刷 50～60mm 宽的一道白胶，再贴上牛皮纸。

麻布衬底的化纤地毯多用粘接，即将地毯胶刮在麻布上，然后将地毯对缝粘平。

胶带接缝法以其简便、快速、高效的优点而得到越来越广泛的应用。在地毯拼接位置的地面上弹一直线，按线将胶带铺好，两侧地毯对缝压在胶带上，然后用熨斗在胶带上熨烫使胶质熔化，随熨斗的移动立即把地毯压在胶带上，如图 27-3。

接缝以后用剪子把接口处不齐的绒毛修齐。

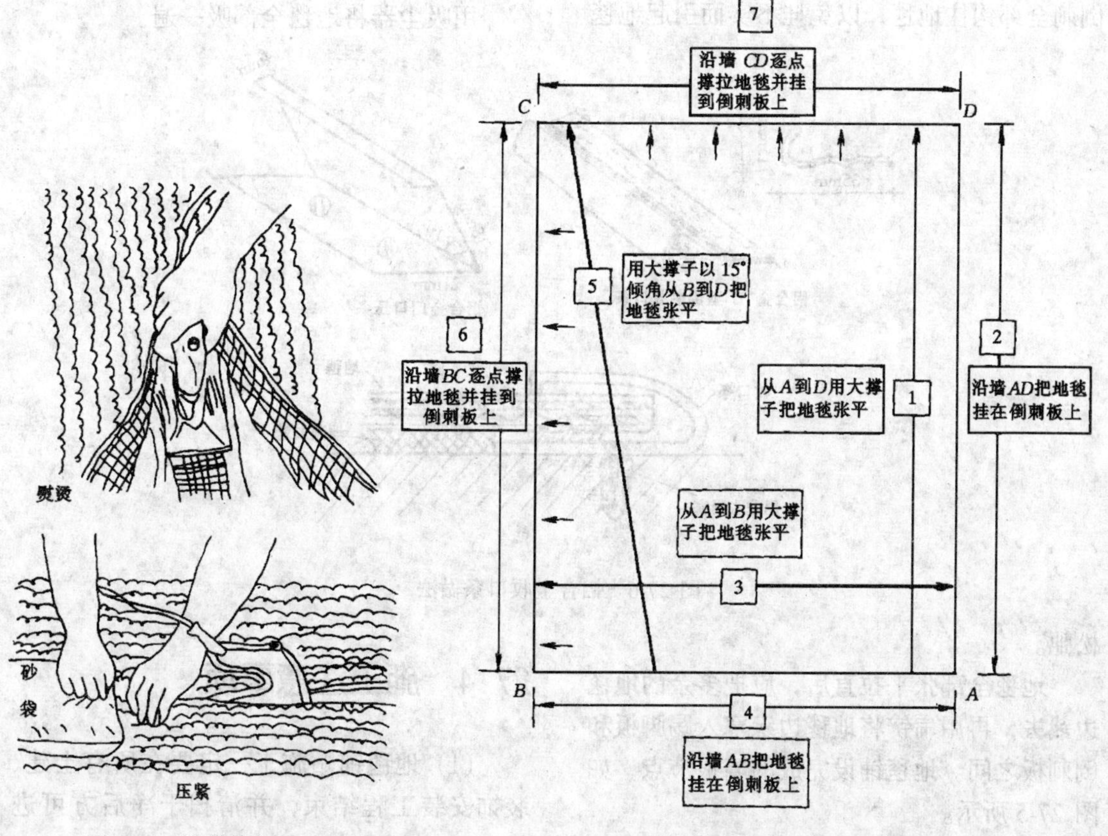

图 27-3 胶带接缝

图 27-4 平绒地毯张平步骤示意图

（5）拉伸张平

将地毯短边的一角用扁铲塞进踢脚板下的缝隙，然后用撑子把这一短边撑平后，再用扁铲把整个短边都塞进踢脚板下缝隙。

将大撑子承脚顶住地毯固定端的墙或柱，用撑子扒齿抓住地毯另一端，接装连接管，通过大撑子头的杠杆伸缩，将地毯张拉平整。

大撑子张拉力量应适度，张拉后的伸长量一般控制在 15～20mm/m，即 1.5%～2%，过大易撕破地毯，过小则达不到张平的目的，伸张次数视地毯尺寸不同而变化，以将地毯展平为准。

小范围不平整可用小撑子展平，用手压住撑子，使扒齿抓住地毯，通过膝盖撞击撑子后部的胶垫将地毯推向前方，使地毯张平。

地毯张平步骤如图 27-4。

（6）固定、收边

地毯挂在倒刺板上要轻轻敲击一下，使倒刺全部钩住地毯，以免挂不实而引起地毯松弛。

地毯全部张平拉直后，应把多余的地毯边裁去，再用扁铲将地毯边缘塞入踢脚板和倒刺板之间。地毯铺设完成的墙根节点，如图 27-5 所示。

在门口或其他地面的分界处，弹出线后

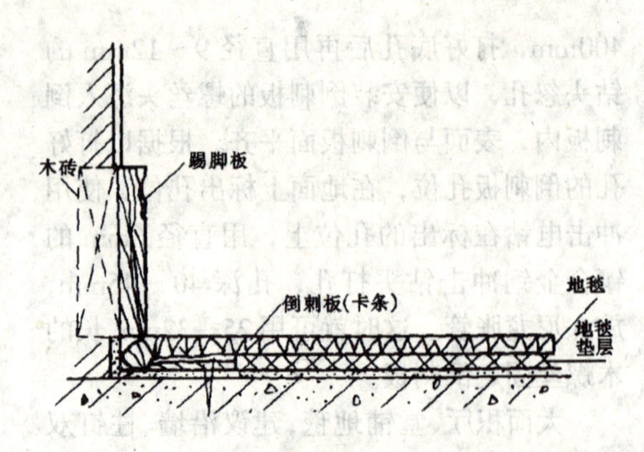

图 27-5　地毯铺设墙根节点

用螺钉固定铝压条，再将地毯塞入铝压条口内，轻轻敲打，使之压紧地毯，如图 27-6。

（7）修整、清理

检查地毯的四边是否全部挂牢在倒刺板上。

多角度观察地毯表面是否平整。

把因接缝、收边裁下的边料和绒毛纤维等杂物打扫干净。

用吸尘器将地毯全部吸一遍。

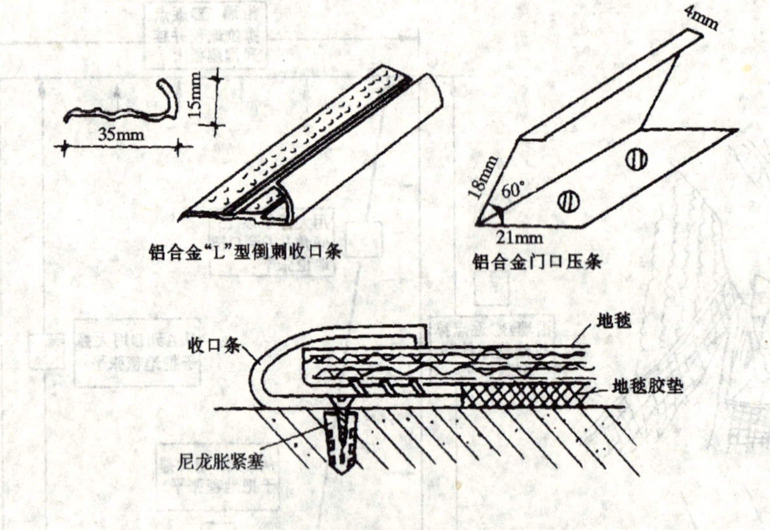

图 27-6　铝合金收口条做法

27.4　施工注意事项

（1）地毯铺贴施工一定要在所有土建、装饰安装工程结束，并清扫干净后方可进行。

(2) 地毯裁切时一定要在背面注明经线方向，以免拼接不便。

(3) 钉倒刺板时应注意保护踢脚板，必要时可用薄钢板保护。

(4) 拼缝前要判明地毯的编织方向，以避免缝两边地毯颜色不一致。

(5) 地毯拉撑时力量一定要适度，以免撕破地毯。

(6) 地毯粘贴铺设时，地面含水率一定要控制在规定范围内（8%），以免粘贴强度下降。

27.5 质量通病及防治措施

(1) 地毯卷边、翻边

墙边、柱脚应钉倒刺板固定地毯，门口应钉收口条固定地毯。

粘贴固定地毯时，应优先选用地毯说明书所推荐的胶粘剂，地面清扫干净，地面含水率不超过规定范围，刮胶均匀，铺贴时要拉平压实。

(2) 地毯表面不平整

地面不平整不应大于4mm。

铺贴地毯时，必须用撑子把地毯张拉平整后固定。

地毯在运输、保管时须防雨淋受潮。

(3) 地毯颜色不一致

同一个房间的地毯须来自同一批材料。

地毯的绒毛排列方向须一致，因此在下料时须在地毯背面注明经线方向。

27.6 操作练习

练习项目：地毯铺贴施工。

练习目的：掌握地毯的铺贴程序和操作方法。

练习内容：在地面上铺贴用倒刺板固定的地毯。

分工分组：3～4人一组，10课时。

评分标准：详见表27-1。

地毯铺贴评分标准　　表27-1

序号	评分项目	配分	评分要求	得分
1	表面平整	15	无松弛、起鼓、皱折、翘边	
2	地毯接缝	10	接缝牢固、严密	
3	颜色、光泽	10	同房间地毯颜色、光泽一致，无倒顺绒	
4	边角整齐	10	踢脚板下塞边严密	
5	倒刺板安装	10	倒刺板安装、嵌挂牢固	
6	图案美观	10	无明显错格、错花	
7	工具使用	5	正确使用、保养工具	
8	安全、卫生	10	无事故隐患、场地清洁	
9	综合印象	20	操作程序、方法、职业道德	

班级____姓名____指导教师____日期____总得分____

第28章　石膏装饰件安装

石膏装饰件是用高级石膏粉、玻璃纤维、石膏增强剂，经注模工艺生产而成。石膏装饰件具有浮雕型花纹、清晰美观、立体感强、装饰效果较好，防潮、防火、不变形的特点，石膏装饰件还具有可钉、可锯、可刨，装饰施工较容易等优点。

施工项目为在墙面、顶面安装石膏装饰件。

28.1　施工准备

（1）材料准备

顶角线、线脚、角花、灯圈、石膏粉、107胶水，羧甲基纤维素、铜或不锈钢螺丝。

（2）工具准备

马凳、脚手板、墨斗、电锤、开刀、水平管、钢锯、抹布、卷尺、螺丝刀等。

28.2　墙面要求

（1）墙面、顶面为混合砂浆底、纸筋灰罩面，已全部完成，并检验合格。

（2）墙面、顶面所需粘贴顶角线部位已进行过修正，符合粘贴要求。

28.3　安装程序

搭脚手架→基层清理→弹线→锯切→安装（固定）→修整。

28.4　安装要点

（1）搭脚手架

沿墙面四周，搭好脚手架，高度为人站上后，头顶离开顶栅约100mm为宜，马凳的间距应小于2m，脚手板应连接牢固，不得有“空头板”。

（2）基层清理

在墙面和顶面所需安装石膏装饰件部位进行清扫，如有空鼓、起壳应铲除修整。

（3）弹线

1）用透明塑料软管，距顶棚下口175mm处进行找平，并用铅笔划出水平点。每面墙不应少于二个点。

2）根据找平点及线角的规格在墙面上弹出水平墨线，以其作为粘贴顶角线下口的限位线。见图28-1所示。

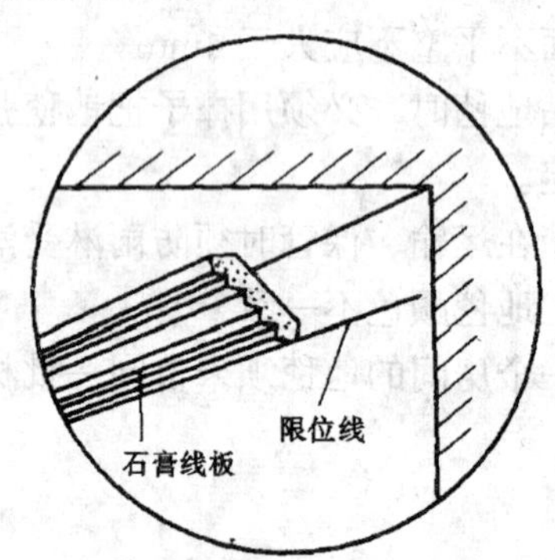

图28-1　安装时弹出限位线

（4）装饰角线锯切

当两条线板在90°角处交接时，应采用45°角连接，为保证锯割角度准确，可采用靠模进行加工。见图28-2所示。

（5）安装（固定）

1）顶角线的安装

将加工好的顶角线背面边缘抹上石膏胶

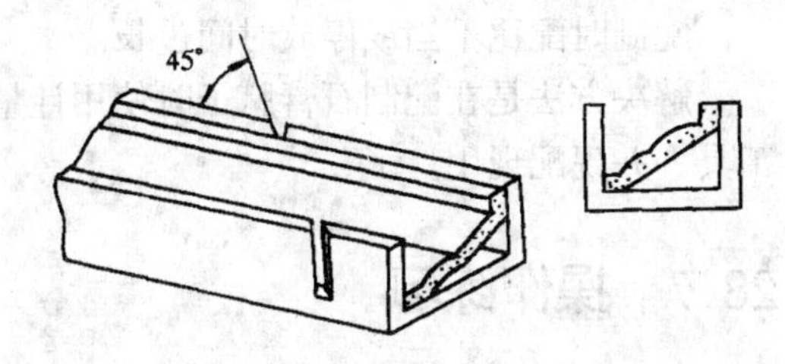

图 28-2　按实际安装位置定位的靠模

粘剂，厚度约 10～15mm，托起下口对准限位线，上口与顶棚靠压紧密，同时左右平行推移几下，以便胶粘剂挤压密实到位，约 10min 后即可松手。如出现下坠现象，可用木方或竹条临时撑顶(待约 20min 后可拆除)。

对挤压出的石膏胶粘剂，应立即用湿布顺顶角线的两边擦净，如上下口边缘有少量的空隙，用石膏胶粘剂随手补上。

图 28-3　顶角线 45°角连接示意

注意：锯割 45°的顶角线时要作对进行。除阴阳角交接处需锯成 45°角连接外，其它部位可用直头对接方法。对接处应垂直、密实，如图 28-3 所示。

2）角花线角的安装

在完成顶角线粘贴后，全部检查合格，即可进行角花线角的安装。

根据设计要求弹出角花和角线的设定位置线，然后将四个角花按位置粘贴牢固，再采用直头对接法粘贴角线，如图 28-4 所示。

3）灯盘的固定

在顶棚画出房屋长度和宽度的中心十字线（线的长度超出灯盘的直径），将灯盘预放置设定位置，通过灯盘上的安装孔，一次找全顶棚上的固定点位置（可采用手枪钻钻孔于顶棚）。如图 28-5 所示。

移开灯盘用电锤打孔，放入木塞式膨胀管，复位安装。

在灯盘的背面抹上石膏胶粘剂（四个孔洞口位置留出），将灯盘托起，对准已画出的安装位置线，压紧、压实、压平。再用不锈钢螺钉进行固定连接。螺钉不宜拧得过紧(只需沉入灯盘 2mm 即可)，以防表面花饰的损坏。

最后用湿布沿灯盘的边缘，擦净多余的石膏胶粘剂，并把四个孔洞用石膏补平。

28.5　施工注意事项

（1）施工前一定要对所装饰的墙面进行检查，墙面质量应符合石膏装饰的施工各项要求。

（2）安装前应检查石膏装饰件的数量，并将严重损坏的拣出，对损坏较轻的装饰件可进行修补。

（3）脚手板搭设高度应以施工人员身高加上 100mm 为宜；马凳间距、脚手板摆放应符合安全要求，每一块脚手板上所站人数不得超过 2 人。

（4）因石膏胶粘剂的凝固时间较短，所以须随配随用。

28.6　质量通病及防治措施

（1）空鼓

1）基层墙面没有清理干净或润水不足，石膏花饰背面有浮灰未扫清。

解决方法是认真处理基层，除净石膏装饰背部浮灰并充分润水。

2）石膏腻子涂刷不均匀或时间过长。

解决方法是按比例配制石膏腻子，并涂刷均匀，随涂随用。

（2）图案不规则

施工前没有预拼装，也没有按设计要求弹制施工控制线。

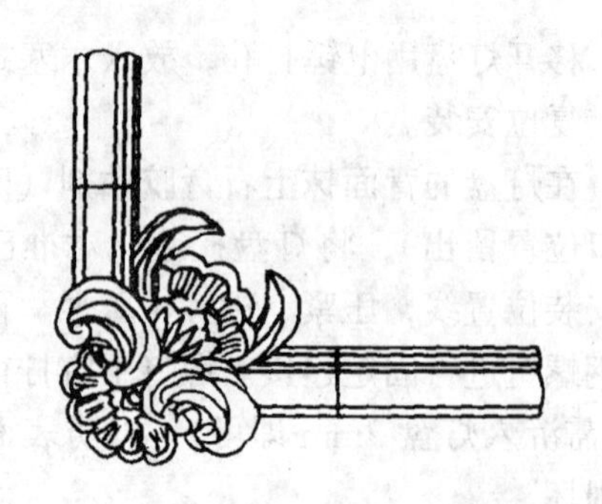

图 28-4　角花、角线连接示意

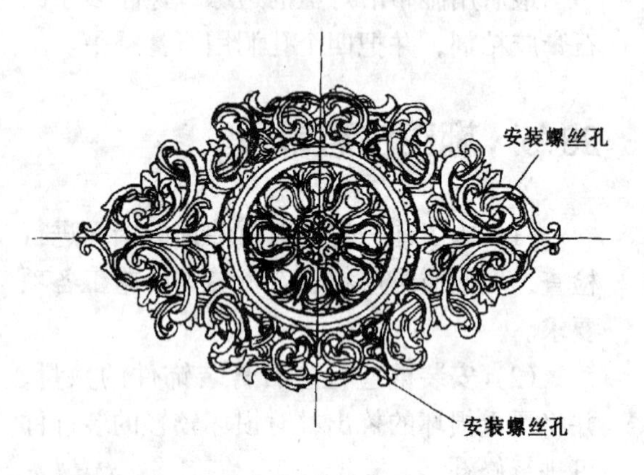

图 28-5　灯盘的固定点示意

解决方法是在石膏装饰件安装前，应根据装饰件的花型预拼装，再根据预拼装弹出施工控制线。

（3）石膏胶粘剂粘接力不强

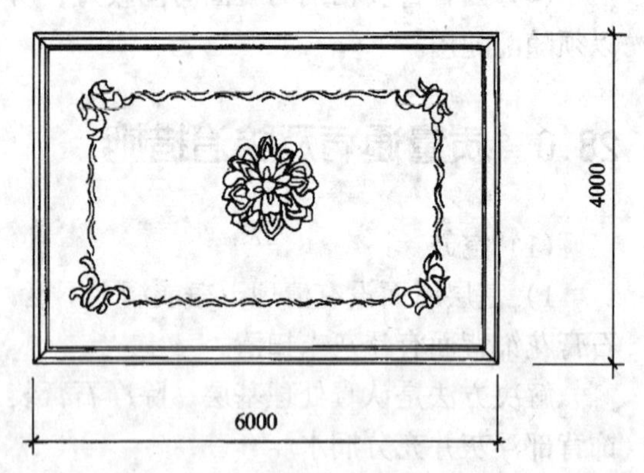

图 28-6　石膏装饰部位示意图

配制时配比不当或停放时间过长。

解决方法是在配制石膏腻子时使用计量工具，并现配现用。

28.7　操作练习

课题：屋顶面石膏装饰施工。

练习目的：掌握石膏装饰施工要点和操作方法。

练习内容：在顶棚面上进行石膏饰件安装，见图 28-6。

分组分工：3 人一组，12 课时完成。

练习要求和评分标准，见表 28-1。

石膏装饰评分表　　表 28-1

序号	评分项目	配分	评分要求	得分
1	花饰安装	20	牢固、平整、美观	
2	条形花饰位置	10	偏差每米不大于1mm，全长不大于 3mm	
3	单独花饰位置	10	偏差不大于 10mm	
4	花饰表面	20	表面光洁、图案清晰、接缝严密	
5	脚手安装	5	高度适宜、牢固、安全	
6	工具使用	5	正确使用、保养工具	
7	安全卫生	10	无事故隐患、现场整洁	
8	综合印象	20	操作程序、方法、职业道德	

班级____姓名____指导教师____日期____总得分____

参 考 文 献

1 王朝熙主编．装饰工程手册．北京：中国建筑工业出版社，1991
2 饶勃主编．装饰工手册．北京：中国建筑工业出版社，1994
3 江正荣主编．建筑施工工程师手册．北京，中国建筑工业出版社，1992
4 建筑装饰工程施工及验收规范．北京：中国建筑工业出版社，1991
5 砌筑砂浆配合比设计规程．北京：中国建筑工业出版社，1995
6 侯君伟编．瓦工手册．北京：中国建筑工业出版社，1995
7 杨天佑主编．建筑装饰施工技术．北京：中国建筑工业出版社，1998
8 王海平编．室内装饰工程手册．北京：中国建筑工业出版社，1998
9 陈保胜编．建筑装饰材料．北京：中国建筑工业出版社，1998
10 童霞编．建筑装饰构造．北京：中国建筑工业出版社，1998
11 上海市质监总站．装饰工程创无质量通病手册．北京：中国建筑工业出版社，1999
12 郝书魁．建筑装饰工程施工工艺．上海：同济大学出版社，1998
13 于永彬．金属工程施工技术．辽宁：辽宁科学技术出版社，1998